全国高等职业学校机械类专业教材

机械制造基础

（第三版）

人力资源社会保障部教材办公室　组织编写

中国劳动社会保障出版社

简介

本书主要内容包括金属材料的性能，金属学的基本知识，钢的热处理，常用金属材料，金属毛坯的形成，尺寸公差与配合，几何公差与误差，金属切削加工的基础知识，车削加工，铣削、磨削加工，刨削、钻削、镗削加工，机械加工工艺及夹具的基本知识等。

本书由崔兆华任主编，金涛任副主编，付荣、蒋自强、刘永强、王波参加编写，钟卉任主审。

图书在版编目（CIP）数据

机械制造基础 / 人力资源社会保障部教材办公室组织编写．-- 3 版．-- 北京：中国劳动社会保障出版社，2022

全国高等职业学校机械类专业教材

ISBN 978-7-5167-5554-9

Ⅰ．①机…　Ⅱ．①人…　Ⅲ．①机械制造 - 高等职业教育 - 教材　Ⅳ．①TH16

中国版本图书馆 CIP 数据核字（2022）第 208764 号

中国劳动社会保障出版社出版发行

（北京市惠新东街 1 号　邮政编码：100029）

*

北京宏伟双华印刷有限公司印刷装订　　新华书店经销

787 毫米 ×1092 毫米　16 开本　19.25 印张　449 千字

2022 年 12 月第 3 版　　2022 年 12 月第 1 次印刷

定价：38.00 元

营销中心电话：400-606-6496

出版社网址：http://www.class.com.cn

http://jg.class.com.cn

前言

PREFACE

为了更好地适应全国高等职业学校机械类专业的教学要求，全面提升教学质量，人力资源社会保障部教材办公室组织有关学校的一线教师和行业、企业专家，在充分调研企业生产和学校教学情况、广泛听取教师对教材使用反馈意见的基础上，对全国高等职业学校机械类专业教材进行了修订。

本次教材修订工作的重点主要体现在以下几个方面：

第一，合理更新教材内容。

根据机械类专业毕业生所从事岗位的实际需要和教学实际情况的变化，合理确定学生应具备的能力与知识结构，对部分教材内容及其深度、难度做了适当调整，对部分学习任务进行了优化；根据相关专业领域的最新发展，在教材中充实新知识、新技术、新设备、新材料等方面的内容，体现教材的先进性；采用最新国家技术标准，使教材更加科学和规范。

第二，精心设计教材形式。

在教材内容的呈现形式上，尽可能使用图片、实物照片和表格等形式将知识点生动地展示出来，力求让学生更直观地理解和掌握所学内容。针对不同的知识点，设计了许多贴近实际的互动栏目，在激发学生学习兴趣和自主学习积极性的同时，使教材“易教易学，易懂易用”。在教材插图的制作中采用了立体造型技术，同时部分教材在印刷工艺上采用了四色印刷，增强了教材的表现力。

第三，引入“互联网+”技术，进一步做好教学服务工作。

在《机床夹具（第二版）》《金属切削原理与刀具（第二版）》教材中使用了增强现实（AR）技术。学生在移动终端上安装 App，扫描教材中带有 AR 图标的页面，可以对呈现的立体模型进行缩放、旋转、剖切等操作，以及观察模型的运动和拆分动画，便于更直观、细致地探究机构的内部结构和工作原理，还可以浏览相关视频、图片、文本等拓展资料。在部分教材中使用了二维码技术，针对教材中的教学重点和难点制作了动画、视频、微课等多媒体资源，学生使用移动终端扫描二维码即可在线观看相应内容。

本套教材配有习题册，另外，还配有方便教师上课使用的电子课件，电子课件和习题册答案可通过技工教育网（http://jg.class.com.cn）下载。

本次教材的修订工作得到了河北、江苏、浙江、山东、河南等省人力资源社会保障厅及有关学校的大力支持，在此我们表示诚挚的谢意。

人力资源社会保障部教材办公室

2021年8月

目录
CONTENTS

第一篇　金属材料及热加工基础

第二篇 公差配合与技术测量

第三篇 机械加工基础

第一篇　金属材料及热加工基础

在工业生产和日常生活的各个领域中，需要使用大量的工程材料。工程材料按化学成分与组成的不同分为金属材料、非金属材料和复合材料。其中，金属材料以其优良的性能获得了广泛应用。

不同金属材料的性能存在很大差异，这是因为金属材料的性能取决于它的组织，而其组织又取决于金属材料的化学成分和处理条件。本篇就是通过研究金属材料的成分、处理条件与组织、性能之间的关系及其变化规律，使人们能够正确选用金属材料，合理地确定其加工方法，生产出质优价廉的产品。

模块一

金属材料的性能

金属材料的性能包括使用性能和工艺性能两大类。

使用性能是指金属材料在使用过程中所表现出来的性能。它是保证工件正常工作应具备的性能，主要包括物理性能（如密度、熔点、导电性、导热性、热膨胀性、磁性等）、化学性能（如耐腐蚀性、抗氧化性等）和力学性能等。

工艺性能是指金属材料在加工过程中适应各种加工工艺方法的性能，主要包括铸造性能、锻造性能、焊接性能和切削加工性能等。

金属材料的力学性能是零件设计、选材和验收的主要依据，直接关系到零件能否正常使用。在选择和制定零件的加工工艺方法时，需要考虑材料的工艺性能，如铸铁的铸造性能较好，却不能锻造，则应通过铸造形成毛坯。

课题一　金属材料的力学性能

任务　测定柴油机连杆螺栓的力学性能

任务说明

◎ 对柴油机连杆螺栓进行强度、塑性等力学性能指标的测定。

技能点

◎ 具有测定金属材料力学性能指标的能力，为合理选材打好基础。

知识点

◎ 强度、塑性、硬度、冲击韧性的定义、测定原理与方法。

一、任务实施

（一）任务引入

如图 1–1 所示为用合金钢制造的柴油机连杆螺栓实物图，因为对其力学性能要求较高，故提出下列技术要求：抗拉强度 $R_m \geqslant 931$ MPa，下屈服强度 $R_{eL} \geqslant 784$ MPa，断后伸长率 $A \geqslant 12\%$，断面收缩率 $Z \geqslant 50\%$，冲击韧度 $\alpha_{KU} \geqslant 78.4$ J/cm^2，硬度 300 ~ 350HBW。技术要求中包括强度（R_m、R_{eL}）、塑性（A、Z）、冲击韧度（α_{KU}）和硬度（HBW）等力学性能指标。通过测定该零件试样的力学性能，得到这些性能指标值，从而判断零件是否达到技术要求。

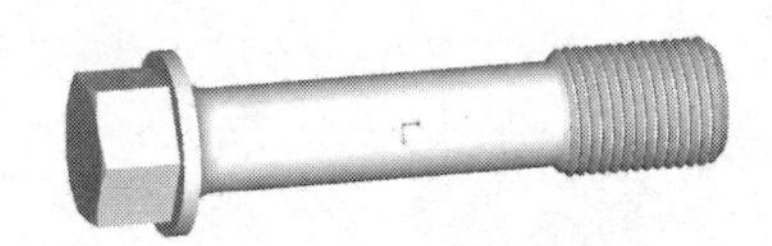

图 1–1　连杆螺栓实物图

这里仅完成强度指标（R_m、R_{eL}）和塑性指标（A、Z）的测定。

（二）分析及解决问题

1．制作拉伸试样

工业上常通过拉伸试验来测定强度和塑性指标。首先需要制作拉伸试样，从该零件半成品中任选出若干个零件（选择的个数根据具体情况由工厂自定），然后将其加工成拉伸试样。

按照国家标准《金属材料　拉伸试验　第 1 部分：室温试验方法》（GB/T 228.1—2021），常用拉伸试样如图 1–2 所示。图中 d 是试样的原始直径，L_o 为试样的原始标距长度。根据标距长度与直径之间的关系，试样可分为长试样（$L_o=10d$）和短试样（$L_o=5d$）两种。

根据连杆螺栓的尺寸大小，将其加工成短试样（d=10 mm）。

2．进行拉伸试验

如图 1–3 所示为拉伸试验机。将试样夹持在试验机上，然后施加拉伸力，缓慢增加拉伸力，直至将试样拉断。

通过试验机自动绘出的拉伸曲线或用测力仪表直接读数，若测出 F_{eL}（下屈服载荷：载荷不增加而试样还继续伸长时的恒定载荷或不计初始瞬时效应时的最低载荷）为 62 560 N，F_m（试样在拉断前所承受的最大载荷）为 75 410 N。则可计算出下屈服强度 R_{eL} 和抗拉强度 R_m：

$$R_{eL}=\frac{F_{eL}}{S_o}=\frac{62\ 560}{\pi\left(\frac{d}{2}\right)^2}\text{MPa}\approx\frac{62\ 560}{3.14\times\left(\frac{10}{2}\right)^2}\text{MPa}\approx 796.9\text{ MPa}$$

$$R_m=\frac{F_m}{S_o}=\frac{75\ 410}{\pi\left(\frac{d}{2}\right)^2}\text{MPa}\approx\frac{75\ 410}{3.14\times\left(\frac{10}{2}\right)^2}\text{MPa}\approx 960.6\text{ MPa}$$

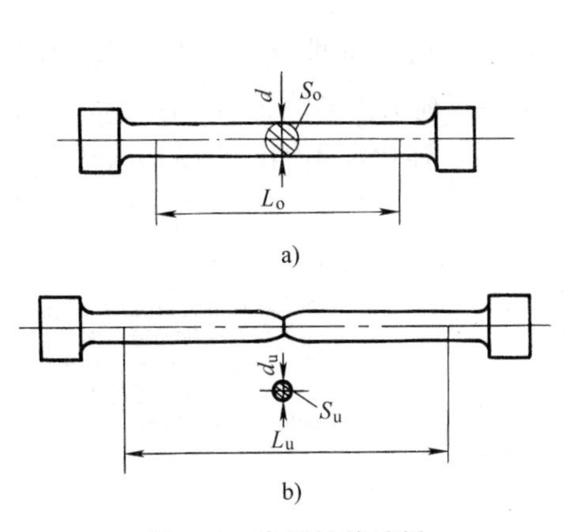

图 1–2 常用拉伸试样

a）拉伸前 b）拉断后

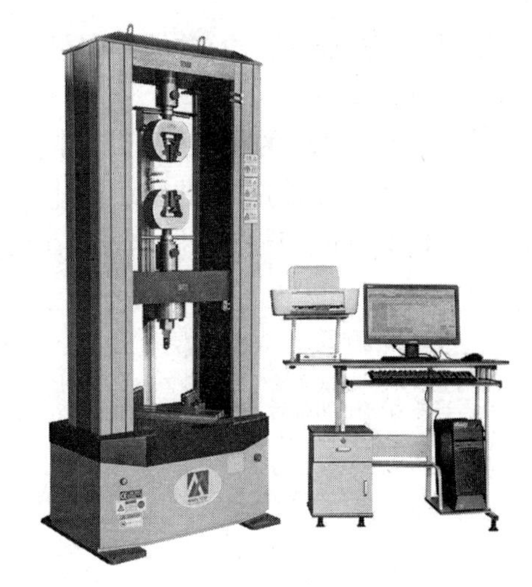

图 1–3 拉伸试验机

然后将拉断后的试样对接起来，测量它的标距长度 L_u 和断口处的最小直径 d_u，如图 1–2b 所示。若测出 d_u=6.7 mm，L_u=57.1 mm，则可计算出断后伸长率 A 和断面收缩率 Z。

由于该零件的拉伸试样为短试样，故试样的原始标距长度 $L_o=5d$=50 mm。

$$A=\frac{L_u-L_o}{L_o}\times100\%=\frac{57.1-50}{50}\times100\%=14.2\%$$

$$Z=\frac{S_o-S_u}{S_o}\times100\%=\frac{\pi\left(\frac{d}{2}\right)^2-\pi\left(\frac{d_u}{2}\right)^2}{\pi\left(\frac{d}{2}\right)^2}\times100\%=\frac{\left(\frac{10}{2}\right)^2-\left(\frac{6.7}{2}\right)^2}{\left(\frac{10}{2}\right)^2}\approx55.1\%$$

由于测算出的 R_{eL}、R_m、A 和 Z 值均大于技术要求，故这批零件的强度、塑性指标合格。冲击韧度、硬度的测试在知识链接中讲述。

二、知识链接

金属材料的力学性能是指金属在外力作用下所表现出来的性能。它主要包括强度、硬度、塑性、冲击韧性及疲劳强度等。

根据载荷（外力）作用性质的不同，可将其分为静载荷、冲击载荷及交变载荷三种：

静载荷是指大小不变或变化缓慢的载荷。

冲击载荷是指在短时间内以较高速度作用于工件上的载荷。

交变载荷是指大小、方向或大小和方向都随时间发生周期性变化的载荷。

金属材料受到载荷作用而产生的几何形状和尺寸的变化称为变形。变形一般分为弹性变形和塑性变形两种。随载荷的作用而产生、随载荷的去除而消失的变形称为弹性变形。不能随载荷的去除而消失的变形称为塑性变形。

（一）强度与塑性

我们已经知道，强度和塑性指标常通过拉伸试验来测定。拉伸试验是在拉伸试验机上，用静拉伸载荷对标准试样进行轴向拉伸，同时连续测量载荷和相应的伸长量，直至试样断裂，根据测出的拉伸曲线及数据，即可得出强度和塑性指标。

1．拉伸曲线

拉伸试验中得出的拉伸载荷与伸长量的关系曲线叫做拉伸曲线，也称为拉伸图。如图 1-4 所示为低碳钢的拉伸曲线，图中纵坐标表示拉伸载荷 F，单位为 N；横坐标表示伸长量 ΔL，单位为 mm。图中明显地表现出弹性变形、屈服、强化和颈缩四个变形阶段。

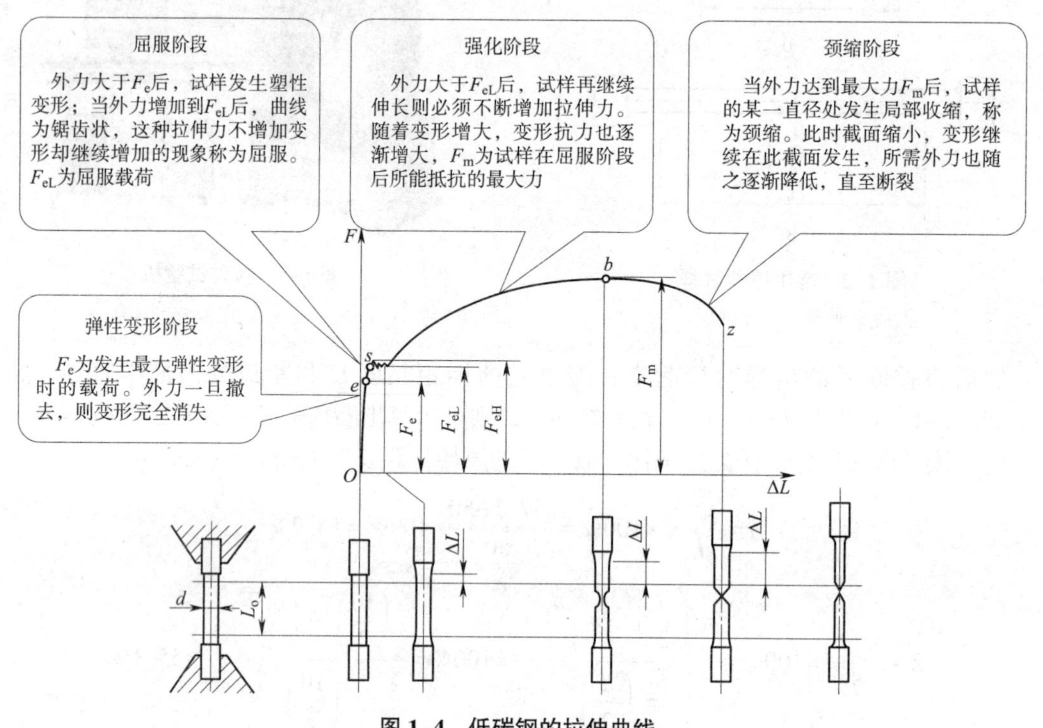

图 1-4　低碳钢的拉伸曲线

2．强度

金属材料在静载荷作用下抵抗塑性变形或断裂的能力称为强度。强度的大小通常用应力来表示。常见的强度指标包括以下几项：

（1）屈服强度

在拉伸试验过程中，载荷不增加（或保持恒定），试样仍能继续伸长时的应力称为屈服强度，分为上屈服强度和下屈服强度。

1）上屈服强度的计算公式：

$$R_{eH}=\frac{F_{eH}}{S_o}$$

式中　R_{eH}——上屈服强度，即试样发生屈服而载荷首次下降前的最高应力，MPa；

F_{eH}——上屈服载荷，即试样发生屈服而载荷首次下降前的最高载荷，N；

S_o——试样原始横截面积，mm^2。

2）下屈服强度的计算公式：

$$R_{eL}=\frac{F_{eL}}{S_o}$$

式中 R_{eL}——下屈服强度，是指在屈服期间的恒定应力或不计初始瞬时效应时的最低应力，MPa；

F_{eL}——下屈服载荷，是指在屈服期间的恒定载荷或不计初始瞬时效应时的最低载荷，N；

S_o——试样原始横截面积，mm^2。

对于无明显屈服现象的金属材料，按照国家标准 GB/T 228.1—2021 规定，可用规定残余延伸强度 $R_{r0.2}$ 表示。$R_{r0.2}$ 表示卸除载荷后试样的规定残余延伸率达到 0.2% 时的应力，其计算公式如下：

$$R_{r0.2}=\frac{F_{r0.2}}{S_o}$$

式中 $R_{r0.2}$——规定残余延伸强度，MPa；

$F_{r0.2}$——规定残余延伸率达到 0.2% 时的载荷，N。

机械零件在工作时一般不允许产生明显的塑性变形，材料的屈服强度或规定残余延伸强度越高，允许的工作应力也越高，则零件的截面尺寸及自身质量就可以减小。因此，通常以屈服强度或规定残余延伸强度作为机械零件设计和选材的主要依据。

（2）抗拉强度

试样在拉断前所能承受的最大应力称为抗拉强度，其计算公式如下：

$$R_m=\frac{F_m}{S_o}$$

式中 R_m——抗拉强度，MPa；

F_m——试样在拉断前所承受的最大载荷，N；

S_o——试样原始横截面积，mm^2。

零件在工作中所承受的应力不允许超过其抗拉强度，否则会产生断裂。R_m 也是机械零件设计和选材的依据。

3．塑性

断裂前金属材料产生塑性变形的能力称为塑性。塑性指标常用断后伸长率和断面收缩率来表示。

（1）断后伸长率

试样拉断后，标距的伸长量与原始标距长度的百分比称为断后伸长率，其计算公式如下：

$$A=\frac{L_u-L_o}{L_o}\times100\%$$

式中 A——断后伸长率，%；

L_u——试样拉断后的标距长度，mm；

L_o——试样的原始标距长度，mm。

必须说明，同一材料的试样长短不同，测得的断后伸长率是不同的。长、短试样的断后伸长率分别用符号 $A_{11.3}$ 和 A 表示。

（2）断面收缩率

断面收缩率是指试样拉断处横截面积的缩减量与原始横截面积的百分比，其计算公式如下：

$$Z=\frac{S_o-S_u}{S_o}\times 100\%$$

式中　Z——断面收缩率，%；

S_o——试样原始横截面积，mm^2；

S_u——试样断口处的最小横截面积，mm^2。

断面收缩率不受试样尺寸的影响，比较确切地反映了金属材料的塑性。断后伸长率（A）与断面收缩率（Z）数值越大，表示金属材料的塑性越好。塑性好的金属易通过塑性变形加工成形状复杂的零件。例如，钢的塑性较好，能通过锻造成型。铸铁的塑性几乎为零，所以不能进行塑性变形加工。另外，塑性好的材料在受力过大时首先产生塑性变形，而不致突然断裂，因此比较安全。

（二）硬度

硬度是指材料表面抵抗局部变形特别是塑性变形、压痕或划痕的能力。它是衡量工具及零件性能的一项重要指标，同时还可以间接反映出材料的强度、塑性等性能。因此，硬度是金属材料重要的力学性能之一。与拉伸试验相比，硬度试验操作简单，可直接在原材料、零件或工具表面上测试。

硬度的试验方法很多，大体上可分为压入法、回跳法、刻划法等。生产上压入法应用最广泛，主要有布氏硬度、洛氏硬度、维氏硬度等试验方法。如图 1–1 所示的连杆螺栓，就要求对其试样进行布氏硬度测试。

1．布氏硬度

（1）试验原理

使用一定直径的碳化钨合金球，以规定的试验力压入试样表面，经规定的保持时间后卸除试验力，然后测量表面压痕直径来计算硬度，如图 1–5 所示为布氏硬度试验原理图。

布氏硬度值是用球面压痕单位表面积上所承受的平均压力来表示的，其计算公式如下：

$$布氏硬度值=\frac{F}{S}=0.102\times\frac{2F}{\pi D\left(D-\sqrt{D^2-d^2}\right)}$$

式中　F——试验力，N；

S——球面压痕表面积，mm^2；

D——压头球体直径，mm；

d——压痕平均直径，mm。

从上式可以看出，当试验力 F 和压头球体直径 D 一定时，布氏硬度值仅与压痕平均直径 d 的大小有关。d 越小，布氏硬度值越大，也就是硬度越高；反之，硬度越低。

布氏硬度符号为 HBW，其测量范围在 650HBW 以下。

通常布氏硬度值不标单位。实际试验时，布氏硬度一般不用计算，而是根据用刻度放大镜测出的压痕平均直径 d，从专门的硬度表中查出相应的布氏硬度值。

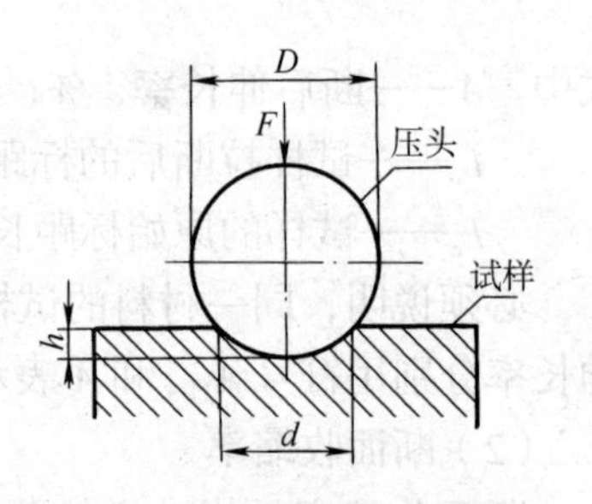

图 1–5　布氏硬度试验原理图

（2）布氏硬度的表示方法

硬度值写在符号 HBW 之前，在硬度符号后面按以下顺序用数字表示试验条件：

1）压头球体直径。

2）试验力。

3）试验力保持的时间（10 ～ 15 s 不标注）。

例如，600HBW1/30/20 表示用直径为 1 mm 的硬质合金球，在 294.2 N（30 kgf）试验力作用下，保持 20 s 时测得的布氏硬度值为 600。350HBW5/750 表示用直径为 5 mm 的硬质合金球，在 7 355 N（750 kgf）试验力作用下，保持 10 ～ 15 s 时测得的布氏硬度值为 350。

常用的压头球体直径 D 有 10 mm、5 mm、2.5 mm 和 1 mm 四种，试验力 F（单位为 kgf）与球体直径平方的比值（F/D^2）有 30、15、10、5、2.5 和 1 共 6 种，应根据金属材料的种类和布氏硬度范围进行选择。试验力保持时间，一般钢铁材料为 10 ～ 15 s；有色金属为 30 s；布氏硬度值小于 35 时为 60 s。

（3）应用范围及优缺点

测量布氏硬度常用的压头球体直径（10 mm）大，因此，压痕面积较大，能反映出较大范围内金属材料的平均硬度，故测定的硬度值较准确、稳定，数据重复性强。

但是，测量布氏硬度较费时，而且由于压痕面积大，对金属表面的损伤也较大，不宜用于测量成品及薄件。

布氏硬度试验主要用于测定原材料或半成品的硬度，适用于测量铸铁、有色金属以及退火、正火、调质的钢等。

2. 洛氏硬度

（1）试验原理

如图 1–6 所示，将特定尺寸、形状和材料的压头按照规定的两级试验力压入试样表面，初试验力加载后，测量初始压痕深度。随后施加主试验力，在卸除主试验力后保持初试验力时测量最终压痕深度，洛氏硬度根据最终压痕深度和初始压痕深度的差值 h 及常数 N 和 S 通过下式计算给出：

$$洛氏硬度值=N-\frac{h}{S}$$

式中 N——给定标尺的全量程常数，A、C、D 标尺为 100，B、E、F、G、H、K 标尺为 130；

S——给定标尺的标尺常数，mm；洛氏硬度为 0.02 mm，表面洛氏硬度为 0.01 mm；

h——卸除主试验力，在初试验力下压痕残留的深度（残余压痕深度），mm。

洛氏硬度无单位。实际测量时，洛氏硬度值可直接从洛氏硬度计表盘上读出。

（2）常用洛氏硬度标尺及其适用范围

为了用一台硬度计测定从软到硬不同金属材料的硬度，可采用不同的压头和总试验力组成几种不同的洛氏硬度标尺，每一种标尺用一个字母在洛氏硬度符号后加以注明。常用的洛氏硬度标尺是 A、B、C 三种，其中 C 标尺应用最为广泛。

常用洛氏硬度标尺的试验条件和适用范围见表 1–1。

各种不同标尺的洛氏硬度值不能直接进行比较，但可通过试验测定的换算表相互比较。

洛氏硬度表示方法如下：在符号 HRC、HRB、HRA 前面的数字表示各种标尺的洛氏硬度值。例如，45HRC 表示用 C 标尺测定的洛氏硬度值为 45。

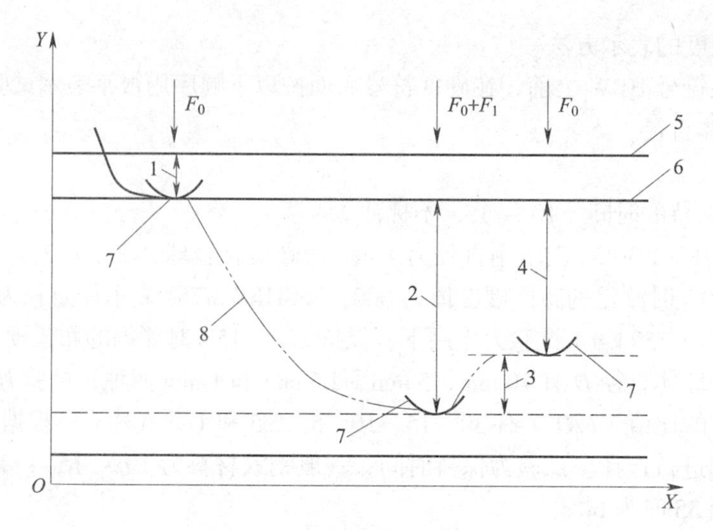

图 1–6 洛氏硬度试验原理图

X—时间 Y—压头位置 1—在初试验力 F_0 下的压痕深度 2—在主试验力 F_1 下的压痕深度
3—卸除主试验力 F_1 后的弹性回复深度 4—残余压痕深度 h 5—试样表面
6—测量基准面 7—压头位置 8—压头位置相对时间的曲线

表 1–1 常用洛氏硬度标尺的试验条件和适用范围

洛氏硬度标尺	硬度符号	压头类型	初试验力 /N	总试验力 /N	硬度值有效范围	应用举例
C	HRC	120° 金刚石圆锥	98.07	1 471	20 ~ 70HRC	一般淬火钢件
B	HRB	ϕ1.587 5 mm 球	98.07	980.7	10 ~ 100HRB	有色金属、退火钢、正火钢等
A	HRA	120° 金刚石圆锥	98.07	588.4	20 ~ 95HRA	硬质合金、表面淬火层、渗碳层等

（3）应用范围及优缺点

洛氏硬度试验的优点：操作简单迅速，能直接从表盘上读出硬度值；压痕较小，可以测定成品及较薄的工件；测量的硬度值范围大，可测从很软到很硬的金属材料。其缺点：因压痕较小，测定的硬度值不够准确，数据波动较大，重复性差，通常需要在不同部位测试数次，以取其平均值。

洛氏硬度试验不适用于测量各微小部分性能不均匀的材料（如铸铁）。

3. 维氏硬度

维氏硬度试验原理基本上和布氏硬度相同：将相对面夹角为 136° 的正四棱锥体金刚石压头，以选定的试验力压入金属表面，经规定的保持时间后卸除试验力，则在金属表面压出一个正四棱锥形的压痕，通过测量压痕对角线的长度来计算硬度值。实际试验时，维氏硬度值与布氏硬度值一样，不用计算，而是根据压痕对角线长度从表中直接查出。

维氏硬度试验所用的试验力可根据工件的大小、厚薄等条件进行选择。常用试验力在

49.04 ~ 980.7 N 范围内变动。

维氏硬度试验时所加的试验力较小，压痕深度较浅，故可测量较薄的材料，也可测量渗碳、渗氮等表面硬化层的硬度；同时维氏硬度值具有连续性（10 ~ 1 000HV），故可测量从很软到很硬的各种金属材料；压痕轮廓清晰，数据准确性高。其缺点是测量压痕对角线的长度较麻烦；对工件表面质量要求较高。

（三）冲击韧性

前述的拉伸试验和硬度试验都属于静载荷试验。而实际使用的机械零件往往要受到冲击载荷的作用，如连杆螺栓、活塞销、锤杆和锻模等。这就必须考虑材料抵抗冲击载荷的能力。金属材料抵抗冲击载荷作用而不破坏的能力称为冲击韧性。目前，常用一次摆锤冲击试验来测定金属材料的冲击韧性。

1. 冲击试样

冲击试样可根据国家标准有关规定来选择。常用的试样有 10 mm × 10 mm × 55 mm 的 U 形缺口和 V 形缺口试样，其尺寸如图 1–7 所示。

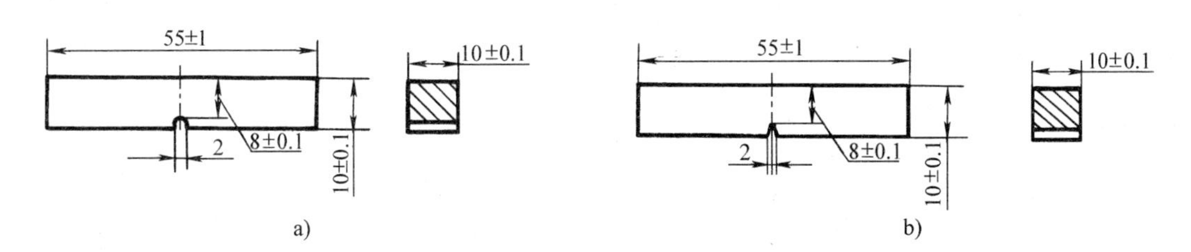

图 1–7 冲击试样的尺寸

a）U 形缺口 b）V 形缺口

2. 冲击试验的原理及方法

将待测的金属材料加工成标准试样，然后放在试验机的支座上，放置时试样缺口应背向摆锤的冲击方向，如图 1–8 所示为冲击试验示意图。再将具有一定重力 G 的摆锤升至一定的高度 H_1（见图 1–8），使其获得一定的势能（GH_1），然后使摆锤自由落下，将试样冲断。摆锤的剩余势能为 GH_2。试样被冲断时所吸收的能量即是摆锤冲击试样所做的功，称为冲击吸收功，用符号 A_K 表示，单位为 J，其计算公式如下：

$$A_K=GH_1-GH_2=G(H_1-H_2)$$

实际测量时，冲击吸收功可从试验机的表盘上直接读出。

冲击吸收功 A_K 除以试样缺口处的横截面积（S_o），即可得到材料的冲击韧度，用符号 α_K 表示，单位为 J/cm²，其计算公式如下：

$$\alpha_K=\frac{A_K}{S_o}$$

根据两种试样缺口形状不同，冲击吸收功应分别表示为 A_{KU} 或 A_{KV}，冲击韧度则表示为 α_{KU} 或 α_{KV}。

冲击吸收功（或冲击韧度）的大小可以表示金属材料冲击韧性的优劣。但由于影响冲击韧性的因素很多，所以冲击吸收功（或冲击韧度）仅供设计和选材时参考。

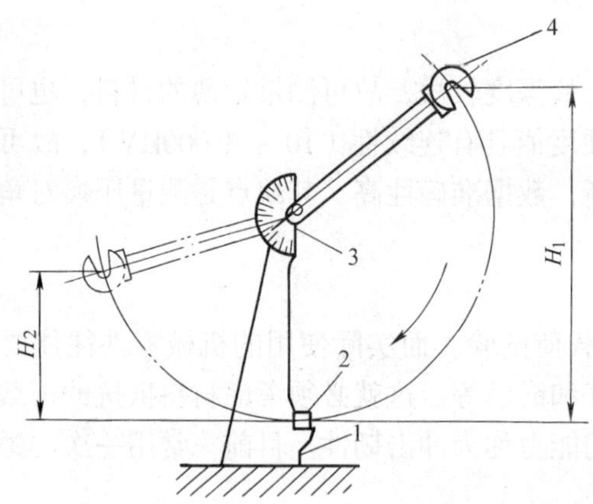

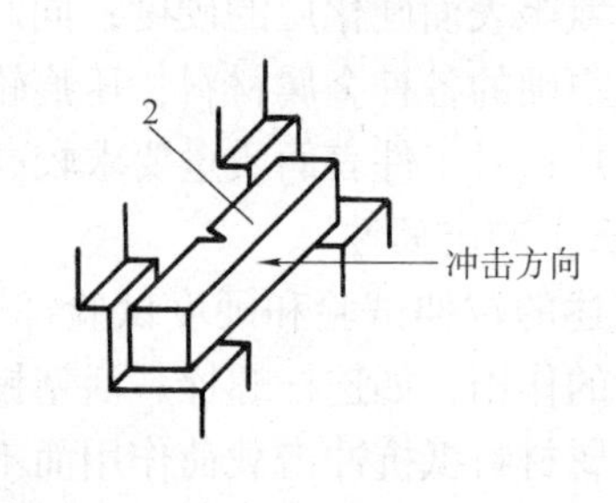

图 1–8　冲击试验示意图

1—支座　2—试样　3—表盘　4—摆锤

3．韧脆转变温度

如图 1–9 所示为不同温度的冲击试验测绘出的冲击吸收功—温度曲线。由图可见，材料的冲击吸收功随温度的降低而减小。冲击吸收功急剧变化区所对应的温度范围称为韧脆转变温度范围。

金属材料的韧脆转变温度越低，其低温冲击韧性越好。韧脆转变温度低的材料可以在高寒地区使用，而韧脆转变温度较高的材料，在冬季易出现脆性断裂。

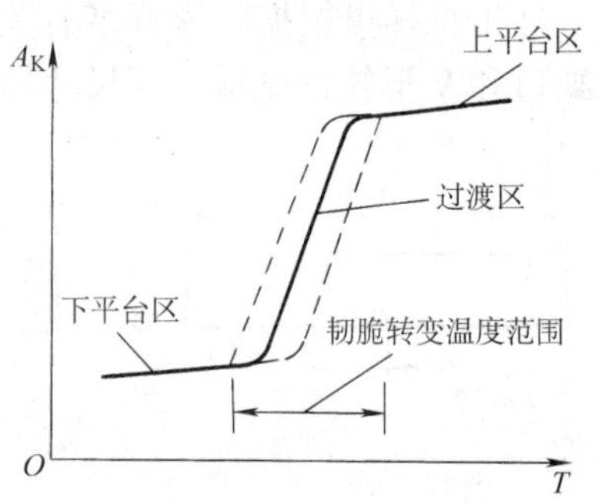

图 1–9　冲击吸收功—温度曲线

课题二　金属材料的工艺性能

任务　改善 T12 钢的切削加工性能

任务说明

◎ 解决 T12 钢由于硬度高而造成切削加工性能较差的问题。

技能点

◎ 了解常用金属的工艺性能特点，以便正确选择加工工艺方法。

知识点

◎ 铸造性能、锻造性能、焊接性能、切削加工性能。

一、任务实施

（一）任务引入

在实际生产中，常用 T12 钢（w_C=1.2%）制造锉刀，但在加工过程中会出现切削困难、严重磨损刀具的现象，这是由于 T12 钢硬度高。这就涉及切削加工性能的问题，也就是说 T12 钢的切削加工性能较差。

（二）分析及解决问题

对某些钢进行适当的热处理，能够改善钢的切削加工性能。如用 T12 钢制造锉刀时，应该在锻造后（即切削加工之前）对 T12 钢毛坯进行球化退火（一种热处理工艺），以降低钢的硬度，改善切削加工性能。这一点将在模块三中详细讲述。

二、知识链接

工艺性能直接影响零件的制造工艺和质量，是选材和制定零件工艺路线时必须考虑的因素之一。

（一）铸造性能

金属材料在铸造工艺中获得优良铸件的能力称为铸造性能。衡量铸造性能的主要指标有流动性、收缩性和偏析倾向等。

1．流动性

熔融金属的流动能力称为流动性，它主要受金属化学成分和浇注温度等的影响。流动性好的金属容易充满铸型，从而获得外形完整、尺寸精确、轮廓清晰的铸件。

2．收缩性

铸件在凝固和冷却过程中体积和尺寸减小的现象称为收缩性。铸件收缩不仅影响尺寸精度，还会使铸件产生缩孔、疏松、内应力、变形或开裂等缺陷，故用于铸造的金属材料其收缩率越小越好。

3．偏析倾向

金属凝固后，内部化学成分和组织不均匀的现象称为偏析。偏析严重时能使铸件各部分的力学性能有很大的差异，降低了铸件的质量，这对大型铸件的危害更大。

（二）锻造性能

锻造性能是指金属材料用锻造成型方法获得优良锻件的能力。锻件是指金属材料经过锻造变形而得到的工件或毛坯。锻造性能的好坏主要与金属材料的塑性和塑性变形抗力有关。塑性越好，塑性变形抗力越小，金属材料的锻造性能越好。例如，非合金钢的锻造性能较好，铸铁则不能锻造。

（三）焊接性能

焊接性能是指金属材料对焊接加工的适应性，主要指在一定的焊接工艺条件下获得优质焊接接头的难易程度。

生产中经常根据钢材的化学成分判断其焊接性能，其中钢的碳含量对焊接性能的影响最明显。通常把钢中合金元素（包括碳）的含量按其作用换算成碳的相当含量，称为碳当量。碳当量可以作为评定钢材焊接性能的一种参考指标。实践证明，碳当量越高，钢材的焊接性能越差。如低碳钢具有良好的焊接性能，而高碳钢、铸铁的焊接性能较差。

（四）切削加工性能

切削加工性能是指金属材料进行切削加工的难易程度。切削加工性能一般由工件切削后的表面粗糙度、断屑性能及刀具寿命等方面来衡量。影响切削加工性能的因素主要有金属材料的化学成分、组织状态、硬度、塑性和导热性等。一般认为，金属材料具有适当的硬度（160 ~ 230HBW）和足够的脆性时较易切削。所以铸铁比钢的切削加工性能好，一般非合金钢比高合金钢切削加工性能好。

模块二

金属学的基本知识

课题一　金属的晶体结构

任务1　建立晶体结构的模型

任务说明

◎ 通过金属晶体结构物理模型的建立，明确金属晶体结构的描述方法。

技能点

◎ 通过完成本任务，明确科学研究的一种基本方法——建立模型，使复杂问题简捷、清晰、具有可表述性。

知识点

◎ 非晶体、晶体、晶格、晶胞、晶面和晶向等概念。

◎ 晶体与非晶体的比较与转化。

一、任务实施

物质都是由原子（或分子）组成的，原子（或分子）的排列方式和空间分布称为结构。

（一）任务引入

试说明如何建立晶体结构的模型，以便简捷、清晰地表述金属的内部结构。

（二）分析及解决问题

1. 晶体与非晶体

自然界中的固态物质，根据其内部原子或分子的聚集状态不同，可分为晶体与非晶体两大类。

（1）晶体

凡是内部原子或分子在三维空间内按照一定几何规律做周期性的重复排列的物质称为晶体。如雪花、食盐、水晶、天然金刚石、固态金属等都是晶体。

（2）非晶体

凡是内部原子或分子呈无规则堆积的物质称为非晶体。如普通玻璃、松香、石蜡等均为非晶体。

2. 晶体模型的构建及其相关概念

（1）晶格

为了便于描述和理解晶体中原子在三维空间排列的规律性，可以近似地把原子看成是固定不动的刚性小球，则金属晶体就可看成是由刚性小球按一定几何规律紧密排列而成的物质。如图 2–1 所示为晶体中原子排列的模型，此图虽然直观易懂，但不易看清内部原子排列的规律性。为此，通常把刚性小球抽象为几何的点，这些点称为结点或阵点。如果把这些点用平行直线连接起来，就构成几何空间格架，各原子的振动中心就在空间格架的结点上。这种用来表示原子在晶体中排列规律的空间格架就称为结晶格子，简称晶格，如图 2–2a 所示。

图 2–1 晶体中原子排列的模型

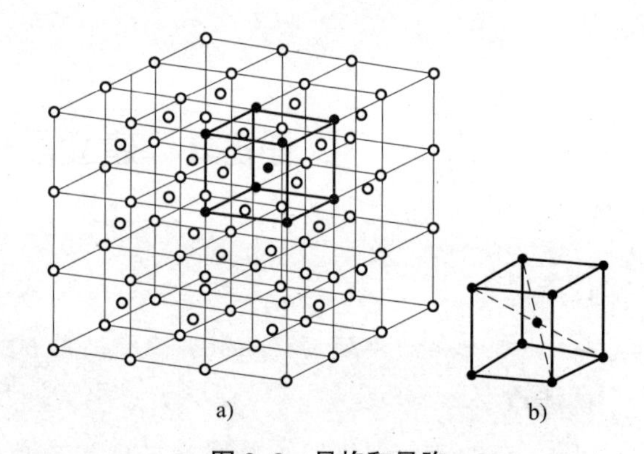

图 2–2 晶格和晶胞

a）晶格 b）晶胞

（2）晶胞

根据晶体中原子排列规律性和周期性的特点，为便于讨论，通常从晶格中选取一个能够完全反映晶格特征的最小几何单元，以表示晶格中原子排列的规律性，这个最小几何单元就称为晶胞，如图 2–2b 所示。显然，晶格是由许多形状、大小相同的晶胞重复堆积而成的。

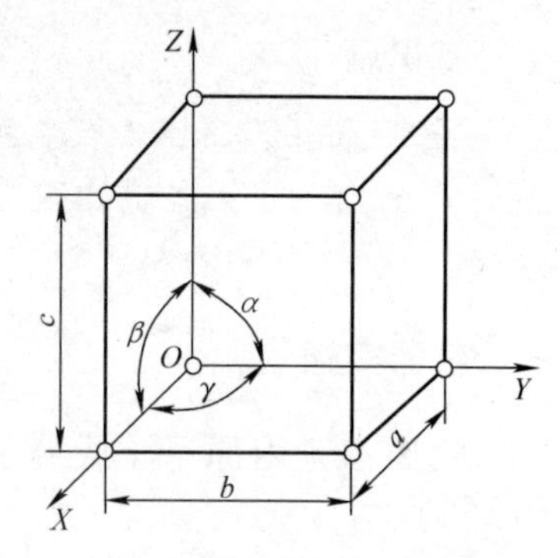

图 2–3 晶格参数表示法

通常取晶胞角上某一结点作为原点，沿其三条棱边作三个坐标轴 X、Y、Z，称为晶轴。常以晶胞棱边的长度 a、b、c 和棱边之间的夹角 α、β、γ 六个参数作为晶格参数，表示晶胞的几何形状和大小，如图 2–3 所示为晶格参数表示法。其中 a、b、c 称为晶格常数，单位为 Å（埃），1 Å =10^{-10} m。而 α、β、γ 称为晶轴间夹角，单位为度（°）。

（3）晶面和晶向

1）晶面。在晶格中由一系列原子中心所构成的平面称为晶面。如图 2–4 所示为立方晶格中的一些晶面。

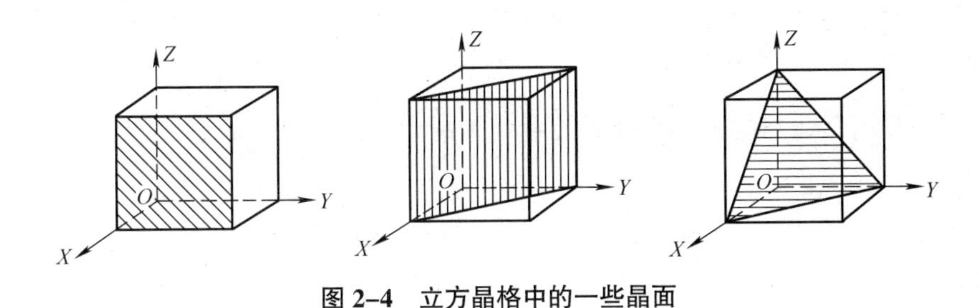

图 2–4　立方晶格中的一些晶面

2）晶向。通过任意两个原子中心并指示出方向的直线称为晶向。晶向可代表晶格空间排列的一定方向，如图 2–5 所示为立方晶格中的几个晶向。

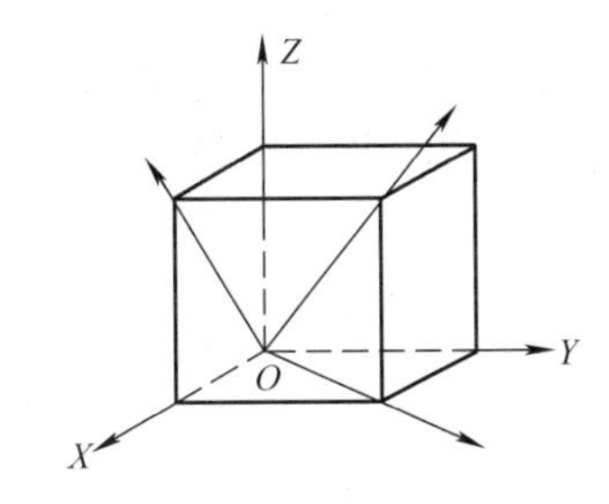

图 2–5　立方晶格中的几个晶向

二、知识链接

（一）晶体与非晶体的比较

1. 自然界中许多晶体往往具有规则的外形，如食盐、水晶、黄铁矿石、天然金刚石等。但是，晶体的外形不一定都是有规则的，这与晶体的形成条件有关，如果条件不具备，其外形也就变得不规则。所以，晶体与非晶体的根本区别在于其内部的原子排列是否有规则。

2. 晶体物质有固定的熔点，当温度升高时，固态晶体将在一定温度下转变为液态。如铁的熔点为 1 538 ℃，铜的熔点为 1 083 ℃，铝的熔点为 660 ℃。而非晶体物质没有固定的熔点，随着温度升高，固态非晶体物质将逐渐变软，最终变为有显著流动性的液体。

3. 由于在同一晶格的不同晶面和晶向上原子排列的疏密程度不同，因此，原子间结合力也就不同，从而导致晶体的性能在不同方向上具有不同数值，这种现象称为晶体的各向异性。而非晶体在各个方向上的原子聚集密度大致相同，因此，就表现出各向同性。

（二）晶体与非晶体的转化

晶体和非晶体虽然有上述区别，但在一定条件下也是可以相互转化的。如非晶态玻璃在高温下长时间加热后可以变为晶态玻璃，即钢化玻璃。而有些金属如从液态快速冷却，也可以制成非晶态金属。同晶态金属相比，非晶态金属有很高的强度和韧性等。

任务 2　认识金属的晶体结构

任务说明

◎ 分析三种典型的理想晶体结构，了解实际金属的晶体结构及其对金属性能的影响。

技能点

◎ 了解金属的晶体结构及其对金属性能的影响。

知识点

◎ 体心立方晶格、面心立方晶格、密排六方晶格的原子排列规律。

◎ 单晶体、多晶体、晶粒、晶界、晶体缺陷的概念。

◎ 金属的晶体结构对金属性能的影响。

任务实施

不同的金属材料具有不同的性能，即使是同一种金属材料，在不同的条件下其性能也是不同的。金属性能的这些差异实质上是其晶体结构的差异造成的。

（一）任务引入

试说明金属晶体结构的差异并分析其内在规律。

（二）分析及解决问题

1. 金属的典型晶格类型

在各种金属元素中，除少数金属具有复杂的晶格外，大多数金属都具有简单的晶格。如体心立方晶格、面心立方晶格和密排六方晶格等类型。

（1）体心立方晶格

1）原子排列规律。体心立方晶格的晶胞是一个立方体，如图 2–6 所示。晶格常数 $a=b=c$，晶轴间夹角 $\alpha=\beta=\gamma=90°$，所以，通常只用一个晶格常数 a 表示即可。在体心立方晶胞的八个顶角和立方体的中心各有一个原子。

2）常见金属。属于这类晶格的金属有 α–Fe（铁）、Cr（铬）、Mo（钼）、W（钨）、V（钒）等。具有这类晶格的金属塑性较好。

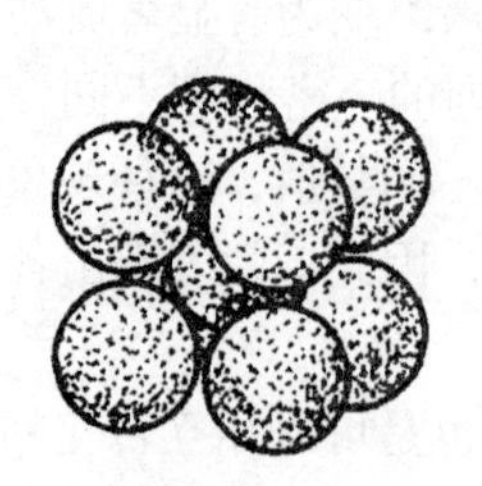

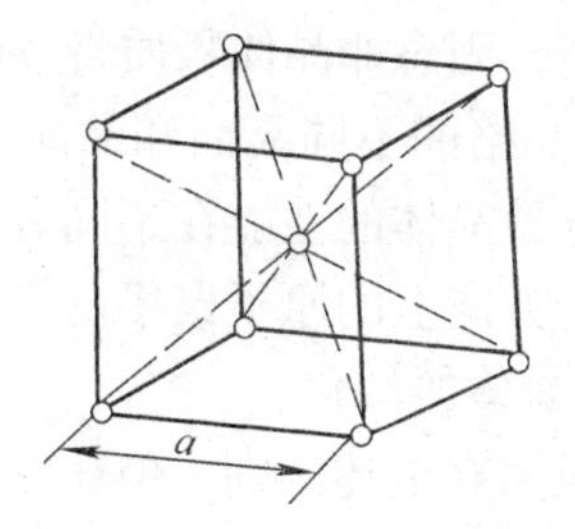

图 2–6　体心立方晶胞

（2）面心立方晶格

1）原子排列规律。面心立方晶格的晶胞也是一个立方体，如图 2-7 所示。这种晶格也只用一个晶格常数 a 表示即可。在面心立方晶胞的八个顶角和六个面的中心各有一个原子。

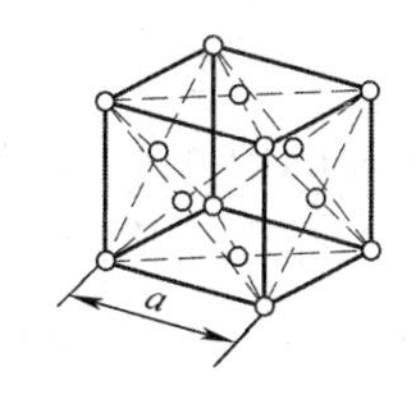

图 2-7 面心立方晶胞

2）常见金属。属于这类晶格的金属有 γ-Fe（铁）、Ni（镍）、Al（铝）、Cu（铜）、Pb（铅）、Au（金）等。这类金属的塑性优于具有体心立方晶格的金属。

（3）密排六方晶格

1）原子排列规律。密排六方晶格的晶胞是一个正六棱柱体，如图 2-8 所示。正六棱柱体是由六个长方形的侧面和与侧面相垂直的两个正六边形的底面构成的，因此，需要用两个晶格常数来表示，即用正六棱柱体底面的边长 a 和柱体的高度 c 来表示。

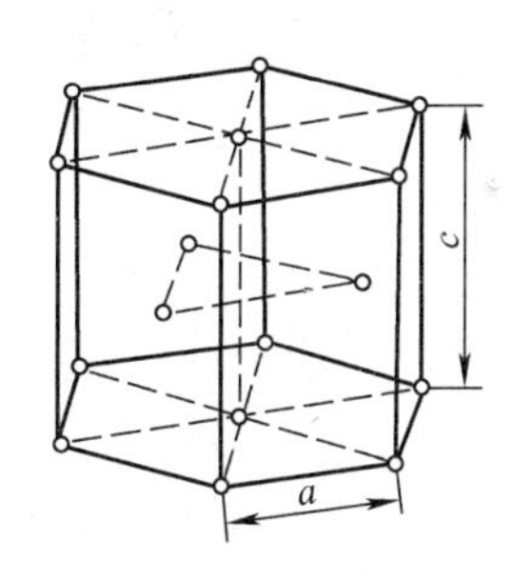

图 2-8 密排六方晶胞

在密排六方晶胞中，除了正六棱柱体的 12 个顶角和上、下两底面中心各有一个原子外，在柱体中间还有 3 个原子。

2）常见金属。属于这类晶格的金属有 Mg（镁）、Zn（锌）、Cd（镉）、Be（铍）等。这类金属一般较脆。

以上所述是晶体结构的理想情况，与实际金属的晶体结构有所不同，因此，有必要进一步了解实际金属的晶体结构。

2. 实际金属的晶体结构

实际金属的晶体结构通常是多晶体，并且存在晶体缺陷。

（1）单晶体和多晶体

1）单晶体。内部的晶格位向（即原子排列的方向）基本一致的晶体称为单晶体。金属的单晶体只能靠特殊的方法制得。

2）多晶体。由许多晶格位向不同的小单晶体组成的晶体称为多晶体，这些位向不同的小单晶体称为晶粒，如图 2–9 所示为多晶体示意图。晶粒的外形呈多面体颗粒状，相邻晶粒之间的界面称为晶界。实际使用的金属材料绝大多数是多晶体。另外，在晶粒内部实际上也不是理想的规则排列，而是由于结晶或其他工艺条件等的影响，也存在着晶体缺陷。

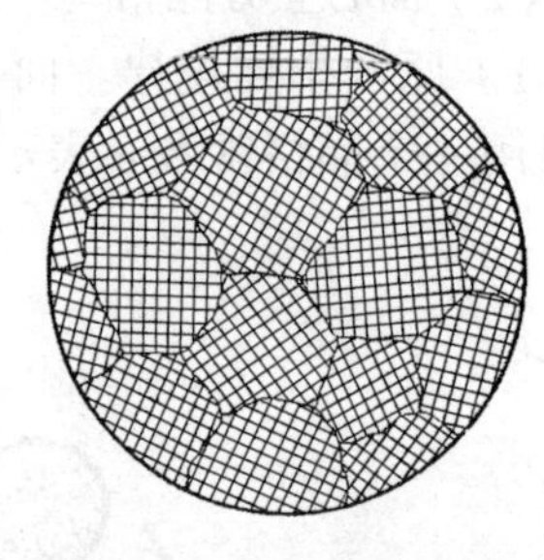

图 2–9　多晶体示意图

在多晶体中，各晶粒的位向不同。由于晶粒的性能在各个方向上相互影响，再加上晶界的作用，就完全掩盖了每个晶粒的各向异性。故测出多晶体的性能在各个方向上几乎相等，显示出各向同性的性质，也称为“伪各向同性”。

（2）晶体缺陷

实际金属晶体中出现的各种不规则原子排列的现象称为晶体缺陷。根据晶体缺陷的几何形态特征，可将它们分为点缺陷、线缺陷和面缺陷三大类。在晶体缺陷处原子排列不规则，使晶格发生畸变，从而使金属的性能发生改变，如强度、硬度和电阻增加。

任务 3　认识合金的晶体结构

任务说明

◎ 分析合金的晶体结构及其性能特点。

技能点

◎ 掌握合金的晶体结构及其性能特点。

知识点

◎ 合金、组元、相、组织等基本概念。

◎ 合金的晶体结构及其性能特点。

任务实施

纯金属虽然得到一定的应用，但它的强度、硬度一般都较低，而且价格较高，在使用上受到很大的限制。所以工业生产中应用最广泛的是各种合金。

（一）任务引入

什么是合金？与合金相关的基本概念有哪些？合金的晶体结构和性能有哪些特点？

（二）分析及解决问题

1. 基本概念

（1）合金

合金是指由两种或两种以上的金属元素或金属元素与非金属元素组成的具有金属特性的

物质。例如，普通黄铜是由铜和锌两种金属元素组成的合金，超硬铝合金是由铝、锌、镁、铜组成的合金。

（2）组元

组成合金的最基本的独立物质称为组元。一般来说，组元就是组成合金的元素，如普通黄铜的组元是铜和锌。但有时合金中的稳定化合物也可视为组元，如铁碳合金中的渗碳体（Fe_3C）。根据组元数目的多少，合金可分为二元合金、三元合金和多元合金。例如，普通黄铜就是由两个组元组成的二元合金。

（3）合金系

当组元不变，而组元比例发生变化时，可以得到一系列不同成分的合金，称为合金系。例如，铜—锌二元合金系就是指由 Cu 和 Zn 两个组元组成的一系列不同成分的合金。

（4）相

合金中化学成分、结构及性能相同的均匀部分称为相，不同的相之间有明显的界面。

（5）组织

合金的组织是指合金中不同种类、形状、大小、数量和分布方式的相，相互组合而成的综合体，组织是通过金相分析的方法观察到的。组织可由单相组成，也可由两个或两个以上的相组成。只由一种相组成的组织称为单相组织，由两种或两种以上的相组成的组织称为两相或多相组织。

合金的性能一般由组成合金各相的成分、结构、形态、性能及各相的组合情况共同决定。

2. 合金的相

固态合金的相可分为固溶体和金属化合物两大类。

（1）固溶体

合金在固态下，组元间仍能互相溶解而形成的均匀相称为固溶体。组元中一般含量多者为溶剂，含量少者为溶质。固溶体仍然保持溶剂的晶格类型，溶质原子则分布在溶剂晶格之中。溶入的溶质数量越多，说明固溶体的溶解度越大。

根据溶质原子在溶剂晶格中所处位置的不同，固溶体可分为置换固溶体和间隙固溶体两类。

1）置换固溶体。溶质原子代替部分溶剂原子，占据溶剂晶格中的某些结点位置而形成的固溶体称为置换固溶体，其结构示意图如图 2–10 所示。在置换固溶体中，溶质在溶剂中的溶解度主要取决于两者原子半径的差别、在化学元素周期表中的位置及晶格类型等。一般来说，若两者晶格类型相同、原子半径差别小、在化学元素周期表中位置近，则溶解度大，甚至可以形成无限固溶体。如铁和铬、铜和镍便能形成无限固溶体。反之，则溶解度小，只能形成有限固溶体。有限固溶体的溶解度与温度有密切关系，一般温度越高，溶解度越大。

2）间隙固溶体。溶质原子分布于溶剂晶格间隙之中而形成的固溶体称为间隙固溶体，其结构示意图如图 2–11 所示。由于溶剂晶格的间隙尺寸很小，故能够形成间隙固溶体的溶质原子通常都是一些原子半径小于 1 Å的非金属元素。例如 C（0.77 Å）、N（0.71 Å）、B（0.97 Å）等非金属元素溶入铁中形成的固溶体即属于这种类型。由于溶剂晶格的间隙有限，所以间隙固溶体能溶解的溶质原子数量也是有限的。

溶质原子对晶格畸变影响的示意图如图 2–12 所示，在固溶体中由于溶质原子的溶入而使溶剂晶格发生畸变，从而使合金对塑性变形的抗力增加。这种通过溶入溶质元素形成固溶体而使金属材料强度、硬度提高的现象称为固溶强化。固溶强化是提高金属材料力学性能的重要途径之一。

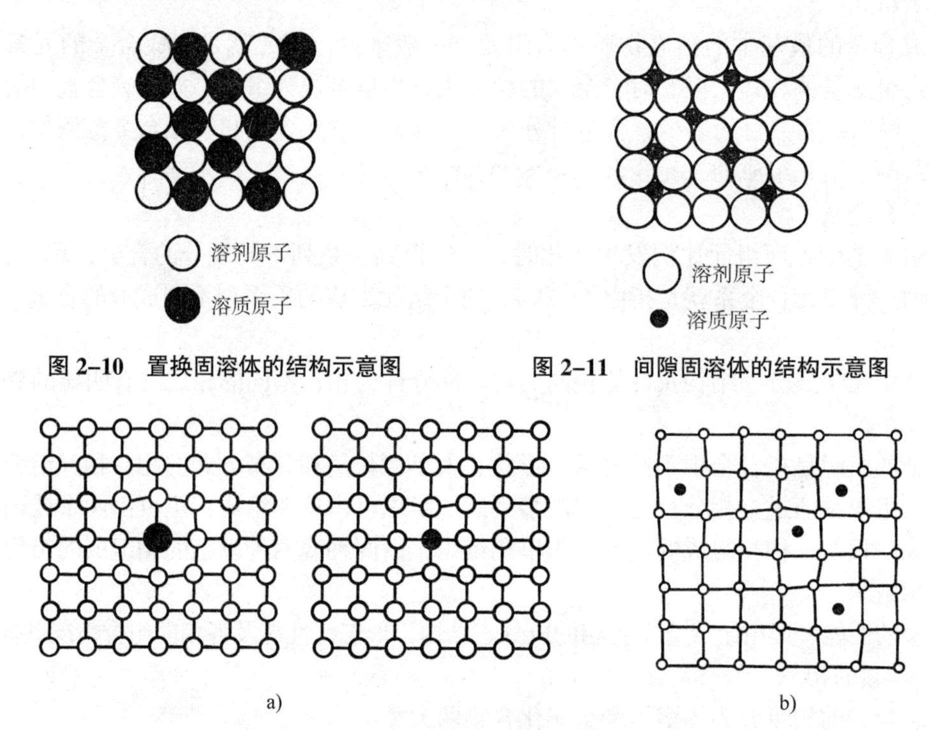

图 2–10　置换固溶体的结构示意图

图 2–11　间隙固溶体的结构示意图

图 2–12　溶质原子对晶格畸变影响的示意图

a）置换固溶体　b）间隙固溶体

（2）金属化合物

合金组元间发生相互作用而形成一种具有金属特性的物质称为金属化合物。金属化合物的组成一般可用分子式来表示。金属化合物的晶格类型不同于任一组元，其性能特点是熔点较高、硬而脆。当合金中出现金属化合物时，通常能提高合金的硬度和耐磨性，但塑性和韧性会降低。以金属化合物作为强化相强化金属材料的方法称为第二相强化。

工业用合金的组织仅由金属化合物一相组成的情况是极少见的。绝大多数合金的组织都是固溶体与少量金属化合物组成的混合物。通过调整固溶体中溶质含量和金属化合物的数量、大小、形态及分布状况，可以使合金的力学性能在较大范围内变动，以满足工程上不同的使用要求。

课题二 纯金属的结晶

任务 分析纯金属的结晶过程

任务说明

◎ 通过纯金属结晶过程的分析，了解金属的结晶过程及规律，明确金属的晶粒大小对力学性能的影响，掌握生产中细化晶粒的方法。

技能点

◎ 晶粒大小对力学性能的影响及细化晶粒的方法。

知识点

◎ 纯金属的结晶过程。

◎ 晶粒大小的控制方法。

◎ 金属的同素异构转变。

一、任务实施

物质从液态到固态的转变过程称为凝固，如果通过凝固形成晶体，则称为结晶。在实际生产中，了解结晶的过程及其规律，对于控制材料内部组织和性能是十分重要的。

（一）任务引入

分析纯金属的结晶过程和规律以及生产中晶粒大小的控制方法。

（二）分析及解决问题

1. 纯金属的冷却曲线及过冷度

用热分析法对纯金属的结晶过程进行分析研究，可绘制出如图 2–13 所示的纯金属结晶时的冷却曲线。由图可见，液态金属随着冷却时间的延长，它所含的热量不断向外散失，温度不断下降。当液态金属冷却到理论结晶温度 T_0 时并不开始凝固，而是冷却到 T_0 以下某一温度 T_n 时才开始结晶。在结晶过程中，由于释放结晶潜热而补偿了冷却时散失的热量，使结晶温度并不随时间的延长而下降，在冷却曲线上出现了“平台”。结晶终了后，温度又继续下降。

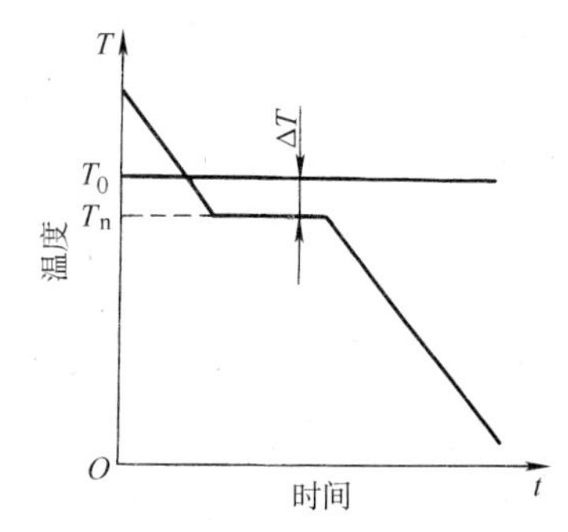

图 2–13 纯金属结晶时的冷却曲线

通常把金属在无限缓慢冷却条件下结晶的温度称为理论结晶温度，用 T_0 表示。从冷却曲线可知，金属

的实际结晶温度 T_n 总是低于理论结晶温度 T_0，这种现象称为过冷现象。理论结晶温度 T_0 和实际结晶温度 T_n 之差（$\Delta T=T_0-T_n$）称为过冷度。金属结晶时过冷度的大小与冷却速度有关。冷却速度越快，金属的实际结晶温度越低，过冷度也就越大。

2. 纯金属的结晶过程

如图 2–14 所示为纯金属结晶过程示意图。在一定过冷度的条件下，从液态金属中首先形成一些微小而稳定的小晶体，然后以它为核心逐渐长大。这种作为结晶核心的微小晶体称为晶核。在晶核长大的同时，液态金属中又不断产生新的晶核并不断长大，直到它们互相接触，液态金属完全消失为止。因此，结晶过程是晶核的形成与长大的过程。在结晶完成后，每个晶核都成长为一个外形不规则的晶粒。

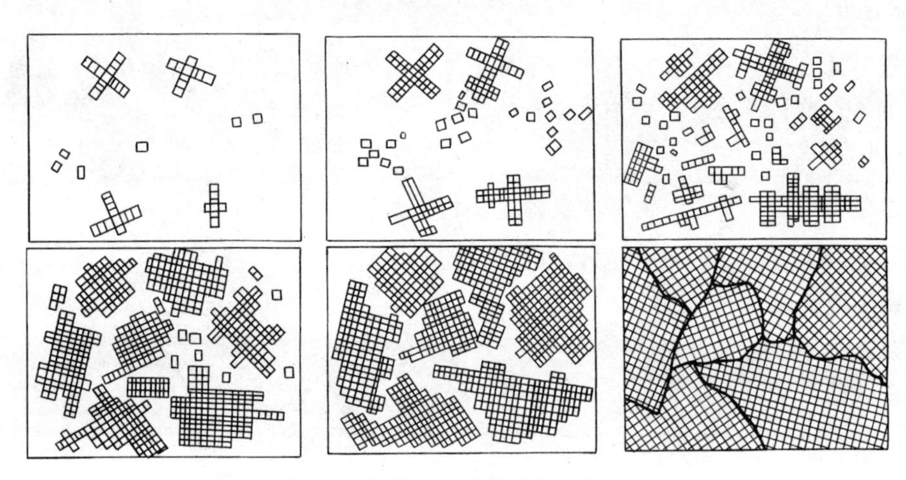

图 2–14　纯金属结晶过程示意图

3. 金属结晶后的晶粒大小

（1）晶粒大小对力学性能的影响

金属的晶粒大小对其力学性能有很大的影响。在常温下，金属的晶粒越细小，其强度、硬度越高，塑性、韧性越好。因此，生产中通常希望获得细小晶粒的金属。晶粒大小对纯铁力学性能的影响见表 2–1。

表 2–1　晶粒大小对纯铁力学性能的影响

晶粒平均直径 /μm	R_m/MPa	R_{eL}/MPa	A/%
70	184	34	30.6
25	216	45	39.5
2.0	268	58	48.8
1.6	270	66	50.7

工业上把利用细化晶粒来强化金属材料的方法称为细晶强化。

（2）晶粒大小的控制

为了提高金属的力学性能，必须控制金属结晶后的晶粒大小。通过对结晶过程的分析可知，金属晶粒的大小取决于结晶时的形核率（单位时间、单位体积内所形成的晶核数目）与晶核的长大速度。形核率越高、长大速度越慢，则结晶后的晶粒越细小。生产中常用的细化晶粒方法有以下几种。

1）增加过冷度。如图 2–15 所示为形核率和长大速度的关系，金属的形核率 N 和长大速度 v 均随过冷度而发生变化，但两者变化速率并不相同，在很大范围内形核率比晶核长大速度增长更快，因此，增加过冷度能使晶粒细化。

在实际生产中，加快液态金属的冷却速度从而增加过冷度的主要方法有：降低浇注温度从而降低铸型温度；采用导热性好的金属铸型等。这种方法只适用于中、小型铸件，对于大型铸件则需要采用其他方法使晶粒细化。

2）变质处理。在浇注前向液态金属中加入某种物质（称为变质剂或孕育剂），使它分散在金属液中作为人工晶核，可使晶核数量显著增加，或者降低晶核的长大速度，这种细化晶粒的方法称为变质处理。对于大型铸件或厚壁铸件，要获得较快的冷却速度是很困难的，故要得到细晶粒铸件可进行变质处理。例如，往钢液中加入钛、锆、铝等，往铸铁液中加入硅铁、硅钙等均能起到细化晶粒的作用。

3）振动处理。在结晶时，对金属液加以机械振动、超声波振动和电磁振动等，一方面外加能量能促进形核，另一方面使晶体在长大过程中不断被振碎，碎晶块又可作为新的晶核，从而提供更多的结晶核心，达到细化晶粒的目的。

二、知识链接

有些金属在固态下存在着两种或两种以上的晶格类型，这类金属在冷却或加热过程中，随着温度的变化，其晶格类型也要发生变化。

（一）金属的同素异构转变

金属在固态下，随温度的改变由一种晶格转变为另一种晶格的现象称为同素异构转变。具有同素异构转变特性的金属有铁、钴、钛、锡、锰等。由于同素异构转变所得到的不同晶格的晶体称为该金属的同素异晶体。

（二）纯铁的同素异构转变

铁是典型的具有同素异构转变特性的金属。如图 2–16 所示为纯铁的冷却曲线，由图可见，液态纯铁在 1 538 ℃进行结晶，得到具有体心立方晶格的 δ–Fe，继续冷却到 1 394 ℃时发生同素异构转变，δ–Fe 转变为面心立方晶格的 γ–Fe，再冷却到 912 ℃时又发生同素异构转变，γ–Fe 转变为体心立方晶格的 α–Fe。如再继续冷却到室温，晶格的类型不再发生变化。纯铁的同素异构转变可以用下式表示：

$$\underset{(\text{体心立方晶格})}{\delta\text{-Fe}} \xrightleftharpoons{1\,394\ ℃} \underset{(\text{面心立方晶格})}{\gamma\text{-Fe}} \xrightleftharpoons{912\ ℃} \underset{(\text{体心立方晶格})}{\alpha\text{-Fe}}$$

此外，由图 2–16 可看出，在 770 ℃时出现了一个平台，该温度下纯铁的晶格没有发生变化，因此，它不是同素异构转变，该点是纯铁的磁性转变点（居里点）。同素异构转变不仅存在于纯铁中，而且存在于以铁为基本元素的钢铁材料中。这是钢铁材料性能各异、用途广泛，并能通过热处理进一步改善其组织和性能的重要因素。

金属发生同素异构转变时其原子要重新排列，所以它实质上是固态下的结晶过程。为了将这种固态下进行的转变与液态结晶相区别，所以又称为重结晶。金属的同素异构转变同样遵循着结晶的一般规律，例如，转变时需要过冷，转变过程也是由晶核的形成和晶核的长大来完成的。

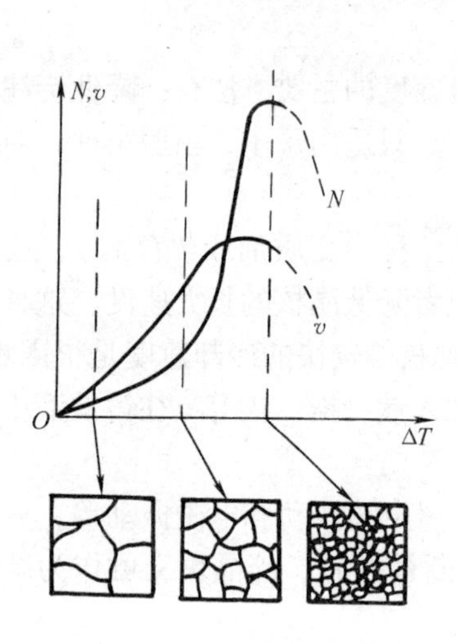

图 2–15　形核率和长大速度的关系

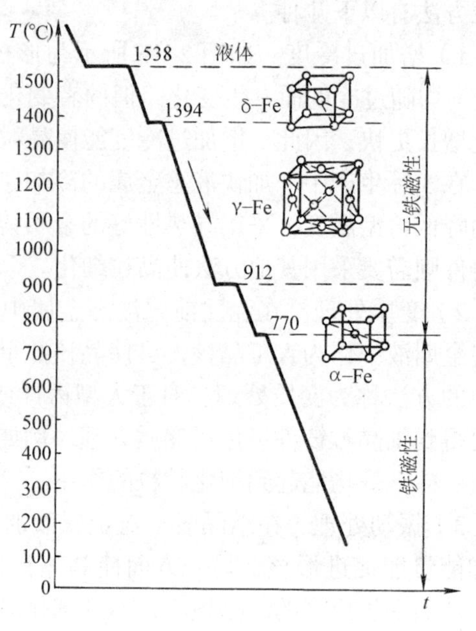

图 2–16　纯铁的冷却曲线

课题三　铁碳合金的基本组织

任务　分析铁碳合金的基本组织

任务说明

◎ 分析铁碳合金的基本组织，明确铁碳合金基本组织的性能特点。

技能点

◎ 掌握铁碳合金的基本组织及其性能特点。

知识点

◎ 铁碳合金的基本组织。

◎ 铁碳合金基本组织的性能特点。

一、任务实施

钢铁材料是机械制造工业中应用最广泛的金属材料，它们都是以铁和碳两种元素为主要元素的合金。若钢铁材料的碳含量不同，其组织和性能也不相同，用途也就不同。

（一）任务引入

分析铁碳合金的基本组织，并说明哪些是单相组织，哪些是两相组织，哪些是固溶体，哪些是金属化合物。

（二）分析及解决问题

铁碳合金的基本组织有铁素体、奥氏体、渗碳体、珠光体和莱氏体。其中铁素体、奥氏体、渗碳体为单相组织，即铁碳合金的基本相；珠光体和莱氏体为两相组织。铁素体、奥氏体为固溶体，渗碳体为金属化合物。

二、知识链接

（一）铁素体

碳溶解在 α-Fe 中形成的间隙固溶体称为铁素体，用符号 F 表示，其模型如图 2-17 所示。由于 α-Fe 是体心立方晶格，晶格间隙较小，因而碳在 α-Fe 中的溶解度很小。在 727 ℃时，α-Fe 中的最大溶碳量仅为 0.021 8%，随着温度的降低，α-Fe 中的溶碳量逐渐减小，在室温时碳的溶解度几乎等于零。

铁素体的性能与纯铁相似，即具有良好的塑性和韧性，但强度和硬度较低。铁素体在 770 ℃以下具有铁磁性，在 770 ℃以上则失去铁磁性。

铁素体的显微组织呈明亮的多边形晶粒状，如图 2-18 所示。

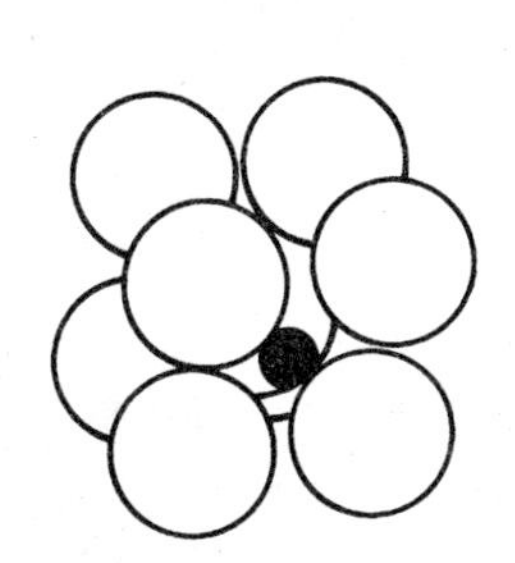

图 2-17　铁素体的模型

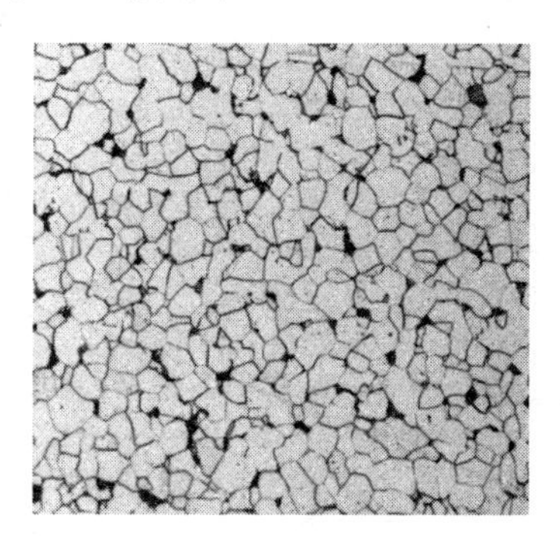

图 2-18　铁素体的显微组织

（二）奥氏体

碳溶解在 γ-Fe 中形成的间隙固溶体称为奥氏体，用符号 A 表示，其模型如图 2-19a 所示。由于 γ-Fe 是面心立方晶格，晶格的间隙较大，故奥氏体的溶碳能力较强。在 1 148 ℃时溶碳量可达 2.11%，随着温度的降低，溶解度逐渐减小，在 727 ℃时溶碳量为 0.77% 奥氏体的显微组织如图 2-19b 所示。

奥氏体的性能与其溶碳量及晶粒大小有关，一般强度和硬度不高，但具有良好的塑性，是绝大多数钢在高温锻造和轧制时所要求的组织。

（三）渗碳体

渗碳体是铁与碳形成的金属化合物，其碳含量为 6.69%[①]，分子式为 Fe_3C。渗碳体

① 本书所涉及的碳及其他合金元素的含量均为质量分数，用“w”表示，如 w_C=6.69%。

具有复杂的斜方晶体结构，与铁和碳的晶体结构完全不同，如图 2-20 所示。渗碳体的熔点为 1 227 ℃，硬度很高，塑性极差，断后伸长率和冲击韧度几乎为零，是一个硬而脆的相。

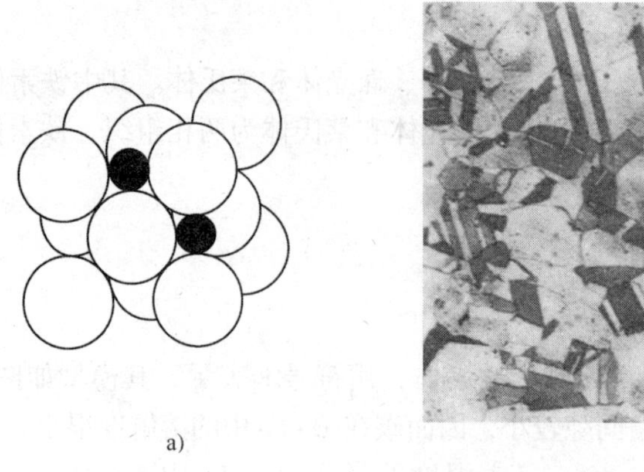

图 2-19 奥氏体

a）奥氏体的模型 b）奥氏体的显微组织

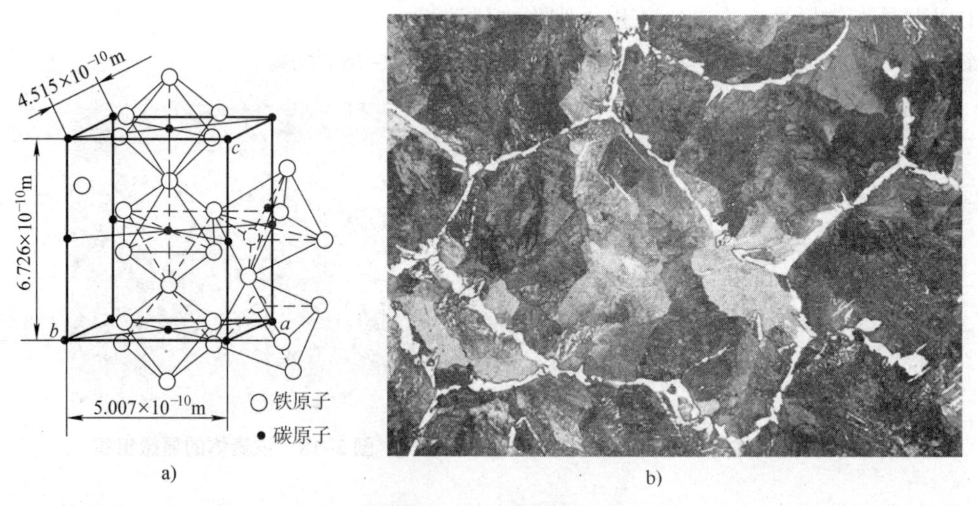

图 2-20 渗碳体

a）晶胞示意图 b）渗碳体的显微组织

渗碳体在适当条件下（如高温长期停留或缓慢冷却）能分解为铁和石墨，这对铸铁具有重要的意义。

（四）珠光体

珠光体是铁素体和渗碳体的混合物，用符号 P 表示。它是渗碳体和铁素体片层相间、交替排列形成的混合物，其显微组织如图 2-21 所示。

在缓慢冷却条件下，珠光体的碳含量为 0.77%。由于珠光体是由硬的渗碳体和软的铁素体组成的混合物，所以其性能介于两组成相的性能之间，故珠光体的强度较高，硬度适中，具有一定的塑性。

（五）莱氏体

莱氏体是碳含量为4.3%的铁碳合金，是在1 148 ℃时从液相中同时结晶出的奥氏体和渗碳体的混合物，用符号Ld表示。由于奥氏体在727 ℃时还将转变为珠光体，所以，在室温下的莱氏体由珠光体和渗碳体组成，这种混合物称为低温莱氏体，用符号L′d来表示。莱氏体的力学性能和渗碳体相似，硬度很高，塑性极差，其显微组织如图2–22所示。

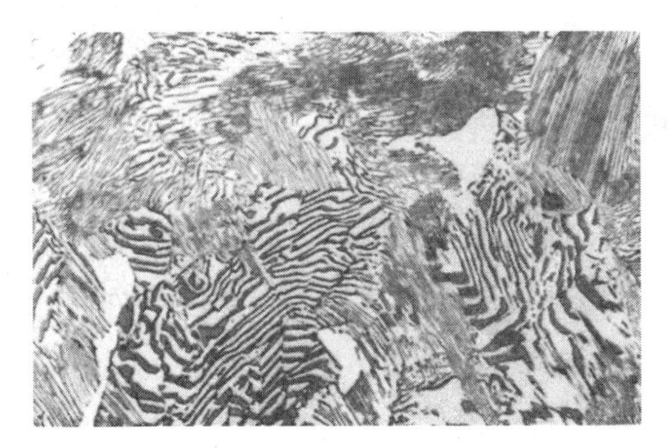

图2–21 珠光体的显微组织

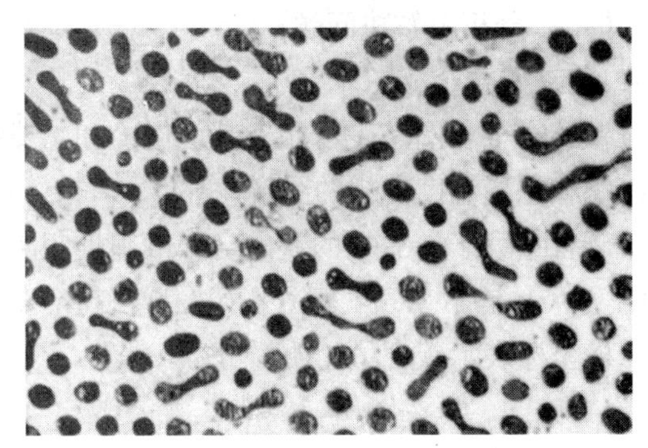

图2–22 低温莱氏体的显微组织

课题四 铁碳合金相图

任务1 分析铁碳合金相图

任务说明

◎ 分析铁碳合金相图中特性点和特性线的含义及各相区的组织。

技能点

◎ 掌握铁碳合金相图中特性点和特性线的含义及各相区的组织。

知识点

◎ 铁碳合金相图的概念。

◎ 铁碳合金相图中特性点和特性线的含义及各相区的组织。

◎ 铁碳合金的分类及室温时的组织。

任务实施

铁碳合金相图可以帮助我们全面地了解其基本组织随成分和温度变化的规律，因此，我们要能够看懂铁碳合金相图。

（一）任务引入

根据铁碳合金相图分析特性点和特性线的含义，并说明各相区的组织及铁碳合金的分类。

（二）分析及解决问题

1．铁碳合金相图

铁碳合金相图是表示在极其缓慢冷却（或极其缓慢加热）的条件下，不同成分铁碳合金的组织状态随温度变化的图解。

碳含量大于 6.69% 的铁碳合金的脆性很大，没有实用价值，因此，一般所说的铁碳合金相图实际上是 $Fe-Fe_3C$ 相图。如图 2–23 所示为简化后的 $Fe-Fe_3C$ 相图，图中纵坐标表示温度，横坐标表示碳含量（质量分数）。

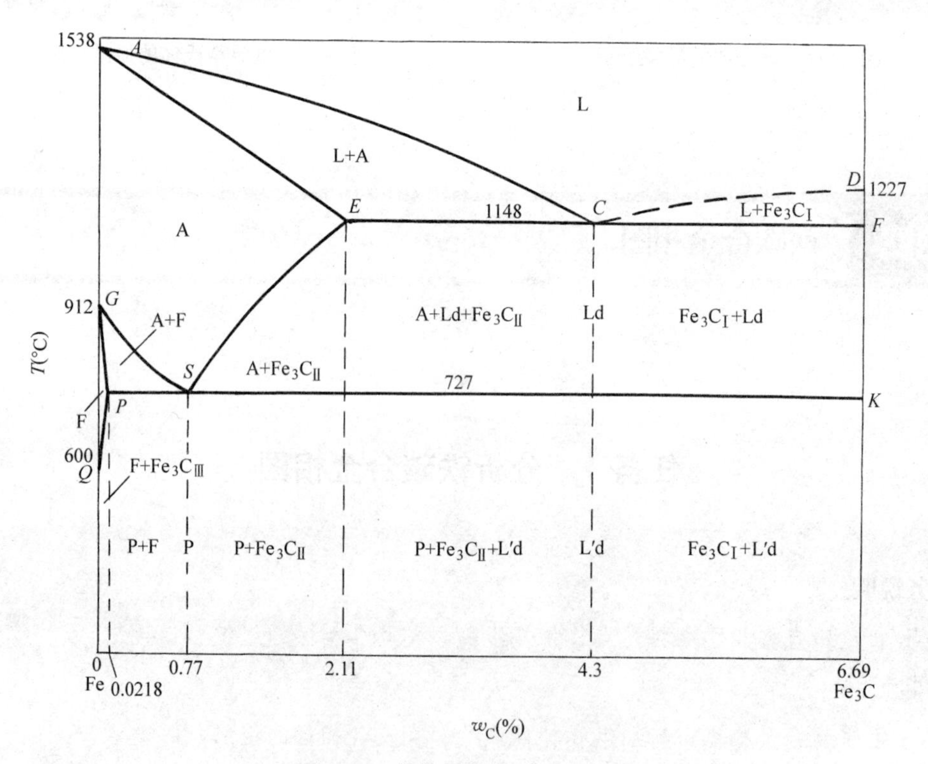

图 2–23 简化后的 $Fe-Fe_3C$ 相图

2．铁碳合金相图中特性点和特性线的含义

（1）$Fe-Fe_3C$ 相图中的特性点及其含义见表 2–2。

（2）$Fe-Fe_3C$ 相图中的特性线及其含义

在 $Fe-Fe_3C$ 相图上，有若干合金状态的分界线，它们是不同成分合金具有相同含义的临界点的连线。几条主要特性线的含义如下：

表 2-2　　Fe-Fe_3C 相图中的特性点及其含义

点的符号	温度 /℃	w_C/%	含　义
A	1 538	0	纯铁的熔点
C	1 148	4.3	共晶点
D	1 227	6.69	渗碳体的熔点
E	1 148	2.11	碳在 γ-Fe 中的最大溶解度点
G	912	0	纯铁的同素异构转变点，$\alpha\text{-Fe} \xrightleftharpoons{912\ ℃} \gamma\text{-Fe}$
P	727	0.021 8	碳在 α-Fe 中的最大溶解度点
S	727	0.77	共析点
Q	600	0.005 7	600 ℃时碳在 α-Fe 中的溶解度

1）*ACD* 线（液相线）。此线以上区域全部为液相，用 L 来表示。液态合金冷却到此线开始结晶，在 *AC* 线以下从液相中结晶出奥氏体，在 *CD* 线以下结晶出渗碳体。

2）*AECF* 线（固相线）。液态合金冷却到此线全部结晶为固态，此线以下为固相区。

液相线与固相线之间为液态合金的结晶区域。这个区域内液态合金与固相共存，*AEC* 区域内为液态合金与奥氏体，*CDF* 区域内为液态合金与渗碳体。

3）*GS* 线。此线是冷却时从奥氏体中析出铁素体的开始线（或加热时铁素体转变成奥氏体的终了线），用符号 A_3 表示。奥氏体向铁素体的转变是铁发生同素异构转变的结果。

4）*ES* 线。此线是碳在奥氏体中的饱和溶解度曲线（固溶线），用符号 A_{cm} 表示。在 1 148 ℃时，碳在奥氏体中的溶解度为最大溶解度 2.11%（即 *E* 点的碳含量），在 727 ℃时降到 0.77%（即 *S* 点的碳含量）。从 1 148 ℃缓慢冷却到 727 ℃的过程中，由于碳在奥氏体中的溶解度减小，多余的碳将以渗碳体的形式从奥氏体中析出。为了区别自液态合金中直接结晶出的渗碳体（称为一次渗碳体），将奥氏体中析出的渗碳体称为二次渗碳体（$Fe_3C_{Ⅱ}$）。

5）*PQ* 线。此线是碳在铁素体中的饱和溶解度曲线（固溶线）。碳在铁素体中的溶解度在 727 ℃时达到最大，w_C=0.021 8%，当温度下降时，铁素体的碳含量逐渐降低，将会从铁素体中析出渗碳体，称为三次渗碳体（$Fe_3C_{Ⅲ}$）。由于 $Fe_3C_{Ⅲ}$数量极少，故一般在讨论中予以忽略。

6）*ECF* 线（共晶转变线）。当液态合金冷却到此线时（1 148 ℃），将发生共晶转变，从液态合金中同时结晶出奥氏体和渗碳体的混合物，即莱氏体（Ld）。一定成分的液态合金在某一恒温下同时结晶出两种固相的转变称为共晶转变。铁碳合金共晶转变的表达式为：

$$\mathrm{Ld} \xrightleftharpoons{1\ 148\ ℃} (\mathrm{A}+\mathrm{Fe_3C})$$

7）*PSK* 线（共析转变线）。常用符号 A_1 表示。当合金冷却到此线时（727 ℃），将发生共析转变，从奥氏体中同时析出铁素体和渗碳体的混合物，即珠光体（P）。一定成分的固溶体在某一恒温下同时析出两种固相的转变称为共析转变。铁碳合金共析转变的表达式为：

$$\mathrm{A_S} \xrightleftharpoons{727\ ℃} (\mathrm{F}+\mathrm{Fe_3C})$$

Fe-Fe_3C 相图中的特性线及其含义见表 2-3。

表 2-3　$Fe-Fe_3C$ 相图中的特性线及其含义

特性线	含　义
ACD	液相线
AECF	固相线
GS	冷却时，奥氏体向铁素体转变的开始线（A_3 线）
ES	碳在奥氏体中的饱和溶解度曲线（A_{cm} 线）
PQ	碳在铁素体中的饱和溶解度曲线
ECF	共晶转变线，$Ld \xrightleftharpoons{1\,148\ ℃} (A+Fe_3C)$
PSK	共析转变线，$A_S \xrightleftharpoons{727\ ℃} (F+Fe_3C)$

（3）铁碳合金的分类及其室温组织

根据铁碳合金的碳含量及室温组织不同，可将铁碳合金相图中所有合金分为以下几类：

1）工业纯铁。碳含量小于 0.021 8% 的铁碳合金称为工业纯铁，其室温组织是铁素体。

2）钢。碳含量为 0.021 8% ~ 2.11% 的铁碳合金称为钢。根据其碳含量及室温组织的不同，又可分为：

①亚共析钢。$0.021\,8\% \leqslant w_C<0.77\%$，室温组织是铁素体和珠光体。

②共析钢。$w_C=0.77\%$，室温组织是珠光体。

③过共析钢。$0.77\%<w_C \leqslant 2.11\%$，室温组织是珠光体和二次渗碳体。

3）白口铸铁。碳含量为 2.11% ~ 6.69% 的铁碳合金称为白口铸铁。根据其碳含量及室温组织的不同，又可分为：

①亚共晶白口铸铁。$2.11\%<w_C<4.3\%$，室温组织是珠光体、二次渗碳体和低温莱氏体。

②共晶白口铸铁。$w_C=4.3\%$，室温组织是低温莱氏体。

③过共晶白口铸铁。$4.3\%<w_C<6.69\%$，室温组织是一次渗碳体和低温莱氏体。

任务 2　应用相图分析铁碳合金的组织转变

任务说明

◎ 通过对铁碳合金结晶过程的分析，明确各种铁碳合金的结晶过程和规律，能用文字或冷却曲线表达铁碳合金的结晶过程。

技能点

◎ 运用铁碳合金相图分析铁碳合金的结晶过程。

知识点

◎ 铁碳合金结晶过程的分析。

任务实施

明确了铁碳合金相图中的特性点和特性线的含义以及各相区的组织，就可以根据相图分析铁碳合金的化学成分、温度和组织状态之间的变化规律，由此可以进一步了解铁碳合金性能的变化规律。这对于实际生产具有非常重要的指导作用。

（一）任务引入

应用铁碳合金相图分析铁碳合金的结晶过程和组织的变化规律。

（二）分析及解决问题

下面以典型的铁碳合金为例，分析它们的结晶过程及组织转变，典型铁碳合金在 Fe–Fe_3C 相图中的位置如图 2–24 所示。

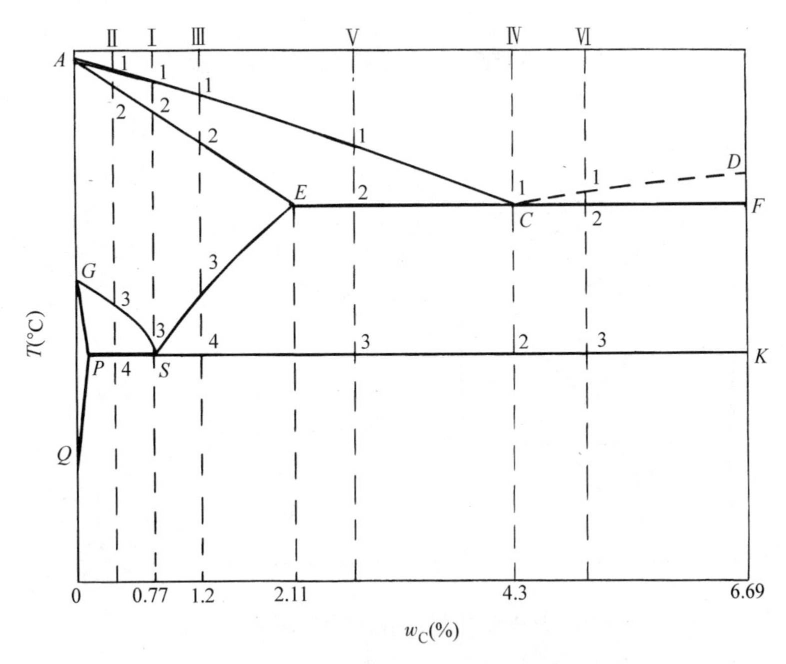

图 2–24 典型铁碳合金在 Fe–Fe_3C 相图中的位置

1．共析钢（w_C=0.77%）

图 2–24 中合金Ⅰ为 w_C=0.77% 的共析钢，其冷却曲线及室温组织示意图如图 2–25 所示。

当液态合金冷却到与 *AC* 线相交的 1 点时，开始从液相中结晶出奥氏体（A），到 2 点时液态合金结晶终了，此时合金全部由奥氏体组成。在 2 点到 3 点间，组织不发生变化。当合金冷却到 3 点时奥氏体发生共析转变：$A_S \xrightleftharpoons{727\ ℃} (F+Fe_3C)$，从奥氏体中同时析出铁素体和渗碳体的混合物，即珠光体。温度再继续下降，组织基本上不发生变化。共析钢在室温时的组织是珠光体（其显微组织见图 2–21）。

2．亚共析钢

图 2–24 中合金Ⅱ为 w_C=0.45% 的亚共析钢，其冷却曲线及室温组织示意图如图 2–26 所示。

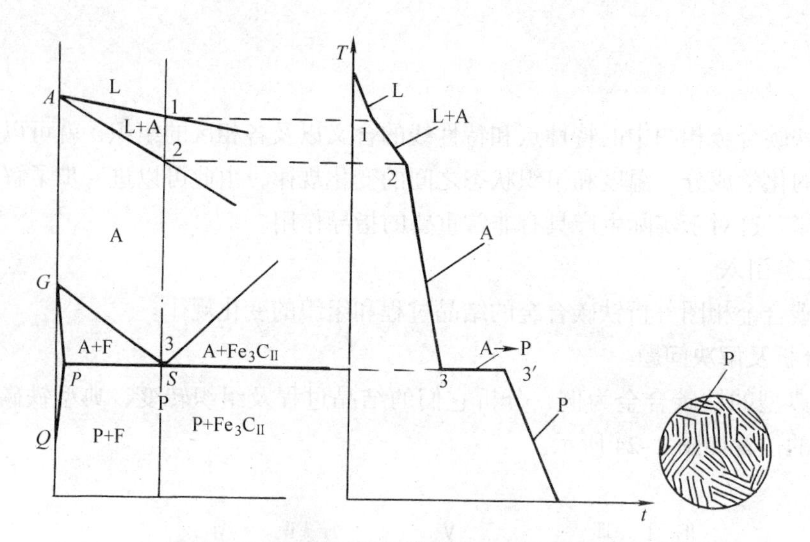

图 2–25　共析钢的冷却曲线及室温组织示意图

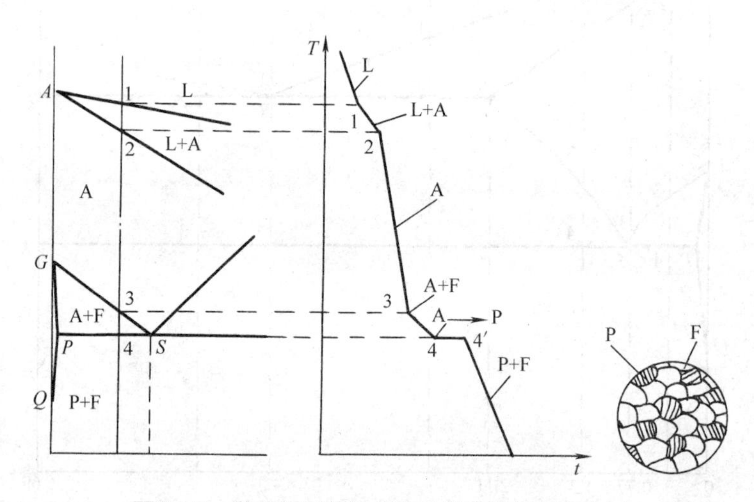

图 2–26　亚共析钢的冷却曲线及室温组织示意图

液态合金冷却到 1 点时开始结晶出奥氏体，到 2 点时结晶完毕，2 点到 3 点间为单相奥氏体组织，当冷却到与 *GS* 线相交的 3 点时，从奥氏体中开始析出铁素体。由于 α–Fe 只能溶解很少量的碳，所以合金中大部分碳留在奥氏体中而使其碳含量增加。随着温度下降，析出的铁素体量增多，剩余的奥氏体量减少，而奥氏体的碳含量沿 *GS* 线增加。当温度降至与 *PSK* 线相交的 4 点时，奥氏体的碳含量达到 0.77%，此时剩余奥氏体发生共析转变，转变成珠光体。4 点以下至室温，合金组织基本上不发生变化。亚共析钢的室温组织由珠光体和铁素体组成。碳含量不同时，珠光体和铁素体的相对含量也不同，碳含量越多，钢中的珠光体数量越多。亚共析钢的典型显微组织如图 2–27 所示。

3．过共析钢

图 2–24 中合金Ⅲ为 w_C=1.2% 的过共析钢，其冷却曲线及室温组织示意图如图 2–28 所示。液态合金冷却到 1 点时，开始结晶出奥氏体，到 2 点结晶完毕。2 点到 3 点间为单相奥氏体。当合金冷却到与 *ES* 线相交的 3 点时，奥氏体中的碳含量达到饱和。继续冷却时，由

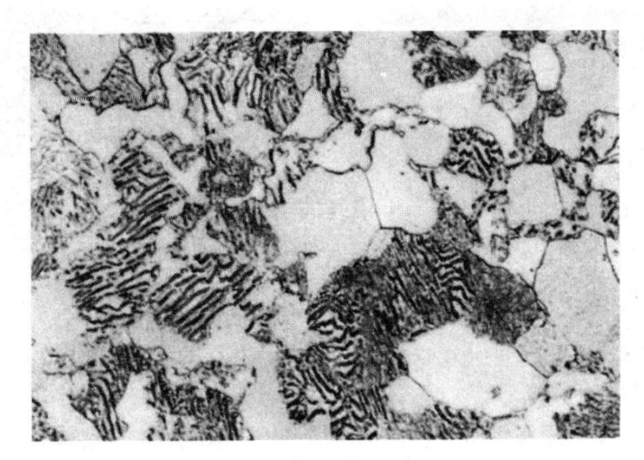

图 2-27 亚共析钢的典型显微组织

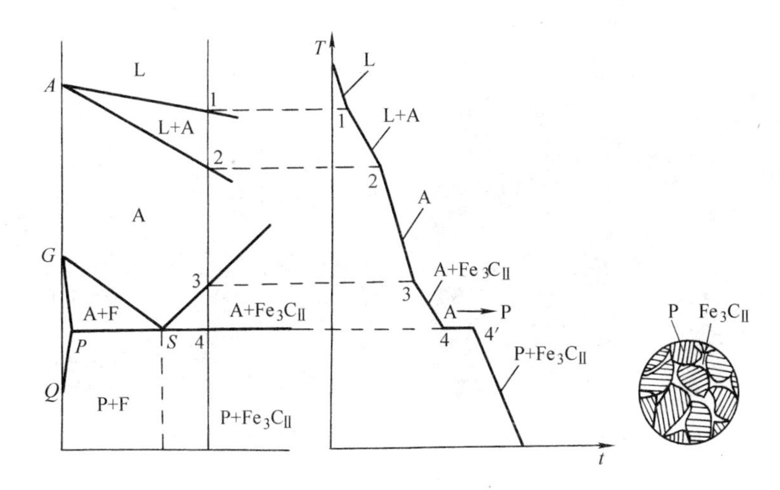

图 2-28 过共析钢的冷却曲线及室温组织示意图

于碳在奥氏体中的溶解度减小，过剩的碳以渗碳体的形式从奥氏体中析出（二次渗碳体），它沿奥氏体晶界呈网状分布。再继续冷却，析出的二次渗碳体的数量增多，剩余奥氏体中的碳含量降低，随着温度下降，奥氏体中的碳含量沿 *ES* 线变化，当温度降至与 *PSK* 线相交的 4 点时，剩余奥氏体中的碳含量达到 0.77%，于是发生共析转变，奥氏体转变成珠光体。从 4 点以下至室温，合金组织基本上不发生变化。最后得到珠光体和网状二次渗碳体组织。所有过共析钢的结晶过程都与合金Ⅲ相似，它们的室温组织由于碳含量不同，组织中的二次渗碳体和珠光体的相对含量也不同。钢中碳含量越多，二次渗碳体也越多。过共析钢的显微组织如图 2-29 所示。

4．白口铸铁

图 2-24 中合金Ⅳ是共晶白口铸铁，合金Ⅴ表示某一成分的亚共晶白口铸铁，合金Ⅵ表示某一成分的过共晶白口铸铁。同理，根据铁碳合金相图可以分析它们的结晶过程和所得的室温组织。共晶白口铸铁的显微组织如图 2-30 所示，亚共晶白口铸铁的显微组织如图 2-31 所示，过共晶白口铸铁的显微组织如图 2-32 所示。

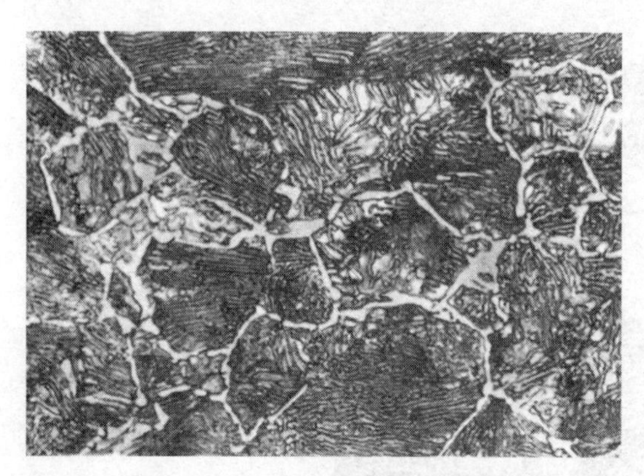

图 2–29　过共析钢的显微组织

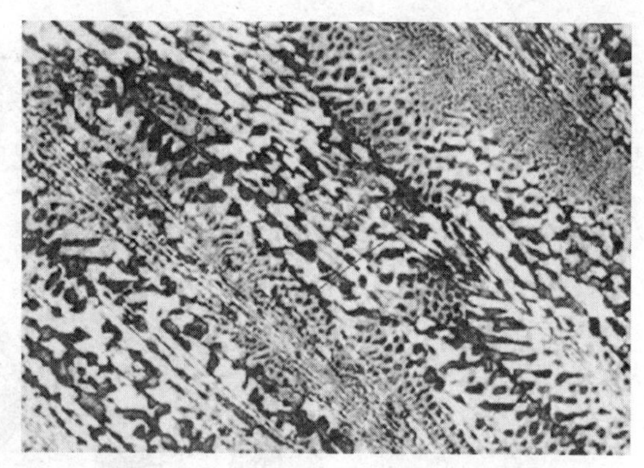

图 2–30　共晶白口铸铁的显微组织

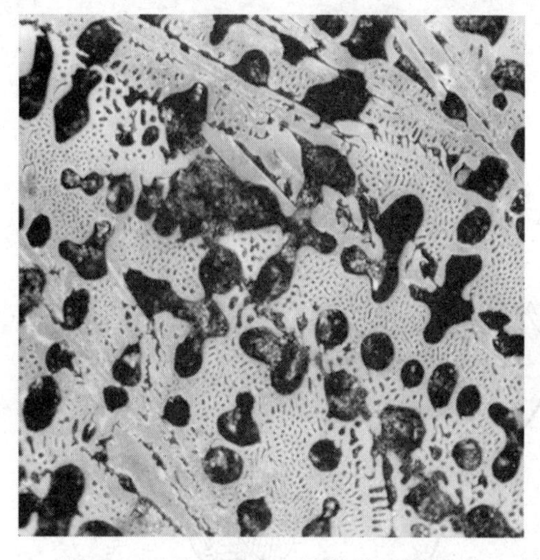

图 2–31　亚共晶白口铸铁的显微组织

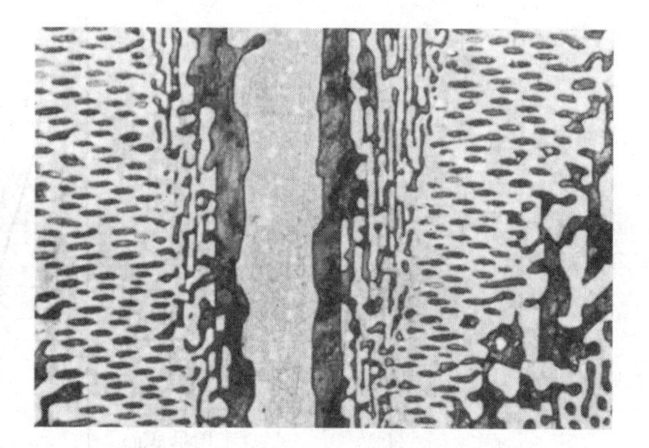

图 2–32　过共晶白口铸铁的显微组织

任务 3　铁碳合金相图在生产中的应用

任务说明

◎ 掌握铁碳合金的化学成分、组织和性能的关系，明确铁碳合金相图在生产中的应用。

技能点

◎ 了解铁碳合金相图在选材及热加工工艺等方面的指导作用。

知识点

◎ 铁碳合金的化学成分、组织和性能的关系。

◎ 铁碳合金相图在选材及热加工工艺等方面的应用。

任务实施

（一）任务引入

根据铁碳合金相图分析铁碳合金的成分、组织与性能有何内在的关系和规律，并说明相图在实际生产中有哪些方面的指导作用。

（二）分析及解决问题

1．铁碳合金的成分、组织与性能的关系

根据铁碳合金相图的分析，铁碳合金的室温组织都是由铁素体和渗碳体两相组成的。随着碳含量的增加，铁素体的量逐渐减少，而渗碳体的量则逐渐增加。随着碳含量的变化，不仅铁素体和渗碳体的相对含量有变化，而且相互组合的形态也发生变化。随着碳含量的增加，合金的组织将按下列顺序发生变化：

$$F \rightarrow F+P \rightarrow P \rightarrow P+Fe_3C_{II} \rightarrow P+Fe_3C_{II}+L'd \rightarrow L'd \rightarrow L'd+Fe_3C_{I}$$

铁碳合金组织的变化必然引起性能的变化。如图 2–33 所示为碳含量对退火钢力学性能的影响。由图可知，改变碳含量可以在很大范围内改变钢的力学性能。总之，碳含量越高，钢的强度和硬度越高，而塑性和韧性越低。这是由于碳含量越高，钢中的硬脆相 Fe_3C 越多的缘故，但当碳含量超过 0.9% 时，由于二次渗碳体呈明显网状分布，使钢的强度开始下降。

为了保证工业上使用的钢具有足够的强度，并具有一定的塑性和韧性，钢中的碳含量一般不超过 1.4%。

2．$Fe-Fe_3C$ 相图的应用

$Fe-Fe_3C$ 相图在生产实践中具有重大的意义，主要应用在材料的选用和热加工工艺的制定两方面。

（1）作为选材的依据

铁碳合金相图反映了铁碳合金组织随温度和成分变化的规律，利用它可以分析不同成分的铁碳合金的性能，为材料的选用提供了依据。若需要塑性、韧性高的材料，应选用碳含量较低的钢；若需要强度、塑性及韧性都较好的材料，应选用碳含量适中的钢；若需要硬度高、耐磨性好的材料，应选用碳含量较高的钢。

白口铸铁中都存在莱氏体组织，具有很高的硬度和脆性，既难以切削加工，也不能锻造，因此，白口铸铁的应用受到很大的限制。但白口铸铁具有很高的抗磨损能力，可用于制作需要耐磨而不受冲击载荷的工件，如拔丝模、球磨机的铁球等。此外，白口铸铁可作为炼钢的原料，也可作为生产可锻铸铁的原始坯料。

（2）制定铸造、锻造、焊接和热处理等热加工工艺的依据

1）在铸造方面。从 $Fe-Fe_3C$ 相图的液相线可以找出不同成分的铁碳合金的熔点，为拟定铸造工艺，确定合适的浇注温度提供了依据，如图 2–34 所示为 $Fe-Fe_3C$ 相图与铸造、锻造工艺的关系。从图中可以看出，接近共晶成分的合金不仅熔点低，而且凝固温度区间也较小，故具有良好的铸造性能，在铸造生产中获得广泛的应用。

2）在锻造方面。钢经加热后获得奥氏体组织，它的强度低，塑性好，便于塑性变形加工。因此，钢材的锻造应选择在单相奥氏体区的适当温度范围内进行。一般始锻温度不可太高，应控制在固相线以下 150 ~ 250 ℃范围内，以免钢材严重氧化和发生奥氏体晶界的熔化。终锻温度不可太低，以免钢材塑性变差，导致开裂现象。各种非合金钢合适的锻造温度

范围如图 2–34 所示。

3）在焊接方面。对于钢材来说，碳含量越低，焊接性能越好。白口铸铁中 Fe_3C 太多，故焊接性能差。

4）在热处理方面。$Fe-Fe_3C$ 相图对于制定热处理工艺有着特别重要的意义。各种热处理工艺加热温度的选择都以 $Fe-Fe_3C$ 相图为依据，这将在模块三中详细介绍。必须指出，虽然 $Fe-Fe_3C$ 相图得到了广泛应用，但仍有一定的局限性。例如，$Fe-Fe_3C$ 相图不能说明快速加热或冷却时铁碳合金组织的变化规律；又如，使用 $Fe-Fe_3C$ 相图时还要考虑其他杂质或合金元素的影响。

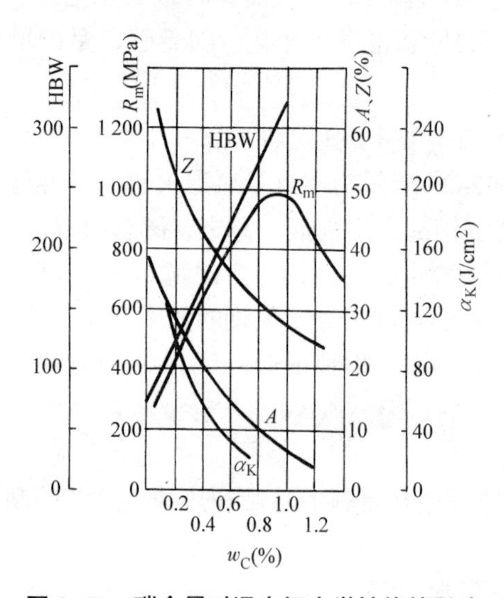

图 2–33　碳含量对退火钢力学性能的影响

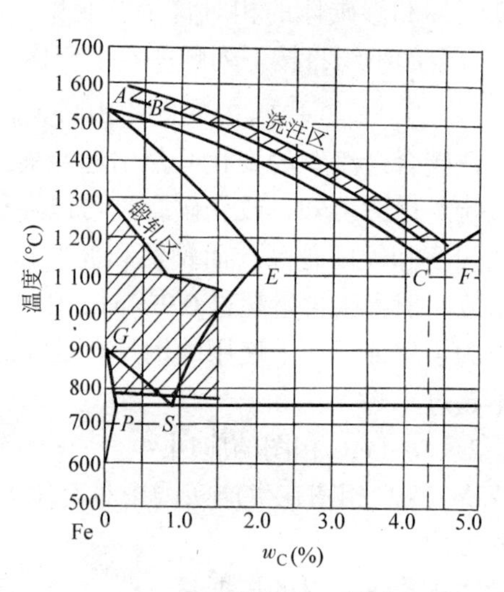

图 2–34　$Fe-Fe_3C$ 相图与铸造、锻造工艺的关系

模 块 三

钢的热处理

课题一 概述

任务 明确热处理工艺的目的

任务说明

◎ 明确热处理工艺的目的。

技能点

◎ 明确热处理后的组织与性能的关系。

知识点

◎ 热处理的定义、分类及工艺曲线。
◎ 钢在加热时的组织转变。
◎ 钢在冷却时的组织转变。

一、任务实施

零件在加工前需要制备毛坯（即加工零件的坯料），不同的毛坯生产方法（如铸造、锻造、焊接、冲压、轧制等）对材料的性能会产生不同的影响。为了保证材料后续加工的工艺性能以及零件在以后工作中的使用性能，需要对材料进行某些必要的热处理。

热处理是采用适当的方式对金属材料或工件进行加热、保温和冷却，以获得预期的组织结构与性能的工艺。

（一）任务引入

说明热处理工艺在生产中的作用。

（二）分析及解决问题

热处理工艺在机械制造业中应用极为广泛。它能提高零件的使用性能，充分发挥钢材的潜力，延长零件的使用寿命。此外，热处理还可以改善零件的工艺性能，提高加工质量，减小刀具磨损等。

二、知识链接

（一）热处理工艺的分类

根据工艺类型和工艺名称（按获得的组织状态或渗入元素进行分类），将热处理工艺按三个层次进行分类，如图 3–1 所示。

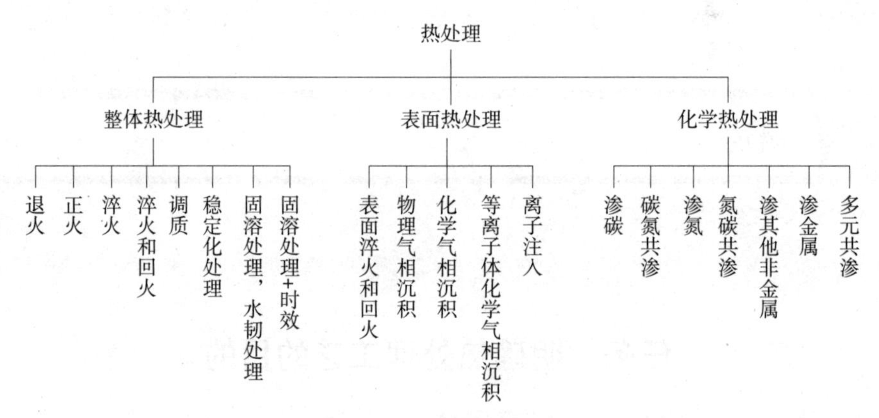

图 3–1　热处理工艺的分类

（二）热处理工艺的基本阶段及工艺曲线

任何一种热处理工艺都是由加热、保温和冷却三个阶段组成的。

热处理工艺过程常用热处理工艺曲线来表示，如图 3–2 所示。

（三）钢的热处理的依据

热处理之所以能使钢的性能发生变化，其根本原因是铁有同素异构转变，从而使钢在加热和冷却过程中组织与结构发生变化。因此，要正确掌握热处理工艺，就必须了解在不同的加热及冷却条件下钢组织变化的规律。

（四）钢在加热时的组织转变

在热处理工艺中，钢的加热是为了获得奥氏体。奥氏体的晶粒大小、成分及其均匀程度对钢冷却后的组织和性能有重要影响。因此，了解钢在加热时组织的变化规律，是对钢进行正确热处理的先决条件。

1. 钢在加热和冷却时的临界温度

由 $Fe-Fe_3C$ 相图可知，A_1、A_3、A_{cm} 是钢在极其缓慢加热和冷却时的临界点，但在实际的加热和冷却条件下，钢的组织转变总有滞后现象，在加热时高于相图上的临界点，而在冷却时低于相图上的临界点。为了便于区别，通常把加热时的各临界点分别用 Ac_1、Ac_3、Ac_{cm} 来表示，冷却时的各临界点分别用 Ar_1、Ar_3、Ar_{cm} 来表示，如图 3-3 所示为钢在加热和冷却时的临界温度。

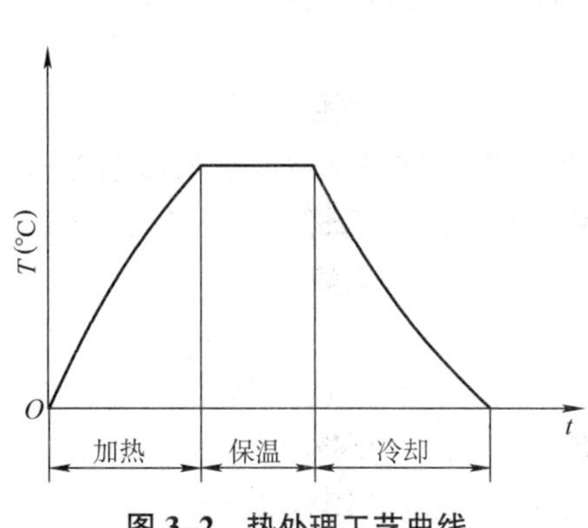

图 3-2 热处理工艺曲线

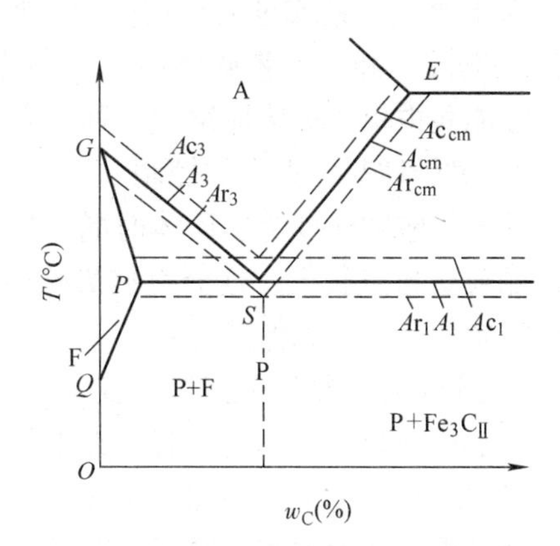

图 3-3 钢在加热和冷却时的临界温度

2. 奥氏体的形成

将钢加热到一定温度，以获得全部或部分奥氏体组织的过程称为钢的奥氏体化。下面以共析钢为例，说明其奥氏体的形成过程。共析钢加热到 Ac_1 以上时将发生珠光体向奥氏体的转变，其示意图如图 3-4 所示。

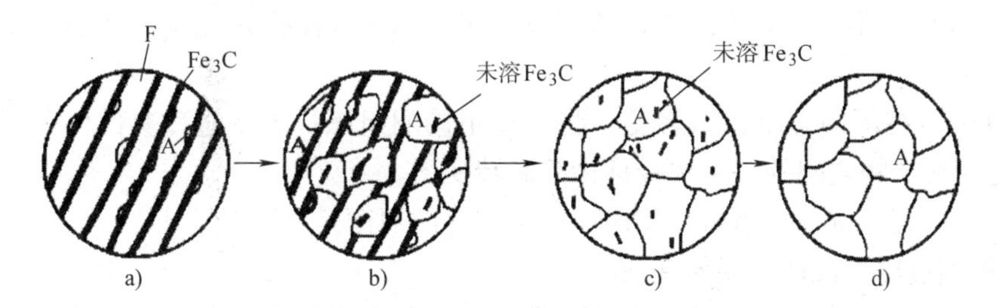

图 3-4 共析钢中奥氏体形成过程示意图

a）形核 b）长大 c）残余渗碳体溶解 d）均匀化

（1）奥氏体晶核的形成及长大

奥氏体的晶核是在铁素体和渗碳体的相界面处优先形成的。这是因为相界面上的原子排列较紊乱，晶体缺陷较多，此外，因奥氏体中碳含量介于铁素体和渗碳体之间，故在两相的界面上为奥氏体的形核提供了良好的条件。

奥氏体晶核的长大是新相奥氏体的界面向渗碳体与铁素体方向同时推移的过程，它是靠铁、碳原子的扩散使其邻近的渗碳体不断溶解，以及铁素体晶格改组为面心立方晶格来完成的。

（2）残余渗碳体的溶解

在铁素体全部消失后，仍有部分渗碳体尚未溶解，需延长保温时间，使渗碳体全部溶入奥氏体中。

（3）奥氏体成分的均匀化

当残余渗碳体刚刚溶解完毕时，奥氏体中的碳浓度是不均匀的。为此需要继续延长保温时间，通过碳原子的扩散，使奥氏体成分均匀。

因此，热处理加热后的保温阶段不仅是为了使工件热透，也是为了使组织转变完全及奥氏体成分均匀。

对于亚共析钢或过共析钢来说，加热至 $Ac_1 \sim Ac_3$ 或 $Ac_1 \sim Ac_{cm}$ 时，将得到奥氏体和铁素体或奥氏体和二次渗碳体组织，称为不完全奥氏体化。只有进一步加热到 Ac_3 或 Ac_{cm} 以上，才能获得单相奥氏体组织，称为完全奥氏体化。

3．奥氏体晶粒大小的控制

珠光体刚刚转变为奥氏体时晶粒是比较细小的。如果提高加热温度或延长保温时间，奥氏体晶粒会自发长大，这会直接影响冷却后钢的性能。因此，为了获得细小的奥氏体晶粒，则需控制加热温度和保温时间。

（五）钢在冷却时的组织转变

经加热获得奥氏体组织后，在不同的冷却条件下冷却，可使钢获得不同的力学性能。由此可见，同样的材料，加热条件相同，但由于冷却条件不同，它们在性能上会产生明显差别。为了弄清产生差别的原因，就要了解奥氏体在冷却过程中的组织变化规律。在热处理工艺中，常采用连续冷却和等温冷却两种冷却方式，其工艺曲线如图 3–5 所示。

将奥氏体化的钢迅速冷却到 A_1 以下某一温度保温，使奥氏体在此温度发生组织转变，称为等温转变，如图 3–5 中的曲线 2 所示。连续冷却转变是将奥氏体化的钢从高温冷却到室温，使奥氏体在连续冷却条件下发生组织转变，如图 3–5 中的曲线 1 所示。

奥氏体在临界点 A_1 以上是一稳定相，能够长期存在而不发生转变。当其冷却至临界点 A_1 以下，即处于不稳定状态，奥氏体要发生转变，这时在临界点 A_1 以下存在的奥氏体称为过冷奥氏体。

过冷奥氏体在不同温度进行转变，将获得不同的组织。表示过冷奥氏体等温转变的温度、时间与转变产物之间的关系曲线称为等温转变图。

下面以共析钢为例，分析过冷奥氏体等温转变的规律。

1．共析钢过冷奥氏体等温转变图

过冷奥氏体等温转变图是用试验方法建立的，由于其形状类似英文字母“C”，故又称为 C 曲线。如图 3–6 所示为共析钢的等温转变图，图中纵坐标表示温度，横坐标表示时间。在 A_1 以上是奥氏体稳定区域。在 A_1 以下，图中左边一条曲线为过冷奥氏体等温转变的开始线，在转变开始线左方是过冷奥氏体区；右边一条曲线为过冷奥氏体等温转变终了线，在转变终了线右方，转变已经完成，是转变产物区；在转变开始线与转变终了线之间是过渡区，转变正在进行。在等温转变图的下方有两条水平线，M_s 线为过冷奥氏体向马氏体转变的开始线，约为 230 ℃；M_f 线为过冷奥氏体向马氏体转变终了线，约为 –50 ℃。

由图可知，过冷奥氏体在各种温度下的等温转变并非瞬间就开始的，而需经过一段孕育期（即转变开始线与纵坐标之间的水平距离）。在 C 曲线拐弯处（约 550 ℃，俗称“鼻尖”），孕育期最短，此时奥氏体最不稳定，最容易分解。

2．共析钢的过冷奥氏体等温转变产物

过冷奥氏体在 A_1 以下等温转变的温度不同，转变产物也不同。在 M_s 点以上，可发生以下两种类型的转变。

（1）珠光体型转变

在 A_1 ~ 550 ℃温度范围内，过冷奥氏体等温分解为铁素体和渗碳体的片层状混合物——珠光体，即奥氏体向珠光体转变。在珠光体转变区内，转变温度越低（过冷度越大），形成的珠光体片层越薄。根据形成的珠光体片层间距（一片铁素体和一片渗碳体的厚度之和）的大小不同，又分别称为珠光体、索氏体和托氏体，分别用符号 P、S、T 表示。其中珠光体片层较粗；索氏体片层较细；托氏体片层更细，需要用电子显微镜才能分辨出片状组织。珠光体的力学性能主要取决于片层间距的大小。片层间距越小，则强度、硬度越高，塑性和韧性也越好。

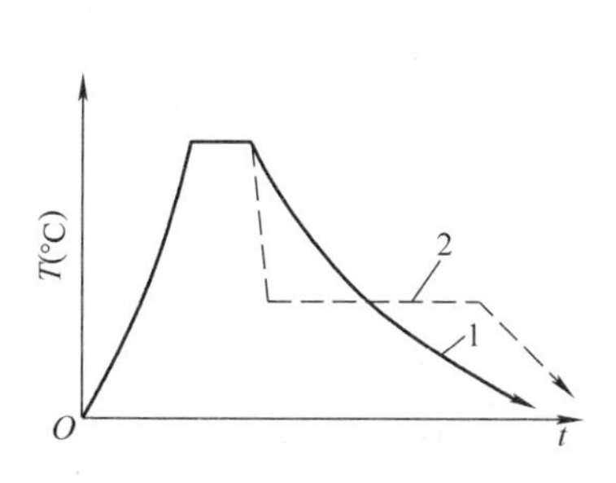

图 3–5 两种冷却方式的工艺曲线

1—连续冷却转变 2—等温转变

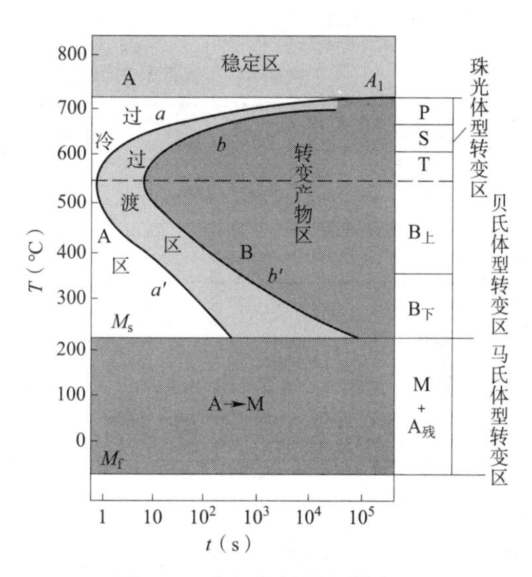

图 3–6 共析钢的等温转变图

（2）贝氏体型转变

在 550 ℃ ~ M_s 温度范围内，因转变温度较低，原子的活动能力较弱，过冷奥氏体虽然仍分解成铁素体和渗碳体（或碳化物）的混合物，但铁素体中溶解的碳已超过正常的溶解度，转变后得到的组织为碳含量过饱和的铁素体与分散的渗碳体（或碳化物）组成的混合物，称为贝氏体，用符号 B 表示，其显微组织如图 3–7 所示。

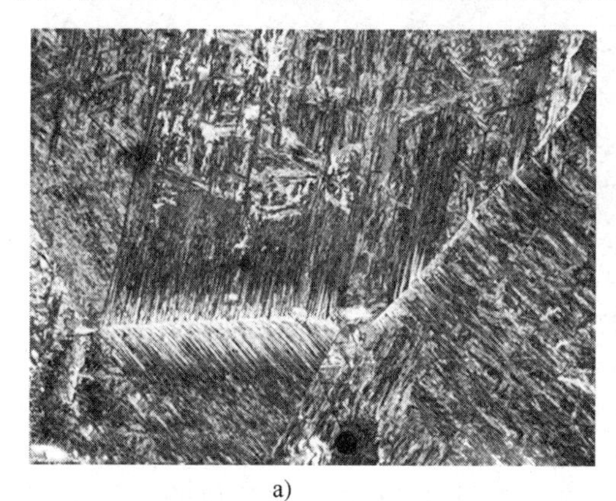

a)

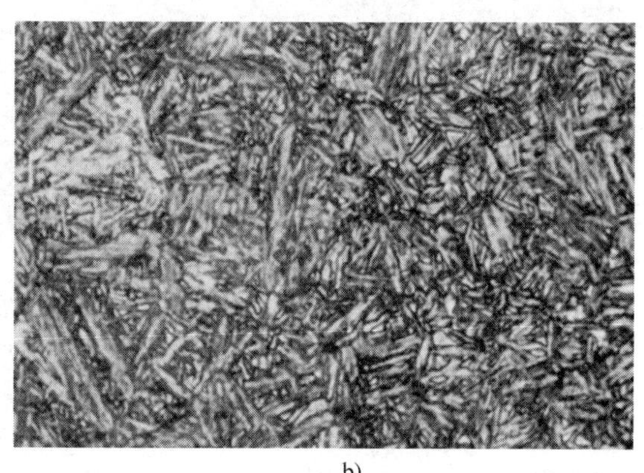

b)

图 3–7 贝氏体的显微组织

a）上贝氏体 b）下贝氏体

贝氏体有上贝氏体和下贝氏体之分，通常把 550 ~ 350 ℃范围内形成的贝氏体称为上贝氏体，用符号 $B_上$表示。上贝氏体中渗碳体以不连续的细条状分布于平行排列的铁素体片层之间，在显微镜下呈羽毛状，如图 3–7a 所示。上贝氏体的硬度为 40 ~ 45HRC，但塑性很差。在 350 ℃ ~ M_s 范围内形成的贝氏体称为下贝氏体，用符号 $B_下$表示。下贝氏体中的碳化物呈细小颗粒状或短杆状，均匀分布在针叶状的铁素体内，在显微镜下呈黑色针状，如图 3–7b 所示。下贝氏体的硬度可达 45 ~ 55HRC，且强度、塑性、韧性均高于上贝氏体。

共析钢过冷奥氏体等温转变产物的组织和力学性能见表 3–1。

表 3–1　　共析钢过冷奥氏体等温转变产物的组织和力学性能

组织名称	符号	形成温度范围 /℃	显微组织特征	硬度 HRC
珠光体	P	A_1 ~ 650	粗片层状	<25
索氏体	S	650 ~ 600	细片层状	25 ~ 35
托氏体	T	600 ~ 550	极细片层状	35 ~ 40
上贝氏体	$B_上$	550 ~ 350	羽毛状	40 ~ 45
下贝氏体	$B_下$	350 ~ M_s	黑色针状	45 ~ 55

3．马氏体转变

奥氏体化后的钢被迅速过冷到 M_s 以下时，奥氏体转变为马氏体，这是一种非扩散型转变。由于转变温度低，原子扩散能力小，在马氏体转变过程中，只有 γ–Fe 向 α–Fe 晶格的改变，而不发生碳原子的扩散。因此，固溶在奥氏体中的碳转变后原封不动地保留在铁的晶格中，形成碳在 α–Fe 中的过饱和固溶体，称为马氏体，用符号 M 表示，其显微组织如图 3–8 所示。

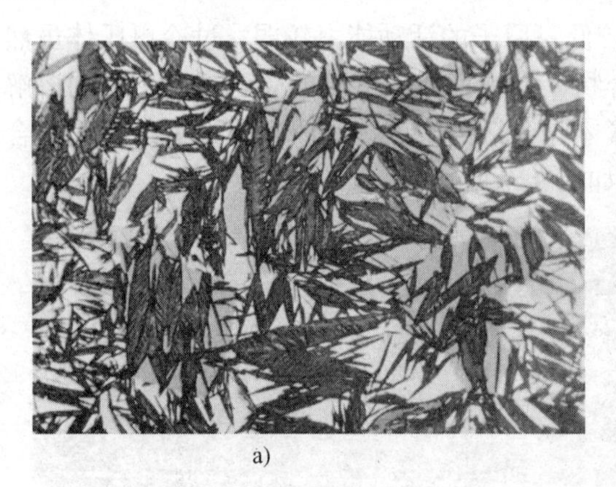

a)

b)

图 3–8　马氏体的显微组织

a）片状马氏体　b）板条状马氏体

（1）马氏体转变的特点

1）转变是在一定温度范围内（M_s ~ M_f）连续冷却过程中进行的，马氏体的数量随转变温度的下降而不断增多，如果冷却在中途停止，则奥氏体向马氏体的转变也停止。

2）转变速度极快。

3）转变时体积发生膨胀，因而产生很大内应力。

4）转变不能进行到底，即使过冷到 M_f 以下的温度，仍有一定量奥氏体存在，这部分奥氏体称为残余奥氏体。

（2）马氏体的显微组织

马氏体的显微组织如图 3–8 所示。图 3–8a 所示为碳含量高（w_C>1.0%）的马氏体，在显微镜下呈针片状，故称为片状马氏体，又称高碳马氏体。图 3–8b 所示为碳含量低（w_C<0.2%）的马氏体，其形状为一束束相互平行的细条，故称为板条状马氏体，又称低碳马氏体。而碳含量 w_C=0.2% ~ 1.0% 的奥氏体，则形成片状马氏体和板条状马氏体的混合组织。片状马氏体的性能特点是硬度高而脆性大，板条状马氏体的性能特点是具有高的强度及较好的韧性。

马氏体中由于溶入过多的碳，而使 α–Fe 发生严重的晶格畸变，增加了其塑性变形的抗力。马氏体的硬度主要取决于马氏体中的碳含量。马氏体的碳含量越高，其硬度也越高，但当钢中碳含量大于 0.6% 时，淬火钢的硬度增加很慢，如图 3–9 所示为碳含量与淬火硬度的关系。

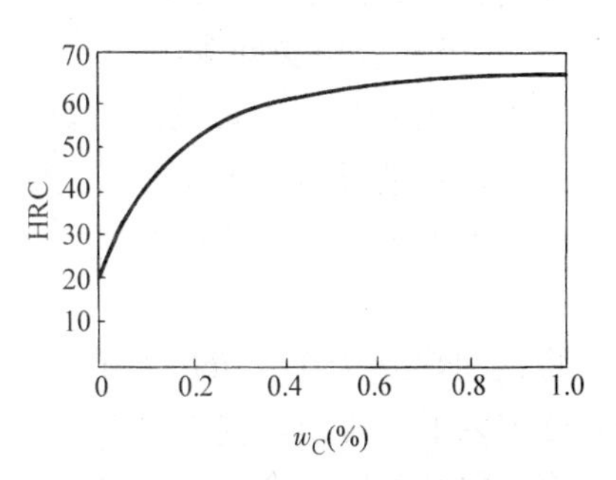

图 3–9 碳含量与淬火硬度的关系

需要指出的是，在实际生产中，过冷奥氏体大多是在连续冷却过程中进行转变的。由于连续冷却转变图的测定比较困难，故常用等温转变图近似地分析连续冷却转变的过程。

课题二 钢的退火与正火

任务 丝锥的预先热处理

任务说明

◎ 确定丝锥的预先热处理工艺，并说明其作用。

技能点

◎ 退火与正火的合理选用。

知识点

◎ 各种退火的工艺特点及合理选用。

◎ 正火的工艺特点及合理选用。

一、任务实施

在机械零件或工具的制造过程中，往往要经过各种加工。而在各加工工序中，经常要穿插多次热处理工序。根据热处理在工序中的位置，常把热处理分为预先热处理和最终热处理两类。为了消除前道工序造成的某些组织缺陷及内应力，或为后续工序做好组织和性能上的准备，一般要进行预先热处理。为使工件满足使用条件下的性能要求而进行的热处理称为最终热处理。

（一）任务引入

现制造 T12 钢（w_C=1.2%）手用丝锥，成品要求硬度达到 60HRC 以上，加工工艺路线为：轧制→热处理（一）→机械加工→热处理（二）→机械加工。试写出热处理（一）工序的具体内容及其作用。

（二）分析及解决问题

丝锥是用来加工内螺纹的刀具，为了满足使用性能的要求，成品要求硬度在 60HRC 以上。因此，要进行预先热处理，以便于切削加工，同时为淬火做好组织准备。

在加工工艺路线中的热处理（一）为球化退火。

1．工艺

将钢加热到 750 ~ 760 ℃（Ac_1 以上 20 ~ 30 ℃），保温一定时间，然后随炉缓慢冷却至 600 ℃以下，再出炉空冷。由于随炉缓冷至 600 ℃以下，钢的组织转变已经结束，为提高生产率，即可出炉空冷。

2．作用

使钢中的网状二次渗碳体和珠光体中的片状渗碳体呈球状（粒状），降低硬度，以利于切削加工，同时为淬火做好组织准备。

二、知识链接

（一）退火

将钢加热到适当温度，保温一定时间，然后缓慢冷却（一般随炉冷却）的热处理工艺称为退火。

1．主要目的

（1）降低钢的硬度，提高塑性，以利于切削加工及冷变形加工。

（2）细化晶粒，均匀钢的组织及成分，改善钢的性能或为以后的热处理做准备。

（3）消除钢中的残余内应力，以防止变形和开裂。

2．常用方法

常用的退火方法有完全退火、球化退火、去应力退火等。

（1）完全退火

1）工艺。将钢加热到 Ac_3 以上 30 ~ 50 ℃（完全奥氏体化），保温一定时间，随后缓慢冷却，以获得接近平衡状态组织的工艺方法。

2）目的。在完全退火加热过程中，钢的组织全部转变为奥氏体，在冷却过程中，奥氏体转变为细小而均匀的平衡组织（铁素体 + 珠光体），从而达到降低钢的硬度、细化晶粒、充分消除内应力的目的。

3）应用。主要用于亚共析成分的非合金钢和合金钢的锻件、铸件、热轧型材等，有时也用于焊接结构件。

过共析钢不宜采用完全退火，因为过共析钢完全退火需加热到 Ac_{cm} 以上，在缓慢冷却时，钢中将析出网状渗碳体，使钢的力学性能降低。

（2）球化退火

1）工艺。将钢加热到 Ac_1 以上 20 ~ 30 ℃，保温一定时间，然后缓慢冷却，使钢中碳化物呈球状（粒状）的工艺方法。

2）目的。球化退火得到的组织是球状珠光体，其中的碳化物呈球状（粒状）。球状珠光体同片状珠光体相比，不但硬度低、塑性好，而且在淬火加热时，奥氏体晶粒不易粗大，冷却时工件的变形和开裂倾向小。

3）应用。适用于共析及过共析成分的钢，如碳素工具钢、合金工具钢、滚动轴承钢等。这些钢在锻造加工后进行球化退火，可改善切削加工性，同时为最后的淬火处理做好组织准备。

4）注意事项。对网状渗碳体偏多的钢，应在球化退火前进行一次正火，以消除网状渗碳体。

（3）去应力退火

1）工艺。将钢加热到 Ac_1 以下某一温度（一般取 500 ~ 650 ℃），保温一定时间后缓慢冷却的工艺方法。

2）目的。消除由于塑性变形、铸造、焊接、切削加工等形成的残余应力。由于去应力退火温度低于 Ac_1，所以钢的组织不发生变化，只是消除内应力。

3）应用。主要用于消除铸件、锻件、焊接件等的内应力，以稳定工件尺寸，防止变形或开裂。

（二）正火

将钢加热到 Ac_3 或 Ac_{cm} 以上 30 ~ 50 ℃，保温适当的时间，在空气中冷却的工艺方法。

1. 正火与退火的区别

正火与退火相比，主要区别是正火的冷却速度比退火稍快，故正火后得到的组织比较细小，其强度、硬度比退火钢高一些。

2. 正火的主要作用

（1）改善低碳钢和低碳合金钢的切削加工性能。一般认为，硬度在 160 ~ 230HBW 范围内的钢材的切削加工性能最好。硬度过高时难以加工，而且刀具容易磨损。硬度过低，切削时容易“粘刀”，而且降低工件表面的加工质量。特别是低碳钢和低碳合金钢，退火后的硬度在 160HBW 以下，切削加工性能不良，而正火能适当提高其硬度，改善切削加工性能。

（2）对于力学性能要求不太高的普通结构零件，正火也可作为最终热处理。

（3）消除过共析钢中的网状渗碳体，改善钢的力学性能，并为球化退火做好组织准备。

（三）退火与正火的选用

退火与正火的目的有相似之处。因此，在实际生产中有时两者可以相互替代，选用时主要从以下三个方面考虑。

1. 从切削加工性考虑

一般来说，对于低碳成分的钢选用正火为宜；对于中碳成分的钢，应考虑其具体的碳含量及合金元素含量，从而决定是选用正火还是完全退火；对于高碳工具钢、滚动轴承钢则应选用球化退火作为预先热处理。

2. 从零件的结构形状考虑

对于形状复杂或尺寸较大的工件，若采用正火，因冷却速度较快，可能会产生较大的内应力，导致变形和开裂，所以宜采用退火。

3. 从经济性考虑

因正火比退火的生产周期短，成本低，操作简单，故在可能条件下应尽量采用正火，以降低生产成本。

课题三 钢的淬火与回火

任务 丝锥的最终热处理

任务说明

◎ 确定丝锥的最终热处理工艺，并说明其作用。

技能点

◎ 能合理选择淬火和回火的方法。

知识点

◎ 淬火的目的、加热温度的确定和冷却介质的选择，各种淬火方法的工艺规范和特点。

◎ 回火的种类及应用。

◎ 临界淬火冷却速度、淬透性、淬硬性的概念。

一、任务实施

有些零件在使用时要求有较高的硬度和耐磨性（如刀具、模具、量具等），这时用退火和正火已无法满足较高硬度和耐磨性的要求，因此，需采用淬火然后进行相应的回火。工件淬火后，进行不同温度的回火，可以使工件获得所需要的力学性能。

（一）任务引入

继续完成课题二的任务。即制造 T12 钢（w_C=1.2%）手用丝锥，成品要求硬度达到 60HRC 以上，加工工艺路线为：轧制→球化退火→机械加工→热处理（二）→机械加工。试写出热处理（二）工序的具体内容及其作用。

（二）分析及解决问题

热处理（二）为淬火加低温回火。

1. 淬火

（1）工艺

将钢加热到 760 ~ 780 ℃（Ac_1 以上 30 ~ 50 ℃），保温一定时间，然后先在水中冷却至接近 M_s 点的温度，再放入油中冷却。这种淬火方法称为双介质淬火，以防止丝锥的变形和开裂。此方法对工人的操作水平要求较高。

（2）作用

获得马氏体，提高硬度和耐磨性。

2. 低温回火

（1）工艺

将钢加热到 180 ~ 200 ℃，保温一定时间，然后空冷到室温。

（2）作用

获得回火马氏体，保持钢的高硬度及高耐磨性，而降低其淬火内应力和脆性。

二、知识链接

（一）钢的淬火

将钢加热到 Ac_3 或 Ac_1 以上某一温度，保温一定时间，然后以适当方式冷却，获得马氏体或下贝氏体组织的热处理工艺称为淬火。

淬火的主要目的是获得马氏体，以便在适当温度回火后获得所需要的力学性能。

1. 淬火加热温度

钢的淬火加热温度可根据 $Fe-Fe_3C$ 相图来选择，如图 3-10 所示为非合金钢淬火温度范围。

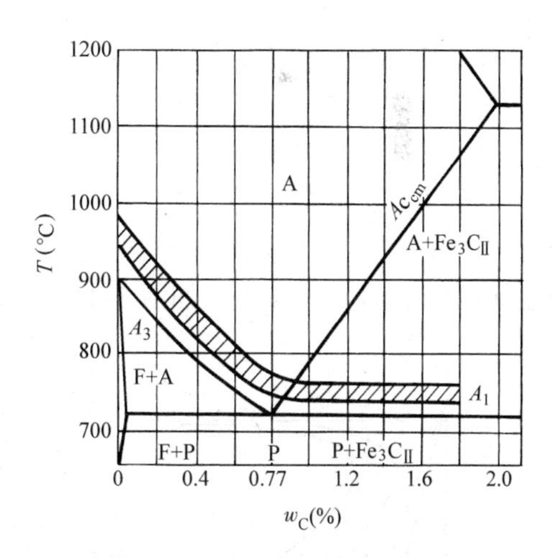

图 3-10　非合金钢淬火温度范围

亚共析钢的淬火加热温度应选择在 Ac_3 以上 30 ~ 50 ℃。这是为了得到细晶粒的奥氏体，使钢淬火后获得细小的马氏体组织。如果加热温度过高，会引起奥氏体晶粒粗化，淬火后马氏体的组织粗大，使钢脆化。若加热温度过低（在 Ac_1 ~ Ac_3 之间），则淬火组织中含有一部分铁素体，将降低淬火钢的强度和硬度。

共析钢和过共析钢的淬火加热温度应选择在 Ac_1 以上 30 ~ 50 ℃。淬火后将形成在细小马氏体基体上均匀分布着细颗粒状渗碳体的组织，这种组织不仅耐磨性好，而且脆性也小。如果淬火加热温度选择在 Ac_{cm} 以上，不仅奥氏体的晶粒粗化，淬火后得到粗大的马氏体，增大脆性以及变形和开裂倾向，而且残余奥氏体量也增多，使钢的硬度和耐磨性降低。

2. 淬火冷却介质

常用的淬火冷却介质有油、水、盐水、碱水等。其中水的冷却能力介于油和盐水之间。采用盐水作为冷却介质时，在 650 ~ 500 ℃范围内冷却速度快，但在 300 ~ 200 ℃的温度范围内冷却速度仍然很快，容易引起变形或开裂。采用油作为冷却介质时，在 300 ~ 200 ℃的温度范围内冷却速度比较慢，但在 650 ~ 500 ℃范围内冷却速度过慢，一般用于临界淬火冷却速度（过冷奥氏体在冷却过程中不发生分解，而全部过冷到 M_s 线以下发生马氏体转变的最小冷却速度）较小的合金钢零件的淬火。而水或盐水常用于非合金钢零件的淬火。

近年来，人们一直在致力于发展新的淬火介质，如水玻璃溶液、聚乙烯醇水溶液、聚醚水溶液等，这些淬火介质在某种程度上克服了水和油的缺点，取得了良好的淬火质量。

3. 淬火方法

淬火时为了最大限度地减小变形并避免开裂，除了正确地进行加热及合理地选择冷却介质外，还应该根据工件的材料、尺寸、形状和技术要求选择合理的淬火方法。

常用淬火方法的冷却示意图如图 3-11 所示。

（1）单介质淬火

将钢件奥氏体化后，在单一淬火介质中冷却到室温的淬火方法称为单介质淬火，如图 3-11a 中的曲线 1 所示。单介质淬火时非合金钢一般用水作为冷却介质，合金钢可用油作为冷却介质。

单介质淬火操作简单，易实现机械化和自动化，但单独用水或油进行冷却时，容易产生硬度不足或开裂等淬火缺陷。

（2）双介质淬火

将钢件奥氏体化后，先浸入一种冷却能力强的介质中，冷却至接近 M_s 点温度即钢的组织还未开始转变时迅速取出，马上浸入另一种冷却能力弱的介质中使之发生马氏体转变的淬火，称为双介质淬火，如先水冷后油冷、先油冷后空冷等，如图 3-11a 中的曲线 2 所示。

双介质淬火的优点是内应力小，可防止工件的变形及开裂。缺点是操作困难，不易掌握，故主要应用于易变形或开裂的工件，如丝锥等。

（3）马氏体分级淬火

钢件奥氏体化后，随之浸入温度为 M_s 点附近的盐浴或碱浴中，保温适当时间，待工件的表面与心部均达到盐浴或碱浴温度后，取出空冷或油冷，从而获得马氏体组织，这种淬火方法称为马氏体分级淬火，如图 3-11b 所示。

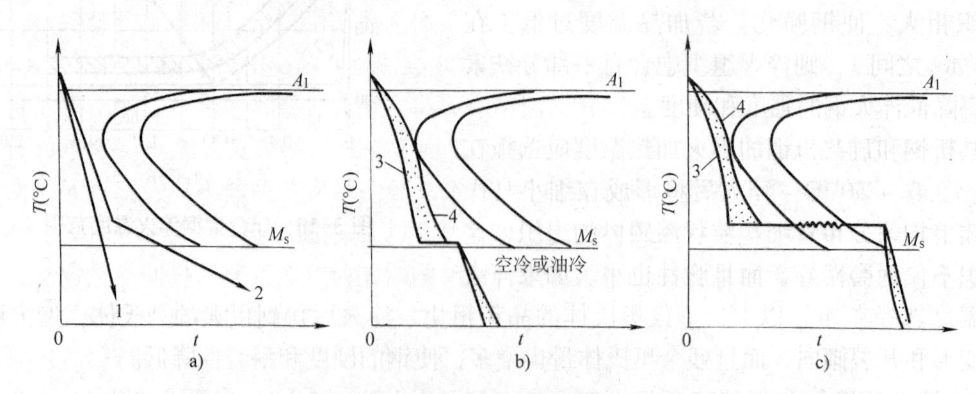

图 3-11 常用淬火方法的冷却示意图

a）单介质淬火和双介质淬火 b）马氏体分级淬火 c）贝氏体等温淬火

1—单介质淬火 2—双介质淬火 3—表面 4—心部

马氏体分级淬火通过在 M_s 点附近的保温，使工件表面与心部的温度趋于一致，可以减小淬火内应力，防止工件变形和开裂。但由于盐浴或碱浴的冷却能力较差，因而马氏体分级淬火主要应用于形状复杂而尺寸较小的工件。

（4）贝氏体等温淬火

钢件奥氏体化后，放入温度稍高于 M_s 点的盐浴或碱浴中，保温足够时间，使奥氏体转变为下贝氏体，这种淬火方法称为贝氏体等温淬火，如图 3–11c 所示。

贝氏体等温淬火的主要目的是使工件获得强度和韧性的良好配合，以及较高的硬度和较好的耐磨性。

贝氏体等温淬火可以显著地减小淬火内应力，防止工件变形和开裂，故常用来处理形状复杂或尺寸要求精确而尺寸较小的工件，如各种模具和成形刀具等。

4. 钢的淬透性和淬硬性

淬硬性和淬透性是具有不同含义的两个概念。

（1）淬透性

淬透性是指在规定条件下，钢在淬火后获得淬硬层深度的能力。

淬透性好的钢较淬透性差的钢易于整体淬硬。钢的淬透性与钢的临界淬火冷却速度有密切的关系，临界淬火冷却速度越低，钢的淬透性越好。所以，能增加过冷奥氏体稳定性、降低临界淬火冷却速度的因素（主要是钢的化学成分）均可以提高钢的淬透性。例如，合金钢的淬透性比非合金钢好。

淬透性是钢重要的热处理性能，其主要表现在两方面：一是钢的淬透性对提高大截面零件的力学性能和发挥材料潜力具有重要的意义。二是淬透性好的钢在淬火冷却时可采用比较缓和的淬火冷却介质，减小工件淬火变形及开裂的倾向。

（2）淬硬性

淬硬性是指钢在淬火后能达到最高硬度的能力。

钢的淬硬性主要取决于马氏体的碳含量。低碳钢淬火后的最高硬度值低，淬硬性差；高碳钢淬火后的最高硬度值高，淬硬性好。

5. 淬火缺陷

（1）氧化与脱碳

1）氧化。指铁的氧化，即在工件表面形成一层松脆的氧化铁皮。氧化不仅造成金属的损耗，还影响工件的承载能力和表面质量等。

2）脱碳。指气体介质和钢表面的碳起作用而逸出，使材料表面碳含量降低。脱碳会降低工件表层的强度、硬度和疲劳强度，对于弹簧、轴承和各种工具、模具等，脱碳是严重的缺陷。

为防止氧化和脱碳可采取很多工艺方法，如在盐浴炉内或在保护气氛炉及真空炉中加热，也可以在加热时在工件表面涂覆保护剂。

（2）过热和过烧

1）过热。钢在淬火加热时，由于加热温度过高或高温下停留时间过长而发生奥氏体晶粒显著粗化的现象称为过热。

2）过烧。加热温度达到固相线附近，使晶界氧化并部分熔化的现象称为过烧。

工件过热后，晶粒粗大，不仅降低钢的力学性能（尤其是韧性），也容易引起变形和开裂。过热可以用正火处理予以纠正，而过烧后的工件只能报废。

为了防止工件的过热和过烧，必须严格控制加热温度和保温时间。

（3）变形与开裂

淬火内应力是造成工件变形和开裂的原因。对于变形量小的工件可采取某些措施予以纠正，而变形量太大或开裂的工件只能报废。

（4）硬度不足

这是由于加热温度过低、保温时间不足、冷却速度过低或表面脱碳等原因造成的。

（二）钢的回火

将淬火后的钢再加热到 Ac_1 以下的某一温度，保温一定时间，然后冷却到室温的热处理工艺称为回火。

1. 回火的目的

（1）减小或消除内应力

通过回火可减小或消除工件在淬火时产生的内应力，以防止工件变形和开裂。

（2）获得所需的组织和性能

为了满足各种工件不同的性能要求，就必须配合适当的回火，以获得所需的组织和性能。

（3）稳定工件的尺寸和形状

淬火马氏体和残余奥氏体都是不稳定的组织，它们具有自发地向稳定组织转变的趋势，因而将引起工件的尺寸和形状的改变。回火可使钢的组织稳定，从而保证工件在使用过程中不再发生尺寸和形状的改变。

2. 回火的分类及应用

回火时，决定钢的组织和性能的主要因素是回火温度。回火温度可根据工件要求的力学性能来选择。

（1）低温回火（150 ~ 250 ℃）

低温回火得到的组织是回火马氏体（过饱和程度较低的马氏体与高度弥散的碳化物），其性能：具有高的硬度（58 ~ 64HRC）、高的耐磨性和一定的韧性。低温回火主要用于刀具、量具、冷冲压模具及其他要求硬而耐磨的零件。

（2）中温回火（350 ~ 500 ℃）

中温回火得到的组织是回火托氏体（铁素体与极细小的粒状渗碳体），其性能：具有高的弹性极限、屈服强度和适当的韧性，硬度可达 35 ~ 50HRC。中温回火主要用于弹性零件及热锻模具等。

（3）高温回火（500 ~ 650 ℃）

高温回火得到的组织是回火索氏体（铁素体与细粒状渗碳体），其性能：具有良好的综合力学性能（足够的强度与高韧性相配合），硬度可达 200 ~ 330HBW。生产中常把淬火及高温回火的复合热处理工艺称为调质。调质广泛用于承受交变载荷或冲击的重要零件，如螺栓、连杆、齿轮、曲轴等。

调质钢与正火钢相比，不仅强度较高，而且塑性、韧性远高于后者，这是由于调质后钢的组织是回火索氏体，其渗碳体呈粒状，而正火后的索氏体中渗碳体呈片层状，因此，重要零件均应采用调质。45 钢正火与调质后力学性能的比较见表 3–2。

表 3–2　　45 钢正火与调质后力学性能的比较

热处理状态	R_m/MPa	A/%	α_K/(J/cm²)	HBW
正火	700 ~ 800	15 ~ 20	50 ~ 80	162 ~ 220
调质	750 ~ 850	20 ~ 25	80 ~ 120	210 ~ 250

3．淬火钢在回火时性能的变化

淬火钢回火后，由于组织发生了变化，钢的性能也随之发生改变。其基本趋势是随着回火温度的升高，钢的强度、硬度下降，而塑性、韧性提高。

一般来说，回火钢的性能只与加热温度有关，而与冷却速度无关。值得注意的是，有些钢在 450 ~ 650 ℃进行回火时，其韧性会降低，这种现象称为高温回火脆性，可采用回火后快冷的方法加以避免。

（三）钢的表面淬火与化学热处理

机械制造业中有不少零件（如机床主轴、发动机曲轴和凸轮轴、传动齿轮等）是在交变载荷、冲击载荷及强烈摩擦条件下工作的，要求零件表面和心部具有不同的性能，即表面要求有高的强度、硬度、耐磨性和疲劳强度，而心部则要求有足够的塑性和韧性。要兼顾这两个相互矛盾的性能要求，很难通过选材或普通热处理来实现。另外，某些零件表面有特殊的性能要求（如耐腐蚀性、耐热性等）。为了达到上述性能要求，生产上广泛应用表面淬火和化学热处理。

1．表面淬火

表面淬火是利用快速加热的方法使钢的表层奥氏体化，然后淬火的热处理工艺。工件经表面淬火后，表层得到马氏体组织，具有高的硬度和耐磨性，而心部仍为淬火前的组织，具有足够的强度和韧性。

根据加热方法的不同，常用的表面淬火分为感应加热表面淬火和火焰加热表面淬火等，其中以感应加热表面淬火应用最广泛。

（1）感应加热表面淬火

利用感应电流通过工件所产生的热效应，使工件表层迅速加热并快速冷却的淬火工艺称为感应加热表面淬火。

感应加热表面淬火的加热时间短、加热速度快，只需几秒到几十秒的时间就可以把工件加热至淬火温度，且奥氏体晶粒细小、均匀，脆性较低，比普通淬火硬度高 2 ~ 3HRC。变形小，不易氧化、脱碳，表面质量高。另外，它的生产率高，便于实现机械化和自动化，适宜大批生产。

感应加热表面淬火的淬硬层深度主要取决于电流频率。电流频率越高，则淬硬层越浅。生产中常根据工件要求的淬硬层深度来选用不同频率的电流进行加热。

感应加热表面淬火主要适用于中碳钢或中碳合金钢，在某些条件下，也可用于高碳钢或铸铁。零件在表面淬火前一般先进行正火或调质。

（2）火焰加热表面淬火

利用氧乙炔（或其他可燃气体）焰对工件表面进行快速加热，随即快速冷却，其淬硬层深度一般为 2 ~ 6 mm。

火焰加热表面淬火操作简便，设备简单，成本低，灵活性大。但加热温度不易控制，工件表面易过热，质量不稳定。适用于单件、小批生产以及大型工件的表面淬火。

2. 化学热处理

指将工件置于一定温度的活性介质中保温，使一种或几种元素渗入它的表层，以改变工件表层的化学成分、组织和性能的热处理工艺。

化学热处理都是由分解、吸收和扩散三个基本过程组成的。首先在一定条件下，从介质中分解出渗入元素的活性原子；活性原子吸附在工件表面，进入铁的晶格形成固溶体或化合物，被工件表面吸收；被吸收的渗入原子达一定含量时，由表向里扩散，形成一定厚度的渗层，以达到化学热处理的目的。化学热处理种类很多，常用的有渗碳、渗氮、碳氮共渗、渗金属等。

（1）渗碳

渗碳是指为了增加工件表层的碳含量和形成一定的碳浓度梯度，将工件在渗碳介质中加热并保温使碳原子渗入表层的化学热处理工艺。

常见的渗碳方法有气体渗碳、固体渗碳和液体渗碳等。气体渗碳是将工件置于密封的渗碳炉中，加热至 900 ~ 950 ℃，通入渗碳气体（如煤气、石油液化气、丙烷等）或易分解的有机液体（如煤油、甲苯、甲醇等），在高温下发生分解，分解出的活性碳原子被工件表面吸收，并向内部扩散形成一定深度（0.5 ~ 2 mm）的渗碳层。

工件渗碳后必须进行淬火及低温回火。渗碳后的淬火常用直接淬火法或一次淬火法等。直接淬火法是指工件渗碳完毕，出炉经预冷后直接淬火的方法。一次淬火法是指工件渗碳后出炉冷却，然后重新加热进行淬火的方法。

渗碳用钢一般是碳含量为 0.10% ~ 0.25% 的低碳钢或低碳合金钢。经渗碳处理后，工件表面的碳含量为 0.85% ~ 1.05%。工件经渗碳、淬火及低温回火后，表面具有高的硬度（58 ~ 64HRC）、耐磨性和疲劳强度，心部仍为塑性、韧性良好的低碳组织。一些重要零件，如汽车和拖拉机变速箱齿轮、活塞销、套筒等，常采用这种热处理方法。

（2）渗氮

渗氮是指在一定温度下使活性氮原子渗入工件表层的化学热处理工艺。常见的渗氮方法有气体渗氮、离子渗氮等。

气体渗氮是将工件放入密闭的炉内，加热到 500 ~ 580 ℃后通入氨气（NH_3），氨气分解产生的活性氮原子不断渗入工件表面，并向工件内部扩散，从而形成一定深度（小于 0.8 mm）的渗氮层。

渗氮后工件表面的硬度为 1 000 ~ 1 200HV。为保证工件心部的力学性能，渗氮前工件应进行调质。渗氮通常作为工艺路线中的最后一道工序，渗氮后一般不再进行其他热处理。渗氮层具有良好的耐磨性和耐腐蚀性。磨床主轴、镗床镗轴等以及在腐蚀性介质中工作的零件常采用渗氮工艺。

常用金属材料

工业中使用的金属材料分为黑色金属、有色金属和粉末冶金材料。

通常把铁及其合金称为黑色金属（主要指钢和铸铁），而把其余金属统称为有色金属，如铝、铜、镁、钛、锡、铅、锌等及其合金。粉末冶金材料是由几种金属粉末或金属与非金属粉末混匀压制成型，并经过烧结而获得的材料。

钢的种类很多，为了便于管理、选用及研究，从不同角度把它们分成若干类别。

（一）按化学成分分类

1．非合金钢

非合金钢即碳素钢，是指碳含量为 0.021 8% ~ 2.11% 的铁碳合金。实际使用的非合金钢中除铁和碳两种元素外，还含有少量硅、锰、硫、磷等元素。

非合金钢按碳含量又可分为：

（1）低碳钢：$w_C<0.25\%$。

（2）中碳钢：$0.25\% \leqslant w_C \leqslant 0.60\%$。

（3）高碳钢：$w_C>0.60\%$。

2．合金钢

在非合金钢的基础上，为了提高和改善钢的性能，在冶炼时有目的地加入一些元素（称为合金元素）而得到的钢称为合金钢。

按合金元素的总含量不同，可将合金钢分为：

（1）低合金钢：合金元素总含量小于 5%。

（2）中合金钢：合金元素总含量为 5% ~ 10%。

（3）高合金钢：合金元素总含量大于 10%。

（二）按钢的质量分类

根据钢中有害元素硫、磷的含量多少可分为：

1．普通钢：$w_S \leqslant 0.050\%$，$w_P \leqslant 0.045\%$。

2．优质钢：$w_S \leqslant 0.035\%$，$w_P \leqslant 0.035\%$。

3．高级优质钢：$w_S \leqslant 0.025\%$，$w_P \leqslant 0.025\%$，牌号后加 A 表示。

（三）按钢的用途分类

1．结构钢

结构钢主要用于制造各种工程构件和机械零件，其碳含量一般在 0.70% 以下。

2．工具钢

工具钢主要用于制造各种刀具、模具和量具，其碳含量一般在 0.70% 以上。

3．特殊性能钢

特殊性能钢是指具有特殊物理、化学或力学性能的钢，如不锈钢、耐热钢、耐磨钢等。

需要注意的是，对钢命名时，往往将用途、成分和质量等分类方法结合起来。

课题一 结构钢的分类、牌号及选用

任务 轴和齿轮的选材

任务说明

◎ 通过选择制造车轴和机车主、从动齿轮的材料，掌握轴和齿轮的选材原则及方法。

技能点

◎ 掌握轴和齿轮的选材原则及方法。

知识点

◎ 非合金钢中 Mn、Si、S、P 等常存元素对性能的影响。

◎ 合金钢中合金元素对性能的影响。

◎ 结构钢的分类、牌号及选用。

一、任务实施

（一）车轴的选材

1．任务引入

如图 4–1 所示为车轴，它用于支承一对火车车轮。试选择制造车轴的材料。

2．分析及解决问题

（1）车轴的工作条件和失效形式

1）工作条件。车轴用于支承转动零件（一对火车车轮），本身承受弯矩作用而不传递转矩。

2）失效形式。过量变形或疲劳断裂（零件在交变载荷作用下，虽然所受应力远低于材料的屈服强度，但在长期使用中会突然发生的断裂）。

（2）车轴的力学性能要求及选材

轴杆类零件在工作时受力较复杂，大多要求具有较高的综合力学性能（既有高的强度和硬度，又具有良好的塑性和韧性）。一般选择中碳钢或中碳合金钢材料进行调质或正火处理。对于某些轴杆类零件（如车床主轴），表面要求耐磨的部位（如轴颈、花键等部位）在调质后还需进行表面淬火及低温回火。

如图 4–1 所示的车轴就是选用 w_C=0.45%（属于中碳钢）的 45 钢（优质碳素结构钢的牌号）制造，毛坯采用锻件。由于车轴不传递动力，力学性能要求不太高，故进行正火处理。

（二）机车主、从动齿轮的选材

1．任务引入

如图 4–2 所示为机车主、从动齿轮。试选择制造该主、从动齿轮的材料。

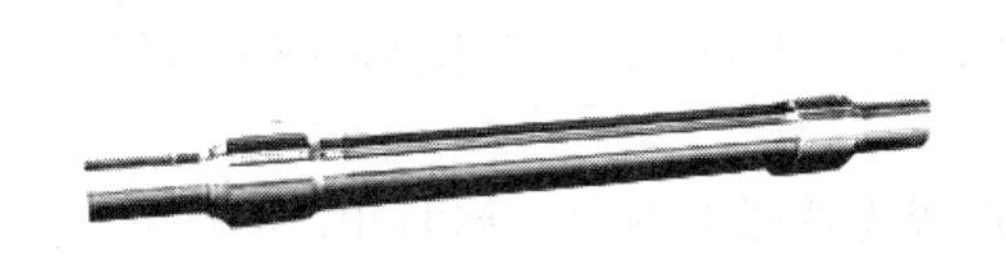

图 4–1　车轴

图 4–2　机车主、从动齿轮

2．分析及解决问题

（1）齿轮的工作条件和失效形式

1）工作条件。齿轮是机械中常见的重要传动零件。工作时齿面承受滚动、滑动造成的强烈摩擦和交变接触应力；因传递动力，齿根承受交变弯曲应力；在换挡、启动或啮合不均匀时，齿轮还要承受冲击力作用。

2）失效形式。齿面磨损、麻点剥落、轮齿折断。

（2）齿轮的力学性能要求及选材

对这类零件同样有综合力学性能的要求，但主要是强度（特别是疲劳强度）的要求。

所谓疲劳强度是指材料经无数次交变载荷作用而不发生断裂的最大应力值。在实际试验时，一般规定钢铁材料的交变应力循环周次为 10^7 周次时，能承受的最大应力为疲劳强度，对于有色金属一般规定为 10^8 周次。

提高疲劳强度最有效的方法是进行表面淬火或化学热处理，使齿面具有高的硬度和疲劳强度，心部具有较好的综合力学性能。

如图 4–2 所示的主动齿轮（小齿轮）就是选用 20CrMnMo 钢（合金渗碳钢的牌号）进行渗碳淬火及低温回火制造的。对于转速较小、承受冲击力较小的齿轮，也可以选择中碳钢或中碳合金钢调质后进行表面淬火及低温回火。如图 4–2 所示的从动齿轮（大齿轮）就是选用 42CrMo 钢（合金调质钢的牌号，w_C=0.42%）调质后进行表面淬火及低温回火制造的。

二、知识链接

（一）非合金钢中常存元素对钢性能的影响

制造车轴的45钢属于非合金钢。实际使用的非合金钢中含有的少量硅、锰、硫、磷等元素，是在钢冶炼过程中不可避免地带入的，如硅、锰主要来自炼钢时的脱氧剂。它们的存在必然会对钢的性能产生影响。

1．硅

硅能溶于铁素体，可提高钢的强度和硬度，所以硅是钢中的有益元素。但硅在钢中少量存在（一般 $w_{Si}<0.5\%$）时对钢的性能影响不显著。

2．硫

硫在钢中主要与铁生成化合物FeS。FeS与铁形成共晶体（Fe+FeS），其熔点较低（985 ℃），当钢材加热到1 000 ~ 1 200 ℃进行轧制或锻造时，沿晶界分布的共晶体（Fe+FeS）已经熔化，晶粒间的连接被破坏，导致钢材开裂，这种现象称为热脆，故硫在钢中是有害元素。

3．锰

锰能溶于铁素体和渗碳体中，使钢的强度和硬度提高；此外，锰能与硫形成MnS（因为锰和硫的亲和力比铁和硫的亲和力强），从而减轻硫对钢的危害。所以锰是钢中的有益元素。

4．磷

磷部分溶解在铁素体中，部分在结晶时形成脆性很大的化合物 Fe_3P，使钢的塑性和韧性急剧下降，尤其是在低温时更为严重，这种现象称为冷脆，故磷在钢中是有害元素。

但是，在易切削钢中适当提高硫、磷的含量，可增加钢的脆性，有利于在切削时形成断裂切屑，从而提高切削加工性。

（二）合金钢中合金元素的主要作用

制造机车主、从动齿轮的两种钢都属于合金钢。以下介绍合金钢中合金元素的主要作用。

1．强化铁素体

大多数合金元素（除铅外）都能或多或少地溶于铁素体，形成合金铁素体。由于合金元素与铁的晶格类型和原子半径的差异，必然引起铁素体的晶格畸变，产生固溶强化作用，使铁素体的强度、硬度提高，塑性和韧性下降。合金元素对铁素体韧性的影响与它们的含量有关，如铬、镍在含量适当时（$w_{Cr} \leqslant 2\%$、$w_{Ni} \leqslant 5\%$）反而使铁素体的韧性提高。

2．形成合金碳化物

在钢中能形成碳化物的元素有铁、锰、铬、钼、钨、钒、铌、锆、钛等（按照与碳的亲和力由弱到强依次排列）。

形成的合金碳化物可分为合金渗碳体和特殊碳化物两类。合金渗碳体如（Fe，Mn）$_3$C和（Fe，Cr）$_3$C等，特殊碳化物如WC、VC、TiC等。合金渗碳体较渗碳体略为稳定，硬度也略高，而特殊碳化物比合金渗碳体更稳定，具有更高的硬度和耐磨性。当它们在钢中弥散分布时，尤其是特殊碳化物，能显著提高钢的强度、硬度和耐磨性。

3．细化晶粒

除锰外，几乎所有的合金元素都抑制钢在加热时奥氏体晶粒的长大，达到细化晶粒的目的。特别是强碳化物形成元素钒、铌、锆、钛等，细化晶粒的作用尤为显著。

4．提高钢的淬透性

除钴外，几乎所有的合金元素溶解于奥氏体后，均可增加过冷奥氏体的稳定性，从而提高钢的淬透性。

5. 提高钢的回火稳定性

淬火钢在回火时，抵抗强度和硬度下降的能力称为回火稳定性。

因为合金元素阻碍淬火钢在回火时的组织转变，所以提高了钢的回火稳定性，故合金钢的回火稳定性较高。在同一温度回火时，合金钢比相同碳含量的非合金钢具有更高的强度和硬度。

（三）结构钢的分类、牌号及选用

结构钢按用途及性能特点分为工程结构用钢和机械结构用钢。

工程结构用钢主要有碳素结构钢和低合金高强度结构钢等。主要用于制造建筑、桥梁、车辆、船舶、锅炉等工程结构件。

机械结构用钢按成分可分为优质碳素结构钢和机械结构用合金钢。按用途及热处理特点可分为渗碳钢、调质钢、弹簧钢、滚动轴承钢等。主要用于制造轴、连杆、齿轮、螺栓、弹簧等受力较大或较复杂的机械零件。

1. 碳素结构钢

（1）碳素结构钢的成分特点及牌号

碳素结构钢的碳含量一般为 0.06% ~ 0.38%。

牌号表示方法为：Q+ 下屈服强度值（单位为 MPa）+ 质量等级符号 + 脱氧方法符号。

其中，Q——钢材下屈服强度“屈”字汉语拼音首位字母；质量等级符号——用字母 A、B、C、D 表示，其中 A 级硫、磷含量最高，D 级硫、磷含量最低；脱氧方法符号——用 F、b、Z、TZ 表示，F 表示沸腾钢，b 表示半镇静钢，Z 表示镇静钢（可省略），TZ 表示特殊镇静钢（可省略）。沸腾钢、镇静钢分别指炼钢时脱氧不完全和脱氧较完全的钢，半镇静钢的脱氧程度介于两者之间。

如 Q235AF、Q235CZ（或 Q235C）。

（2）碳素结构钢的用途

碳素结构钢冶炼容易，价格较低，产量大，大多在热轧供应状态下使用。

碳素结构钢的牌号、化学成分和力学性能见表 4–1。

表 4–1　　碳素结构钢的牌号、化学成分和力学性能（摘自 GB/T 700—2006）

<table>
<tr><th rowspan="2">牌号</th><th rowspan="2">统一数字代号</th><th rowspan="2">等级</th><th rowspan="2">厚度或直径 /mm</th><th colspan="5">化学成分（%），不大于</th><th rowspan="2">脱氧方法</th><th colspan="3">力学性能</th></tr>
<tr><th>C</th><th>Mn</th><th>Si</th><th>S</th><th>P</th><th>R_{eL}/MPa</th><th>R_m/MPa</th><th>A/%</th></tr>
<tr><td>Q195</td><td>U11952</td><td>—</td><td>—</td><td>0.12</td><td>0.50</td><td>0.30</td><td>0.040</td><td>0.035</td><td>F，Z</td><td>195</td><td>315 ~ 430</td><td>33</td></tr>
<tr><td rowspan="2">Q215</td><td>U12152</td><td>A</td><td rowspan="2">—</td><td rowspan="2">0.15</td><td rowspan="2">1.20</td><td rowspan="2">0.35</td><td>0.050</td><td rowspan="2">0.045</td><td rowspan="2">F，Z</td><td rowspan="2">215</td><td rowspan="2">335 ~ 450</td><td rowspan="2">31</td></tr>
<tr><td>U12155</td><td>B</td><td>0.045</td></tr>
<tr><td rowspan="4">Q235</td><td>U12352</td><td>A</td><td rowspan="4">—</td><td>0.22</td><td rowspan="4">1.4</td><td rowspan="4">0.35</td><td>0.050</td><td rowspan="2">0.045</td><td rowspan="2">F，Z</td><td rowspan="4">235</td><td rowspan="4">370 ~ 500</td><td rowspan="4">26</td></tr>
<tr><td>U12355</td><td>B</td><td>0.20</td><td>0.045</td></tr>
<tr><td>U12358</td><td>C</td><td rowspan="2">0.17</td><td>0.040</td><td>0.040</td><td>Z</td></tr>
<tr><td>U12359</td><td>D</td><td>0.035</td><td>0.035</td><td>TZ</td></tr>
</table>

续表

牌号	统一数字代号	等级	厚度或直径 /mm	化学成分（%），不大于					脱氧方法	力学性能		
				C	Mn	Si	S	P		R_{eL}/MPa	R_m/MPa	A/%
Q275	U12752	A	—	0.24	1.5	0.35	0.050	0.045	F，Z	275	410 ~ 540	22
	U12755	B	≤40	0.21			0.045	0.045	Z			
			>40	0.22								
	U12758	C	—	0.20			0.040	0.040	Z			
	U12759	D					0.035	0.035	TZ			

注：1. 表中所列力学性能指标为热轧状态试样测得。

2. 表中为镇静钢、特殊镇静钢牌号的统一数字代号，沸腾钢牌号的统一数字代号如下：

Q195F—U11950；Q215AF—U12150，Q215BF—U12153；Q235AF—U12350，Q235BF—U12353；Q275AF—U12750。

2．低合金高强度结构钢

（1）低合金高强度结构钢的成分特点及牌号

低合金高强度结构钢是碳含量一般为 0.1% ~ 0.2%，并加入少量的合金元素（一般合金元素总含量小于 3%）的结构钢。因为合金元素的强化作用，所以这类钢的强度高于碳素结构钢。

低合金高强度结构钢的牌号表示方法为：Q+ 下屈服强度值 + 质量等级符号。

与碳素结构钢不同的是：质量等级符号有 A、B、C、D、E 五个等级，从 A 级到 E 级，钢中硫、磷含量依次减少；低合金高强度结构钢的牌号中不标出脱氧方法符号。

低合金高强度结构钢的牌号有：Q295（包括 A、B 两个等级），Q345、Q390、Q420（包括 A、B、C、D、E 五个等级），Q460（包括 C、D、E 三个等级）。

（2）低合金高强度结构钢的用途

低合金高强度结构钢大多数是在热轧或正火等供应状态下使用的。广泛应用于桥梁、船舶、车辆、建筑、锅炉、高压容器、输油和输气管道等。

3．机械结构用钢

（1）优质碳素结构钢的牌号

1）优质碳素结构钢的牌号用两位数字表示，这两位数字以万分之几表示钢的平均碳含量。如制造车轴的 45 钢，表示平均碳含量为 0.45% 的优质碳素结构钢。

2）优质碳素结构钢按钢中锰含量的不同，可分为普通锰含量（w_{Mn}=0.25% ~ 0.8%）及较高锰含量（w_{Mn}=0.7% ~ 1.2%）两组。较高锰含量的优质碳素结构钢在牌号后面加元素符号 Mn，如 50Mn。

3）若为沸腾钢，则在牌号后面加 F，如 08F。

常用优质碳素结构钢的牌号、力学性能和用途见表 4–2。

（2）机械结构用合金钢的牌号

1）机械结构用合金钢牌号用“两位数字 + 合金元素符号 + 数字”表示。

2）前两位数字以万分之几表示钢的平均碳含量。

3）合金元素符号后面的数字以百分之几表示该元素的平均含量；若合金元素的平均含量小于 1.5% 时，牌号中只标出元素符号，而不标出含量。

表 4–2 常用优质碳素结构钢的牌号、力学性能和用途

牌号	力学性能				用途
	R_m/MPa	R_{eL}/MPa	A/%	Z/%	
	≥				
08F	295	175	35	60	这类低碳钢一般用于制造受力不大的冲压件、焊接件以及受力不大但韧性要求较好的零件和渗碳件，如机器罩、容器、螺钉、螺母、垫圈、法兰盘、小轴、凸轮、滑块、套筒等
10	335	205	31	55	
15	375	225	27	55	
20	410	245	25	55	
30	490	295	21	50	这类中碳钢的综合力学性能较好，可用于制造受力较大的零件，如曲轴、连杆、齿轮等
35	530	315	20	45	
40	570	335	19	45	
45	600	355	16	40	
50	630	375	14	40	
60	675	400	12	35	这类高碳钢有较高的强度、硬度和弹性，主要用于制造弹簧、弹簧垫圈、钢丝绳等
65	695	410	10	30	
65Mn	735	430	9	30	

注：对于 15Mn ~ 65Mn 等较高锰含量的钢（15Mn ~ 60Mn 表中未列出），其淬透性和强度比相应钢号的钢稍高。

如制造机车主动齿轮的 20CrMnMo 钢，表示平均碳含量为 0.2%，铬、锰、钼的平均含量均小于 1.5%。

4）对于滚动轴承钢，其碳含量不予标出，铬含量以千分之几表示，并在牌号前面冠以用途名称 G（“滚”字汉语拼音首位字母）。如 GCr9、GCr15 等，分别表示平均铬含量为 0.9% 和 1.5% 的滚动轴承钢。

（3）渗碳钢

1）成分特点及用途。一般渗碳钢的 w_C=0.10% ~ 0.25%，以保证渗碳零件心部有较高的塑性和韧性。而零件通过渗碳及淬火后低温回火的热处理，使表面获得高的硬度和耐磨性。

在合金渗碳钢中常加入铬、锰、镍、硼等合金元素，其主要作用是提高钢的淬透性，在渗碳及淬火后，使心部能得到低碳马氏体，以提高心部强度，同时保持较高的塑性和韧性。加入钼、钨、钒、钛等合金元素，主要起细化晶粒的作用。

渗碳钢主要用于制造在工作中既承受冲击和交变载荷，又承受强烈摩擦的一类零件。

2）常用渗碳钢

①碳素渗碳钢。一般用优质碳素结构钢中的 15 钢和 20 钢。这类钢一般用于制造承受载荷较低、形状简单、但要求耐磨的小型零件。

②合金渗碳钢。常用牌号有 20Cr、20CrMnTi、20CrMnMo、18Cr2Ni4WA 等。

其中，20Cr 钢用于制造受力不太大，不需要很高强度的耐磨零件，如机床齿轮、活塞销等。20CrMnTi、20CrMnMo 钢用于制造承受中等载荷的耐磨零件，如汽车、机车、拖拉机的齿轮、凸轮轴等。18Cr2Ni4WA 钢用于制造承受重载荷与强烈摩擦的重要大型零件，如大截面的齿轮、传动轴、精密机床上控制进刀的蜗轮等。

3）最终热处理。一般在渗碳后进行直接淬火或一次淬火及 180 ~ 200 ℃低温回火。

（4）调质钢

1）成分特点及用途。一般调质钢的 w_C=0.25% ~ 0.5%。

在合金调质钢中常加入锰、铬、镍、硼等合金元素，其主要作用是提高钢的淬透性。加入钨、钼、钒、钛等合金元素，起细化晶粒和提高回火稳定性的作用。其中钨和钼还有防止高温回火脆性的作用。

调质钢主要用于制造受力复杂、要求综合力学性能良好的零件，如轴、连杆、齿轮、重要螺栓等。

2）常用调质钢

①碳素调质钢。一般用中碳优质碳素结构钢中的 35、40、45、50、40Mn 钢等，其中以 45 钢应用最广。这类钢一般用于制造载荷较低、形状简单、尺寸较小的工件。

②合金调质钢。常用牌号有 40Cr、42CrMo、38CrMoAlA 等。

其中，40Cr 钢常用于制造中等截面、承受交变载荷的工件。42CrMo、38CrMoAlA 钢可用于制造截面较大、承受较重载荷的工件。其中 38CrMoAlA 钢经调质和渗氮后，可用于制造高精度磨床主轴或精密镗床镗轴。

3）最终热处理。一般采用淬火后 500 ~ 650 ℃的高温回火（即调质），以获得回火索氏体，使钢件具有较高的综合力学性能。有时，对于力学性能要求不高的零件也可用正火代替调质。

（5）弹簧钢

1）性能要求及成分特点。弹簧是各种机器和仪表中的重要零件之一，它利用弹性变形吸收能量以缓和振动和冲击，或依靠弹性储存能量以起驱动作用。因此，弹簧钢必须具备高的强度，尤其是高的屈服强度、疲劳强度和足够的韧性。所以弹簧钢的碳含量一般比调质钢高。

在合金弹簧钢中加入硅、锰、铬、钒等合金元素的主要目的是提高钢的淬透性和回火稳定性，以提高钢的强度。

2）常用弹簧钢

①碳素弹簧钢。常用牌号有优质碳素结构钢中的 60、65、65Mn 等。一般用于制造线径较小的不太重要的弹簧。

②合金弹簧钢。常用牌号有 60Si2Mn、50CrVA 等。60Si2Mn 钢主要用于制造铁路机车、汽车、拖拉机上的板弹簧和螺旋弹簧等。如图 4-3 所示的机车圆弹簧就是用 60Si2Mn 钢制造的。50CrVA 钢主要用于制造在 350 ~ 400 ℃下承受重载的较大型弹簧，如阀门弹簧等。

3）最终热处理。对线径或板厚大于 10 mm 的螺旋弹簧或板弹簧，一般采用热成形，最终热处理为淬火及中温回火，获得回火托氏体组织。为改善表面质量，提高弹簧的疲劳强度，延长其使用寿命，热处理后通常还要进行喷丸处理。

对线径或板厚小于 10 mm 的弹簧，一般采用冷绕成形，然后只需进行 200 ~ 300 ℃的去应力退火。若采用退火状态的钢丝冷绕成弹簧，在去应力退火后还需淬火和中温回火。

（6）滚动轴承钢

滚动轴承钢是指制造各种滚动轴承的内外圈及滚动体（滚珠、滚柱、滚针）的专用钢种。

1）性能要求及成分特点。滚动轴承在工作时承受着高而集中的交变应力，同时在滚动体和内外圈之间还产生强烈

图 4-3　机车圆弹簧

的摩擦。因此，滚动轴承钢必须具有高的硬度和耐磨性、高的疲劳强度及一定的韧性。

应用最广的滚动轴承钢是高碳铬钢，其碳含量为 0.95% ~ 1.15%，以保证滚动轴承钢具有高的强度、硬度和耐磨性。铬含量为 0.4% ~ 1.65%。

2）常用滚动轴承钢。常用牌号为 GCr15、GCr15SiMn。GCr15 钢主要用于制造中、小型滚动轴承；GCr15SiMn 钢主要用于制造较大型的滚动轴承。

3）热处理

①预先热处理。由于滚动轴承钢属于过共析钢，所以采用球化退火。

②最终热处理。淬火及低温回火。

4. 铸造碳钢

生产中有许多形状复杂、力学性能要求高的零件难以用锻造或切削加工的方法制造，通常采用铸造碳钢制造。铸造碳钢的碳含量一般为 0.20% ~ 0.60%。

铸造碳钢的牌号表示方法为：ZG（“铸钢”汉语拼音首位字母）后面加两组数字。第一组数字代表下屈服强度值，第二组数字代表抗拉强度值。如 ZG270–500 表示下屈服强度不小于 270 MPa，抗拉强度不小于 500 MPa 的铸造碳钢。

铸造碳钢广泛用于制造重型机械、矿山机械、冶金机械、机车车辆上的零件和构件。如机架、砧座、轴承盖、车钩、车辆侧架等形状复杂、力学性能要求较高的零件。

课题二 工具钢与硬质合金的分类、牌号及选用

任务1 锉刀的选材

任务说明

◎ 掌握锉刀的选材方法。

技能点

◎ 掌握碳素工具钢的牌号及选用。

知识点

◎ 碳素工具钢的牌号及选用。

一、任务实施

（一）任务引入

如图 4–4 所示为钳工用锉刀实物图，试选择锉刀的材料。

（二）分析及解决问题

1. 锉刀的工作条件和失效形式

（1）工作条件

使用时锉刀受到摩擦，不承受冲击。

（2）失效形式

锉刀过度磨损。

2. 锉刀的力学性能要求及选材

钳工用锉刀属于手工刀具，不承受冲击，主要要求锉刀具有高的硬度和耐磨性，一般选择碳素工具钢。所以，图 4–4 所示的锉刀选用碳含量为 1.2% 的 T12 钢（碳素工具钢的牌号）制造，并进行淬火及低温回火。高的碳含量是为了保证锉刀具有高的硬度和耐磨性。

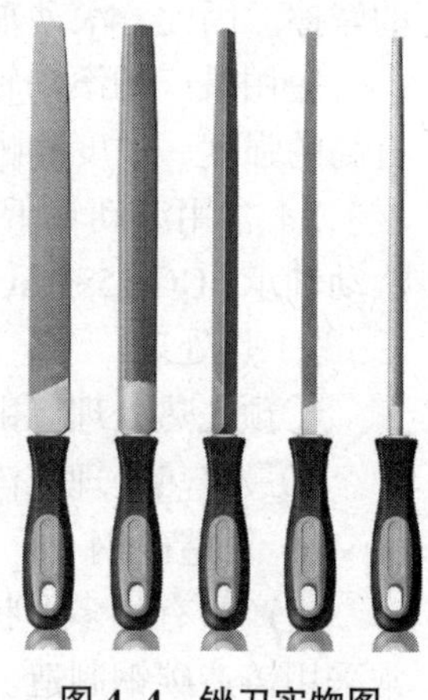

图 4–4 锉刀实物图

二、知识链接

工具钢按化学成分可分为碳素工具钢和合金工具钢。如图 4–4 所示的锉刀就是由碳素工具钢制造的。

（一）碳素工具钢的牌号

碳素工具钢可分为优质碳素工具钢（简称碳素工具钢）与高级优质碳素工具钢两类。牌号表示方法为：在 T（“碳”汉语拼音首位字母）后面加数字表示，该数字以千分之几表示钢的平均碳含量。如制造锉刀的 T12 钢表示平均碳含量为 1.2% 的碳素工具钢。若是高级优质碳素工具钢，则在牌号后加 A，如 T8A。

（二）碳素工具钢的性能及用途

碳素工具钢的牌号、主要化学成分、淬火后的硬度及用途见表 4–3。

表 4–3 碳素工具钢的牌号、主要化学成分、淬火后的硬度及用途

牌号	主要化学成分 /%			淬火后的硬度		用途
	w_C	w_{Mn}	w_{Si}	淬火温度 /°C 及冷却介质	HRC ≥	
T7	0.65 ~ 0.74	≤ 0.40	≤ 0.35	800 ~ 820，水	62	用于制造受冲击而要求较高硬度和耐磨性的工具，如锤头、旋具、木工工具、铁皮剪刀等
T8	0.75 ~ 0.84			780 ~ 800，水		
T8Mn	0.80 ~ 0.90	0.40 ~ 0.60				
T9	0.85 ~ 0.94	≤ 0.40	≤ 0.35	760 ~ 780，水	62	用于制造韧性中等、硬度高的工具，如冲模、木工工具、凿岩工具等
T10	0.95 ~ 1.04	≤ 0.40	≤ 0.35	760 ~ 780，水	62	用于制造不受剧烈冲击而要求高硬度和耐磨性的工具，如刨刀、冲模、丝锥、锯条、钻头等
T11	1.05 ~ 1.14					
T12	1.15 ~ 1.24	≤ 0.40	≤ 0.35	760 ~ 780，水	62	用于制造不受冲击而要求高硬度和耐磨性的工具，如丝锥、锉刀、刮刀、量具等
T13	1.25 ~ 1.35	≤ 0.40	≤ 0.35	760 ~ 780，水	62	用于制造不受冲击而要求更耐磨的工具，如刮刀、剃刀、刻字刀具等

各种牌号的碳素工具钢淬火后硬度相近，但随着碳含量的增加，钢的耐磨性提高，韧性降低。碳素工具钢多用于制造手工用工具，低速、小切削用量的机用刀具，量具，小型模具等。

任务2 麻花钻（孔加工刀具）的选材

任务说明

◎ 掌握麻花钻的选材方法。

技能点

◎ 掌握合金工具钢与硬质合金的分类、牌号及选用。

知识点

◎ 合金工具钢与硬质合金的分类、牌号及选用。

一、任务实施

（一）任务引入

如图4–5所示为孔加工刀具——麻花钻（俗称钻头）实物图，试选择制造麻花钻的材料。

图4–5 麻花钻实物图

（二）分析及解决问题

1. 麻花钻的工作条件和失效形式

（1）工作条件

麻花钻属于机用孔加工刀具，是在工件已加工表面的包围中进行切削加工，切削呈封闭状态，散热条件差。

（2）失效形式

磨损、扭断。

2. 麻花钻的力学性能要求及选材

通过以上分析，要求麻花钻具有高的硬度、耐磨性及红硬性[金属材料在高温下保持高硬度（≥60HRC）的能力]，并且具有足够的强度和韧性。

所以可选用W18Cr4V钢（高速钢牌号），进行分级淬火及回火处理，回火一般为三次。

W18Cr4V钢的碳含量为0.70%～0.80%，含有W、Cr、V等碳化物形成元素（w_W=18%、w_{Cr}=4%、w_V<1.5%），经淬火及回火后具有高的硬度、耐磨性及红硬性，能满足麻花钻的使用要求。

二、知识链接

（一）合金工具钢

合金工具钢按用途可分为合金刃具钢、合金模具钢及合金量具钢。各类工具钢并无严格的使用界限，有时可以交叉使用。

1. 合金工具钢的牌号

（1）合金工具钢牌号用“一位数字＋合金元素符号＋数字”或“合金元素符号＋数字”表示。

（2）当钢的平均碳含量小于1.0%时，牌号前的一位数字以千分之几表示平均碳含量；

当钢的平均碳含量大于等于 1.0% 时，碳含量不予标出。

但高速钢例外，不论碳含量为多少，都不予标出。如制造麻花钻的 W18Cr4V 钢，属于高速钢，故元素符号前未标出碳含量。

（3）合金元素符号后的数字表示该元素的平均含量，其表示方法与合金结构钢相同。

2. 合金刃具钢

（1）低合金刃具钢

低合金刃具钢是在碳素工具钢的基础上加入少量合金元素的钢。钢中主要加入铬、锰、硅等元素，其目的是提高钢的淬透性及强度。加入钨、钒等强碳化物形成元素的目的是提高钢的硬度和耐磨性，以及细化晶粒。所以，低合金刃具钢与碳素工具钢相比，提高了淬透性及强度、耐磨性等性能。

9SiCr 和 CrWMn 钢是最常用的低合金刃具钢，此外还有 9Mn2V、Cr2 钢等。

9SiCr 钢的红硬性可达 250 ~ 300 ℃。因此，适用于制造切削刃细薄的低速切削刀具，如丝锥、圆板牙、铰刀等。

CrWMn 钢的红硬性不如 9SiCr 钢，但热处理后变形小，又称微变形钢，主要用来制造较精密的低速切削刀具，如长铰刀、拉刀等。

低合金刃具钢的预备热处理是球化退火，最终热处理为淬火加低温回火。

（2）高速钢

1）成分特点。高速钢是一种具有高红硬性和耐磨性的高合金工具钢。钢中含有较多的碳（w_C=0.7% ~ 1.50%）和大量的钨、铬、钒、钼等碳化物形成元素。高的碳含量是为了保证形成足够的合金碳化物，使高速钢具有高的硬度和耐磨性；W 和 Mo 是提高红硬性的主要元素；Cr 主要提高钢的淬透性；V 能显著提高钢的硬度、耐磨性和红硬性，并能显著细化晶粒。

2）热处理特点。高速钢只有经过适当的热处理后才能获得较好的组织和性能，其热处理特点为：

①因高速钢中合金元素含量高，导热性很差，淬火温度又很高，所以淬火加热时必须进行一次预热（800 ~ 850 ℃）或两次预热（500 ~ 600 ℃、800 ~ 850 ℃）。

②高速钢中含有大量的 W、Mo、V 等元素形成的难溶碳化物，它们只有在 1 200 ℃以上才能大量溶入奥氏体中，因此，高速钢的淬火加热温度很高，一般为 1 220 ~ 1 280 ℃。常采用分级淬火或在油中冷却。正常淬火组织是马氏体 + 残余奥氏体 + 剩余合金碳化物，其中残余奥氏体含量较多（体积分数占 20% ~ 30%）。

③高速钢淬火后必须在 550 ~ 570 ℃进行多次回火（一般为三次）。此时从马氏体中析出极细碳化物，并使残余奥氏体较完全地转变成回火马氏体，显著提高钢的硬度和耐磨性。回火后组织为回火马氏体 + 合金碳化物 + 少量残余奥氏体。

3）性能、用途及常用牌号。高速钢经淬火及回火后，硬度可达 63 ~ 66HRC，红硬性可达 600 ℃，故常用于制造切削速度较高的刀具（如车刀、铣刀、钻头等）以及形状复杂且载荷较大的成形刀具（如齿轮铣刀、拉刀等）。此外，高速钢还可用于制造冷冲模、冷挤压模及某些耐磨零件。

常用高速钢牌号有 W18Cr4V、W6Mo5Cr4V2、W9Mo3Cr4V、W6Mo5Cr4V2Al 等。其中 W18Cr4V 钢是我国发展最早、使用最广泛的高速钢。

3. 合金模具钢

合金模具钢主要用来制造使金属成型的模具。

(1) 冷作模具钢

冷作模具钢用于制造使金属在冷状态下成型的模具，如冷冲模、冷挤压模、拉丝模等。工作中受到很大的压力、摩擦或冲击。因此，冷作模具钢与合金刃具钢相似，主要应具有高硬度、高耐磨性及足够的强度和韧性，大型模具还要求有良好的淬透性。

小型冷作模具可用碳素工具钢和低合金刃具钢制造，如 T10A、9SiCr、CrWMn、9Mn2V 钢等。

大型冷作模具一般采用 Cr12、Cr12MoV 等合金模具钢制造。

Cr12 型钢的最终热处理采用淬火加回火，其淬火温度和回火温度可查有关手册。Cr12 型钢淬火及回火后的组织为回火马氏体 + 碳化物 + 残余奥氏体。

(2) 热作模具钢

热作模具钢用来制造使加热的固态或液态金属成型的模具，如热锻模、热挤压模和压铸模等。

热作模具钢在高温下（400 ~ 600 ℃）工作，且承受很大的冲击力。因此，要求热作模具钢具有足够的高温强度和韧性，一定的硬度和耐磨性，以及良好的抗热疲劳性。

热作模具钢一般采用中碳合金钢（w_C=0.3% ~ 0.6%）制造，以保证足够的强度、冲击韧度和一定的硬度。常加入的合金元素有 Cr、Ni、Mn、Mo、W、V 等，以提高钢的强度、硬度、回火稳定性和淬透性。

目前一般采用 5CrMnMo 钢制造中、小型热锻模，采用 5CrNiMo 钢制造大型热锻模，采用 3Cr2W8V 钢制造热挤压模和压铸模。

热作模具钢的最终热处理是淬火 + 中温回火（或高温回火）。生产中根据模具的性能要求来确定具体的回火温度。

(3) 塑料模具钢

随着塑料生产和加工技术的发展，塑料模具的需求量不断增大。目前，某些非合金钢和合金钢均可用于制造各种塑料模具。

制造塑料模具的常用钢见表 4-4。

表 4-4　　制造塑料模具的常用钢

模具类型	推荐用钢
小型模具，精度不高、受力不大、生产规模小的模具	45、40Cr、T7 ~ T12、10、20
受较大摩擦、较大动载荷、生产规模大的模具	20Cr、20CrMnTi、12CrNi3、20Cr2Ni4
热固性成型模，具有高耐磨、高强度的模具	9Mn2V、CrWMn、GCr15、Cr12、Cr12MoV
耐腐蚀、高精度模具	20Cr13、4Cr13、3Cr2Mo

注：低碳钢及低碳合金钢需渗碳淬火后使用。

4. 合金量具钢

量具是测量工件尺寸的工具，如游标卡尺、千分尺、塞规、量块和样板等。量具在使用过程中主要受磨损和碰撞。因此，要求量具具有高硬度、高耐磨性及高的尺寸稳定性。

制造量具没有专用钢种。碳素工具钢、低合金刃具钢和滚动轴承钢等均可用于制造量具。

量具的最终热处理主要是淬火加低温回火。对精密量具，还需增加冷处理、时效等措施，以保证更高的尺寸稳定性要求。

制造量具的常用钢见表 4–5。

表 4–5　制造量具的常用钢

量 具 名 称	选用钢号实例
样板、卡板	15、20、50、55、60、60Mn、65Mn
一般量规	T10A、T12A、9SiCr
高精度量规	Cr2、GCr15
高精度、形状复杂的量规	CrWMn

注：15、20 钢经渗碳淬火后使用。

（二）硬质合金

硬质合金是将一种或多种难熔金属硬碳化物和黏结剂金属，通过粉末冶金工艺生产的一类合金材料。即将高硬度、难熔的碳化钨（WC）、碳化钛（TiC）、碳化钽（TaC）等和钴（Co）、镍（Ni）等黏结剂金属，经制粉、配料（按一定比例混合）、压制成形，再通过高温烧结制成。硬质合金在刀具、量具、模具的制造中得到了广泛应用。

1．硬质合金的性能特点

（1）硬质合金硬度高、红硬性高、耐磨性好，在室温下的硬度可达 86 ~ 93HRA，在 900 ~ 1 000 ℃温度下仍然有较高的硬度，故硬质合金刀具的切削速度、耐磨性及使用寿命均比高速钢显著提高。

（2）抗压强度比高速钢高，但抗弯强度只有高速钢的 1/3 ~ 1/2，韧性差，为淬火钢的 30% ~ 50%。

2．切削工具用硬质合金

硬质合金按用途不同，可分为切削工具用硬质合金，地质、矿山工具用硬质合金，耐磨零件用硬质合金。本书主要介绍切削工具用硬质合金。

根据 GB/T 18376.1—2008《硬质合金牌号　第 1 部分：切削工具用硬质合金牌号》规定，切削工具用硬质合金牌号按使用领域的不同，可分为 P、M、K、N、S、H 六类，见表 4–6。各个类别为满足不同的使用要求，以及根据切削工具用硬质合金材料的耐磨性和韧性的不同，可分成若干个组，并用 01、10、20 等两位数字表示组号。必要时，可在两个组号之间插入一个补充组号，用 05、15、25 等表示。

表 4–6　切削工具用硬质合金的分类和使用领域

类别	使 用 领 域
P	长切屑材料的加工，如钢、铸钢、长切屑可锻铸铁等的加工
M	通用合金，用于不锈钢、铸钢、锰钢、可锻铸铁、合金钢、合金铸铁等的加工
K	短切屑材料的加工，如铸铁、冷硬铸铁、短切屑可锻铸铁、灰铸铁等的加工
N	非铁金属、非金属材料的加工，如铝、镁、塑料、木材等的加工
S	耐热和优质合金材料的加工，如耐热钢，含镍、钴、钛的各类合金材料的加工
H	硬切削材料的加工，如淬硬钢、冷硬铸铁等材料的加工

切削工具用硬质合金各组别的基本成分及力学性能见表 4–7。

表 4–7 切削工具用硬质合金各组别的基本成分及力学性能

组别		基本成分	力学性能	
类别	分组号		洛氏硬度 HRA，不小于	抗弯强度（MPa），不小于
P	01	以 WC、TiC 为基，以 Co（Ni+Mo，Ni+Co）为黏结剂的合金 / 涂层合金	92.3	700
	10		91.7	1 200
	20		91.0	1 400
	30		90.2	1 550
	40		89.5	1 750
M	01	以 WC 为基，以 Co 作黏结剂，加少量 TiC（TaC、NbC）的合金 / 涂层合金	92.3	1 200
	10		91.0	1 350
	20		90.2	1 500
	30		89.9	1 650
	40		88.9	1 800
K	01	以 WC 为基，以 Co 作黏结剂，或加少量 TaC、NbC 的合金 / 涂层合金	92.3	1 350
	10		91.7	1 460
	20		91.0	1 550
	30		89.5	1 650
	40		88.5	1 800
N	01	以 WC 为基，以 Co 作黏结剂，或添加少量 TaC、NbC 或 CrC 的合金 / 涂层合金	92.3	1 450
	10		91.7	1 560
	20		91.0	1 650
	30		90.0	1 700
S	01	以 WC 为基，以 Co 作黏结剂，或添加少量 TaC、NbC 或 TiC 的合金 / 涂层合金	92.3	1 500
	10		91.5	1 580
	20		91.0	1 650
	30		90.5	1 750
H	01	以 WC 为基，以 Co 作黏结剂，或添加少量 TaC、NbC 或 TiC 的合金 / 涂层合金	92.3	1 000
	10		91.7	1 300
	20		91.0	1 650
	30		90.5	1 500

除上述硬质合金外，还有碳化钛基硬质合金（YN）和钢结硬质合金（YE）等。

（三）特殊性能钢

1. 不锈钢

不锈钢是在大气、水或酸、碱和盐溶液等腐蚀性介质中具有高度化学稳定性的合金钢的总称。

（1）铬不锈钢

常用牌号有 12Cr13、20Cr13、30Cr13 等。

12Cr13、20Cr13 钢具有良好的抗大气、海水、蒸汽等介质腐蚀的能力，可用于制造汽轮机叶片、水压机阀门等。30Cr13 钢可用于制造在弱腐蚀条件下工作的耐磨零件，如医疗器械。

（2）铬镍不锈钢

常用牌号有 06Cr19Ni10、12Cr18Ni9 等。

铬镍不锈钢主要用于制造在强腐蚀介质（如硝酸、磷酸、有机酸及碱水溶液等）中工作的零件，如化工设备等。

2. 耐热钢

在高温下具有高的抗氧化性和较高强度的钢称为耐热钢。

（1）抗氧化钢

常用牌号有 42Cr9Si2、26Cr18Mn12Si2N 等。可用于制造各种加热炉的炉底板、渗碳箱等。

（2）热强钢

常用牌号有 15CrMo、4Cr14Ni14W2Mo。

15CrMo 钢可以制造在 300 ~ 500 ℃条件下长期工作的零件，如高压锅炉等。4Cr14Ni14W2Mo 钢可以制造在 600 ℃以下工作的零件，如汽轮机叶片、大型发动机排气阀等。

3. 耐磨钢

高锰钢是典型的耐磨钢，其牌号为 ZGMn13。这种钢经水韧处理（加热到 1 000 ~ 1 100 ℃，保温一定时间后水淬）后，只有在工作中受到强烈冲击和压力的条件下，才有高的耐磨性。它主要用于制造坦克、拖拉机的履带，碎石机颚板，铁路道岔，挖掘机铲斗等。

课题三 铸铁的分类、牌号及选用

任务 车床主轴箱箱体的选材

任务说明

◎ 掌握箱体类零件的选材方法。

技能点

◎ 掌握铸铁的分类、牌号及选用。

知识点

◎ 铸铁的分类、牌号及选用。

一、任务实施

(一)任务引入

箱体是机器或部件的基础零件，它将有关零件连成整体，以保证各零件的正确位置并使其相互协调地运动。箱体零件大多结构复杂，一般都有复杂的内腔。

如图 4–6 所示为车床主轴箱箱体，试选择制造该箱体的材料。

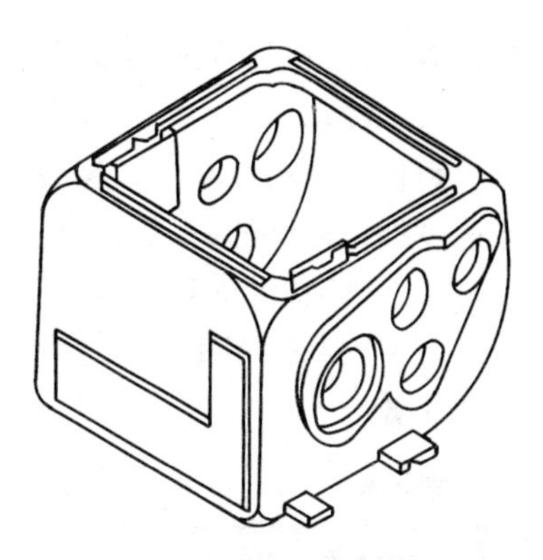

图 4–6 车床主轴箱箱体

(二)分析及解决问题

1. 箱体的工作条件

箱体主要承受压应力，也承受一定的弯曲应力和冲击力。

2. 箱体的力学性能要求及选材

箱体应具有足够的刚度、强度和良好的减振性。

该车床主轴箱箱体可选用灰铸铁 HT200（灰铸铁的牌号）制造。该材料的最低抗拉强度为 200 MPa。

加工工艺路线：铸造毛坯→去应力退火→划线→机械加工。

二、知识链接

(一)铸铁的概述

铸铁是碳含量大于 2.11% 的铁碳合金。工业上常用铸铁的碳含量一般为 2.5% ~ 4.0%，此外还含有 Si（一般 w_{Si}=1.0% ~ 3.0%）、Mn、S、P 等元素。

1. 铸铁的分类

(1)铸铁中的碳主要以渗碳体和石墨两种形式存在，根据碳存在的形式不同，铸铁可分为三类。

1)白口铸铁。碳主要以渗碳体形式存在，其断口呈银白色。性能既硬又脆，很难进行切削加工，所以很少直接用来制造各种零件。

2)灰口铸铁。碳全部或大部分以石墨形式存在，其断口呈暗灰色。它是目前工业生产中应用最广泛的一种铸铁。

3)麻口铸铁。碳一部分以石墨形式存在，另一部分以渗碳体形式存在，断口呈现黑白相间的麻点。这种铸铁脆性也较大，故很少使用。

(2)根据石墨形态的不同，灰口铸铁又可分为以下 4 种。

1)灰铸铁。指石墨呈片状的铸铁。

2)球墨铸铁。指石墨呈球状的铸铁。

3)蠕墨铸铁。指石墨呈蠕虫状的铸铁。

4)可锻铸铁。指石墨呈团絮状的铸铁。

2. 铸铁的石墨化

在铸铁的结晶过程中，石墨的形成过程称为石墨化过程。影响铸铁石墨化的因素有：

(1)化学成分

C 促进石墨化；Si 强烈促进石墨化；S 阻碍石墨化；Mn 本身是阻碍石墨化的元素，但 Mn

与S能生成MnS，从而减弱S对石墨化的阻碍作用，结果又间接促进石墨化。

（2）冷却速度

铸件冷却速度越慢，越有利于石墨化的进行。铸造时除了造型材料和铸造工艺会影响冷却速度外，铸件的壁厚对冷却速度也有很大影响。

3．灰铸铁的优良性能

灰铸铁和钢相比，虽然力学性能较低，但是它具有一些优良性能，其优良性能及其原因见表4–8。

表4–8　　灰铸铁的优良性能及其原因

灰铸铁的优良性能	原　因
铸造性能良好	熔点低，流动性好；铸造收缩率小
减摩性好	石墨本身具有润滑作用；石墨掉落后的孔洞能吸附和储存润滑油
减振性好	石墨对振动起缓冲作用，并把振动能量转变为热能
切削加工性能良好	切削时易断屑和排屑，且石墨对刀具具有润滑作用
缺口敏感性较低	由于石墨的强度和塑性几乎为零，故石墨本身相当于许多小缺口，致使外加缺口的作用相对减弱

（二）灰铸铁

1．灰铸铁的组织与性能

灰铸铁中的石墨呈片状分布于基体组织上。基体组织又分为铁素体、铁素体＋珠光体、珠光体三种，可见灰铸铁的基体组织相当于钢的组织。如图4–7所示为铁素体灰铸铁的显微组织。

由于石墨的强度和塑性几乎为零，所以石墨在铸铁中相当于孔洞和裂纹，破坏了基体组织的连续性，减小了有效承载面积；且在石墨的尖角处容易产生应力集中，所以灰铸铁的强度和塑性很低。但抗压强度和硬度与钢相近。

2．灰铸铁的牌号及用途

灰铸铁的牌号由HT（“灰铁”两字的汉语拼音首位字母）加一组数字（最低抗拉强度数值）组成。如HT150、HT200等。灰铸铁主要用于制造支架、底座、箱体、床身、工作台、气缸体等。

灰铸铁的牌号和应用见表4–9。

表4–9　　灰铸铁的牌号和应用

牌号	应用举例
HT100	用于制造负荷小，对摩擦、磨损无特殊要求的零件，如盖、手轮、支架等
HT150	用于制造承受中等负荷的零件，如工作台、刀架、齿轮箱等
HT200	用于制造承受较大负荷的零件，如机床床身、气缸体、齿轮箱、联轴器等
HT250	
HT300	用于制造承受高负荷的重要零件，如车床卡盘、高压油缸、齿轮等 HT300、HT350是经过孕育处理（或称变质处理）的铸铁
HT350	

3. 灰铸铁的热处理

灰铸铁通过热处理只能改变基体组织，但不能改变石墨的形态，因而对提高灰铸铁的力学性能作用不大。常用的热处理包括：消除内应力退火；消除铸件白口组织，改善切削加工性的退火；表面淬火等。

（三）球墨铸铁

球墨铸铁主要是将铁液经过球化处理后制成的，所以球墨铸铁的石墨呈球状分布于基体组织上。由于球状石墨对基体的割裂作用和应力集中作用大为减小，所以球墨铸铁的强度和塑性显著提高。如图 4–8 所示为珠光体球墨铸铁的显微组织。

图 4–7 铁素体灰铸铁的显微组织

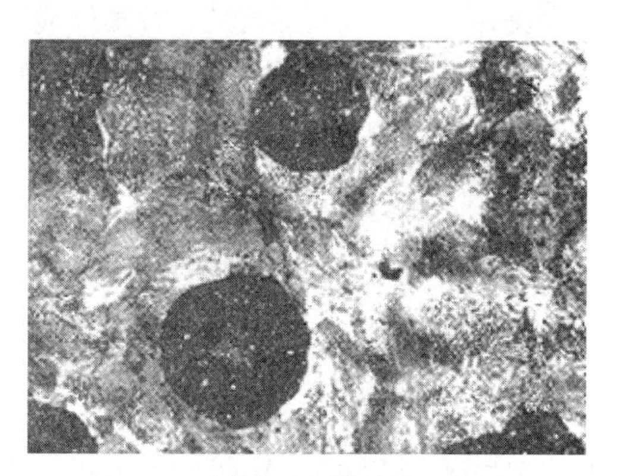

图 4–8 珠光体球墨铸铁的显微组织

球墨铸铁的基体组织除了具有铁素体、铁素体 + 珠光体、珠光体基体外，通过调质或等温淬火，还可获得回火索氏体或贝氏体等基体组织，从而充分发挥基体的性能潜力，进一步提高球墨铸铁的强度。所以球墨铸铁可用于制造负荷较大、受力较复杂的零件，甚至能代替钢制造某些重要零件，如柴油机曲轴、连杆、齿轮、机床主轴等。

球墨铸铁的牌号由 QT（“球铁”两字的汉语拼音首位字母）加两组数字组成，两组数字分别表示最低抗拉强度和最低断后伸长率。如 QT700–2 表示最低抗拉强度为 700 MPa，最低断后伸长率为 2% 的球墨铸铁。常见牌号有 QT400–18、QT450–10、QT500–7、QT600–3、QT700–2、QT900–2 等。

但球墨铸铁的过冷倾向大，易产生白口组织，而且铸件容易产生缩松等缺陷，因而其熔炼工艺和铸造工艺都比灰铸铁要求高。

（四）可锻铸铁

可锻铸铁中的石墨呈团絮状，减轻了对基体的割裂作用和应力集中，因而与灰铸铁相比，其强度有明显的提高，塑性和韧性也较好，但是可锻铸铁并不可锻。

可锻铸铁的生产过程包括两个步骤：首先制造白口铸铁件；然后进行长时间的石墨化退火，使渗碳体在退火时发生分解，石墨呈团絮状析出。根据白口铸铁件退火工艺的不同，可形成铁素体基体的可锻铸铁和珠光体基体的可锻铸铁。其中铁素体基体的可锻铸铁又称为黑心可锻铸铁。如图 4–9 所示为铁素体基体可锻铸铁的显微组织。

可锻铸铁的牌号由 KT（“可铁”两字的汉语拼音首位字母）及其后的 H（表示黑心可锻铸铁）或 Z（表示珠光体可锻铸铁）再加上两组数字组成，两组数字分别表示最低抗拉强度和最低断后伸长率。如 KTH300–06、KTZ450–06 等。

可锻铸铁常用来制造形状复杂、承受冲击载荷的薄壁及中、小型零件，甚至可以铸造质量仅为数十克或壁厚在 2 mm 以下的铸件。黑心可锻铸铁可用于制造水管弯头、三通管件、低压阀门、扳手、农具（如犁刀和犁柱等）、汽车后桥壳、轮壳等；珠光体可锻铸铁可用于制造承受较高载荷的耐磨零件，如曲轴、连杆、齿轮等。

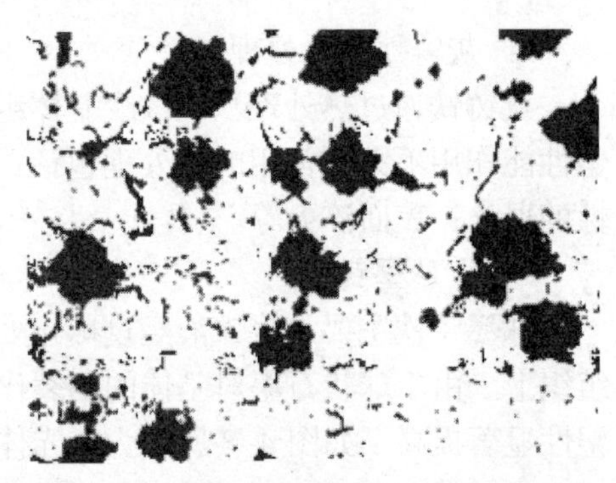

图 4–9 铁素体基体可锻铸铁的显微组织

（五）蠕墨铸铁

蠕墨铸铁是一种新型铸铁，石墨以蠕虫状形态存在，它类似于片状，但片短而厚，头部较圆，形似蠕虫。

蠕墨铸铁中由于石墨形态的改善，力学性能得到较大提高，它克服了灰铸铁力学性能低和球墨铸铁工艺性能差的缺点。

蠕墨铸铁的牌号由 RuT 加一组数字组成，数字表示最低抗拉强度，如 RuT420。

（六）合金铸铁

为满足不同要求，通过加入各种合金元素形成的具有特殊性能的铸铁称为合金铸铁。主要有加入 Cu、Si、Mn、Mo、P、Ti、V、Cr 等元素的耐磨铸铁；加入 Si、Al、Cr 等元素，使铸铁表面形成一层 SiO_2、Al_2O_3、Cr_2O_3 等氧化膜，以防止高温氧化的耐热铸铁；加入 Si、Al、Cr、Ni、Cu 等元素的耐蚀铸铁。

课题四 有色金属的分类、牌号及选用

任务 有色金属制品的选材

任务说明

◎ 了解有色金属制品的选材方法。

技能点

◎ 了解有色金属的分类、牌号及选用。

知识点

◎ 有色金属的分类、牌号及选用。

一、任务实施

(一)任务引入

对飞机大梁、弹壳、与海水接触的船舶零件等进行选材。

(二)分析及解决问题

1. 飞机大梁

大梁是飞机上受力大的结构零件，而且飞机结构件都要求质量轻，所以钢材无法满足要求。常选用7A04(超硬铝合金的牌号)制造飞机大梁。该材料通过固溶处理(将铝合金加热到单相α固溶体状态，保温后在水中快冷)和时效(固溶处理后的铝合金在室温下放置或低温加热时，随时间延长其强度和硬度明显提高的处理过程)后，强度、硬度显著提高，而且密度小、质量轻，故满足要求。

2. 弹壳

弹壳是冷冲压而成的，一般选用H68(普通黄铜的牌号)制造。牌号中H为“黄”字汉语拼音首位字母，数字表示Cu的平均含量为68%，余量则为Zn的平均含量。该材料具有优良的冷、热塑性变形能力，适合于用冷冲压方式制造形状复杂且要求耐腐蚀的管、套类零件。

3. 与海水接触的船舶零件

与海水接触的船舶零件要求具有较强的耐腐蚀性，故常选用HSn62-1(锡黄铜的牌号，w_{Cu}=62%，w_{Sn}=1%，余量为Zn)制造。该黄铜中加入1%的Sn，能显著提高对海水及海洋大气的耐腐蚀性，也称为海军黄铜。

二、知识链接

除铁及其合金以外的其余金属统称为有色金属，如铝、铜、镁、钛、锡、铅、锌等及其合金。

(一)铝及铝合金

1. 工业纯铝

纯铝呈银白色，具有面心立方晶格，无同素异构转变，熔点低(660 ℃)，是自然界储量最丰富的元素之一。它具有以下性能特点：

(1)纯铝的密度小(2.7 g/cm^3)，仅为铁的1/3。

(2)导电、导热性好，仅次于银、铜和金。

(3)在大气中具有良好的耐腐蚀性。因为铝的表面能生成致密的Al_2O_3薄膜，阻止了铝的进一步氧化。

工业纯铝的牌号为1070、1060、1050等，其纯度依次降低。工业纯铝主要用于制造电线、电缆及用于配制铝合金等。

2. 铝合金

铝合金分为变形铝合金和铸造铝合金。变形铝合金又可分为不能热处理强化的变形铝合金和能热处理强化的变形铝合金。

(1)变形铝合金

不能热处理强化的变形铝合金主要有防锈铝合金。能热处理强化的变形铝合金主要有硬铝合金、超硬铝合金和锻铝合金。

1）防锈铝合金。牌号有5A05、3A21等。防锈铝合金强度比纯铝高，并具有良好的耐腐蚀性、塑性和焊接性能，但切削加工性较差。主要用于制造冷变形件，如油箱、油管、防锈蒙皮、窗框等。

2）硬铝合金。牌号有2A01（铆钉硬铝）、2A11、2A12等。硬铝合金耐腐蚀性较差，固溶处理及时效后强度高，切削加工性好。主要用于制造受力中等的结构件，如铆钉、螺栓、螺旋桨叶片、飞机翼肋、翼架等。

3）超硬铝合金。牌号有7A04等。超硬铝合金经固溶处理及时效后强度更高，切削加工性好，但耐腐蚀性和焊接性能较差。主要用于制造飞机上受力较大的结构件，如飞机大梁、起落架等。

4）锻铝合金。牌号有6A02、2A50、2A70等。其力学性能与硬铝相近，但热塑性和耐腐蚀性较高。主要用于制造形状复杂的锻件，如各种叶轮、飞机操纵系统中的摇臂、内燃机活塞等。

（2）铸造铝合金

与变形铝合金相比，铸造铝合金的力学性能不如变形铝合金，但其铸造性能较好。代号用“ZL+三位数字”表示，ZL是“铸铝”两字的汉语拼音首位字母，第一位数字表示铝合金的类别（1、2、3、4分别表示铝硅系、铝铜系、铝镁系、铝锌系铸造铝合金），后两位数字表示合金的顺序号。牌号用“Z+Al（基体元素符号）+主加元素符号及含量+辅加元素符号及含量”表示。如ZAlSi12表示Si含量为12%的铝硅系铸造铝合金。

1）铝硅系铸造铝合金。它们是最常用的铝合金。代号（牌号）为ZL101（ZAlSi7Mg）、ZL102（ZAlSi12）、ZL105（ZAlSi5Cu1Mg）等。铝硅系铸造铝合金耐腐蚀性和铸造性能好，密度小。主要用于制造质轻、形状复杂、耐腐蚀、但强度要求一般的零件，如发动机气缸、手提电动或风动工具（手电钻和风镐）以及仪表的外壳等。加入Mg、Cu的ZL108（ZAlSi12Cu2Mg1）还具有较好的耐热性，常用于制造内燃机的活塞。

2）铝铜系铸造铝合金。代号（牌号）为ZL201（ZAlCu5Mn）、ZL203（ZAlCu4）等。铝铜系铸造铝合金的高温强度最高，但耐腐蚀性较差。主要用于制造高强度或高温下工作的零件，如内燃机气缸、活塞等。

3）铝镁系铸造铝合金。代号（牌号）为ZL301（ZAlMg10）等。铝镁系铸造铝合金密度小（$<2.55\ g/cm^3$），耐腐蚀性好，强度较高，但铸造性能差。主要用于制造在腐蚀介质下工作的零件，如船用配件等。

4）铝锌系铸造铝合金。代号（牌号）为ZL401（ZAlZn11Si7）等。铝锌系铸造铝合金强度较高，价格低廉，耐腐蚀性较差。主要用于制造形状复杂的汽车、飞机的仪器零件等。

（二）铜及铜合金

1. 工业纯铜

工业纯铜的铜含量高于99.5%，呈玫瑰红色，当表面形成氧化膜后呈紫色，又称紫铜。纯铜是一种重金属，密度为$8.94\ g/cm^3$，熔点为1 083 ℃，具有面心立方晶格。纯铜具有优良的导电性、导热性以及在大气、淡水中的耐腐蚀性等。

工业纯铜牌号有T1、T2、T3等，顺序号越大，纯度越低。工业纯铜主要用于制造电线、电缆、电刷、铜管及用于配制铜合金等。

2. 铜合金

铜合金按化学成分不同，可分为黄铜、青铜和白铜。按成型方法不同，可分为加工铜合金和铸造铜合金。

（1）黄铜

黄铜是以锌为主加元素的铜合金。分为普通黄铜和特殊黄铜。

1）普通黄铜。指铜锌二元合金。牌号由“H+ 数字”表示，如 H90、H68、H62。其中 H68 为单相铜合金，塑性好，适于冷、热压力加工，主要用于制造形状复杂又要求耐腐蚀的管、套类零件，如弹壳、波纹管等。H62 为两相合金，强度高，耐腐蚀性较好，适于热压力加工，主要用于制造螺钉、螺母、垫圈、弹簧等零件。

2）特殊黄铜。指在普通黄铜基础上再加入其他合金元素所形成的铜合金。特殊黄铜常加入的合金元素有 Sn、Si、Mn、Pb、Al 等，分别称为锡黄铜、硅黄铜、锰黄铜、铅黄铜、铝黄铜等。牌号由“H+ 主加元素符号 + 平均铜含量 - 主加元素平均含量”组成，如 HPb59-1 表示平均铜含量为 59%，平均铅含量为 1%，其余为锌的铅黄铜。

加入的合金元素一般都能提高黄铜的强度。Sn 还提高黄铜在海水及海洋大气中的耐腐蚀性，故 HSn62-1 适于制造与海水接触的船舶零件。Si 能改善黄铜的铸造性能，Pb 能改善黄铜的切削加工性能。

铸造黄铜的牌号用“ZCu+ 主加元素符号及含量 + 辅加元素符号及含量”表示。如 ZCuZn38（w_{Zn}=38%，其余为 Cu 的铸造普通黄铜）、ZCuZn40Mn2（w_{Zn}=40%，w_{Mn}=2%，其余为 Cu 的铸造锰黄铜）等。

（2）青铜

除了黄铜和白铜（以镍为主加元素的铜合金）外，所有的铜合金都称为青铜。按主加元素的不同，可分为锡青铜、铝青铜、硅青铜和铍青铜等。

青铜的牌号由“Q+ 主加元素符号及含量 - 其他元素含量”组成。如 QSn4-3 表示 Sn 含量为 4%，其他元素（Zn）含量为 3%，其余为铜的锡青铜。QAl7 表示 Al 的含量为 7%，其余为铜的铝青铜。

铸造青铜的牌号表示方法与铸造黄铜相同。

用途举例：加工锡青铜（如 QSn4-3）适宜制造弹性零件、抗磁零件等；铸造锡青铜（如 ZCuSn10P1）常用于制造滑动轴承、机床丝杠螺母等。

（三）滑动轴承合金

在滑动轴承中，制造轴瓦及其内衬的合金称为滑动轴承合金。

当轴承支承轴进行工作时，由于轴的旋转，使轴和轴瓦之间产生强烈的摩擦。由于轴是重要零件，所以应确保轴产生最小的磨损。为了减少轴承对轴颈（轴与轴承的配合部分）的磨损，确保机器的正常运转，滑动轴承合金的组织应是软基体上均匀分布着硬质点，或硬基体上均匀分布着软质点。

滑动轴承合金的牌号由“Z+ 基体元素符号 + 主加元素符号及含量 + 辅加元素符号及含量”组成，Z 是“铸”字的汉语拼音首位字母。如 ZSnSb8Cu4 为锡基轴承合金，Sb 含量为 8%，Cu 含量为 4%，余量为 Sn。ZPbSb16Sn16Cu2 为铅基轴承合金，Sb 含量为 16%，Sn 含量为 16%，Cu 含量为 2%，余量为 Pb。

最常用的滑动轴承合金是锡基轴承合金与铅基轴承合金（又称巴氏合金，均具有软基体加硬质点的显微组织）。锡基与铅基轴承合金的强度都较低，不能承受大的压力，生产中常用离心铸造法将其镶铸在低碳钢的轴瓦上，形成薄而均匀的一层内衬，这种轴承称为双金属轴承。

此外，还有铜基、铝基轴承合金等。

模块五

金属毛坯的形成

课题一　铸造

任务　铸造灰铸铁件

任务说明

◎ 通过对灰铸铁零件的铸造，了解砂型铸造的全过程，并了解铸造的工艺特点及应用。

技能点

◎ 一般零件的砂型铸造方法。

知识点

◎ 砂型铸造的工艺过程。

◎ 铸件的检验和缺陷分析。

◎ 常见的造型方法。

一、任务实施

将熔融金属浇注或压射到铸型型腔中，待其凝固后得到具有一定形状和性能的铸件的方法称为铸造。铸造所得到的金属工件或毛坯称为铸件，它广泛应用于机械零件的毛坯制造中，铸件占金属切削机床质量的 70% ~ 80%，在重型机械设备中甚至高达 90%。

（一）任务引入

铸造如图 5–1 所示的灰铸铁件，生产类型为单件、小批生产。试说明铸造的工艺过程和铸造方法，并分析铸造过程中可能产生的缺陷。

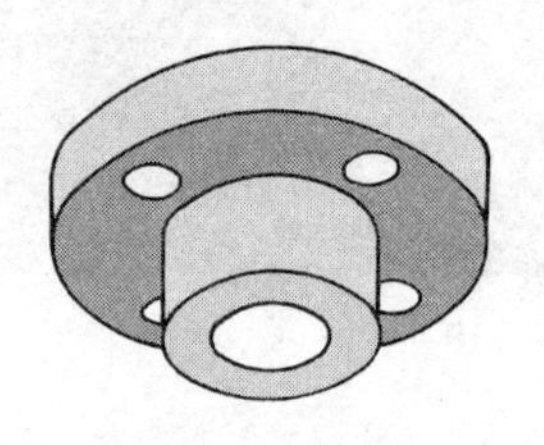

图 5–1　灰铸铁件

（二）分析及解决问题

1．灰铸铁件的铸造工艺过程

图 5–1 所示的灰铸铁件砂型铸造的工艺过程如图 5–2 所示。主要包括以下几个工序：型砂和芯砂的配制、模样和芯盒的制造；造型、造芯；合型；熔炼、浇注；落砂、清理；检验入库。

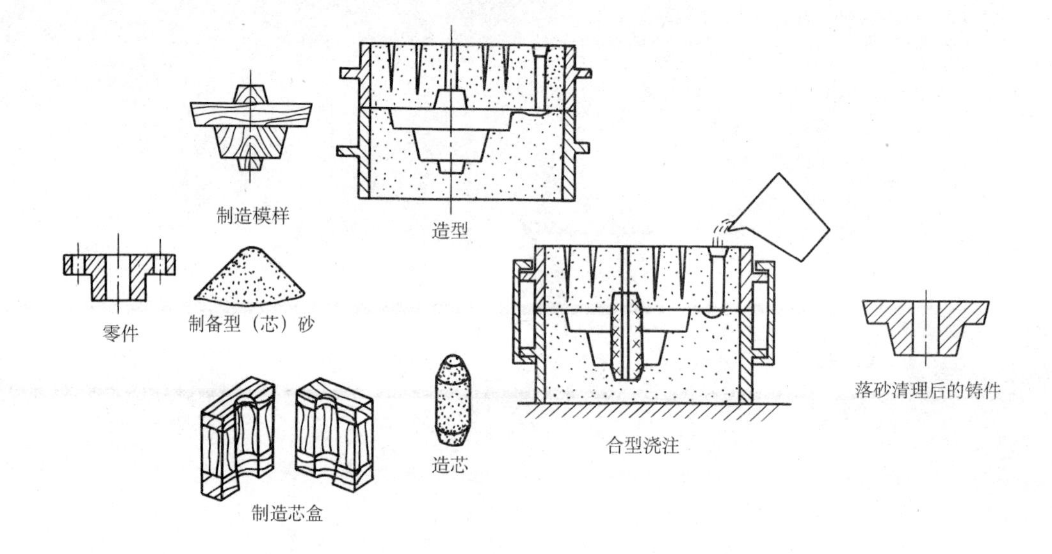

图 5–2　灰铸铁件砂型铸造的工艺过程

（1）模样和芯盒的制造

1）模样的制造。用来形成铸型型腔的工艺装备称为模样。模样是由木材、金属或其他材料制成的。制造砂型时，使用模样可以获得与铸件外部轮廓相似的型腔。模样是按照绘制的铸造工艺图制造的。制造模样时要考虑以下问题：

①加工余量。加工余量是指为保证铸件加工尺寸和零件精度，在设计铸件时预先增加而在机械加工时切去的金属层厚度。加工余量的大小根据铸件尺寸公差等级和加工余量等级来确定。

一般来说，较大的孔、槽应当铸出，以减少切削加工工时，节约金属材料，同时可避免因铸件局部过厚所造成的热节（热节处易产生缩孔）。较小的孔、槽则不必铸出，留待加工反而更经济。

本任务中灰铸铁件的 4 个小孔就不必铸出。

②收缩余量。为补偿铸件在冷却过程中产生的收缩，使冷却后的铸件符合图样要求，需要加大模样的尺寸。为了补偿铸件的收缩，模样比铸件图样尺寸增大的数值称为收缩余量。收缩余量取决于铸件的尺寸和该合金的线收缩率。通常灰铸铁的线收缩率为 0.7% ~ 1.0%，铸钢为 1.6% ~ 2.0%，有色金属为 1.0% ~ 1.5%。

③起模斜度。起模斜度是指为使模样易于从铸型中取出或使型芯自芯盒中脱出，平行于起模方向在模样或芯盒壁上的斜度。起模斜度可用倾斜角 α 表示或用起模斜度使铸件增加

或减少的尺寸 a 表示。一般木模的起模斜度为 $\alpha=0.3° \sim 3°$，$a=0.6 \sim 3.0$ mm。

④铸造圆角。制造模样时，凡相邻两表面的交角都应做成圆角。铸造圆角的作用：造型方便；浇注时，防止铸型夹角被冲坏而引起铸件黏砂；防止铸件因夹角处应力集中而产生裂纹。

⑤芯头。芯头是指型芯的外伸部分。芯头不形成铸件的轮廓，只是落入芯座内用来定位和支承型芯。芯座是指铸型中专门放置型芯芯头的空腔。

2）芯盒的制造。芯盒的空腔与型芯的形状和尺寸相适应。本任务中的芯盒做成可拆式结构。

（2）造型

用造型材料及模样等工艺装备制造铸型的过程称为造型。由于手工造型方法简便，工艺装备简单，适应性强，因此，在单件或小批生产，特别是大型铸件和复杂铸件的生产中应用广泛。本任务的铸件采用手工造型中的整模造型。

（3）造芯

制造型芯的过程称为造芯。型芯是为形成铸件的内腔或局部外形而制成的安放在型腔内部的铸型组元，也称芯子。造芯也可分手工造芯和机器造芯。

手工造芯主要用于单件、小批量生产。机器造芯是利用造芯机来完成填砂、紧砂和取芯的，生产效率高，型芯质量好，适用于大批生产。本任务采用手工造芯方法。

成型后的型芯一般都需要烘干，烘芯的目的是提高型芯的强度和透气性，同时减少型芯的发气量。若需要增加型芯的强度，则可在造芯时在型芯内放置芯骨。芯骨是一种放入型芯中用以加强或支持型芯并有一定形状的金属构架。若需要增加型芯的透气性，除对型芯扎通气孔外，还可在型芯中埋放通气蜡线（蜡质线绳），蜡线在烘干型芯时焚化，成为排气通道。型芯表面一般都要刷上涂料，用以提高型芯表层的耐火度、保温性、化学稳定性，使型芯表面光滑，并提高其抵抗高温熔融金属侵蚀的能力。

（4）设置浇注系统和冒口

1）设置浇注系统。浇注系统是为填充型腔和冒口而开设于铸型中的一系列通道，通常由浇口杯、直浇道、横浇道和内浇道组成，如图 5–3 所示。

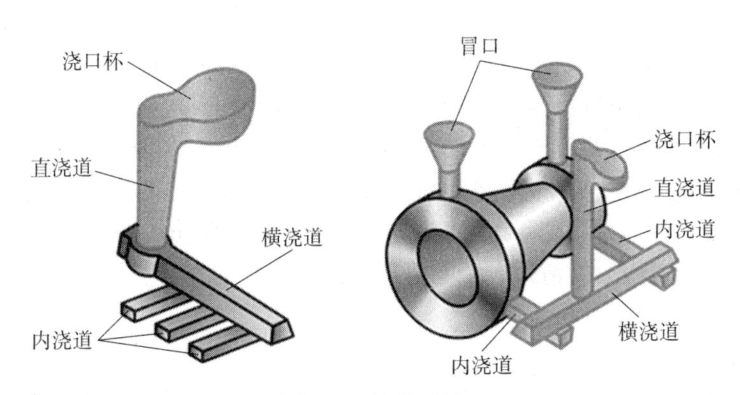

图 5–3　浇注系统

浇注系统的作用是保证熔融金属平稳、均匀、连续地充满型腔，阻止熔渣、气体和砂粒随熔融金属进入型腔，控制铸件的凝固顺序，供给铸件冷凝收缩时所需补充的金属熔液（补缩）。

在一般情形下，浇注系统中的直浇道截面应大于横浇道截面，横浇道截面应大于内浇道截面，以保证熔融金属充满浇道，并使熔渣浮集在横浇道上部，起挡渣作用。

2）设置冒口。冒口如图 5-3 所示。冒口是指在铸型内储存供补缩铸件用熔融金属的空腔。除补缩外，冒口还可以起到排气和集渣的作用。冒口一般设置在铸件的最高处或最厚处。

（5）合型

将铸型的各个组元（如上型、下型、型芯等）组合成一个完整铸型的操作过程称为合型（又称合箱）。合型前应对砂型和型芯的质量进行检查，若有损坏，需要进行修理。为检查型腔顶面与型芯顶面之间的距离需要进行试合型（称为验型）。合型时要保证铸型型腔几何形状和尺寸的准确及型芯的稳固。合型后，上、下型应夹紧或在铸型上放置压铁，以防止浇注时上型被熔融金属顶起，造成抬箱、射箱（熔融金属流出箱外）或跑火（着火的气体溢出箱外）等事故。

（6）熔炼与浇注

熔炼是指使金属由固态转变成熔融状态的过程，铸铁的熔炼一般在冲天炉内进行。将熔融金属从浇包注入铸型的操作称为浇注。浇包是容纳、输送和浇注熔融金属用的容器，用钢板制成外壳，内衬耐火材料。

为了获得优质铸件，除正确的造型、熔炼合格的合金熔液外，浇注温度的高低及浇注速度的快慢也是影响铸件质量的重要因素。

金属液浇入铸型时所测量到的温度称为浇注温度。浇注温度是铸造过程必须控制的质量指标之一。通常，灰铸铁的浇注温度为 1 200 ~ 1 380 ℃。

单位时间内浇入铸型中的金属液质量称为浇注速度，用 kg/s 表示。浇注速度应根据铸件的具体情况而定，可通过操纵浇包和布置浇注系统进行控制。浇注前应把熔融金属表面的熔渣除尽，以免浇入铸型而影响铸件质量。浇注时必须使浇口杯保持充满，不允许浇注中断，并应注意防止飞溅和满溢。

（7）落砂和清理

1）落砂。用手工或机械使铸件和型砂、砂箱分开的操作称为落砂。落砂方法分为手工落砂和机械落砂。手工落砂用于单件、小批生产；机械落砂一般由落砂机进行，用于大批生产。

应注意的是，铸型浇注后，铸件在砂型内应有足够的冷却时间。冷却时间可根据铸件的形状、大小和壁厚确定。过早进行落砂，会因铸件冷却太快而使其内应力增加，甚至变形或开裂。

2）清理。清理是落砂后从铸件上清除表面黏砂、型砂、多余金属（包括浇冒口、飞翅和氧化皮）等过程的总称。清除铸件上的浇冒口时，可用锤击的方法去除（对于韧性材料的铸件可用锯割或气割等方法切除）。清除浇冒口时要避免损伤铸件。清理铸件表面的黏砂、细小飞翅、氧化皮等可用滚筒清理、抛丸清理、打磨清理等方法。

2．铸件的检验及缺陷分析

（1）铸件的检验

经落砂、清理后的铸件应进行质量检验。铸件质量包括外观质量、内在质量和使用质量。铸件均须进行外观质量检查，重要的铸件则须进行内在质量和使用质量的检查。

（2）铸件可能产生的缺陷分析

由于铸造工艺较为复杂，铸件质量受型砂质量、造型、熔炼、浇注等诸多因素的影响，容易产生缺陷。铸件常见的缺陷有气孔、缩孔、砂眼、黏砂和裂纹等（见图 5-4）。

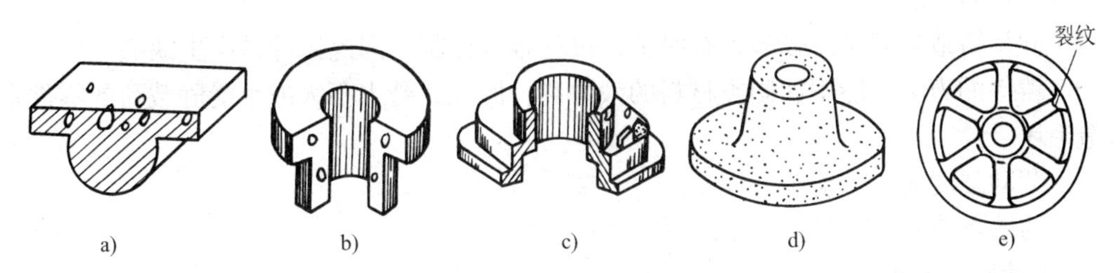

图 5–4 铸件常见的缺陷

a）气孔 b）缩孔 c）砂眼 d）黏砂 e）裂纹

1）气孔。气孔是表面比较光滑，呈梨形、圆形、椭圆形的孔洞。一般不在铸件表面露出，大孔常孤立存在，小孔则成群出现。产生气孔的原因有造型材料中水分过多或含有大量的发气物质，砂型和型芯的透气性差，以及浇注速度过快而使型腔中的气体来不及排出等。

2）缩孔。缩孔是形状不规则、孔壁粗糙并带有枝状晶的孔洞，常出现在铸件最后凝固的部位。产生缩孔的原因是铸件在凝固过程中收缩时得不到足够熔融金属的补充，即由补缩不良而造成。铸件断面上出现的分散而微小的缩孔称为缩松。铸件有缩松缺陷的部位，在进行气密性试验时可能出现渗漏现象。

3）砂眼。铸件内部或表面带有砂粒的孔洞称为砂眼。产生砂眼的原因有型砂强度不够或型砂紧实度不足，以及浇注速度太快等。

4）黏砂。铸件的部分或整个表面上黏附着一层砂粒和金属的机械混合物或由金属氧化物、砂子和黏土相互作用而生成的低熔点化合物称为黏砂，前者称为机械黏砂，后者称为化学黏砂。黏砂使铸件表面粗糙，不易加工。造成黏砂的原因是型砂的耐火性差或浇注温度过高。

5）裂纹。分为冷裂纹和热裂纹两种。冷裂纹容易发现，呈长条形，而且宽度均匀，裂口常穿过晶粒延伸到整个断面。热裂纹断面严重氧化，无金属光泽，裂口沿晶粒边界产生和发展，外形曲折而不规则。产生裂纹的原因是铸件壁厚相差大、浇注系统开设不当、砂型与型芯的退让性（铸件在冷凝时，体积发生收缩，型砂应具有一定的被压缩的能力，称为退让性）差等。这些缺陷使铸件在收缩时产生较大的应力，从而导致开裂。

二、知识链接

（一）铸造的工艺特点

1．铸造的优点

（1）铸造成型方便且适应性强。用铸造方法可以制成形状复杂的毛坯，特别是具有复杂内腔的毛坯，如箱体、床身、机架、气缸体等；铸件的尺寸可大可小，小至几毫米、几克，大至十几米、几百吨的铸件均可铸造；铸件的材料可以是铸铁、铸钢、铸造铝合金、铸造铜合金等金属材料，也可以是高分子材料和陶瓷材料。

（2）铸造所用的原材料大多来源广泛、价格低廉，还可利用报废零件和废金属材料，且生产设备较简单，投资少，因而铸造的成本较低。

（3）铸件的形状、尺寸与零件很接近，因而减小了切削加工的工作量，可节省大量金属材料。

2．铸造的缺点

（1）砂型铸造生产工序较多，有些工艺过程难以控制，因此铸件易产生缺陷。

（2）铸件的力学性能不如同类材料的锻件高，因此，受力不大或承受静载荷的零件常采用铸造毛坯。

（3）劳动强度大，劳动条件较差。

铸造的缺点使其应用受到一定限制。

（二）铸造的分类

根据生产方法的不同，铸造可分为砂型铸造和特种铸造两大类。

1．砂型铸造

砂型铸造是以型砂为主要造型材料而制备铸型的铸造工艺方法。由于砂型铸造适应性广，生产准备简单，成本低廉，因而在目前的铸造生产中仍占主导地位，用砂型铸造生产的铸件，约占铸件总质量的 90%。砂型铸造可分为湿砂型（不经烘干直接进行浇注的砂型）铸造和干砂型（经烘干的砂型）铸造两种。

砂型铸造的造型方法可分为手工造型和机器造型两大类。

（1）手工造型

全部用手工或手动工具完成的造型工序称为手工造型。手工造型方法比较灵活，工艺装备简单，适应性强，因此，在单件或小批生产，特别是大型铸件和复杂铸件的生产中应用广泛。但手工造型生产率低，劳动强度大，铸件质量不稳定。手工造型的方法很多，按起模特点分为整模造型、挖砂造型、分模造型、活块造型、三箱造型等方法，如图 5-5 所示。

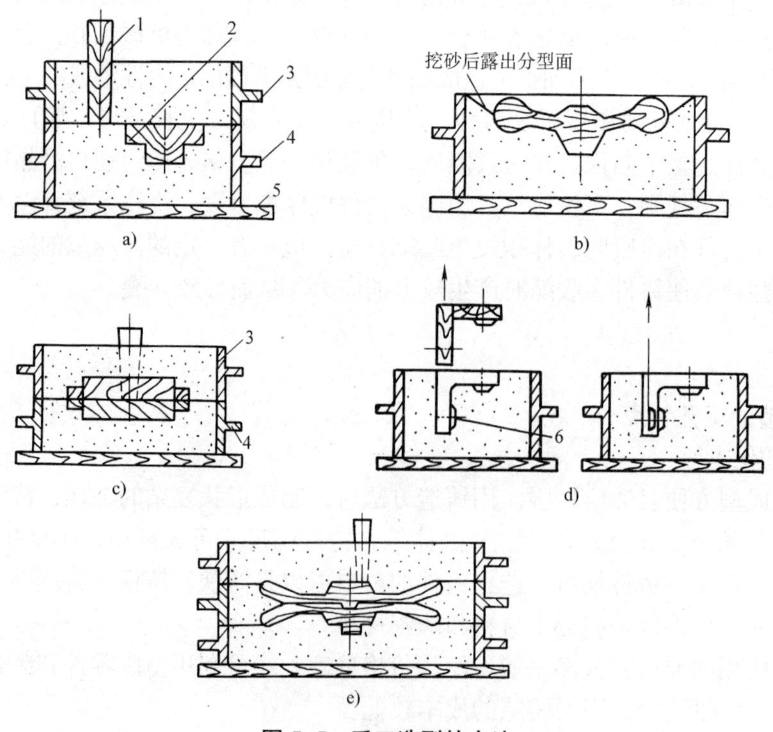

图 5-5　手工造型的方法

a）整模造型　b）挖砂造型　c）分模造型　d）活块造型　e）三箱造型

1—浇口棒　2—模样　3—上砂箱　4—下砂箱　5—模底板　6—活块

常用手工造型方法的特点和适用范围见表 5-1。

表 5-1　　常用手工造型方法的特点和适用范围

名称	特　点	适　用　范　围
整模造型	模样为整体，分型面为平面，型腔全部在一个砂箱内，不会产生错型缺陷	最大截面在端部且为平面的铸件
挖砂造型	整体模，分型面为曲面，造下型后将妨碍起模的型砂挖去，然后造上型	单件、小批生产，分型面不平的铸件
分模造型	将模样沿最大截面分开，型腔位于上、下铸型内	最大截面在中部的铸件
活块造型	铸件上有妨碍起模的小凸台，制作模样时，将这部分做成活动的，拔出模样主体部分后再取出活块	单件、小批生产，带有凸台而难以起模的铸件
三箱造型	采用上、中、下三个砂箱，有两个分型面，将模样沿最小截面分开，中箱高度要与铸件两分型面的间距相适应	单件、小批生产，中间截面小、两端截面大的铸件

如图 5-6 所示为整模造型过程。如图 5-7 所示为法兰管铸件的分模造型过程。

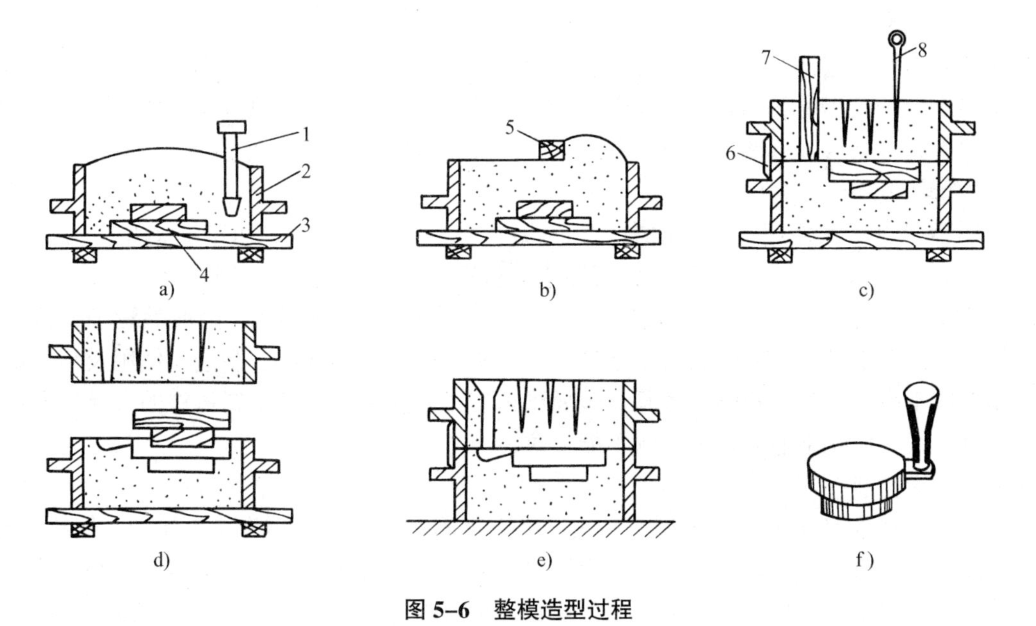

图 5-6　整模造型过程

a）造下型　b）刮平　c）造上型　d）起模　e）合型　f）带有浇口盆的铸件

1—捣砂杵　2—砂箱　3—模底板　4—模样　5—刮板　6—记号　7—浇口棒　8—气孔针

（2）机器造型

用机器全部完成或至少完成紧砂操作的造型工序称为机器造型。紧砂是使砂箱（芯盒）内型（芯）砂提高紧实度的操作。机器造型可提高生产率，改善劳动条件，提高铸件精度和表面质量，但设备、工艺装备等投资较大，适用于大批生产和流水线生产。

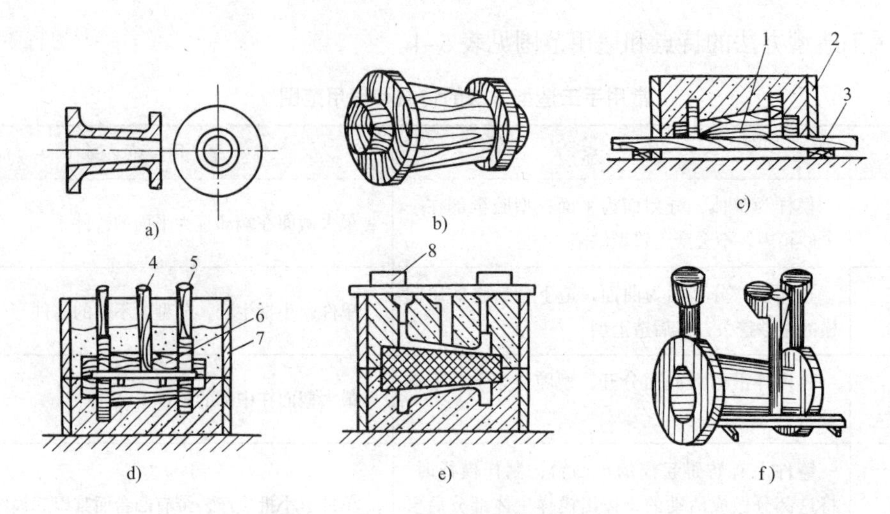

图 5–7 法兰管铸件的分模造型过程

a）零件简图 b）模样 c）造下型 d）造上型、开浇冒口 e）下芯、合型并加压铁 f）带有浇冒口的铸件

1—下半模样 2—下砂箱 3—模底板 4—浇口棒 5—冒口棒 6—上半模样 7—上砂箱 8—压铁

2．特种铸造

一般称砂型铸造以外的其他铸造方法为特种铸造。常用的特种铸造有金属型铸造、压力铸造、离心铸造、熔模铸造等。

（1）金属型铸造

通过重力作用进行浇注，将熔融金属浇入金属铸型获得铸件的方法称为金属型铸造。用金属材料制成的铸型称为金属型，金属型常用灰铸铁或铸钢制成。型芯可用砂芯或金属芯，砂芯常用于高熔点合金铸件，金属芯常用于有色金属铸件。

与砂型铸造比较，金属型铸造有以下特点：

金属型可以多次使用，浇注次数可达数万次而不损坏，因此，可节省造型工时和大量的造型材料；金属型加工精确，型腔变形小，型壁光洁，所以铸件形状准确，尺寸精度高（IT9 ~ IT7），表面粗糙度值小；金属型传热迅速，铸件冷却速度快，因而晶粒细，力学性能较好；生产效率高，无粉尘，劳动条件得到改善；金属型的设计、制造、使用及维护要求高，制造成本高，生产准备时间较长。金属型铸造主要应用于有色金属铸件的大批生产，其铸件不宜过大，形状不能太复杂，壁不能太薄。

（2）压力铸造

使熔融金属在高压下高速充型，并在压力下凝固的铸造方法称为压力铸造，简称压铸。压力铸造在压铸机上进行。压铸机主要由压射装置和合型机构组成，按压铸型是否预热分为冷室压铸机和热室压铸机，按压射冲头的位置又可分为立式和卧式。生产上以卧式冷室压铸机应用较多。压力铸造有以下特点：

可以铸造形状复杂的薄壁铸件；铸件质量高，强度和硬度都比砂型或金属型铸件高，表面粗糙度 Ra 值为 3.2 ~ 0.8 μm；生产效率高，成本低，容易实现自动化生产；尺寸精度可达 IT8 ~ IT6；但压铸机投资大，压铸型制造复杂、生产周期长、费用高。压力铸造是实现少切削或无切削的有效途径之一。目前，压铸件的材料已由非铁合金扩大到铸铁、非合金钢和合金钢。

（3）离心铸造

将熔融金属浇入绕水平轴、倾斜轴或立轴旋转的铸型中，在离心力作用下，凝固成型的铸件轴线与旋转铸型轴线重合，这种铸造方法称为离心铸造。离心铸造在离心铸造机上进行，铸型可以用金属型，也可以用砂型。在离心力的作用下，金属结晶从铸型壁（铸件的外层）向铸件内表面顺序进行，呈方向性结晶，熔渣、气体、夹杂物等集中于铸件内表层，铸件其他部分结晶组织细密，无气孔、缩孔、夹渣等缺陷，因此，铸件力学性能较好。对于中空铸件，可以留足余量，以便将劣质的内表层用切削的方法去除，以确保内孔的形状和尺寸精度。此外，离心铸造不需浇注系统，无浇冒口等处熔融金属的消耗，铸造中空铸件时还可省去型芯，因此，简化了生产工艺，提高了金属利用率。目前，离心铸造主要用于生产回转体的中空铸件。

（4）熔模铸造

熔模铸造是用易熔材料（如蜡料）制成精确的模样，在模样上包覆若干层耐火材料，制成型壳，熔出模样后经高温焙烧，然后将金属液浇入型壳以获得铸件的方法。

主要工艺过程为：先根据铸件的要求设计和制造压型（制造蜡模的模具）；用压型将易熔材料（常用石蜡和硬脂酸的混合料）压制成蜡模；把若干个蜡模黏合在一根蜡制的浇注系统上组成蜡模组；将蜡模组浸入水玻璃和石英粉配制的涂料中，取出后撒上石英砂，并放入硬化剂（如氯化氨溶液等）中进行硬化，如此重复数次，直到蜡模表面形成一定厚度的硬化壳；然后将带有硬化壳的蜡模组放入 85 ~ 95 ℃的热水中加热，使蜡模熔化后从浇口中流出，就得到一个中空的型壳；烘干并焙烧（加热到 850 ~ 950 ℃）后，在型壳四周填砂，即可浇注；清理型壳即可得到铸件。

熔模铸造有以下特点：铸件精度高，尺寸公差等级可达 IT7 ~ IT4，表面质量好，表面粗糙度 Ra 值可达 12.5 ~ 1.5 μm；可制造形状复杂的铸件；适用于制造各种合金铸件；生产批量不受限制。但是，熔模铸造工序繁多，生产周期长，生产费用高，并且蜡模尺寸太大或太长时易变形。因此，熔模铸造主要用于生产形状复杂、精度要求高、熔点高和难切削加工的小型（质量在 25 kg 以下）零件，如汽轮机叶片、风动工具等。

课题二 锻造

任务 锻造压盖

任务说明

◎ 通过对压盖锻造过程的工艺分析，了解自由锻的方法及工艺问题的处理方法。

技能点

◎ 一般零件的锻造工艺。

知识点

◎ 常用锻造方法及其特点。

◎ 锻造的工艺过程。

一、任务实施

在实际生产中，常采用对坯料施加外力，使其产生塑性变形，获得具有一定尺寸、形状和性能要求的零件、毛坯或原材料的成型加工方法，即锻压。锻压包括锻造和冲压。

（一）任务引入

锻造如图 5-8 所示的压盖，坯料质量为 32 kg，坯料规格为 ϕ205 mm × 160 mm，材料为 35 钢，试确定锻造方法，拟定锻造工艺。

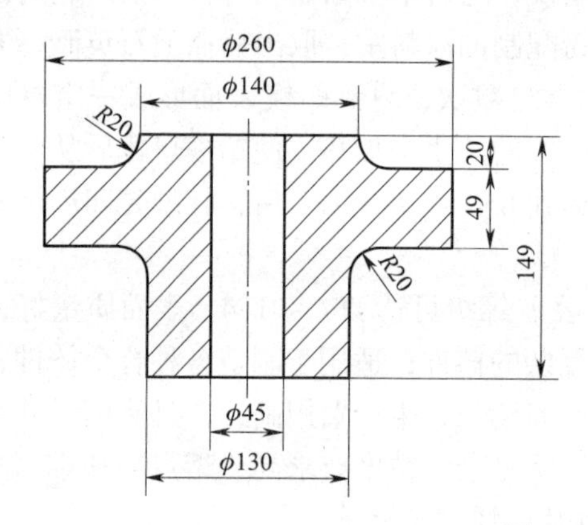

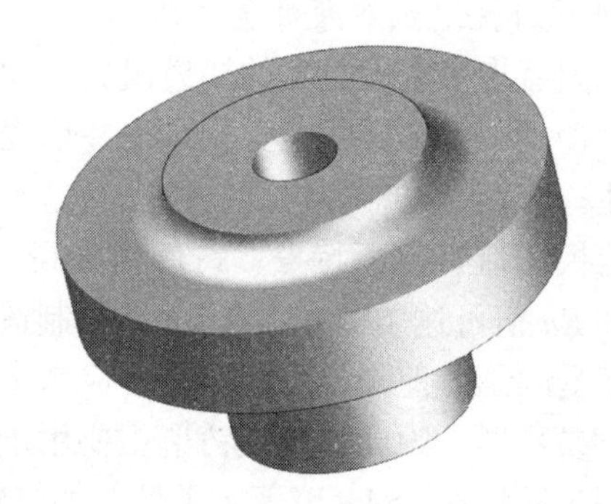

图 5-8 压盖

（二）分析及解决问题

1. 锻造方法的选择

常用的锻造方法有自由锻（见图 5-9a）和模锻（见图 5-9b）。只用简单的通用性工具，或在锻造设备的上、下砧之间直接使坯料变形而获得所需的几何形状及内部质量的锻件的锻造方法称为自由锻。自由锻件的精度不高、形状简单，其形状和尺寸一般通过操作者使用通用工具来保证，主要用于单件、小批生产。对于大型及特大型锻件的制造，自由锻仍是唯一有效的方法。但自由锻对锻工的技术水平要求高，劳动条件差，生产效率低。

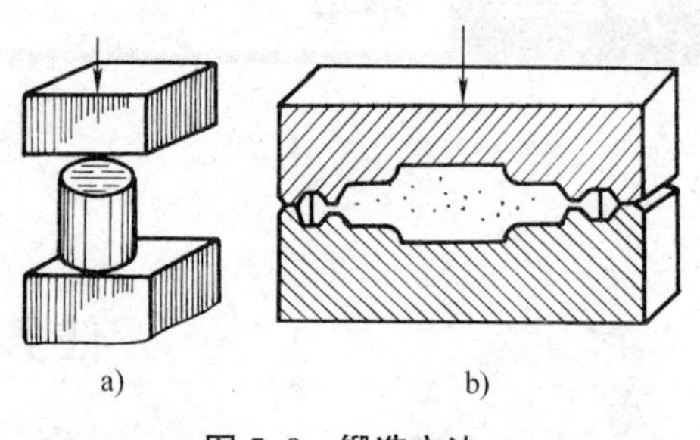

图 5-9 锻造方法
a）自由锻 b）模锻

利用模具使坯料变形而获得锻件的锻造方法称为模锻。与自由锻相比，模锻具有模锻件尺寸精度高、形状可以较复杂、质量好、节省金属和生产效率高等优点。其不足之处是锻件质量不能太大；制造锻模的成本较高，在小批生产时模锻不经济；工艺灵活性不如自由锻。所以，模锻适用于中、小型锻件的大批生产。

本任务中压盖属于单件、小批生产，故采用自由锻。

2. 锻造工艺过程

（1）加热金属坯料

加热坯料的目的是提高其塑性，降低变形抗力，并使内部组织均匀。锻造加热是整个锻造工艺过程中的一个重要环节，直接影响产品的质量。

1）锻造温度范围。锻造温度范围是指锻件由始锻温度到终锻温度的间隔。始锻温度是指金属材料锻造时所允许的最高温度。一般来说，始锻温度应尽可能高一些，这样一方面使金属的塑性提高，另一方面又可延长锻造时间。但加热温度过高，超过一定限度时，金属将产生过热或过烧的缺陷，使金属塑性急剧降低，可锻性变差。钢的始锻温度一般应比固相线低 150 ~ 250 ℃，35 钢的始锻温度可定为 1 200 ℃左右。终锻温度是指终止锻造时金属材料的温度。一般来说，终锻温度应尽可能低一些，这样可以延长锻造时间，减少加热次数。但温度过低，金属塑性降低，变形抗力增大，可锻性同样变差，金属还会产生加工硬化，甚至开裂。所谓加工硬化是指金属材料经冷塑性变形后，其强度、硬度提高而塑性下降的现象。若终锻温度过高（即在高温时停锻），锻件会因晶粒比较粗大而降低力学性能。本任务中 35 钢的终锻温度为 800 ℃左右。锻造应该在始锻温度和终锻温度范围内进行，否则，锻件容易开裂或变形困难。

2）加热速度。加热时坯料温度升高的速度称为加热速度（℃ /h）。坯料加热到要求的温度时所需的时间称为加热时间。提高加热速度可以提高生产效率，减少材料的烧损和钢材表面的脱碳，并减少燃料的消耗。但加热坯料时，热量自外表面逐渐传递到内层，表面升温较快，内层较慢。因此，加热速度过快会使坯料外表面的热量来不及传递到内层，使坯料受热不均匀而产生很大的热应力，增大了产生裂纹的可能性。所以，本任务中坯料加热速度（或加热时间）的确定原则：在避免因坯料断面温差引起的热应力而导致裂纹的前提下，以最快的加热速度（或在最短的加热时间内）达到合理的始锻温度。

（2）自由锻设备的选择

自由锻常用的设备有锻锤和水压机。锻锤又有空气锤和蒸汽—空气锤之分，主要用于生产中、小型锻件，大型锻件的生产则选择水压机。本任务选用空气锤。空气锤是以压缩空气为工作介质，驱动锤头上下运动打击锻件，使其获得塑性变形的锻锤。如图 5-10 所示为空气锤的外形和工作原理。

工作原理：电动机 11 通过减速机构 10 驱动曲柄 20 做回转运动，通过连杆 19 使压缩缸活塞 18 在缸内做上、下往复运动。当工作缸活塞 14 带动锤杆 13、锤头 5 和上砧块 4 下落时，放置在下砧块 3 上的坯料就受到锤击。空气锤是通过手柄 9 或踏杆 12 控制旋阀 16 的旋转角度操纵的。锤头可实现空行程、悬空、压紧锻件、单击、连续锤击等不同动作，锤击时可使锤头产生不同的锤击力。空气锤的吨位以落下部分的质量表示，落下部分包括工作缸活塞、锤杆、锤头和上砧块（或上锻模）。常用空气锤的吨位为 0.15 ~ 0.75 t（150 ~ 750 kg），适用于中、小型锻件的生产。

（3）压盖自由锻工序

1）压肩。用剁刀或其他工具垂直于工件坯料加工一个槽，用作进一步锻造的分界面。

2）一端拔长。使毛坯截面积减小、长度增加的锻造工序称为拔长，如图 5-11 所示。拔长常用来制造轴杆类毛坯，如光轴、台阶轴、连杆、拉杆等锻件。拔长时需用夹钳将坯料夹

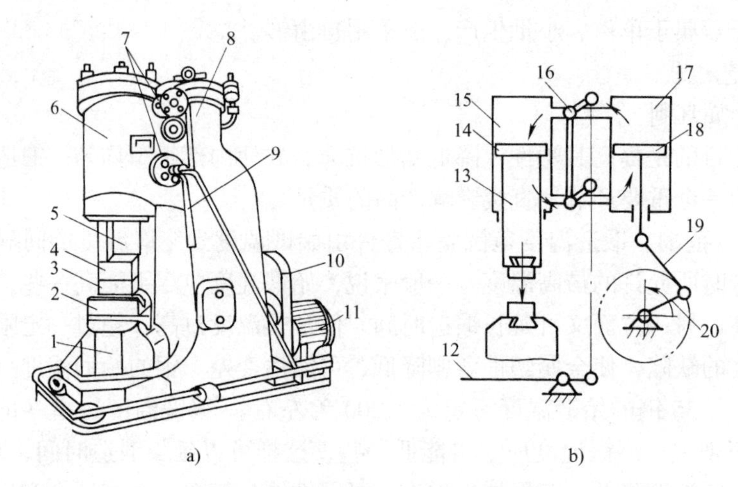

图 5–10　空气锤的外形和工作原理

a）外形图　b）工作原理图

1—砧座　2—砧垫　3—下砧块　4—上砧块　5—锤头　6、15—工作缸　7、16—旋阀　8、17—压缩缸　9—手柄　10—减速机构　11—电动机　12—踏杆　13—锤杆　14、18—活塞　19—连杆　20—曲柄

牢，锤击时应将坯料绕其轴线不断翻转。常用的翻转方法有两种：一种是反复 90° 翻转，这种方法操作方便，但变形不均匀；另一种是沿螺旋线翻转，这种方法坯料变形和温度变化较均匀，但操作不方便。

本任务只需一端拔长。

3）镦粗和局部镦粗。使毛坯高度减小、横截面积增大的锻造工序称为镦粗（见图 5–12a）。镦粗一般用来制造齿轮坯或盘饼类毛坯，或为拔长工序增大锻造比及为冲孔工序做准备等。为了防止坯料在镦粗时产生轴向弯曲，坯料镦粗部分的高度应不大于坯料直径的 2.5 倍。本任务只对一部分进行局部镦粗，只需对坯料局部进行加热，然后放在垫环（漏盘）上锻造，以限制变形范围，如图 5–12b 所示。

需要指出的是，锻造时常用锻造比来表示金属的变形程度。

拔长时的锻造比：$y_{拔}=\dfrac{A_o}{A}=\dfrac{L}{L_o}$

镦粗时的锻造比：$y_{镦}=\dfrac{A}{A_o}=\dfrac{H_o}{H}$

式中　A_o、L_o、H_o——分别为坯料变形前的横截面积、长度和高度；

A、L、H——分别为坯料变形后的横截面积、长度和高度。

4）滚圆。将镦粗的带弧形的部分修整成圆柱体，获得如图 5–13 所示的滚圆锻件。

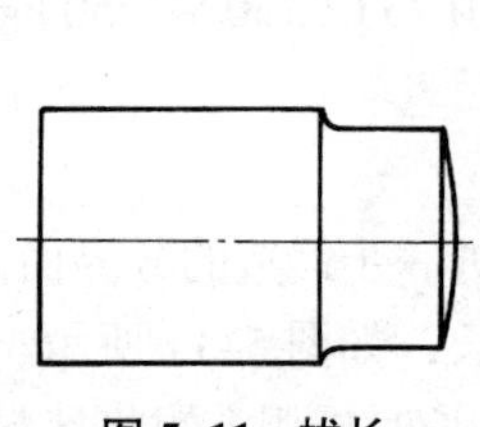

图 5–11　拔长

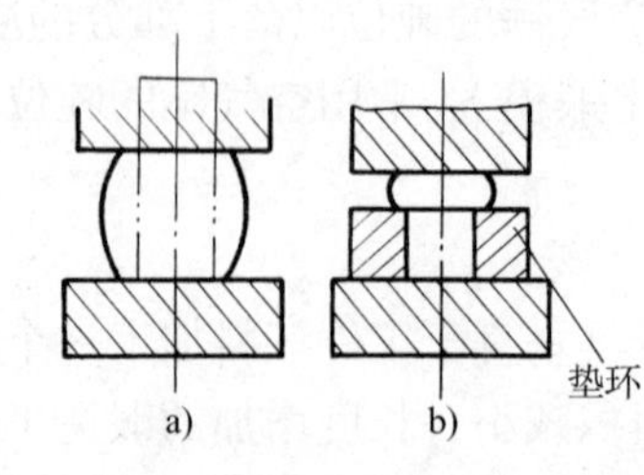

图 5–12　镦粗及局部镦粗

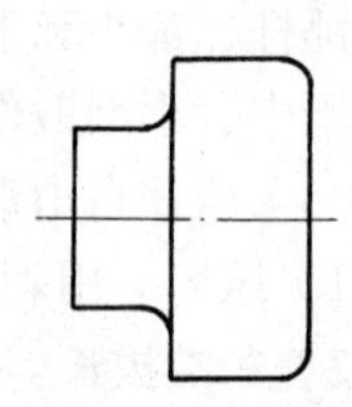

图 5–13　滚圆锻件

5）冲孔。在坯料上冲出通孔或不通孔的锻造工序称为冲孔。冲孔常用于制造带孔齿轮、套筒、圆环及重要的大直径空心轴等锻件。为了减小冲孔的深度并保持端面平整，冲孔前通常先将坯料镦粗。冲孔后大部分锻件还需心棒拔长、扩孔或修整。冲孔的方法分双面冲孔和单面冲孔两种，单面冲孔适用于薄件，本任务采用双面冲孔。双面冲孔时，先试冲一凹痕，检查孔的位置是否正确，无误后，在凹痕中撒少许煤粉以利于冲子的取出，然后用冲子冲至坯料厚度的 2/3 ~ 3/4，再翻转坯料，从反面对准孔的位置将孔冲穿。如图 5–14 所示为压盖冲孔示意图。

若冲子较小而孔较大，则可采用扩孔的方法解决。扩孔是减小空心毛坯壁厚而增加其内、外径的锻造工序。扩孔的方法有冲头扩孔和心轴扩孔两种。冲头扩孔是利用冲头锥面引起的径向分力进行扩孔的方法。冲头扩孔时，由于坯料切向受拉应力，容易胀裂，因此，每次扩孔量不宜太大。

6）锻出凸台。将工件放在两垫环之中，锻造出凸台，如图 5–15 所示。

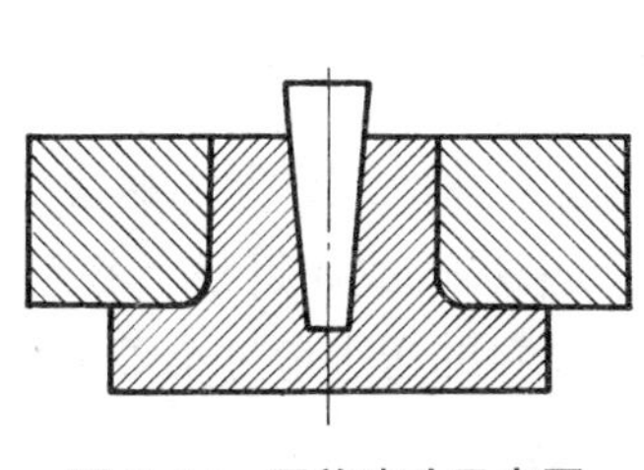

图 5–14　压盖冲孔示意图

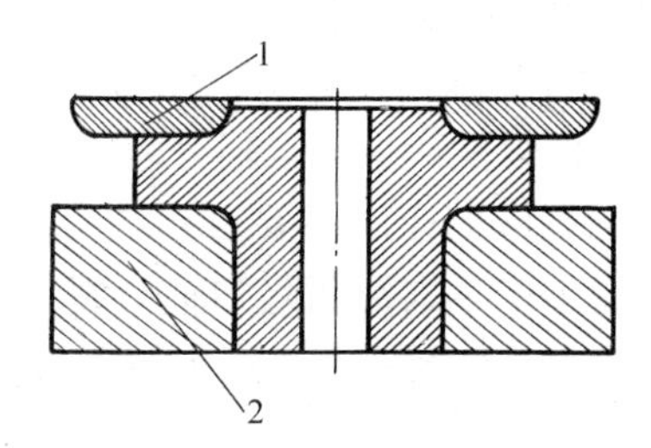

图 5–15　在两垫环中锻造凸台

1、2—垫环

7）修整凸台。将工件放在两垫环之中锻打，修整其外部形状。

8）滚圆。对外圆滚圆修整。

（4）锻件的冷却方法

锻件在冷却时必须按冷却规范进行。正确选择和严格遵守冷却规范，也是锻造工艺过程中的一个重要环节。如果锻后锻件冷却不当，会使应力增加和表面过硬，影响锻件的后续加工，严重的还会产生翘曲变形、裂纹，甚至造成锻件报废。

不同的冷却方法具有不同的冷却规范。常用的冷却方法如下：

1）空冷。热态锻件在空气中冷却的方法称为空冷。空冷是冷却速度较快的一种冷却方法，适用于低、中碳钢的小型锻件。

2）坑冷或箱冷。将热态锻件放置在填有石灰、砂等材料的坑中或箱中进行冷却的方法称为坑冷或箱冷。坑冷或箱冷的冷却速度比空冷慢，适用于低合金钢及截面尺寸较大的锻件。

3）炉冷。锻件锻后放入炉中缓慢冷却的方法称为炉冷。炉冷应根据需要按预定的温度—时间曲线进行，其冷却速度更慢，适用于高碳、高合金钢及大型锻件。

由于本任务中压盖属于中碳钢的小型锻件，故采用空冷即可。

二、知识链接

（一）锻造的工艺特点

锻造是常用的压力加工方法之一。锻造具有以下工艺特点：

1．改善金属的内部组织，细化晶粒，并能控制金属的纤维方向，使其沿着零件轮廓合理地分布，提高金属的力学性能。

2．具有较高的生产效率。

3．采用精密模锻可使锻件尺寸、形状接近成品零件，因而可节省金属材料和减少切削加工工时。

4．适应范围广。锻件的质量可小至不足 1 kg，大至数百吨；既可进行单件、小批生产，又可进行大批生产。

5．形状复杂的工件难以锻造成型。

（二）自由锻的工序

自由锻的工序可分为基本工序、辅助工序和修整工序。基本工序是自由锻造的主要工序，包括镦粗、拔长、冲孔、弯曲、切割、错移和扭转等。辅助工序是为基本工序操作方便而进行的预先变形，如压肩、压钳口和钢锭倒棱等。修整工序是为提高锻件表面质量而进行的工序，如校整、滚圆、平整等。

（三）自由锻的锻件缺陷分析

自由锻可能产生的缺陷有裂纹、末端凹陷、轴心裂纹和折叠等。

产生裂纹的原因主要有：坯料质量不好，锻造温度范围不合适，锻件加热或冷却不当等。锻造中产生末端凹陷和轴心裂纹是由于锻造时坯料内部未热透或坯料整个截面未锻透，变形只产生在坯料表面。产生折叠多与操作不当，如拔长时坯料的送进量过小等因素有关。

三、知识拓展

（一）冲压的工艺特点及常用冲压设备

使板料经分离或成形而得到制件的工艺称为板料冲压。板料冲压一般在常温下进行，故又称冷冲压，简称冲压。

1．冲压的工艺特点

（1）在分离或成形过程中，板料厚度变化很小，内部组织也不产生变化。

（2）生产率很高，易实现机械化、自动化生产。

（3）冲压制件尺寸精确，表面粗糙度值较低，一般不再进行加工或按需要补充进行机械加工即可使用。

（4）适应范围广，从小型的仪表零件到大型的汽车横梁等均能生产，并能制造出形状较复杂的冲压制件。

（5）冲压模具精度高，制造复杂，成本高，所以冲压主要适用于大批生产。

冲压的基本工序可分为分离工序和成形工序两大类。分离工序是使板料的一部分与另一部分分开的工序，如落料、冲孔、切断等，落料和冲孔一般统称为冲裁。成形工序是使板料发生塑性变形，以获得规定形状工件的工序，如弯曲、拉深、翻边等。拉深过程如图 5-16 所示。

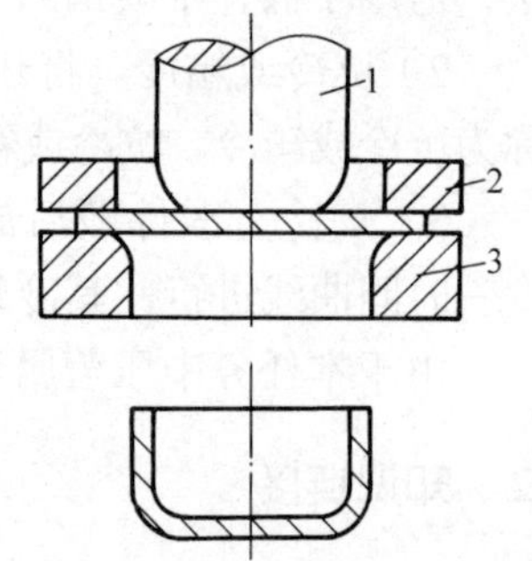

图 5-16　拉深过程

1—凸模　2—压边圈　3—凹模

2．常用冲压设备

常用的冲压设备有剪床和冲床。冲床的工作机构多由曲轴、连杆、滑块等组成，分为开式和闭式两类。具有悬臂式机身、工作台的三个方向是敞开的称为开式冲床；工作台仅前后敞开、左右有立柱的称为闭式冲床。如图 5–17 所示为常用开式冲床的外形和传动示意图。其工作原理如下：电动机 9 通过 V 带带动飞轮 8 转动。当踩下踏板 11 时，拉杆 10 操纵离合器 7 使飞轮 8 与曲轴 6 连接，曲轴的回转运动通过连杆 4 转换成滑块 2 沿导轨 3 的上、下往复直线运动，从而实现冲压加工。松开踏板 11，飞轮 8 与曲轴 6 的连接脱开，滑块 2 在制动器 5 的作用下自动停止在最高位置。

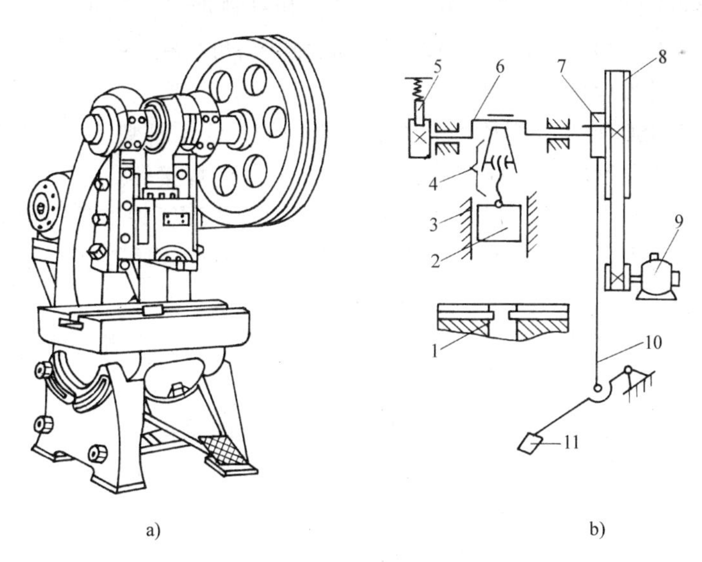

图 5–17　常用开式冲床的外形和传动示意图

a）外形　b）传动示意图

1—工作台　2—滑块　3—导轨　4—连杆　5—制动器　6—曲轴

7—离合器　8—飞轮　9—电动机　10—拉杆　11—踏板

（二）压力加工

使毛坯材料产生塑性变形或分离且无切屑的加工方法称为压力加工，锻造和冲压都属于压力加工范畴。锻造和冲压所加工的材料应具有良好的塑性，以便在锻压时能产生足够的塑性变形而不被破坏。钢和大多数有色金属都具有不同程度的塑性，可以进行锻压加工；铸铁的塑性很差，不能进行锻压加工。

需要指出的是，当金属材料经冷塑性变形后会产生加工硬化现象，加工硬化现象在生产中具有重要的意义。它是强化金属材料的途径之一，对一些不能进行热处理强化的材料，冷变形加工则是有效的强化手段。金属的冷冲压成形正是利用了材料的加工硬化现象，使塑性变形均匀地分布于整个工件中，而不致集中在某些局部位置而导致最终破裂。

（三）焊接

1．焊接概述

焊接是通过加热或加压，或两者并用，并且用或不用填充材料，使工件结合的一种方法。焊接方法种类繁多，目前一般按焊接过程的不同将焊接分为三大类：

（1）熔焊

焊接过程中，将焊件接头加热至熔化状态，不加压力完成焊接的方法，称为熔焊，如电弧焊、气焊、电渣焊、电子束焊、激光焊等。这类方法的共同特点是把焊件局部连接处加热至熔化状态形成熔池，待其冷却凝固后形成焊缝，将两部分材料焊接成一体。

（2）压焊

焊接过程中必须对焊件施加压力（加热或不加热），以完成焊接的方法，称为压焊，如电阻焊、摩擦焊、冷压焊等。

（3）钎焊

采用比母材熔点低的金属材料作钎料，将母材和钎料加热到高于钎料熔点、低于母材熔点的温度，利用液态钎料润湿母材，填充接头间隙并与母材相互扩散，实现连接焊件的方法，称为钎焊。母材是被焊接材料的统称。

钎料的熔点低于450 ℃的钎焊称为软钎焊。常用的是锡铅钎料（又称焊锡）。软钎焊主要用于受力不大或工作温度较低的焊接结构，如电子元件的焊接等。

钎料的熔点高于450 ℃而低于母材金属的熔点时，称为硬钎焊。常用的是铜基和银基钎料。硬钎焊主要用于受力较大或工作温度较高的焊接结构，如硬质合金刀片的焊接等。

2．焊接的特点

焊接与铆接（先将铆接件平整地互相重叠在一起钻孔，然后把铆钉插入孔中，锤击铆钉的露出部分，形成永久性的连接）相比具有以下特点：

（1）可以节省材料和制造工时，接头密封性好，力学性能高。

（2）能以小拼大。如制造铸焊、锻焊大型结构，不仅简化工序，减轻结构自重，同时降低制造成本。

（3）可以制造双金属结构，如刀具的切削部分（刀片）与夹持部分可用不同材料制造后焊接成整体。

（4）生产效率高，易实现机械化和自动化。

3．焊条电弧焊简介

电弧焊是指利用电弧作为热源的熔焊方法。焊条电弧焊是指用手工操纵焊条进行焊接的电弧焊方法。

（1）焊条电弧焊常用设备及工具

1）焊条电弧焊常用设备

①交流弧焊机。交流弧焊机是一种特殊的降压变压器。它具有结构简单、价格便宜、使用方便、维护简单等优点，但电弧稳定性较差。

②直流弧焊发电机。直流弧焊发电机由一台交流电动机和一台直流发电机组成。这种弧焊电源在一般工厂中有逐渐被淘汰的趋势，主要用在没有电源的野外施工或维修场合。

③弧焊整流器。弧焊整流器是一种将交流电降压后，经过整流而获得直流电的直流弧焊电源。

直流弧焊电源输出端有正、负极之分，焊接时有两种不同的接线法。

将焊件接电源正极、焊条接电源负极的接法称正接法。这种接法中的热量多集中在焊件上，因此用于厚板的焊接。

将焊件接电源负极、焊条接电源正极的接法称反接法。这种接法中的热量多集中在焊条上，主要用于薄板或有色金属的焊接。

2）焊条电弧焊常用工具

①电焊钳。电焊钳用于夹持焊条和传导焊接电流。

②焊接电缆。焊接电缆是连接焊机与电焊钳、焊机与工件的导线。

③面罩。面罩用来遮挡飞溅的金属和电弧光线，保护焊工的面部，常用的面罩有手持式和头盔式两种。

④辅助工具。常用的辅助工具有清渣锤、扁铲、钢丝刷、焊条桶等，用于清除焊件上的铁锈和熔渣，以及供放置焊条使用。

（2）焊条

焊条是指涂有药皮的供焊条电弧焊用的熔化电极，它由焊芯和药皮两部分组成。

焊芯在焊接过程中既是导电的电极，同时本身又熔化作为填充金属，与熔化的母材共同形成焊缝。制造焊芯的材料具有低碳和低硫、磷的特点。

焊芯的直径即为焊条的直径，常用的直径有 1.6 mm、2.0 mm、2.5 mm、3.2 mm、4.0 mm、5.0 mm、6 mm 等，长度一般为 300 ~ 450 mm。

药皮的主要作用：产生足量的气体和熔渣，对熔池金属起到机械保护作用；除去有害物质，如硫、磷、氧、氢，添加有益的合金元素，起到冶金处理作用；改善了焊接工艺性。

根据焊条药皮中所含氧化物的性质不同，焊条可以分为酸性焊条和碱性焊条。酸性焊条的工艺性能好，但焊缝金属的力学性能较差；碱性焊条抗裂能力较强。焊接一般结构件时，常采用价格低廉的酸性焊条。焊接重要的结构件时则采用碱性焊条，为了更好地发挥碱性焊条的抗裂作用，一般采用直流反接法。

（3）焊接接头形式

焊接接头的基本形式有对接接头、角接接头、T 形接头和搭接接头，如图 5–18 所示。

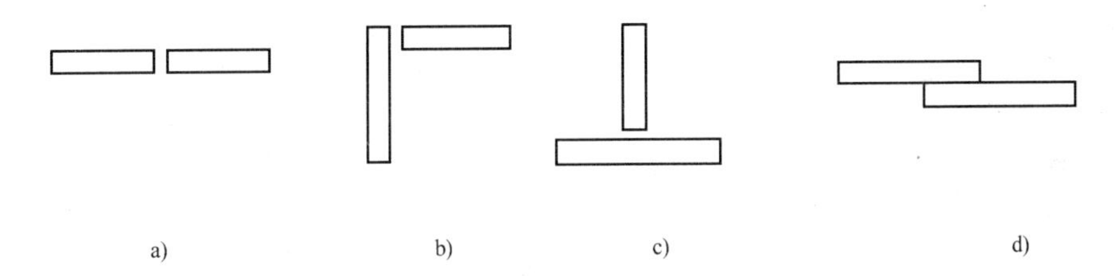

图 5–18 焊接接头的基本形式

a）对接接头 b）角接接头 c）T 形接头 d）搭接接头

（4）坡口形式

坡口是指根据设计和工艺要求，在焊件待焊部位加工的具有一定几何形状的沟槽。焊条电弧焊常见坡口的基本形式有 I 形坡口、V 形坡口、X 形坡口、U 形坡口等，如图 5–19 所示。

坡口通常采用切削加工、火焰切割、碳弧气刨等方法制成。

I 形坡口实际上是不开坡口的对接接头，主要用于厚度为 1 ~ 6 mm 钢板的焊接。

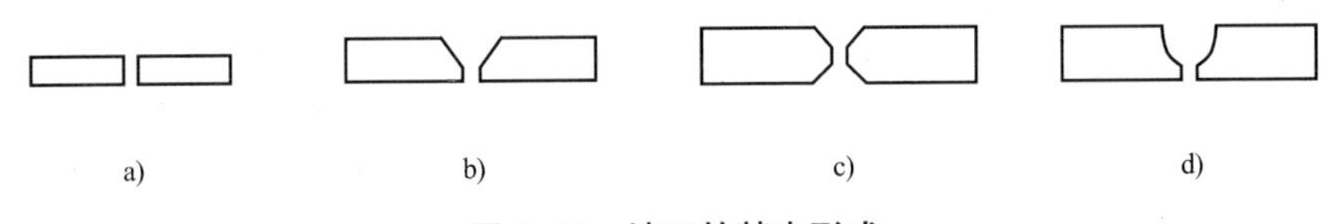

图 5–19 坡口的基本形式

a）I 形坡口 b）V 形坡口 c）X 形坡口 d）U 形坡口

V 形坡口主要用于厚度为 3 ～ 26 mm 钢板的焊接。

X 形坡口主要用于厚度为 12 ～ 60 mm 钢板的焊接。

U 形坡口主要用于厚度为 20 ～ 60 mm 钢板的焊接。

（5）焊接位置

采用焊条电弧焊进行焊接时，按焊缝所在的空间位置不同，可将焊接位置分为平焊、横焊、立焊和仰焊，如图 5–20 所示。

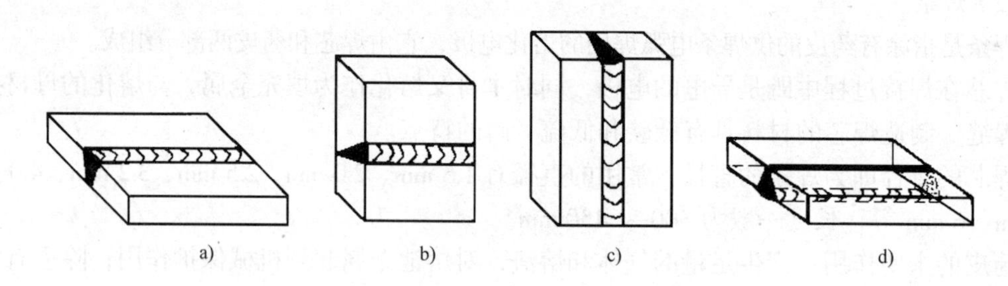

图 5–20　焊接位置

a）平焊　b）横焊　c）立焊　d）仰焊

平焊时，熔滴受重力作用垂直下落到熔池中，熔融金属不易向四周散失。因此，平焊操作方便，焊缝的成形也较好。

仰焊时，熔池中的熔融金属随时可能滴落下来。因此，仰焊常采用小电流，以缩小熔池的面积，使熔融金属能附着在母材上。

显然，仰焊最困难，平焊最方便。在可能的条件下，应使仰焊、立焊、横焊位置转变为平焊位置进行焊接。例如，借助翻转架等变位机构改变焊缝的焊接位置。

第二篇　公差配合与技术测量

模块六

尺寸公差与配合

课题一　基本术语及定义

任务　求零件的公称尺寸、极限尺寸、公差及偏差，画公差带图

任务说明

◎ 分析零件图的尺寸标注，掌握尺寸、公差、偏差的有关概念及基本计算方法，并学会公差带图的画法。

技能点

◎ 能看懂图样并掌握计算方法，画出公差带图。

知识点

◎ 互换性、尺寸、公差、偏差的有关概念。

◎ 有关尺寸、公差、偏差之间关系的基本计算公式。

◎ 公差带图的画法。

◎ 公差的性质。

一、任务实施

在日常生活中，若自行车的链条坏了，应该更换一根与旧链条长度一样、规格相同的新

链条，更换后应能满足使用要求；在机械制造中，对零、部件的互换性要求就更高。为了使零件能实现互换，应按图样对零件进行加工。在零件图中标注了尺寸公差、几何公差、表面粗糙度等技术要求，以保证零件几何参数的准确性。

（一）任务引入

在车床上加工如图 6–1 所示的轴套，试说明工件右端所标注的孔 $\phi45^{+0.025}_{0}$ mm 及轴 ϕ（56 ± 0.009）mm 的公称尺寸、极限偏差（上极限偏差和下极限偏差）、极限尺寸（上极限尺寸和下极限尺寸）各为多少，并计算以上两尺寸的公差值，画出公差带图。若工件右端轴的实际尺寸为 $\phi55.98$ mm，该尺寸是否合格？

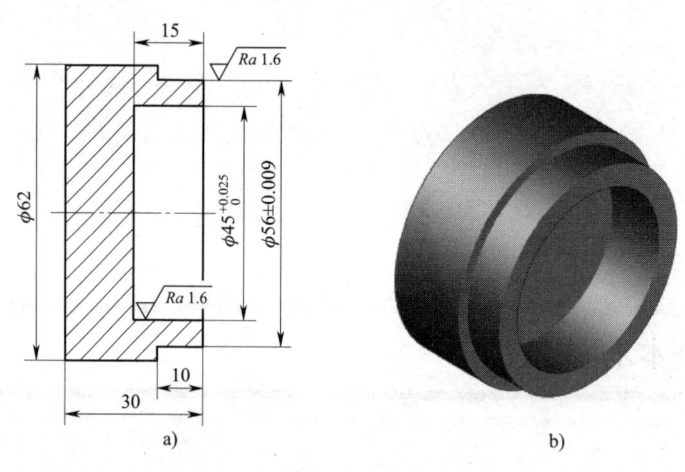

图 6–1　轴套

a）零件图　b）实物图

（二）分析及解决问题

1．求公称尺寸

该任务中孔 $\phi45^{+0.025}_{0}$ mm 的公称尺寸是 $\phi45$ mm，轴 ϕ（56 ± 0.009）mm 的公称尺寸是 $\phi56$ mm。

公称尺寸是指设计时给定的尺寸，孔用 D 表示，轴用 d 表示。它是由设计人员根据零件的使用要求，通过计算或结构方面的考虑，通过圆整按标准所确定的。

2．求极限偏差

某一尺寸减其公称尺寸所得的代数差称为尺寸偏差，简称偏差。其值可以为正值、负值或零。

极限偏差是极限尺寸减其公称尺寸所得的代数差，它包括上极限偏差和下极限偏差。

上极限偏差是上极限尺寸减其公称尺寸所得的代数差。孔和轴的上极限偏差分别用 ES 和 es 表示（大写字母表示孔，小写字母表示轴）。

即

$$ES=D_{up}-D$$

$$es=d_{up}-d$$

下极限偏差是下极限尺寸减其公称尺寸所得的代数差。孔和轴的下极限偏差分别用 EI 和 ei 表示。

即

$$EI=D_{low}-D$$

$$ei=d_{low}-d$$

在该任务中，上、下极限偏差可由标注中直接得出。故孔 $\phi 45^{+0.025}_{0}$ mm 的上极限偏差是 +0.025 mm，下极限偏差是 0；而轴 ϕ（56 ± 0.009）mm 的上极限偏差是 +0.009 mm，下极限偏差是 –0.009 mm。

3. 求极限尺寸

极限尺寸是指一个孔或轴允许的尺寸的两个极端，它包括上极限尺寸和下极限尺寸。

孔 $\phi 45^{+0.025}_{0}$ mm 的上极限尺寸 $D_{up}=D+ES=45\text{ mm}+0.025\text{ mm}=45.025\text{ mm}$

下极限尺寸 $D_{low}=D+EI=45\text{ mm}+0=45\text{ mm}$

同理，轴 ϕ（56 ± 0.009）mm 上极限尺寸 $d_{up}=d+es=56\text{ mm}+0.009\text{ mm}=56.009\text{ mm}$

下极限尺寸 $d_{low}=d+ei=56\text{ mm}+(-0.009)\text{ mm}=55.991\text{ mm}$

4. 求公差

尺寸公差（简称公差）是指允许尺寸的变动量。公差的数值等于上极限尺寸与下极限尺寸之差，也等于上极限偏差与下极限偏差之差。孔和轴的公差分别用 T_h 和 T_s 表示。

即

$$T_h=D_{up}-D_{low}=ES-EI$$

$$T_s=d_{up}-d_{low}=es-ei$$

（1）公差的性质

从公差的定义可知，它不可能为负值和零，是一个没有正负号的绝对值（为简化起见，公差的公式省略了绝对值符号）；公差的大小反映精度的高低和零件加工的难易程度。

（2）公差的计算

孔 $\phi 45^{+0.025}_{0}$ mm 的公差 $T_h=ES-EI=+0.025\text{ mm}-0=0.025\text{ mm}$

轴 ϕ（56 ± 0.009）mm 的公差 $T_s=es-ei=+0.009\text{ mm}-(-0.009)\text{ mm}=0.018\text{ mm}$

5. 零件尺寸是否合格的判别

实际尺寸（D_a、d_a）是指通过测量所得到的尺寸。由于在测量过程中存在测量误差，故实际尺寸并非尺寸的真值；且由于零件表面存在一定的形状误差，故同一表面的不同位置实际尺寸不一定相同。

合格零件的实际尺寸应控制在两个极限尺寸之间，即实际尺寸应大于或等于下极限尺寸，且小于或等于上极限尺寸，而本任务中轴的实际尺寸为 55.98 mm，比轴的下极限尺寸 55.991 mm 还小，故该尺寸不合格。

6. 画公差带图

为了清楚地表示公称尺寸、极限尺寸、极限偏差、公差各量的相互关系，按规定的方法和适当的比例画出的图形称为公差带图（见图 6–2）。

（1）零线

在公差带图中，表示公称尺寸的一条直线称为零线，在其下方画上带单箭头的尺寸

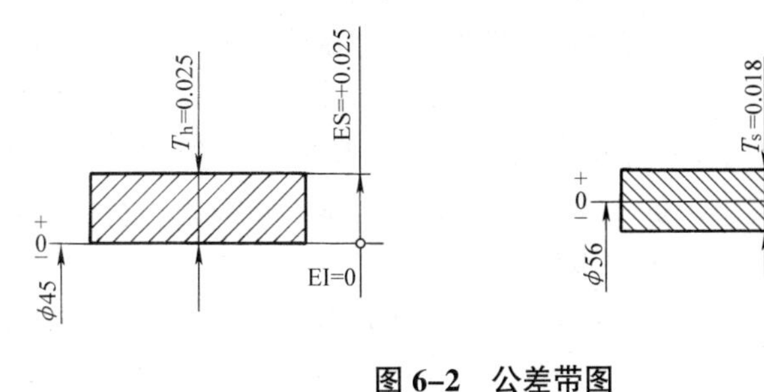

图 6–2　公差带图

线并标注公称尺寸值。零线是确定公差与偏差的基准。

（2）尺寸公差带

它是指在公差带图中，由代表上、下极限偏差或上、下极限尺寸的两条直线所限定的一个区域。

公差带包括公差带的大小和公差带的位置。其中，公差带的大小由公差值确定，公差带的位置由相对于零线的位置确定。

二、知识链接

（一）互换性

互换性是指制成的同一规格的一批零件或部件，不需任何挑选、调整或辅助加工就能装配在机器上，并能满足机械产品的使用性能要求的一种特性。它应包括几何参数、力学性能等方面的互换。上述互换性又称完全互换性（绝对互换性），在生产中得到了广泛的应用。

不完全互换性（又称有限互换性）是指当零件加工难度较大时，可在装配前允许有附加的选择，装配时允许有附加的调整，但不允许修配，装配后能满足预期的使用要求。它仅局限于那些部件或机构内部的装配，不适用于厂际协作和配件生产。

（二）孔和轴的定义

1. 孔

孔通常指零件的圆柱形内表面，也包括非圆柱形内表面，如槽、方孔等。

2. 轴

轴通常指零件的圆柱形外表面，也包括非圆柱形外表面，如方轴等。

3. 孔与轴的关系

孔是包容面，轴是被包容面。孔在加工过程中尺寸由小变大，轴在加工过程中尺寸由大变小，二者的实体材料在加工过程中均由多到少。

（三）尺寸

尺寸（D、d）是指用特定单位表示线性尺寸值的数值，如直径、半径、宽度、深度、高度和中心距等。在机械制造中，图样上的尺寸以毫米为单位，并可省略其标注。

（四）标准公差系列

标准公差是指在国家标准中用表格列出的用以确定公差带大小的任一公差。标准公差数值见表 6-1。

显然，设计时应尽量采用标准公差值。

标准公差大小与标准公差等级和公称尺寸段两个因素有关。

确定尺寸精确程度的等级为公差等级。

标准规定：同一公差等级对所有公称尺寸的公差被认为具有同等精确程度。为满足不同零件和零件上不同部位对精确程度不同要求的需要，国家标准共设立了 20 个公差等级，即 IT01、IT0、IT1 ~ IT18，其中 IT01 精度最高，IT18 精度最低。公称尺寸相同时，公差等级高，零件的精度高，则公差值小，加工难度大，生产成本高；反之，公差等级低，零件精度低，则公差值大，加工难度小，生产成本低。

标准公差数值的大小还与公称尺寸分段有关，即精度等级相同时，公称尺寸段的尺寸大，则标准公差的数值也大。

表 6-1 标准公差数值

公称尺寸/mm		标准公差等级																			
		IT01	IT0	IT1	IT2	IT3	IT4	IT5	IT6	IT7	IT8	IT9	IT10	IT11	IT12	IT13	IT14	IT15	IT16	IT17	IT18
大于	至	μm													mm						
—	3	0.3	0.5	0.8	1.2	2	3	4	6	10	14	25	40	60	0.1	0.14	0.25	0.4	0.6	1	1.4
3	6	0.4	0.6	1	1.5	2.5	4	5	8	12	18	30	48	75	0.12	0.18	0.3	0.48	0.75	1.2	1.8
6	10	0.4	0.6	1	1.5	2.5	4	6	9	15	22	36	58	90	0.15	0.22	0.36	0.58	0.9	1.5	2.2
10	18	0.5	0.8	1.2	2	3	5	8	11	18	27	43	70	110	0.18	0.27	0.43	0.7	1.1	1.8	2.7
18	30	0.6	1	1.5	2.5	4	6	9	13	21	33	52	84	130	0.21	0.33	0.52	0.84	1.3	2.1	3.3
30	50	0.6	1	1.5	2.5	4	7	11	16	25	39	62	100	160	0.25	0.39	0.62	1	1.6	2.5	3.9
50	80	0.8	1.2	2	3	5	8	13	19	30	46	74	120	190	0.3	0.46	0.74	1.2	1.9	3	4.6
80	120	1	1.5	2.5	4	6	10	15	22	35	54	87	140	220	0.35	0.54	0.87	1.4	2.2	3.5	5.4
120	180	1.2	2	3.5	5	8	12	18	25	40	63	100	160	250	0.4	0.63	1	1.6	2.5	4	6.3
180	250	2	3	4.5	7	10	14	20	29	46	72	115	185	290	0.46	0.72	1.15	1.85	2.9	4.6	7.2
250	315	2.5	4	6	8	12	16	23	32	52	81	130	210	320	0.52	0.81	1.3	2.1	3.2	5.2	8.1
315	400	3	5	7	9	13	18	25	36	57	89	140	230	360	0.57	0.89	1.4	2.3	3.6	5.7	8.9
400	500	4	6	8	10	15	20	27	40	63	97	155	250	400	0.63	0.97	1.55	2.5	4	6.3	9.7
500	630			9	11	16	22	32	44	70	110	175	280	440	0.7	1.1	1.75	2.8	4.4	7	11
630	800			10	13	18	25	36	50	80	125	200	320	500	0.8	1.25	2	3.2	5	8	12.5
800	1 000			11	15	21	28	40	56	90	140	230	360	560	0.9	1.4	2.3	3.6	5.6	9	14
1 000	1 250			13	18	24	33	47	66	105	165	260	420	660	1.05	1.65	2.6	4.2	6.6	10.5	16.5
1 250	1 600			15	21	29	39	55	78	125	195	310	500	780	1.25	1.95	3.1	5	7.8	12.5	19.5
1 600	2 000			18	25	35	46	65	92	150	230	370	600	920	1.5	2.3	3.7	6	9.2	15	23
2 000	2 500			22	30	41	55	78	110	175	280	440	700	1 100	1.75	2.8	4.4	7	11	17.5	28
2 500	3 150			26	36	50	68	96	135	210	330	540	860	1 350	2.1	3.3	5.4	8.6	13.5	21	33

注：1. 公称尺寸大于 500 mm 的 IT1 ~ IT5 的标准公差数值为试行的。

2. 公称尺寸小于或等于 1 mm 时，无 IT14 ~ IT18。

（五）一般公差

为简化图形，突出重要尺寸，简化工件上某些部位的检验，设计时，对有些零件上的某些部位在使用功能上无特殊要求时给出一般公差。采用一般公差时，在图样上不单独注出公差，而是在图样上、技术文件或技术标准中做出总的说明。

一般公差规定了 4 个等级，即精密 f、中等 m、粗糙 c 和最粗 v，线性尺寸的一般公差带均与零线对称分布。如公差等级为精密、公称尺寸段为大于 30 ~ 120 mm 的未注公差，其上、下极限偏差值为 ±0.15 mm；公差等级为精密、公称尺寸段为大于 120 ~ 400 mm 的未注公差，其上、下极限偏差值为 ±0.2 mm。

课题二 配合种类

任务 分析配合性质并求解、画公差带图

任务说明

◎ 判断配合性质，计算极限间隙或极限过盈以及配合公差，并绘制公差带图。

技能点

◎ 掌握配合性质的判断方法，能熟练计算极限间隙和极限过盈，并画出孔、轴公差带图。

知识点

◎ 配合、间隙配合、过渡配合、过盈配合的概念。

◎ 极限间隙和极限过盈的计算方法。

◎ 基本偏差系列。

◎ 基准制。

一、任务实施

（一）任务引入

在车床上加工如图 6-3 所示的轴和轴套，轴的外圆尺寸分别为 $\phi25_{-0.033}^{\ 0}$ mm 及 $\phi34_{+0.009}^{+0.034}$ mm，与之相配合的轴套的孔径分别为 $\phi25_{\ 0}^{+0.033}$ mm 及 $\phi34_{\ 0}^{+0.025}$ mm，试判断配合性质，求极限间隙或极限过盈以及配合公差，并画出孔、轴公差带图。

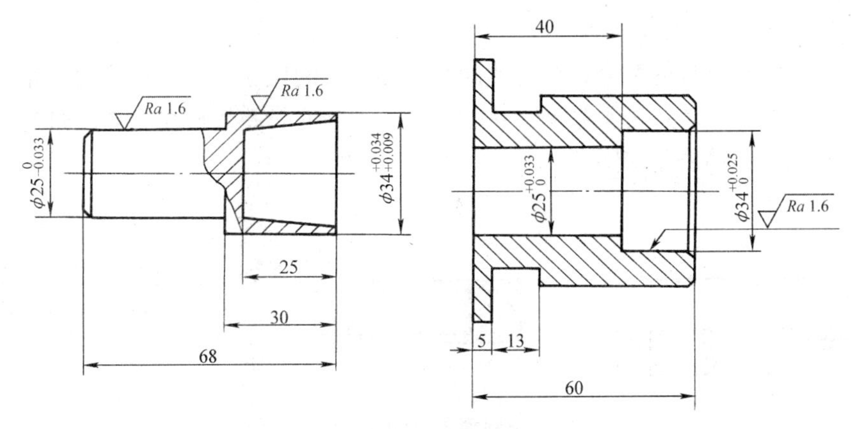

图 6–3 轴和轴套

（二）分析及解决问题

1．判断配合性质

公称尺寸相同的，相互结合的孔和轴的公差带之间的关系称为配合，配合后的松紧程度即配合的性质取决于相互配合的孔和轴公差带之间的关系。基本尺寸相同的孔与轴的配合性质有以下三种：

（1）间隙配合

具有间隙（包括最小间隙等于零）的配合称为间隙配合。此时孔的尺寸大于或等于轴的尺寸。其公差带关系为：孔的公差带在轴的公差带之上，如图 6–4 所示为组成间隙配合的孔、轴公差带图。

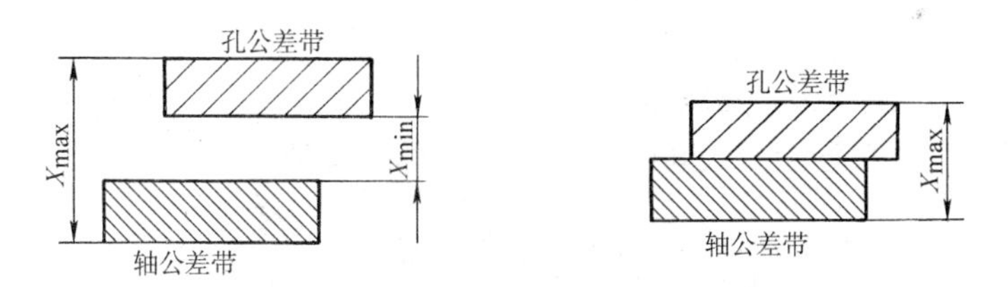

图 6–4 组成间隙配合的孔、轴公差带图

（2）过盈配合

具有过盈（包括最小过盈等于零）的配合称为过盈配合。此时孔的尺寸小于或等于轴的尺寸。其公差带关系为：孔的公差带在轴的公差带之下，如图 6–5 所示为组成过盈配合的孔、轴公差带图。

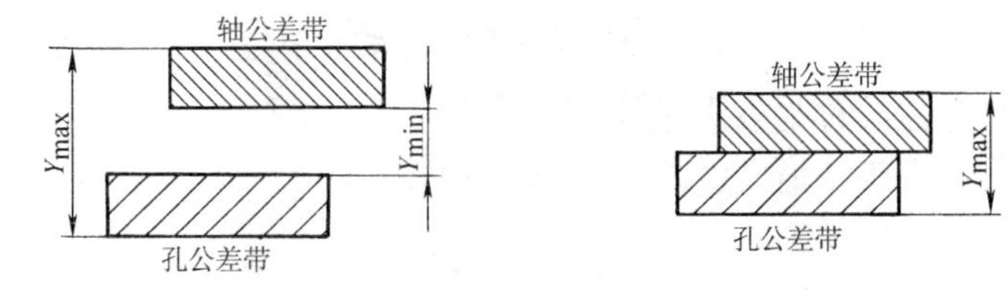

图 6–5 组成过盈配合的孔、轴公差带图

（3）过渡配合

可能具有间隙或过盈的配合称为过渡配合。此时孔的尺寸可能大于轴的尺寸，也可能小于或等于轴的尺寸。其公差带关系为：孔的公差带与轴的公差带相互交叠，如图 6–6 所示为组成过渡配合的孔、轴公差带图。

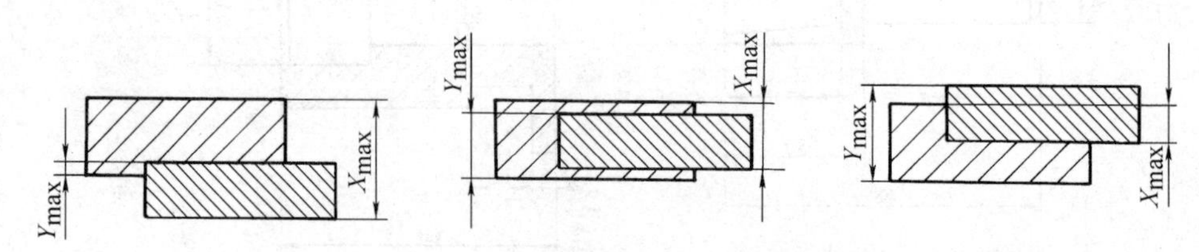

图 6–6　组成过渡配合的孔、轴公差带图

在本任务中，$\phi25^{+0.033}_{0}$ mm 的孔与 $\phi25^{0}_{-0.033}$ mm 的轴相配，孔的尺寸大于（或等于）轴的尺寸，故为间隙配合；$\phi34^{+0.025}_{0}$ mm 的孔与 $\phi34^{+0.034}_{+0.009}$ mm 的轴相配，孔的尺寸可能大于轴的尺寸，也可能小于或等于轴的尺寸，故为过渡配合。

2. 极限间隙和极限过盈的计算

（1）间隙配合

1）最大间隙 X_{max}。最大间隙等于孔的上极限尺寸与轴的下极限尺寸之差，也等于孔的上极限偏差减去轴的下极限偏差，它一定大于零。

即
$$X_{max}=D_{up}-d_{low}=ES-ei>0$$

2）最小间隙 X_{min}。最小间隙等于孔的下极限尺寸与轴的上极限尺寸之差，也等于孔的下极限偏差减去轴的上极限偏差，它一定大于或等于零。

即
$$X_{min}=D_{low}-d_{up}=EI-es \geqslant 0$$

最大间隙与最小间隙统称为极限间隙。

3）平均间隙 X_{aV}。它等于最大间隙与最小间隙的平均值。

即
$$X_{aV}=\frac{1}{2}(X_{max}+X_{min})$$

（2）过盈配合

1）最大过盈 Y_{max}。最大过盈等于孔的下极限尺寸与轴的上极限尺寸之差，也等于孔的下极限偏差减去轴的上极限偏差，它一定小于零。

即
$$Y_{max}=D_{low}-d_{up}=EI-es<0$$

2）最小过盈 Y_{min}。最小过盈等于孔的上极限尺寸与轴的下极限尺寸之差，也等于孔的上极限偏差减去轴的下极限偏差，它一定小于或等于零。

即
$$Y_{min}=D_{up}-d_{low}=ES-ei \leqslant 0$$

最大过盈与最小过盈统称为极限过盈。

3）平均过盈 Y_{aV}。它等于最大过盈与最小过盈的平均值。

即
$$Y_{aV}=\frac{1}{2}(Y_{max}+Y_{min})$$

（3）过渡配合

1）最大间隙 X_{max}。最大间隙等于孔的上极限尺寸与轴的下极限尺寸之差，也等于孔的上极限偏差减去轴的下极限偏差，它一定大于零。

即 $$X_{max}=D_{up}-d_{low}=ES-ei>0$$

2）最大过盈 Y_{max}。最大过盈等于孔的下极限尺寸与轴的上极限尺寸之差，也等于孔的下极限偏差减去轴的上极限偏差，它一定小于零。

即 $$Y_{max}=D_{low}-d_{up}=EI-es<0$$

3）平均间隙 X_{aV} 或平均过盈 Y_{aV}。它等于最大间隙与最大过盈的平均值，所得值为正，则为平均间隙；所得值为负，则为平均过盈。

即 $$X_{aV}\ (Y_{aV}) = \frac{1}{2}(X_{max}+Y_{max})$$

本任务中，$\phi25^{+0.033}_{0}$ mm 的孔与 $\phi25^{0}_{-0.033}$ mm 的轴相配为间隙配合。

最大间隙 X_{max}=ES−ei=+0.033 mm−（−0.033 mm）=+0.066 mm> 0

最小间隙 X_{min}=EI−es=0−0=0

$\phi34^{+0.025}_{0}$ mm 的孔与 $\phi34^{+0.034}_{+0.009}$ mm 的轴相配为过渡配合。

最大间隙 X_{max}=ES−ei=+0.025 mm−（+0.009 mm）=+0.016 mm> 0

最大过盈 Y_{max}=EI−es =0−0.034 mm=−0.034 mm<0

3. 配合公差的计算

配合公差为组成配合的孔与轴的公差之和，它是允许间隙或过盈的变动量。配合公差也是绝对值，配合公差越小，配合的精度越高。配合公差用 T_f 表示。

即 $$T_f=T_h+T_s$$

间隙配合中 $$T_f=|X_{max}-X_{min}|$$

过盈配合中 $$T_f=|Y_{max}-Y_{min}|$$

过渡配合中 $$T_f=|X_{max}-Y_{max}|$$

本任务中，$\phi25^{+0.033}_{0}$ mm 的孔与 $\phi25^{0}_{-0.033}$ mm 的轴相配为间隙配合。

配合公差 $T_f=|X_{max}-X_{min}|$=|+0.066−0| mm=0.066 mm。

或用公式 $T_f=T_h+T_s$=（ES−EI）+（es−ei）=（+0.033−0）mm+［0−（−0.033）］mm=0.066 mm。

在本任务中，$\phi34^{+0.025}_{0}$ mm 的孔与 $\phi34^{+0.034}_{+0.009}$ mm 的轴相配为过渡配合。

配合公差 $T_f=|X_{max}-Y_{max}|$=|+0.016−（−0.034）| mm=0.050 mm。

或用公式 $T_f=T_h+T_s$=（ES−EI）+（es−ei）=（+0.025−0）mm+（+0.034−0.009）mm=0.050 mm。

用两个公式计算所得的结果相同。

4. 画孔、轴公差带图

$\phi25^{+0.033}_{0}$ mm 的孔与 $\phi25^{0}_{-0.033}$ mm 的轴组成间隙配合的孔、轴公差带图（一）如图 6−7 所示。

$\phi34^{+0.025}_{0}$ mm 的孔与 $\phi34^{+0.034}_{+0.009}$ mm 的轴组成过渡配合的孔、轴公差带图（二）如图 6−8 所示。

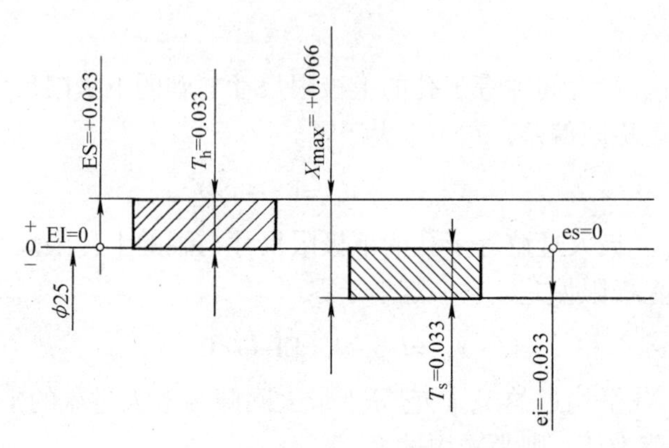

图 6-7　孔、轴公差带图（一）

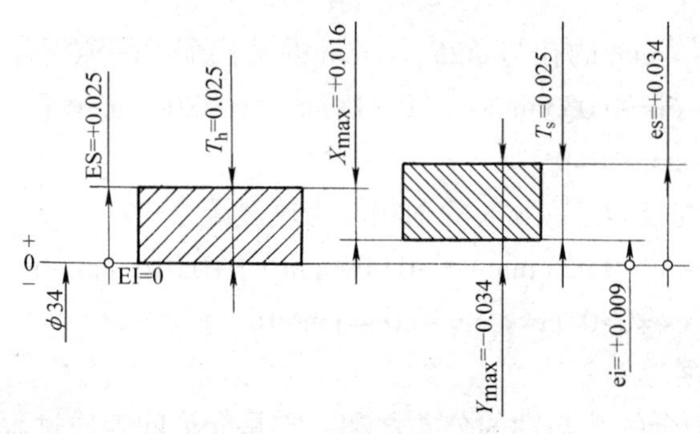

图 6-8　孔、轴公差带图（二）

二、知识链接

（一）基本偏差系列

1．基本偏差

公差带的位置由极限偏差相对零线的位置确定，选取一个极限偏差作为确定的依据，则此极限偏差称为基本偏差，它是确定公差带相对零线位置的那个极限偏差。一般以靠近零线的那个极限偏差作为基本偏差，也就是在上、下极限偏差中，绝对值小的那个上极限偏差或下极限偏差。

基本偏差确定了公差带的位置，从而决定了配合的性质。标准化的基本偏差组成基本偏差系列，国家标准对孔和轴各设立了 28 个基本偏差。

2．基本偏差代号

基本偏差代号用拉丁字母表示，大写字母表示孔的基本偏差，小写字母表示轴的基本偏差。26 个字母中，除 I、L、O、Q、W（i、l、o、q、w）5 个字母外，另加上 7 个双字母 CD、EF、FG、JS、ZA、ZB、ZC（cd、ef、fg、js、za、zb、zc），共 28 个基本偏差，如图 6-9 所示为孔和轴的基本偏差系列。

需要注意：在孔的基本偏差中，H 的基本偏差 EI=0，JS 的基本偏差是 $ES=+\frac{IT}{2}$ 或 $EI=-\frac{IT}{2}$；轴的基本偏差中，h 的基本偏差 es=0，js 的基本偏差是 $es=+\frac{IT}{2}$ 或 $ei=-\frac{IT}{2}$。

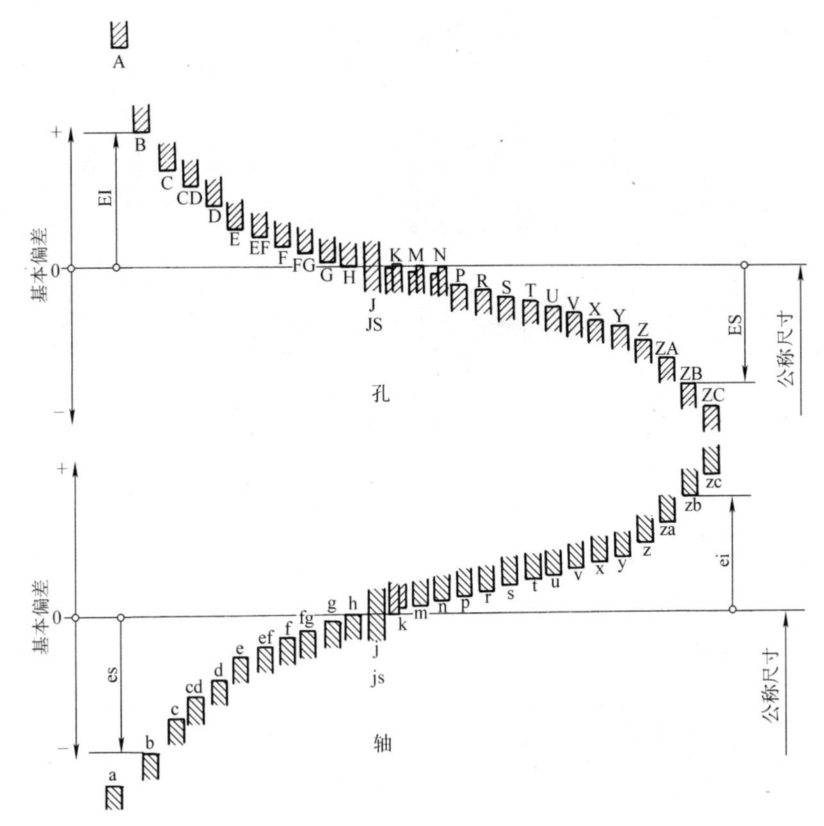

图 6–9　孔和轴的基本偏差系列

3. 基本偏差数值

轴和孔的基本偏差数值是根据一系列公式计算得到的，这些公式是从生产实践的经验中和有关统计分析的结果中整理出来的。在实际生产中，一般不用公式计算，而是直接采用查表的方法，轴的基本偏差数值见表 6–2、孔的基本偏差数值见表 6–3。

（二）基准制

1. 基孔制

它是基本偏差为一定的孔的公差带与不同基本偏差的轴的公差带形成各种配合的一种制度。基孔制的孔的上极限偏差大于零，下极限偏差（基本偏差）等于零，它与不同的轴相配合可组成三种不同的配合性质。

基本偏差代号为 a ~ h 的轴与基准孔（H）组成间隙配合，基本偏差代号为 j ~ zc 的轴与基准孔（H）组成过渡配合和过盈配合。

2. 基轴制

它是基本偏差为一定的轴的公差带与不同基本偏差的孔的公差带形成各种配合的一种制度。基轴制的轴的下极限偏差小于零，上极限偏差（基本偏差）等于零，它与不同的孔相配合也可组成三种不同的配合性质。

基本偏差代号为 A ~ H 的孔与基准轴（h）组成间隙配合。

基本偏差代号为 J ~ ZC 的孔与基准轴（h）组成过渡配合和过盈配合。

基准孔（H）与基准轴（h）相配所组成的一定是最小间隙为零的间隙配合。

表 6-2　　　　轴的基本偏差数值（摘录）

公称尺寸 /mm		基本偏差数值																
		上极限偏差 es/μm												下极限偏差 ei/μm				
		所有公差等级												IT5 和 IT6	IT7	IT8	IT4 至 IT7	≤ IT3 >IT7
大于	至	a	b	c	cd	d	e	ef	f	fg	g	h	js	j			k	
—	3	−270	−140	−60	−34	−20	−14	−10	−6	−4	−2	0	偏差 = ± $\frac{\mathrm{IT}n}{2}$，式中 n 为标准公差等级数	−2	−4	−6	0	0
3	6	−270	−140	−70	−46	−30	−20	−14	−10	−6	−4	0		−2	−4		+1	0
6	10	−280	−150	−80	−56	−40	−25	−18	−13	8	−5	0		−2	−5		+1	0
10	14	−290	−150	−95	−70	−50	−32	−23	−16	−10	−6	0		−3	−6		+1	0
14	18																	
18	24	−300	−160	−110	−85	−65	−40	−25	−20	−12	−7	0		−4	−8		+2	0
24	30																	
30	40	−310	−170	−120	−100	−80	−50	−35	−25	−15	−9	0		−5	−10		+2	0
40	50	−320	−180	−130														
50	65	−340	−190	−140		−100	−60		−30		−10	0		−7	−12		+2	0
65	80	−360	−200	−150														
80	100	−380	−220	−170		−120	−72		−36		−12	0		−9	−15		+3	0
100	120	−410	−240	−180														
120	140	−460	−260	−200		−145	−85		−43		−14	0		−11	−18		+3	0
140	160	−520	−280	−210														
160	180	−580	−310	−230														
180	200	−660	−340	−240		−170	−100		−50		−15	0		−13	−21		+4	0
200	225	−740	−380	−260														
225	250	−820	−420	−280														
250	280	−920	−480	−300		−190	−110		−56		−17	0		−16	−26		+4	0
280	315	−1 050	−540	−330														
315	355	−1 200	−600	−360		−210	−125		−62		−18	0		−18	−28		+4	0
355	400	−1 350	−680	−400														
400	450	−1 500	−760	−440		−230	−135		−68		−20	0		−20	−32		+5	0
450	500	−1 650	−840	−480														

续表

公称尺寸 /mm		基本偏差数值													
		下极限偏差 ei/μm													
		所有公差等级													
大于	至	m	n	p	r	s	t	u	v	x	y	z	za	zb	zc
—	3	+2	+4	+6	+10	+14		+18		+20		+26	+32	+40	+60
3	6	+4	+8	+12	+15	+19		+23		+28		+35	+42	+50	+80
6	10	+6	+10	+15	+19	+23		+28		+34		+42	+52	+67	+97
10	14	+7	+12	+18	+23	+28		+33		+40		+50	+64	+90	+130
14	18								+39	+45		+60	+77	+108	+150
18	24	+8	+15	+22	+28	+35		+41	+47	+54	+63	+73	+98	+136	+188
24	30						+41	+48	+55	+64	+75	+88	+118	+160	+218
30	40	+9	+17	+26	+34	+43	+48	+60	+68	+80	+94	+112	+148	+200	+274
40	50						+54	+70	+81	+97	+114	+136	+180	+242	+325
50	65	+11	+20	+32	+41	+53	+66	+87	+102	+122	+144	+172	+226	+300	+405
65	80				+43	+59	+75	+102	+120	+146	+174	+210	+274	+360	+480
80	100	+13	+23	+37	+51	+71	+91	+124	+146	+178	+214	+258	+335	+445	+585
100	120				+54	+79	+104	+144	+172	+210	+254	+310	+400	+525	+690
120	140	+15	+27	+43	+63	+92	+122	+170	+202	+248	+300	+365	+470	+620	+800
140	160				+65	+100	+134	+190	+228	+280	+340	+415	+535	+700	+900
160	180				+68	+108	+146	+210	+252	+310	+380	+465	+600	+780	+1 000
180	200	+17	+31	+50	+77	+122	+166	+236	+284	+350	+425	+520	+670	+880	+1 150
200	225				+80	+130	+180	+258	+310	+385	+470	+575	+740	+960	+1 250
225	250				+84	+140	+196	+284	+340	+425	+520	+640	+820	+1 050	+1 350
250	280	+20	+34	+56	+94	+158	+218	+315	+385	+475	+580	+710	+920	+1 200	+1 550
280	315				+98	+170	+240	+350	+425	+525	+650	+790	+1 000	+1 300	+1 700
315	355	+21	+37	+62	+108	+190	+268	+390	+475	+590	+730	+900	+1 150	+1 500	+1 900
355	400				+114	+208	+294	+435	+530	+660	+820	+1 000	+1 300	+1 650	+2 100
400	450	+23	+40	+68	+126	+232	+330	+490	+595	+740	+920	+1 100	+1 450	+1 850	+2 400
450	500				+132	+252	+360	+540	+660	+820	+1 000	+1 250	+1 600	+2 100	+2 600

注：公称尺寸小于或等于 1 mm 时，基本偏差 a 和 b 均不采用。

表 6–3　　孔的基本偏差数值（摘录）

公称尺寸/mm		基本偏差数值																				
		下极限偏差 EI/μm												上极限偏差 ES/μm								
大于	至	所有公差等级												IT6	IT7	IT8	≤ IT8	>IT8	≤ IT8	>IT8	≤ IT8	>IT8
		A	B	C	CD	D	E	EF	F	FG	G	H	JS	J			K		M		N	
—	3	+270	+140	+60	+34	+20	+14	−10	+6	+4	+2	0	偏差 = ±ITn/2，式中 n 为标准公差等级数	+2	+4	+6	0	0	−2	−2	−4	−4
3	6	+270	+140	+70	+46	+30	+20	−14	+10	+6	+4	0		+5	+6	+10	−1 +Δ		−4 +Δ	−4	−8 +Δ	0
6	10	+280	+150	+80	+56	+40	+25	−18	+13	+8	+5	0		+5	+8	+12	−1 +Δ		−6 +Δ	−6	−10 +Δ	0
10	14	+290	+150	+95	+70	+50	+32	+23	+16	+10	+6	0		+6	+10	+15	−1 +Δ		−7 +Δ	−7	−12 +Δ	0
14	18																					
18	24	+300	+160	+110	+85	+65	+40	+28	+20	+12	+7	0		+8	+12	+20	−2 +Δ		−8 +Δ	−8	−15 +Δ	0
24	30																					
30	40	+310	+170	+120	+100	+80	+50	+35	+25	+15	+9	0		+10	+14	+24	−2 +Δ		−9 +Δ	−9	−17 +Δ	0
40	50	+320	+180	+130																		
50	65	+340	+190	+140		+100	+60		+30		+10	0		+13	+18	+28	−2 +Δ		−11 +Δ	−11	−20 +Δ	0
65	80	+360	+200	+150																		
80	100	+380	+220	+170		+120	+72		+36		+12	0		+16	+22	+34	−3 +Δ		−13 +Δ	−13	−23 +Δ	0
100	120	+410	+240	+180																		
120	140	+460	+260	+200		+145	+85		+43		+14	0		+18	+26	+41	−3 +Δ		−15 +Δ	−15	−27 +Δ	0
140	160	+520	+280	+210																		
160	180	+580	+310	+230																		
180	200	+660	+340	+240		+170	+100		+50		+15	0		+22	+30	+47	−4 +Δ		−17 +Δ	−17	−31 +Δ	0
200	225	+740	+380	+260																		
225	250	+820	+420	+280																		
250	280	+920	+480	+300		+190	+110		+56		+17	0		+25	+36	+55	−4 +Δ		−20 +Δ	−20	−34 +Δ	0
280	315	+1 050	+540	+330																		
315	355	+1 200	+600	+360		+210	+125		+62		+18	0		+29	+39	+60	−4 +Δ		−21 +Δ	−21	−37 +Δ	0
355	400	+1 350	+680	+400																		
400	450	+1 500	+760	+440		+230	+135		+68		+20	0		+33	+43	+66	−5 +Δ		−23 +Δ	−23	−40 +Δ	0
450	500	+1 650	+840	+480																		

续表

公称尺寸/mm		基本偏差数值																		
		上极限偏差 ES/μm													Δ 值/μm					
大于	至	≤IT7	标准公差等级 >IT7												标准公差等级					
		P ~ ZC	P	R	S	T	U	V	X	Y	Z	ZA	ZB	ZC	IT3	IT4	IT5	IT6	IT7	IT8
—	3	在>IT7的标准公差等级的基本偏差数值上增加一个Δ值	-6	-10	-14		-18		-20		-26	-32	-40	-60	0	0	0	0	0	0
3	6		-12	-15	-19		-23		-28		-35	-42	-50	-80	1	1.5	1	3	4	6
6	10		-15	-19	-23		-28		-34		-42	-52	-67	-97	1	1.5	2	3	6	7
10	14		-18	-23	-28		-33		-40		-50	-64	-90	-130	1	2	3	3	7	9
14	18							-39	-45		-60	-77	-108	-150						
18	24		-22	-28	-35		-41	-47	-54	-63	-73	-98	-136	-188	1.5	2	3	4	8	12
24	30					-41	-48	-55	-64	-75	-88	-118	-160	-218						
30	40		-26	-34	-43	-48	-60	-68	-80	-94	-112	-148	-200	-274	1.5	3	4	5	9	14
40	50					-54	-70	-81	-97	-114	-136	-180	-242	-325						
50	65		-32	-41	-53	-66	-87	-102	-122	-144	-172	-226	-300	-405	2	3	5	6	11	16
65	80			-43	-59	-75	-102	-120	-146	-174	-210	-274	-360	-480						
80	100		-37	-51	-71	-91	-124	-146	-178	-214	-258	-335	-445	-585	2	4	5	7	13	19
100	120			-54	-79	-104	-144	-172	-210	-254	-310	-400	-525	-690						
120	140		-43	-63	-92	-122	-170	-202	-248	-300	-365	-470	-620	-800	3	4	6	7	15	23
140	160			-65	-100	-134	-190	-228	-280	-340	-415	-535	-700	-900						
160	180			-68	-108	-146	-210	-252	-310	-380	-465	-600	-780	-1 000						
180	200		-50	-77	-122	-166	-236	-284	-350	-425	-520	-670	-880	-1 150	3	4	6	9	17	26
200	225			-80	-130	-180	-258	-310	-385	-470	-575	-740	-960	-1 250						
225	250			-84	-140	-196	-284	-340	-425	-520	-640	-820	-1 050	-1 350						
250	280		-56	-94	-158	-218	-315	-385	-475	-580	-710	-920	-1 200	-1 550	4	4	7	9	20	29
280	315			-98	-170	-240	-350	-425	-525	-650	-790	-1 000	-1 300	-1 700						
315	355		-62	-108	-190	-268	-390	-475	-590	-730	-900	-1 150	-1 500	-1 900	4	5	7	11	21	32
355	400			-114	-208	-294	-435	-530	-660	-820	-1 000	-1 300	-1 650	-2 100						
400	450		-68	-126	-232	-330	-490	-595	-740	-920	-1 100	-1 450	-1 850	-2 400	5	5	7	13	23	34
450	500			-132	-252	-360	-540	-660	-820	-1000	-1 250	-1 600	-2 100	-2 600						

注：1．公称尺寸小于或等于 1 mm 时，基本偏差 A 和 B 及大于 IT8 的 N 均不采用。

2．公差带 JS7 ~ JS11，若 ITn 值是奇数，则取偏差 = ± $\frac{ITn-1}{2}$。

3．对小于或等于 IT8 的 K、M、N 和小于或等于 IT7 的 P ~ ZC，所需 Δ 值从表内右侧选取。

例如，18 ~ 30 mm 段的 K7：Δ=8 μm，所以 ES=-2 μm+8 μm=+6 μm。

例如，18 ~ 30 mm 段的 S6：Δ=4 μm，所以 ES=-35 μm+4 μm=-31 μm。

4．特殊情况：250 ~ 315 mm 段的 M6，ES=-9 μm（代替 -11 μm）。

课题三 尺寸公差与配合的选用

任务 分析配合性质并求解，画配合公差带图

任务说明

◎ 对装配图公差与配合的标注进行分析并确定极限偏差。

技能点

◎ 熟练计算极限偏差。

知识点

◎ 孔、轴公差带代号。

◎ 配合代号。

◎ 公差等级与配合的选择方法。

一、任务实施

（一）任务引入

如图 6–10 所示为减速器的孔、轴装配图，试解决以下问题：

（1）说明代号 ϕ35js6、ϕ80G7、ϕ95H7/h6 的含义。

（2）确定以上代号的极限偏差，并正确标注。

（3）简要说明公差等级和配合的选用方法。

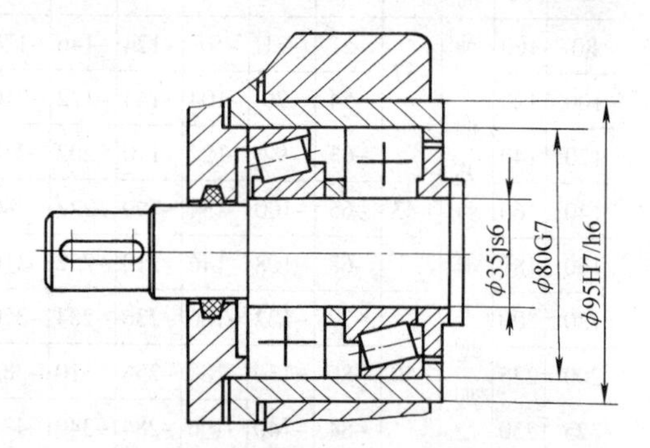

图 6–10 减速器的孔、轴装配图

（二）分析及解决问题

1. 代号 ϕ35js6 和 ϕ80G7 的含义解释

国家标准规定孔、轴公差带代号由确定公差带位置的基本偏差代号和确定公差带大小的公差等级数字组成。其中，孔公差带代号中的基本偏差代号为大写，轴公差带代号中的基本偏差代号为小写，如 G7、H7、h6、js6 等。若指某公称尺寸的公差带，则公称尺寸标在公差带代号之前，如 ϕ35js6 和 ϕ80G7 等。

本任务中代号 ϕ35js6 的含义可解释为：公称尺寸为 35 mm，基本偏差代号为 js，6 级精度的轴。

代号 ϕ80G7 的含义可解释为：公称尺寸为 80 mm，基本偏差代号为 G，7 级精度的孔。

2. 配合代号的含义解释

配合代号用公称尺寸后跟孔、轴公差带代号表示，孔、轴公差带代号写成分数形式，分

母为轴的公差带代号，分子为孔的公差带代号。

配合代号 ϕ95H7/h6 的含义可解释为：

解释 1　公称尺寸为 95 mm，基本偏差代号为 H，7 级精度的基准孔与基本偏差代号为 h，6 级精度的轴所组成的基孔制间隙配合。

解释 2　公称尺寸为 95 mm，基本偏差代号为 H，7 级精度的孔与基本偏差代号为 h，6 级精度的基准轴所组成的基轴制间隙配合。

在以上两种解释中，由于孔加工较为困难，为简化刀具和量具，一般优先选用基孔制，故用第一种解释较好。

例　解释配合代号 ϕ50H8/t7 的含义。

公称尺寸为 50 mm，基本偏差代号为 H，8 级精度的基准孔与基本偏差代号为 t，7 级精度的轴所组成的基孔制过盈配合。

3．极限偏差的确定

（1）查表计算法

1）查表确定公差。由公称尺寸和公差等级查表 6-1（标准公差数值表）确定公差值。

由代号 ϕ35js6 可知：IT6=16 μm=0.016 mm。

由代号 ϕ80G7 可知：IT7=30 μm=0.030 mm。

由代号 ϕ95H7 可知：IT7=35 μm=0.035 mm。

由代号 ϕ95h6 可知：IT6=22 μm=0.022 mm。

2）查表确定基本偏差。由公称尺寸和基本偏差代号查表 6-2 和表 6-3 确定基本偏差。

由代号 ϕ35js6 可知：js 公差带相对零线对称分布，故基本偏差可以是上极限偏差，也可以是下极限偏差。即 es=+IT6/2=+8 μm=+0.008 mm，ei=−0.008 mm。

由代号 ϕ80G7 可知：基本偏差 EI=+10 μm=+0.010 mm（查表可知基本偏差为下极限偏差，由基本偏差系列图也能判别出基本偏差为下极限偏差）。

由代号 ϕ95H7 可知：基本偏差 EI=0。

由代号 ϕ95h6 可知：基本偏差 es=0。

3）计算另一偏差。确定公差值和基本偏差后，可根据极限偏差与公差的关系进行计算。

由代号 ϕ80G7 可知：ES=IT7+EI=0.030 mm+0.010 mm=+0.040 mm。

由代号 ϕ95H7 可知：ES=IT7+EI =0.035 mm+0=+0.035 mm。

由代号 ϕ95h6 可知：ei=es−IT6=0−0.022 mm=−0.022 mm。

（2）直接查表法

查表计算法要查两次表，还要应用公式进行计算，在实际使用中较为麻烦，故国家标准中列出了轴、孔的极限偏差，通过查极限偏差表（在相关手册中）可直接得出极限偏差。

（3）两种确定极限偏差方法的比较

查表计算法较为麻烦，但可以查出任意基本偏差代号和任意精度等级所组成的公差带代号的极限偏差数值；直接查表法较为快捷方便，但受表格容量限制，只能查出常用公差带的极限偏差值。

（4）尺寸公差的标注

代号 ϕ35js6 可标成 $\phi35\pm0.008$，还可标成 ϕ35js6（±0.008）。

代号 ϕ80G7 可标成 $\phi80^{+0.040}_{+0.010}$，还可标成 ϕ80G7（$^{+0.040}_{+0.010}$）。

代号 ϕ95H7 可标成 $\phi95^{+0.035}_{0}$，还可标成 ϕ95H7（$^{+0.035}_{0}$）。

代号 ϕ95h6 可标成 $\phi95^{0}_{-0.022}$，还可标成 ϕ95h6（$^{0}_{-0.022}$）。

注意：上、下极限偏差位置不要标错，“0”不能省略；小数位数要相同并对齐（例如 $\phi25^{-0.020}_{-0.033}$）。

4．公差等级和配合的选用方法

（1）公差等级的选取

考虑到该配合是用于减速器的轴与轴承孔的配合，故采用轴为 6 级精度、孔为 7 级精度，此种公差等级在加工中易于实现，在一般机械中广泛应用。

（2）配合的选取

ϕ35js6 的轴与轴承孔相配合，轴承为标准件，故应采用基孔制。

ϕ80G7 的轴承套的孔与轴承外圈相配合，轴承为标准件，故应采用基轴制。

以上两种配合，其配合种类的选取主要考虑此配合被应用于易于装拆、可传递一定静载荷的配合件，故均采用过渡配合。

ϕ95H7/h6 为轴承套与减速器的箱体配合，既要保证正确定位，又要能拆卸，故采用间隙配合。

二、知识链接

（一）公差带的选用

根据国家标准规定，标准公差有 20 级，基本偏差有 28 个，这样孔可以组成的公差带数共有：27×20+3=543 种（其中 J 仅有 J6、J7 和 J8 三种），轴可以组成的公差带数值共有：27×20+4=544 种（其中 j 仅有 j5、j6、j7 和 j8 四种），这就发挥不了标准化的作用，且不利于生产。为简化定值刀具和定值量具以及工艺装备的品种和规格，国家标准对孔和轴所选用的公差带做了必要的限制，即孔、轴规定了优先、常用和一般用途三类公差带，其中轴的一般用途公差带有 116 种，这 116 种一般用途公差带中又规定了 59 种常用公差带，这 59 种常用公差带中又规定了 13 种优先公差带；孔的一般用途公差带有 105 种，这 105 种一般用途公差带中又规定了 44 种常用公差带，这 44 种常用公差带中又规定了 13 种优先公差带。

在使用中的选择顺序：首先选择优先公差带，其次选常用公差带，再次选一般用途公差带。

（二）基准制的选用

1．在一般情况下，应优先选用基孔制。主要考虑孔难以加工和测量，因为采用基孔制可以减少孔用定尺寸刀具和量具的数量，而加工轴用的刀具和量具大多不是定尺寸的，所以采用基孔制降低了生产成本。

2．根据需要采用基轴制，如用不需加工的冷拔圆型材加工轴，滚动轴承的外圈与孔的配合等。

3．为满足特殊需要，允许采用非基准制，如当机器上出现一个非基准孔与两个以上的轴要求组成不同性质的配合时，其中至少一个为非基准制的配合。

（三）常用和优先配合

从理论上说，任意一种孔公差带和任意一种轴公差带可以组成任意配合种类，因而可以组成近 30 万（543 × 544=295 392）种不同的配合，远远超出了实际生产的需要。为便于生产，国家标准对基孔制规定了 59 种常用配合，对基轴制规定了 47 种常用配合，在这些常用配合中，又对基孔制、基轴制各规定了 13 种优先配合。

配合的选用顺序：先选择优先配合，再选择常用配合。

（四）公差等级的选用

选择公差等级时要正确处理零件的使用性能、制造工艺和生产成本之间的关系。加工精度越高，使用性能就越好，但生产成本就越高。因此，总的选择原则：在满足使用要求的前提下，尽量选取低的公差等级。

选择方法：常用类比法，即参考经实践证明是合理的典型产品的公差等级。在应用类比法时，应掌握各个公差等级的应用范围并作为类比选择时的依据。

需要指出的是，在常用尺寸段内，对于较高精度等级的配合（间隙和过渡配合中孔的标准公差 IT6 ~ IT8，过盈配合中孔的标准公差 IT6 ~ IT7），由于孔比轴难加工，一般选择孔比轴低一级精度，使孔、轴的加工难易程度相同；低精度的孔和轴选择相同公差等级。

（五）配合的选用

选用配合的方法有计算法、类比法和试验法三种。一般情况下，通常采用类比法，即与经过生产和使用验证后的某种配合进行比较，然后确定其配合种类。

采用类比法确定配合的种类时，应该首先了解该配合部位在机器中的作用、使用要求及工作条件，掌握国家标准中各种基本偏差的特点。其次应了解各种常用及优先配合的特征和应用场合，熟知一些典型的配合实例。步骤如下：

1. 根据使用要求确定配合的类别。

2. 根据工作条件，运用类比法确定配合的松紧，以确定具体的配合代号。

模块七

几何公差与误差

课题一　基本概念

任务　要素分析及几何公差的标注

任务说明

◎ 分析几何误差的产生对使用功能的影响，指出任务中各几何要素哪些是被测要素和基准要素、单一要素和关联要素、轮廓要素和中心要素，说明各几何公差代号的标注方法。

技能点

◎ 几何公差及其标注方法。

◎ 几何公差代号的识读。

知识点

◎ 几何要素、理想要素和实际要素的概念；单一要素和关联要素的概念；轮廓要素和中心要素的概念。

◎ 几何公差的项目及符号。

◎ 几何公差的特殊表示方法。

一、任务实施

（一）任务引入

任何机械产品，在机械加工过程中，除了尺寸误差外，还会产生形状、方向、位置和跳动误差。加工如图 7–1 所示的轴套零件，试说明几何误差的产生对使用功能的影响，指出图中各几何要素中哪些是被测要素和基准要素、单一要素和关联要素、轮廓要素和中心要素，说明图中各几何公差代号的标注方法。

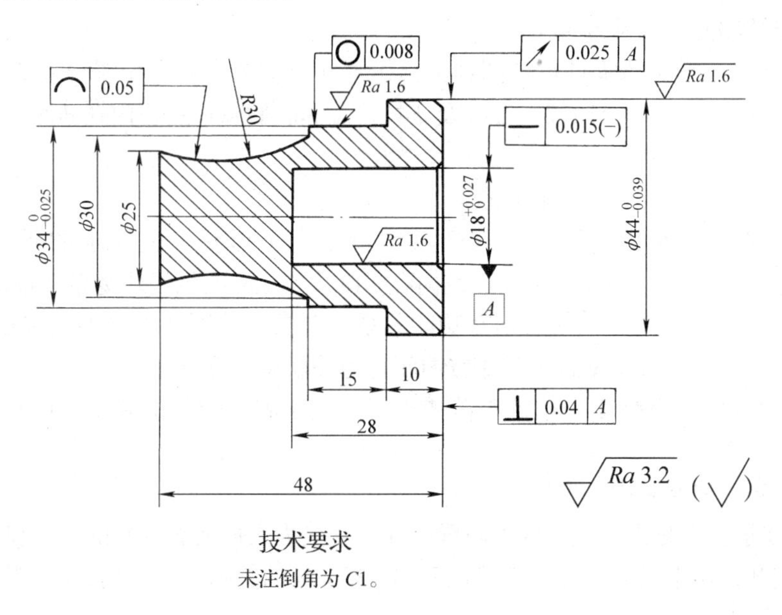

图 7–1 轴套零件图

（二）分析及解决问题

1. 几何误差对使用功能的影响

机械产品是按图样设计经过加工而成的，在加工中无论加工设备如何精密，均存在实际形状、方向和位置的差异，也就是几何误差。这些误差主要是由于加工设备、刀具、夹具、原材料的内应力及切削力等因素所致。

几何误差对零件使用功能的影响大致有以下三个方面：

（1）影响工作精度

若机床导轨存在直线度误差，会影响零件的加工精度；齿轮箱上各轴承座的位置误差将影响齿轮传动的齿面接触精度和齿侧间隙。本任务中轴套的几何误差将影响与之相配合的零件的接触精度。

（2）影响工作寿命

该轴套的圆跳动误差、圆度误差、直线度误差等都将会加剧轴套的磨损而使其寿命缩短。

（3）影响可装配性

该轴套的几何误差会影响与之相配合的零件的自由装配，使装配难度加大。

2. 指出各要素的名称

几何要素（简称要素）是指构成零件的特征部分——点、线、面，它是几何公差所研究的对象。本任务中的轴套是由点（圆心）、线（轴线、圆柱的素线、圆弧面的素线）及面（圆柱面、端面、圆弧面）构成。

几何要素可按不同角度来分类。按存在状态分为理想要素和实际要素。

理想要素是指具有几何意义的要素，它们不存在任何误差。

实际要素是指零件上实际存在的要素。由于存在测量误差，完全符合定义的实际要素是测不到的，故在实际生产中，经常用测得的并非真实的要素代替实际要素。

几何要素按所处地位还可分为被测要素和基准要素，按几何特征分为轮廓要素和中心要素。

（1）指出被测要素和基准要素

1）被测要素。它是指零件设计图样上给出形状公差或（和）位置公差要求的要素。此任务中的 $R30$ mm 的圆弧、$\phi34_{-0.025}^{\ 0}$ mm 及 $\phi44_{-0.039}^{\ 0}$ mm 的圆柱面、内孔 $\phi18_{\ 0}^{+0.027}$ mm 的轴线及工件右端面均为被测要素。

被测要素包括单一要素和关联要素。

①单一要素。它是指在图样上仅对其本身给出了形状公差要求的要素。本任务中 $R30$ mm 的圆弧、$\phi34_{-0.025}^{\ 0}$ mm 的圆柱面及内孔 $\phi18_{\ 0}^{+0.027}$ mm 的轴线均为单一被测要素。

②关联要素。它是指与其他要素有功能关系的要素，即图样上给出了位置公差的要素。本任务中 $\phi44_{-0.039}^{\ 0}$ mm 的圆柱面及工件右端面均为关联被测要素。

2）基准要素。它是指用来确定被测要素方向或（和）位置的要素。内孔 $\phi18_{\ 0}^{+0.027}$ mm 的轴线为基准要素。

（2）指出轮廓要素和中心要素

1）轮廓要素。它是指构成零件外轮廓的并能直接为人们所感觉到的点、线、面，标注时应与尺寸线错开，从本任务的标注中可以看出 $R30$ mm 的圆弧、$\phi34_{-0.025}^{\ 0}$ mm 及 $\phi44_{-0.039}^{\ 0}$ mm 的圆柱面、工件右端面均为轮廓要素。

2）中心要素。它是指对称轮廓的中心点、线或面。内孔 $\phi18_{\ 0}^{+0.027}$ mm 的轴线即为中心要素。

（3）说明图中几何公差代号标注的方法

对被测要素的几何精度要求应在技术图样上采用框格标注。只有在无法采用公差框格标注时，才允许用文字说明。

1）公差框格。在框格中给出几何公差要求，该框格由两格或多格组成。框格的内容从左至右按顺序填写：几何公差特征项目符号、公差值及附加符号、基准字母（表示基准要素的字母）。若公差带是圆形或圆柱形的则在公差值前加“ϕ”，若是球形则加“$S\phi$”；若在公差带内进一步限定被测要素的形状，则应在公差值后面加注符号。

对位置公差要用一个或多个字母表示基准要素或基准体系。

框图 | — | 0.015(−) | 中公差值 0.015 mm 后的附加符号“(－)”表示只允许中间向材料内凹下。

2）被测要素的标注。用带箭头的指引线将框格与被测要素相连，指引线从框格的一端引出，指引线的箭头指向被测要素。

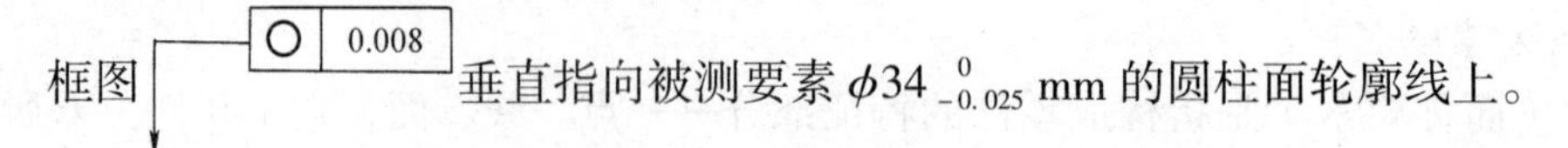

框图垂直指向被测要素 $\phi34_{-0.025}^{\ 0}$ mm 的圆柱面轮廓线上。

框图←[⊥ | 0.04 | A]垂直指向被测要素右端面轮廓线的延长线上。

框图[↗ | 0.025 | A]垂直指向被测要素 $\phi44\,^{0}_{-0.039}$ mm 的圆柱面轮廓线的延长线上。

由于以上三个被测要素是轮廓要素，故箭头与相应尺寸线错开。

框图[— | 0.015(−)]的被测要素是中心要素，箭头与相应尺寸线对齐。

3）基准要素的标注。基准字母应水平书写，为不致误解，字母 *E*、*I*、*J*、*M*、*O*、*P*、*L*、*R*、*T* 不用，其余均可按顺序使用。

由图可知，基准符号由一个基准方框和一个涂黑的基准三角形用细实线连接而成，在基准方框内标注表示基准的字母，如 ▼[A]。在本任务中基准为内孔 $\phi18\,^{+0.027}_{0}$ mm 的轴线，该基准为中心要素，故基准符号的连线（细实线）应与相应尺寸线对齐。

示例：框图[↗ | 0.025 | A | B | C]表示有 *A*、*B*、*C* 三个基准，将其称为基准体系（由两个或三个要素建立的基准）。

示例：框图[◎ | 0.025 | A—B]表示有一个由 *A* 与 *B* 共同组成的基准，将其称为公共基准。

二、知识链接

（一）几何公差的特征符号

GB/T 1182—2018 中规定的几何公差的特征符号见表 7–1。

表 7–1　　几何公差的特征符号

公差类型	特征项目	符号	有无基准	公差类型	特征项目	符号	有无基准
形状公差	直线度	—	无	方向公差	垂直度	⊥	有
	平面度	▱	无		倾斜度	∠	有
	圆度	○	无		线轮廓度	⌒	有
	圆柱度	⌭	无		面轮廓度	⌓	有
	线轮廓度	⌒	无	位置公差	位置度	⌖	有或无
	面轮廓度	⌓	无		平行度	//	有
方向公差	平行度	//	有		同心度（用于中心点）	◎	有

续表

公差类型	特征项目	符号	有无基准	公差类型	特征项目	符号	有无基准
位置公差	同轴度（用于轴线）	◎	有	位置公差	面轮廓度	⌓	有
位置公差	对称度	⌯	有	跳动公差	圆跳动	↗	有
位置公差	线轮廓度	⌒	有	跳动公差	全跳动	⌰	有

（二）特殊表示法

1．全周符号

对于视图所表示的所有轮廓线或轮廓面的几何公差要求，可在公差框格指引线的弯折处画一个细实线小圆圈，如图 7–2 所示为全周符号的标注。

2．局部限制的规定

如图 7–3 所示为局部限制示意图，它表示直线度公差在全长范围内为 0.1 mm，在被限制的任一 300 mm 长的范围内的直线度公差值为 0.05 mm。

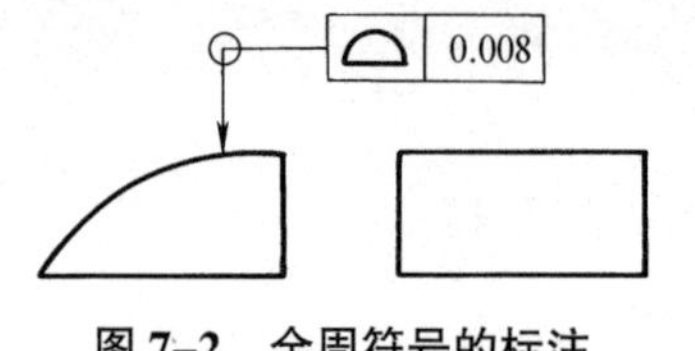

图 7–2　全周符号的标注

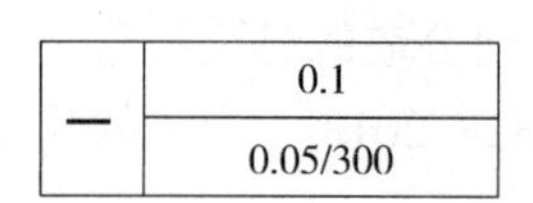

图 7–3　局部限制示意图

3．理论正确尺寸

理论正确尺寸是确定被测要素的理想形状、理想方向和理想位置的尺寸，该尺寸不附带公差，为与未注公差的尺寸相区别，理论正确尺寸以框格相围，如 40 。

4．延伸公差带

延伸公差带是指将被测要素的公差带延伸到工件实体之外，控制工件外部的公差带，以保证相配零件与该零件能顺利装入的公差带，其标注实例如图 7–4 所示。

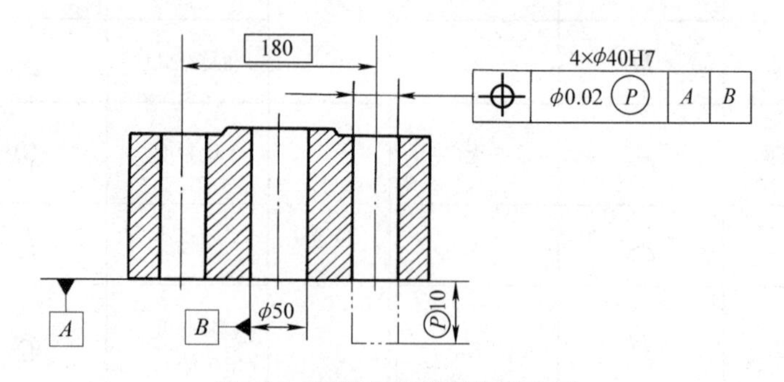

图 7–4　延伸公差带的标注实例

课题二 形状公差与误差

任务 说明形状公差带的含义

任务说明

◎ 由一个实例引入形状公差与形状公差带的定义，解释图中各形状公差代号的含义以及公差带的形状。

技能点

◎ 识读形状公差代号，会标注和解释。

知识点

◎ 形状公差及形状误差的定义。

◎ 形状公差带的定义。

◎ 形状误差的检测。

一、任务实施

（一）任务引入

加工如图 7–5 所示的轴类零件，试说明形状公差与形状公差带的定义，解释图中各形状公差代号的含义以及公差带的形状。

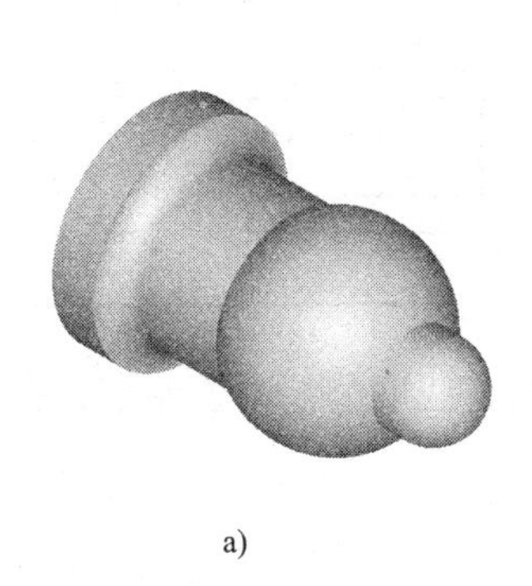

a)

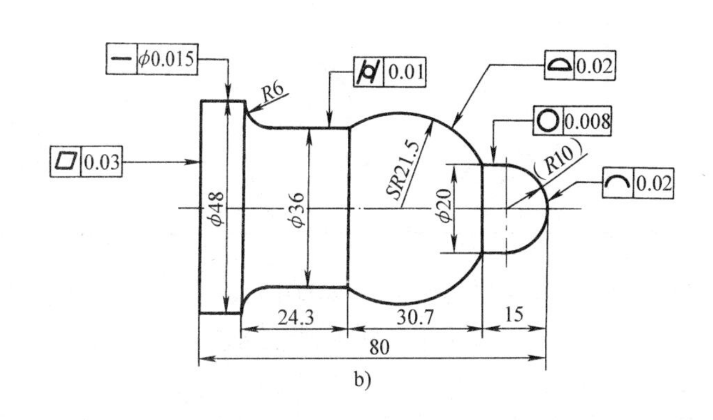

b)

图 7–5 轴类零件

a）实物图 b）零件图

（二）分析及解决问题

1. 形状公差与公差带的定义

形状公差是指单一实际要素的形状所允许的变动全量。形状公差包括直线度、平面度、圆度、圆柱度、线轮廓度和面轮廓度。线轮廓度和面轮廓度相对于基准有要求时，具有位置特征。

（1）直线度公差

它是限制被测实际直线对其理想直线变动量的一项指标。

被限制的直线有平面内的直线、直线回转体上的素线、平面与平面的交线和轴线等。

直线度公差可分为给定平面内的直线度、给定方向上的直线度和任意方向上的直线度三种，其公差带的定义、标注和解释见表 7–2。

表 7–2　　直线度公差带的定义、标注和解释

符号	公差带的定义	标注和解释
—	在给定平面内，公差带是距离为公差值 t 的两平行直线之间的区域 	被测表面的素线必须位于平行于图样所示投影面且距离为公差值 0.05 mm 的两平行直线内 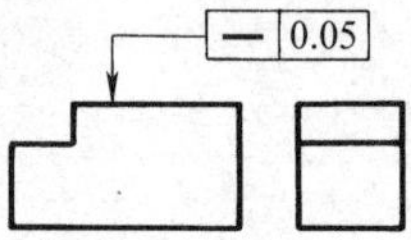 — 0.05
	在给定方向上，公差带是距离为公差值 t 的两平行平面之间的区域 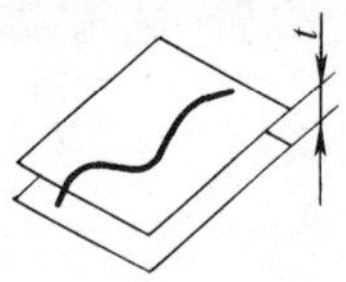	被测棱线在 y 方向直线度公差为 0.02 mm，实际棱线必须位于箭头所指方向且距离为公差值 0.02 mm 的两平行平面之间 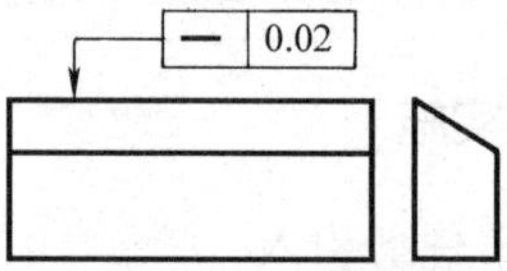 — 0.02
	如在公差值前加注 ϕ，则公差带是直径为公差值 t 的圆柱面内的区域 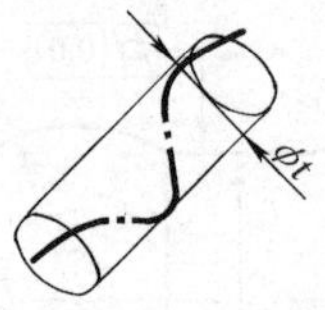 ϕt	被测圆柱面的轴线必须位于直径为公差值 0.05 mm 的圆柱面内 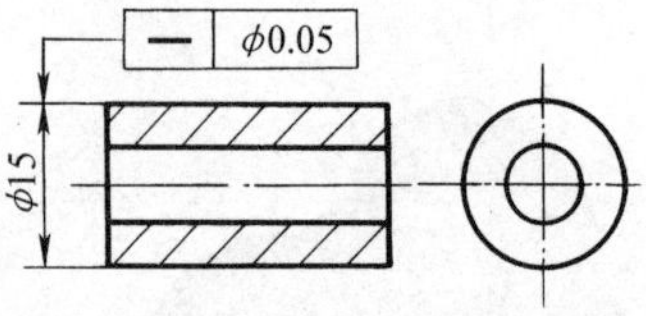 — ϕ0.05 ϕ15

本任务中的直线度公差值为 ϕ0.015 mm，为任意方向上的直线度公差，公差带是直径为 0.015 mm 的圆柱体，属于第三种直线度公差带。

（2）平面度公差

它是限制实际表面对其理想平面变动量的一项指标。公差带是距离为公差值 t 的两平行平面之间的区域。

（3）圆度公差

它是限制实际圆对其理想圆变动量的一项指标，用于对圆柱（锥）面的正截面或球面上通过球心的任一截面上的圆轮廓提出形状精度要求，其公差带的定义、标注和解释见表 7–3。

表 7–3 圆度、圆柱度公差带的定义、标注和解释

符号	公差带的定义	标注和解释
○	公差带是在同一正截面上，半径差为公差值 t 的两同心圆之间的区域 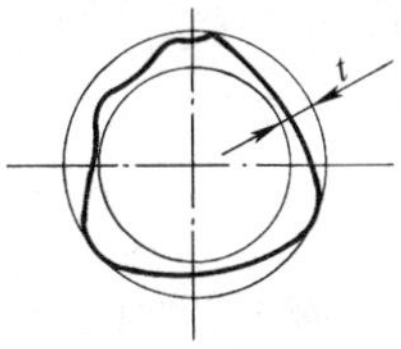	被测圆锥面任一正截面上的圆周必须位于半径差为公差值 0.1 mm 的两同心圆之间 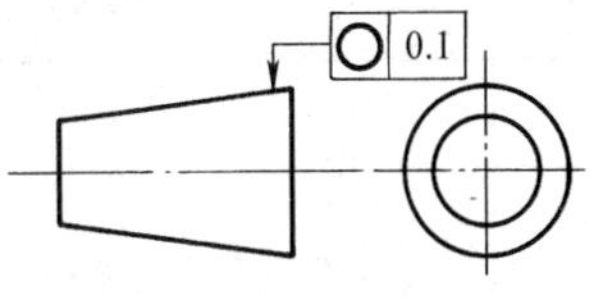
⌭	公差带是半径差为公差值 t 的两同轴圆柱面之间的区域 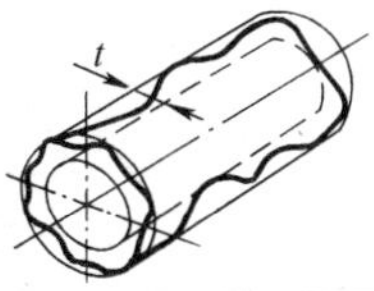	被测圆柱面必须位于半径差为公差值 0.03 mm 的两同轴圆柱面之间 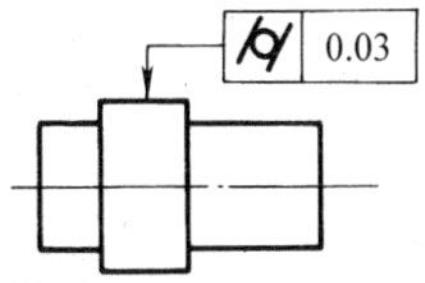

（4）圆柱度公差

圆柱度是限制实际圆柱面对其理想圆柱面变动量的一项指标。它是评定圆柱形零件形状精度的一个较好的综合指标，其公差带的定义、标注和解释见表 7–3。

（5）线轮廓度公差

线轮廓度公差是限制实际平面曲线对理想曲线变动量的一项指标。

线轮廓度公差带的定义、标注和解释见表 7–4。

表 7–4 线轮廓度公差带的定义、标注和解释

符号	线轮廓度公差带的定义	标注和解释
⌒	公差带是包络一系列直径为公差值 t 的圆的两包络线之间的区域。诸圆的圆心位于具有理论正确几何形状的线上 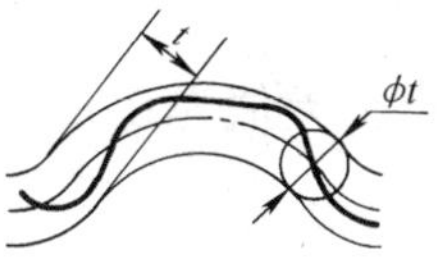 无基准要求的线轮廓度公差如图 a 所示，有基准要求的线轮廓度公差如图 b 所示	在平行于图样所示投影面的任一截面上，被测轮廓线必须位于包络一系列直径为公差值 0.04 mm，且圆心位于具有理论正确几何形状上的圆的两包络线之间 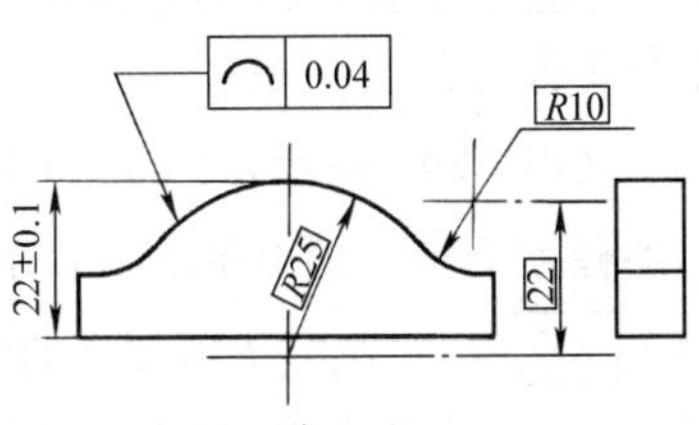 a) 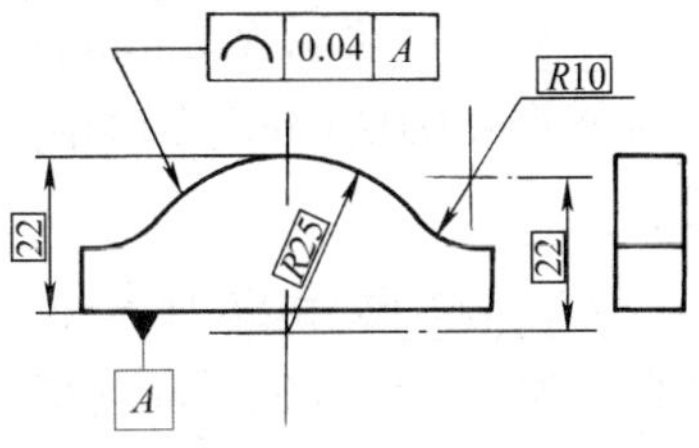 b)

（6）面轮廓度公差

面轮廓度公差是限制实际曲面对理想曲面变动量的一项指标。

面轮廓度公差带的定义、标注和解释见表 7–5。

表 7–5　面轮廓度公差带的定义、标注和解释

符号	面轮廓度公差带的定义	标注和解释
⌓	公差带是包络一系列直径为公差值 t 的球的两包络面之间的区域。诸球的球心应位于具有理论正确几何形状的面上 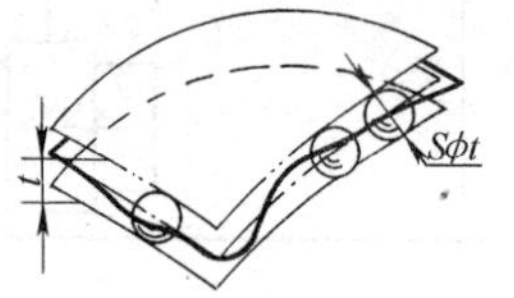 $S\phi t$ 无基准要求的面轮廓度公差如图 a 所示，有基准要求的面轮廓度公差如图 b 所示	被测轮廓面必须位于包络一系列球的两包络面之间，诸球的直径为公差值 0.03 mm，且球心位于具有理论正确几何形状的面上 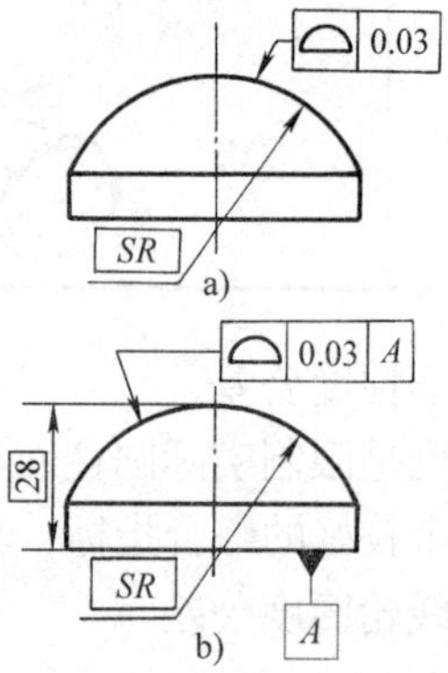 ⌓ 0.03 SR a) ⌓ 0.03 A 28 SR A b)

2. 图中形状公差代号的含义及公差带的形状

（1）[— | ϕ0.015] 表示 ϕ48 mm 圆柱面的轴线的直线度公差值为 ϕ0.015 mm，其公差带是任意方向直径为公差值 0.015 mm 的圆柱面内的区域。

（2）[▱ | 0.03] 表示工件左端面的平面度公差值为 0.03 mm，公差带是距离为公差值 0.03 mm 的两平行平面之间的区域。

（3）[○ | 0.008] 表示 ϕ20 mm 的圆柱体的圆度公差值为 0.008 mm，公差带是在同一正截面上，半径差为公差值 0.008 mm 的两同心圆之间的区域。

（4）[⌭ | 0.01] 表示 ϕ36 mm 的圆柱表面的圆柱度公差值为 0.01 mm，公差带是半径差为公差值 0.01 mm 的两同轴圆柱面之间的区域。

（5）[⌒ | 0.02] 表示 R10 mm 的圆弧的线轮廓度的公差值为 0.02 mm，公差带是包络一系列直径为公差值 0.02 mm 的圆的两包络线之间的区域，诸圆的圆心位于具有理论正确几何形状的线上。

（6）[⌓ | 0.02] 表示 SR21.5 mm 的圆球表面的面轮廓度公差值为 0.02 mm，公差带是包络一系列直径为公差值 0.02 mm 的球的两包络面之间的区域，诸球的球心位于具有理论正确几何形状的面上。

二、知识链接

（一）形状误差的评定准则

形状误差是指被测实际要素的形状对其理想要素的变动量。理想要素相对于实际要素的位置应符合最小条件。最小条件就是形状误差的评定准则。

最小条件是指被测实际要素对其理想要素的最大变动量为最小。此时，包容区域为最小，即包容被测实际要素且具有最小宽度和直径的区域。满足这种准则所评定的误差是唯一的。

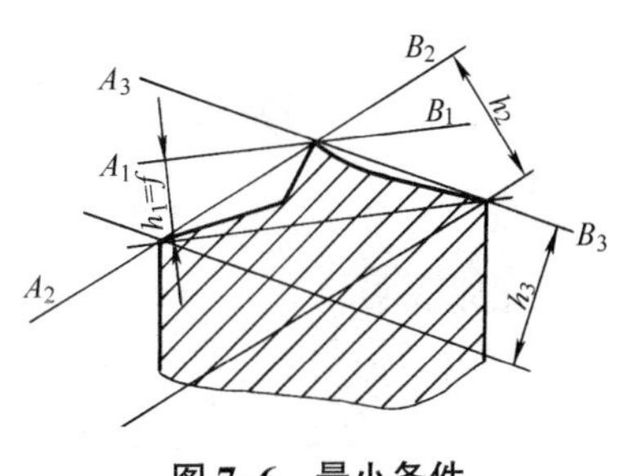

图 7–6　最小条件

以直线度误差为例来说明最小条件，如图 7–6 所示。h_1、h_2、h_3 是对应于理想要素处于不同位置时所得到的最大变动量，且 $h_1 < h_2 < h_3$，h_1 为最小值，则理想要素在 A_1—B_1 位置符合最小条件。显然，在 A_1—B_1 位置时两理想平行直线包容区域最小，因此，h_1 可定为直线度误差。

（二）形状误差的检测

1．直线度的检测

对较短的被测直线，可用刀口形直尺、平尺、精密短导轨等作为标准件；对于较长的被测直线，可用光轴或拉紧的优质钢丝等作为标准件。

用刀口形直尺检测短小零件时，将刀口形直尺的刃口放在被测零件表面上，当刀口形直尺与被测直线贴紧时，便符合最小条件。此时刀口形直尺与被测直线之间产生的最大间隙就是被测直线的直线度误差。当间隙较大时，可用塞尺直接测出最大间隙值，即为被测直线的直线度误差；当间隙较小时，可按标准光隙估计其间隙大小。

另外，还可用水平仪、自准直仪检测。

2．平面度的检测

可用平晶干涉法来测量高精度的小平面零件，它是利用光波干涉原理根据干涉条纹的数目和形状来评定平面度误差的。还可用打表法、斑点法或用水平仪、自准直仪检测平面度误差。

3．圆度和圆柱度的检测

圆度仪是测量圆度、圆柱度误差的专用高精度仪器。它利用测量头与被测件的相对转动，通过传感器将半径的变化传出，经电路处理后得到所需测量结果。检测圆柱度误差时，可在圆度仪上测量若干个横截面的圆度误差，按最小条件确定圆柱度误差。如圆度仪具有使测量头沿圆柱的轴向做精确移动的导轨，使测量头沿圆柱面做螺旋运动，则可以用电子计算机算出圆柱度误差。还可以用两点法或三点法测量直径差，指示器读数最大差值的一半为单个截面的圆度误差。

4．线轮廓度和面轮廓度的检测

可用轮廓样板利用光隙法观察间隙大小来检测线轮廓度误差，还可利用投影仪等将零件轮廓投影放大进行比较来检测，或用三坐标测量仪检测。

课题三 方向、位置、跳动公差与误差

任务 说明方向、位置、跳动公差带的含义

任务说明

◎ 由一个实例引入方向、位置、跳动公差与方向、位置、跳动公差带的定义，解释图中各方向、位置、跳动公差代号的含义以及公差带的形状。

技能点

◎ 识读方向、位置、跳动公差代号，会标注和解释。

知识点

◎ 方向、位置、跳动公差及方向、位置、跳动误差的定义。

◎ 方向、位置、跳动公差带的定义。

◎ 方向、位置、跳动误差的检测。

一、任务实施

（一）任务引入

加工如图 7–7 所示的零件，试说明方向、位置、跳动公差与方向、位置、跳动公差带的定义，解释图中各方向、位置、跳动公差代号的含义及公差带的形状。

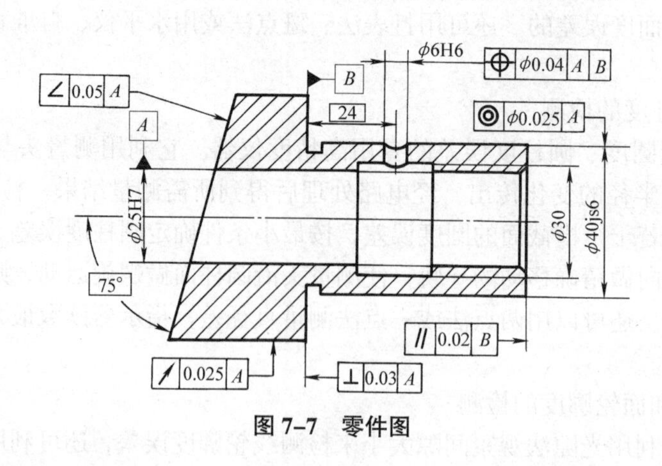

图 7–7 零件图

（二）分析及解决问题

1. 方向公差

方向公差是关联实际要素对基准在方向上允许的变动全量。

（1）平行度公差

平行度公差是限制被测实际要素对基准在平行方向上变动量的一项指标，被测要素对基准的理想方向成0°角。它包括线对线、线对面、面对线、面对面平行度公差。

例如，平行度公差带的形状有：

当给定一个方向时，公差带是距离为公差值 t 且平行于基准的两平行平面之间的区域。

若在公差值前加 ϕ，则给定方向为任意方向，公差带是直径为公差值 t 且轴线平行于基准线的圆柱面内的区域。

（2）垂直度公差

垂直度公差是限制被测实际要素对基准在垂直方向上变动量的一项指标，被测要素对基准的理想方向成90°角。它包括线对线、线对面、面对线、面对面垂直度公差。

例如，垂直度公差带的形状有：

当给定一个方向时，公差带是距离为公差值 t 且垂直于基准的两平行平面之间的区域。

若在公差值前加 ϕ，则给定方向为任意方向，公差带是直径为公差值 t 且轴线垂直于基准面的圆柱面内的区域。

（3）倾斜度公差

倾斜度公差是限制被测实际要素对基准在倾斜方向上变动量的一项指标，被测要素对基准的理想方向成任意角度。它包括线对线、线对面、面对线、面对面倾斜度公差。

例如，倾斜度公差带的形状有：

在给定一个方向上，公差带是距离为公差值 t 且与基准成一给定角度的两平行平面之间的区域。

若在公差值前加 ϕ，则给定方向为任意方向，公差带是直径为公差值 t 的圆柱面内的区域，该圆柱面的轴线应与基准平面成一给定的角度并平行于另一基准平面。

2. 位置公差

位置公差是关联实际要素对基准在位置上允许的变动全量。

位置公差带有确定的位置、方向和形状，它具有综合控制被测要素的位置、方向和形状的功能，通常在对被测要素给定了位置公差后，就不必再对该要素给出形状公差和方向公差。

（1）位置度公差

位置度公差是限制被测要素的实际位置对理想位置变动量的指标，它的定位尺寸为理论正确尺寸。位置度公差一般分为点的位置度、线的位置度及面的位置度公差。

（2）同轴度公差

同轴度公差是限制被测轴线对基准轴线变动量的指标。当轴线很短时可以将同轴度看成同心度。

同轴度公差带是直径为公差值 t 的圆柱面内的区域，该圆柱面的轴线与基准轴线同轴。

（3）对称度公差

对称度公差是限制被测要素偏离基准要素的指标。

当给定一个方向时，对称度公差带是距离为公差值 t 且相对基准的中心平面对称配置的两平行平面之间的区域。

3. 跳动公差

跳动公差是关联实际要素绕基准轴线旋转一周或连续旋转时所允许的最大跳动量。它是用跳动量控制被测要素形状和位置变动量的综合指标，跳动量可由指示器的最大与最小读数之差反映出来。跳动公差可分为圆跳动公差和全跳动公差。

（1）圆跳动公差

圆跳动公差是被测表面绕基准轴线回转一周时，在给定方向的任一测量面上所允许的跳动量。圆跳动公差根据给定测量方向可分为径向圆跳动、轴向圆跳动和斜向圆跳动三种。

其中径向圆跳动公差能控制被测圆柱面的圆度和同轴度的综合误差。

轴向圆跳动公差能控制被测端面的平面度和垂直度的综合误差。

斜向圆跳动公差能控制被测圆锥面或球面的圆度和同轴度的综合误差。

（2）全跳动公差

全跳动公差是被测表面绕基准轴线连续回转时，在给定方向上所允许的最大跳动量。全跳动公差分为径向全跳动和轴向全跳动两种。

其中径向全跳动公差能控制被测圆柱面的圆柱度和同轴度的综合误差。

轴向全跳动公差能控制被测端面的平面度和垂直度的综合误差。

需要指出的是，这里对跳动公差带不再做介绍。

4. 图中各位置公差代号的含义及公差带的形状

（1）[// | 0.02 | *B*] 表示工件右端面相对于工件大圆柱体右端面的平行度公差值为 0.02 mm；其公差带是距离为公差值 0.02 mm，且平行于工件右端面的两平行平面之间的区域，如图 7–8 所示为面与面平行度公差带。

（2）[⊥ | 0.03 | *A*] 表示工件大圆柱体的右端面相对于 ϕ25H7 孔的轴线的垂直度公差值为 0.03 mm；其公差带是距离为公差值 0.03 mm，且垂直于基准轴线（ϕ25H7 孔的轴线）的两平行平面之间的区域。

（3）[∠ | 0.05 | *A*] 表示工件斜面相对于 ϕ25H7 孔的轴线的倾斜度公差值为 0.05 mm；其公差带是距离为公差值 0.05 mm 且与基准轴线成 75° 角的两平行平面之间的区域。

（4）[◎ | ϕ0.025 | *A*] 表示 ϕ40js6 圆柱体的轴线相对于 ϕ25H7 孔的轴线的同轴度公差值为 ϕ0.025 mm；其公差带是直径为公差值 ϕ0.025 mm 的圆柱面内的区域，该圆柱面的轴线与基准轴线同轴，如图 7–9 所示为同轴度公差带。

应该注意，同轴度公差的被测要素和基准要素均应是中心要素，标注时应与尺寸线对齐。

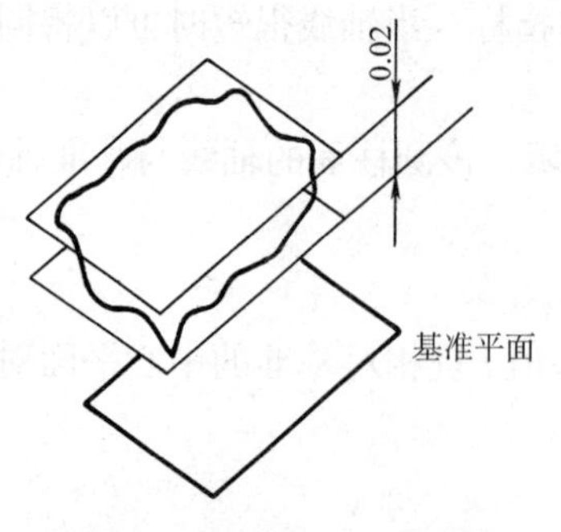

图 7–8 面与面平行度公差带

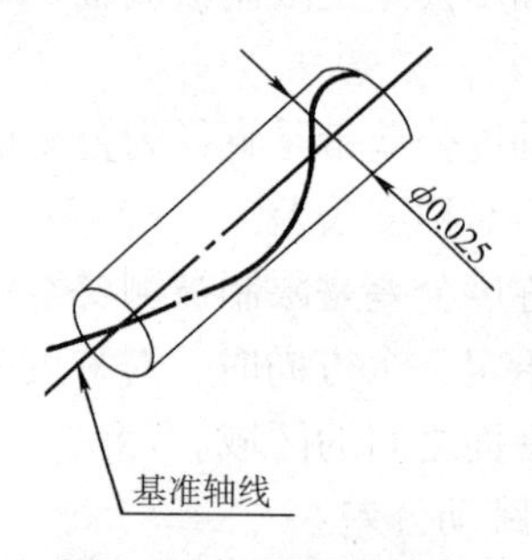

图 7–9 同轴度公差带

（5）| ⌖ | ϕ0.04 | A | B |表示 ϕ6H6 孔的轴线相对于 ϕ25H7 孔的轴线和大圆柱体右端面的位置度公差值为 ϕ0.04 mm；其公差带是 ϕ0.04 mm 的圆柱面内的区域，公差带轴线的位置由相对于 A 基准（ϕ25H7 孔的轴线）和 B 基准（大圆柱体右端面）的理论正确尺寸确定。

（6）| ↗ | 0.025 | A |表示大圆柱体的圆柱表面相对于 ϕ25H7 孔的轴线的径向圆跳动公差值为 0.025 mm；其公差带是垂直于 ϕ25H7 孔的轴线的任一测量平面内、半径差为公差值 0.025 mm 且圆心在 ϕ25H7 孔的轴线上的两同心圆之间的区域。

二、知识链接

（一）方向、位置、跳动误差的检测

1. 方向误差的检测

（1）平行度误差的检测

可采用打表法和水平仪法进行检测。应用打表法检测面对面的平行度误差时，可将被测零件放置在平板上打表检测被测平面。指示表的最大读数 M_{max} 与最小读数 M_{min} 之差即为该零件的平行度误差。

（2）垂直度误差的检测

可采用光隙法、打表法或水平仪法进行检测。

（3）倾斜度误差的检测

可按检测平行度的打表法进行检测，但要加一个定角套或专用支承座进行，适合于批量生产的零件检测。单件则可在平板上配以万能角度尺或其他方法来检测。

2. 位置误差的检测

（1）同轴度误差的检测

同轴度可在圆度仪或三坐标测量仪上检测。

（2）对称度误差的检测

若零件为六面体，可用差值法来检测。即将零件置于平板上，检测被测表面与平板的距离，再将零件翻转 180° 检测，两读数之差即为对称度误差；若工件为圆柱体（轴类零件）键槽，则可将零件放在 V 形架上加定位块进行检测。

（3）位置度误差的检测

一般采用加心棒测量坐标值的方法进行检测。在大批生产中，常采用位置量规测量要素的合格性。

3. 跳动误差的检测

检测跳动误差时一般常采用将零件基准面放在 V 形架上（或用两顶尖、心轴和导向套筒等），百分表打在被测表面上的方法检测，被测表面上测得的百分表读数的最大差值即为跳动误差。

（二）公差原则

为处理几何公差与尺寸公差之间关系而确立的原则称为公差原则，它有独立原则和相关原则两种。

1. 独立原则

独立原则是指图样上给定的几何公差与尺寸公差各自独立、彼此无关的公差原则。采用

这个原则时，实际尺寸和几何误差的检测要分开进行，检测中有一项不合格即为废品。

2．相关原则

相关原则是指图样上给定的几何公差与尺寸公差相互有关的公差原则。它分为包容原则和最大实体原则。

（1）包容原则

包容原则是要求实际要素的任意一点都必须在具有理想形状的包容面内的一种公差原则，而该理想形状的尺寸为最大实体尺寸。也就是说，当被测要素的实际尺寸处处加工到最大实体尺寸时，几何误差为零，即具有理想形状。

应用包容原则时，被测要素必须遵守其最大实体边界。当被测实际要素偏离最大实体尺寸时，才允许有几何误差存在，其允许值等于实际要素偏离最大实体尺寸的偏离量。当实际要素处于最小实体尺寸时，允许的几何误差值最大，其允许值为尺寸公差值。

采用包容原则的单一要素应在其尺寸极限偏差或公差带代号之后加注符号Ⓔ。按泰勒原则进行检测，即用全形通规代表最大实体边界，用两点止规代表最小实体尺寸。

（2）最大实体原则

最大实体原则是被测要素或（和）基准要素偏离最大实体状态，而形状、方向、位置公差获得补偿值的一种公差原则。它主要应用于保证装配互换性的场合。

当最大实体原则应用于被测要素时，应在几何公差框格中公差值后加注符号Ⓜ，当最大实体原则应用于基准要素时，应在几何公差框格中的基准字母后加注符号Ⓜ。

例 7–1　试说明如图 7–10 所示包容原则代号所表示的含义。

解：在图 7–10 中，Ⓔ表示包容原则，即零件的实际尺寸必须限制在其上极限尺寸与下极限尺寸之间，即 15.982 ~ 16.000 mm。对于轴而言，其最大实体尺寸为上极限尺寸，即 16.000 mm，当零件的实际尺寸等于最大实体尺寸时，其轴线的直线度公差为零；当零件的实际尺寸偏离最大实体尺寸时，其偏离值允许成为直线度公差值（即允许产生几何误差）。所以当实际尺寸为最小实体尺寸时，直线度公差值为最大，即为零件的尺寸公差值 0.018 mm。

例 7–2　试说明如图 7–11 所示的轴中最大实体原则所表示的含义，若测得零件的实际尺寸为 15.990 mm，轴线的直线度误差为 0.04 mm，该零件是否合格？

图 7–10　包容原则　　**图 7–11　最大实体原则**

解：在图 7–11 中，Ⓜ表示零件轴线的直线度公差采用最大实体原则，该轴必须满足以下要求：

（1）轴的局部实际尺寸必须限制在其下极限尺寸与上极限尺寸之间，即 15.982 ~ 16.000 mm 之间。

（2）实际轮廓不大于实效边界，即零件实际轮廓不超出由实效尺寸 16.000 mm+

0.03 mm=16.030 mm 所确定的理想圆柱面。

需要指出：对轴等外表面，其实效尺寸 = 最大实体尺寸（即轴的上极限尺寸）+ 几何公差。对孔等内表面，其实效尺寸 = 最大实体尺寸（即孔的下极限尺寸）– 几何公差。

（3）当轴偏离最大实体状态时，其偏离值可对轴线的直线度公差进行补偿，实际直线度公差等于给定值加补偿值。

1）当零件处于最小实体状态，即实际尺寸为下极限尺寸 15.982 mm 时，补偿值最大，故实际直线度公差 = 给定值 + 补偿值 =0.03 mm+0.018 mm=0.048 mm。

2）当零件处于最大实体状态，即实际尺寸为上极限尺寸 16.000 mm 时，补偿值最小为零，故实际直线度公差 = 给定值 + 补偿值 =0.03 mm+0=0.030 mm。

3）零件实际尺寸处于上极限尺寸与下极限尺寸之间时，其补偿值为零件的实际尺寸与最大实体尺寸的偏离值。故本例中当零件的实际尺寸为 15.990 mm 时，它偏离最大实体尺寸 0.01 mm，故实际直线度公差 = 给定值 + 补偿值 =0.03 mm+0.01 mm=0.04 mm。

所以测得零件的实际尺寸为 15.990 mm，轴线的直线度误差为 0.04 mm 时，实际尺寸处于下极限尺寸与上极限尺寸之间，直线度误差刚好等于实际直线度公差，故该零件合格。

第三篇　机械加工基础

模块八

金属切削加工的基础知识

课题一 切削运动和切削要素

任务 切削用量的计算

任务说明

◎ 通过分析金属切削加工立体图，能够正确认识切削运动及其分类，懂得切削用量三要素及相关计算。

技能点

◎ 掌握切削加工的基本概念以及相关计算。

知识点

◎ 金属切削加工的概念。

◎ 切削运动、主运动、进给运动、合成切削运动。

◎ 切削用量三要素的概念及相关计算。

一、任务实施

机械制造过程中有许多专业术语需要我们正确认识、判断、说明，并能进行相关计算，以便为切削加工服务。

（一）任务引入

在如图 8–1 所示的切削运动和加工表面示意图中，已知主轴转速 n=450 r/min，f=0.5 mm/r，d_w=60 mm，d_m=50 mm，试计算切削速度 v_c、进给速度 v_f 和背吃刀量 a_p。

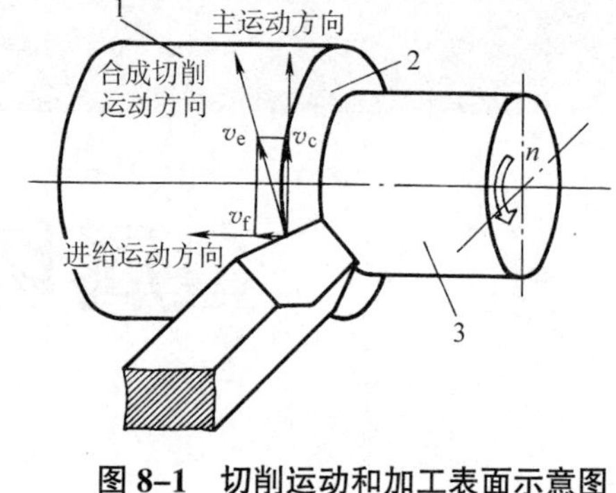

图 8–1　切削运动和加工表面示意图

1—待加工表面　2—过渡表面　3—已加工表面

（二）分析及解决问题

1．切削速度 v_c

切削速度是指切削刃上选定点相对于工件在主运动方向上的瞬时速度，其计算公式如下：

$$v_c = \frac{\pi d_w n}{1\ 000}$$

式中　v_c——切削速度，m/min；

d_w——工件待加工表面直径，mm；

n——车床主轴转速，r/min。

计算时，应以最大的切削速度为准。如车削时以待加工表面直径的数值进行计算，因为此处速度最快，刀具磨损最快。

本任务中 $v_c = \frac{\pi d_w n}{1\ 000} = \frac{\pi \times 60 \times 450}{1\ 000}$ m/min ≈ 84.78 m/min

2．进给速度 v_f

进给速度是指在单位时间内，刀具在进给运动方向上相对于工件的位移量，其计算公式如下：

$$v_f = fn$$

式中　v_f——进给速度，mm/min；

n——车床主轴转速，r/min；

f——进给量，mm/r。

进给量 f 是指工件或刀具每转一周时，刀具在进给运动方向上相对于工件的位移量。

本任务中 $v_f = fn$ = 0.5 mm/r × 450 r/min = 225 mm/min

3．背吃刀量 a_p

背吃刀量一般指工件上待加工表面和已加工表面间的垂直距离。

车削外圆时，其计算公式如下：

$$a_p = (d_w - d_m)/2$$

式中　d_w——工件待加工表面的直径，mm；

d_m——工件已加工表面的直径，mm；

a_p——背吃刀量，mm。

本任务中 $a_p = \frac{d_w - d_m}{2} = \frac{60\ \text{mm} - 50\ \text{mm}}{2}$ = 5 mm

二、知识链接

（一）金属切削加工

金属切削加工就是利用金属切削机床，使用金属切削刀具对金属材料进行切削加工，切除工件上的多余金属，使之成为具有一定几何形状、尺寸精度、几何精度和表面质量的工件。在切削加工过程中，刀具和工件之间必须有相对运动，即切削运动。由金属切削机床实现切削运动，再利用不同的金属切削刀具，选择合适的切削用量，加工出零件图所要求的工件。

（二）切削运动

切削运动是指切削加工时，刀具和工件之间的相对运动。切削加工中必须具备的运动有主运动和进给运动两种，如图 8–1 所示。

1. 主运动

主运动是切削时最主要的、消耗动力最多的运动，例如，车削时工件的旋转运动，铣削时铣刀的旋转运动，刨削时工件或刀具的往复直线运动。主运动至少有一个。

2. 进给运动

进给运动是不断地把切削层投入切削的运动。进给运动可以是一个，也可以是多个，可以是连续的，也可以是间断的。如车外圆时，纵向进给运动是连续的，而横向进给运动是间断的。

3. 合成切削运动

合成切削运动是由主运动和进给运动合成的运动。刀具切削刃上选定点相对于工件的瞬时合成运动方向称为合成切削运动方向，其速度称为合成切削速度。

（三）切削时产生的表面

切削时产生的表面如图 8–1 所示。

1. 待加工表面

待加工表面是指工件上等待切除的表面。

2. 已加工表面

已加工表面是指工件上经过刀具切削后产生的新表面。

3. 过渡表面

过渡表面是指工件上由切削刃正在形成的那部分表面，或者是指正在被切削刃切除的那部分表面。

（四）切削要素

切削要素可分为两大类——切削用量和切削层参数。

1. 切削用量

在切削加工过程中，要根据不同的工件材料、刀具材料和其他技术要求以及经济因素来选择合适的切削速度 v_c、进给量 f 或进给速度 v_f，还要选择合适的背吃刀量 a_p。切削速度、进给量和背吃刀量三者统称为切削用量三要素，也称为工艺的切削要素，主要用于调整机床。

2. 切削层参数

（1）切削层

指工件上正在被刀具切削刃所切削的那一层金属。

切削层参数如图 8–2 所示，工件旋转一周，车刀由位置Ⅰ沿着进给方向移动到位置Ⅱ，切削层公称横截面为$\square ABCD$。

（2）切削层公称厚度 h_D

它是指垂直于工件过渡表面测量的切削层横截面尺寸，也称切削厚度，单位为 mm。

$$h_D = f\sin\kappa_r$$

式中 f——进给量，mm/r；

κ_r——刀具的主偏角。

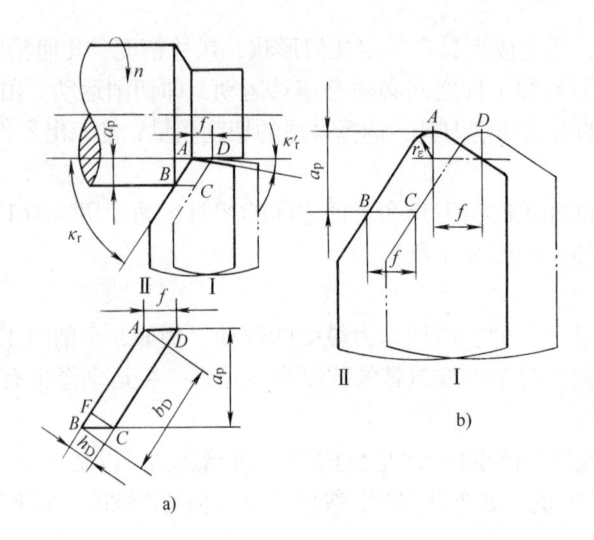

图 8–2　切削层参数

a）直线刃尖角车刀　b）带圆角的车刀

（3）切削层公称宽度 b_D

它是指平行于工件过渡表面测量的切削层横截面尺寸，也称切削宽度，单位为 mm。

$$b_D = a_p / \sin\kappa_r$$

式中　a_p——背吃刀量，mm；

κ_r——刀具的主偏角。

（4）切削层公称横截面积 A_D

简称切削面积，其单位为 mm^2。

$$A_D = h_D b_D = f a_p$$

课题二　刀具切削部分的几何参数

任务　标注刀具切削部分的几何角度

任务说明

◎ 通过学习，能够正确标注正交平面参考系中刀具的角度。

技能点

◎ 能够正确标注正交平面参考系中刀具的角度。

知识点

◎ 刀具切削部分的组成。

◎ 刀具的标注角度。

◎ 刀具参考坐标系。

一、任务实施

生产过程中使用刀具进行切削加工时，要求能正确刃磨刀具的几何角度，因此，必须认识刀具的几何角度，还能够根据需要标注刀具的几何角度。

（一）任务引入

用 75°外圆车刀车削外圆，试标注该刀具在正交平面参考系中的几何角度。

（二）分析及解决问题

1．刀具的标注角度

刀具的标注角度是指刀具设计图样上标注的角度，它是制造、刃磨和测量的依据，并保证刀具在实际使用中获得所需的切削角度。

正交平面参考系刀具标注角度如图 8–3 所示。其中 p_r 为基面，p_s 为切削平面，p_o 为正交平面，p_r、p_s、p_o 三个平面互相垂直。

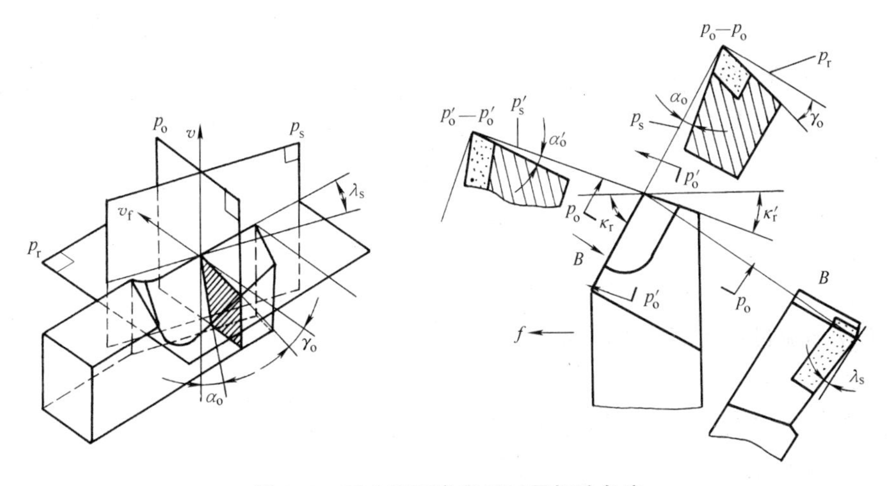

图 8–3　正交平面参考系刀具标注角度

2．作图步骤

（1）首先画出刀具在基面上的投影，画出进给运动方向，取刀尖作进给运动方向的平行线，从而可标注出主偏角 κ_r 和副偏角 κ_r'。如图 8–4 所示为主偏角和副偏角的标注方法。

（2）画出刀具在切削平面上的投影，即从刀尖作主切削刃在基面上投影线的垂线，并在垂线上取一点为刀尖的投影点，根据投影关系获得 B 向斜视图，并标注刃倾角 λ_s。如图 8–5 所示为刃倾角的标注方法。

（3）画出刀具按正交平面切下后所得的图形，即作出主切削刃在基面上投影线的延长线，并作该延长线的垂线，再画出刀具按正交平面切下后所得的图形，从而可标注出前角 γ_o 和后角 α_o，如图 8-6 所示为前角和后角的标注方法。

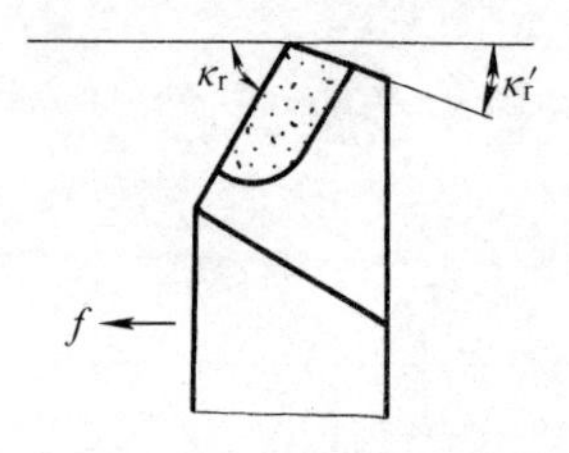

图 8-4　主偏角和副偏角的标注方法

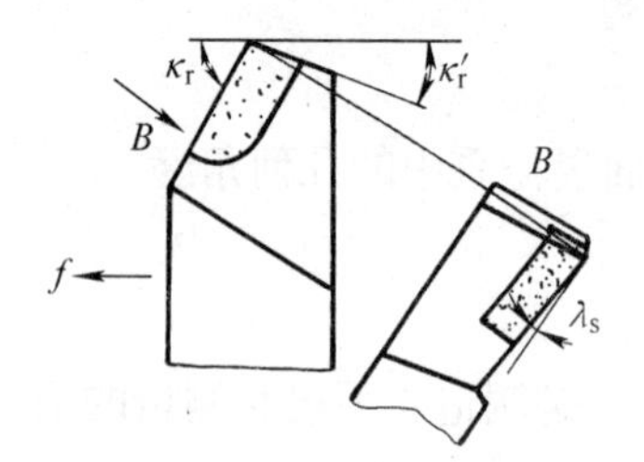

图 8-5　刃倾角的标注方法

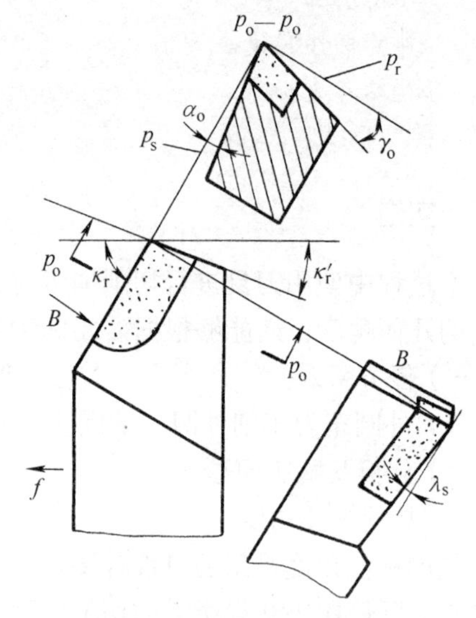

图 8-6　前角和后角的标注方法

二、知识链接

（一）刀具切削部分的组成

如图 8-7 所示为最常见的直头车刀的组成，它由刀头（又称切削部分）和刀柄（又称刀杆）两部分组成。

切削部分包括“三面两刃一尖”。

1．刀面

（1）前面（A_γ）

刀具上切屑流过的表面称为前面。

（2）主后面（A_α）

与工件上过渡表面相对的面称为主后面。

（3）副后面（A_α'）

与工件上已加工表面相对的面称为副后面。

2．切削刃

（1）主切削刃（S）

前面和主后面的交线称为主切削刃，它担负主要切削工作。

（2）副切削刃（S'）

前面和副后面的交线称为副切削刃，它配合主切削刃完成切削工作。

3．刀尖

主切削刃与副切削刃的交点称为刀尖，它可以是一个点、一条直线或一段圆弧。

不同类型的车刀，其切削部分的组成可能不同，如图 8–8 所示为切断刀切削部分的组成，它是“四面三刃两尖”，即前面、主后面、两个副后面、主切削刃、两个副切削刃、两个刀尖。

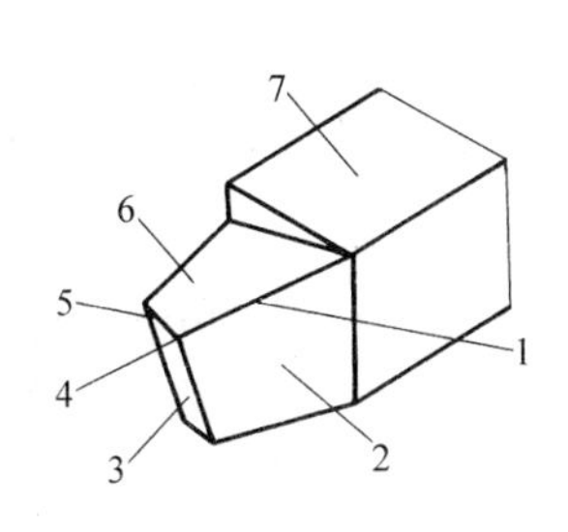

图 8–7　直头车刀的组成

1—主切削刃　2—主后面　3—副后面　4—刀尖　5—副切削刃　6—前面　7—刀柄

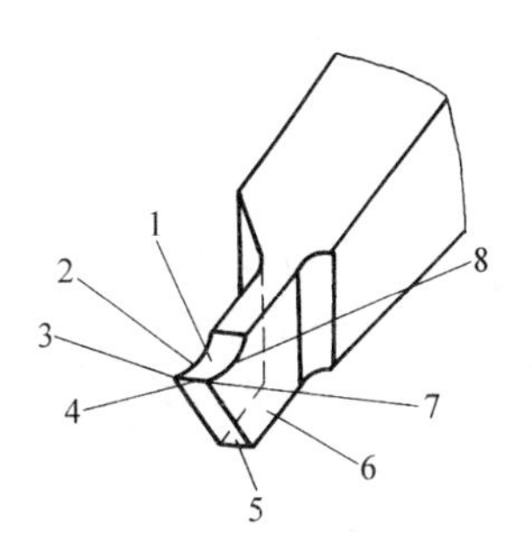

图 8–8　切断刀切削部分的组成

1—前面　2—右副切削刃　3—右刀尖　4—主切削刃　5—主后面　6—左副后面（其对面为右副后面）7—左刀尖　8—左副切削刃

（二）刀具参考坐标系

车刀的各面在空间倾斜相交，为了标注车刀的角度，必须建立由三个坐标平面组成的参考系。这里主要介绍常用的正交平面参考系，如图 8–9 所示。

1．基面 p_r

通过切削刃上选定点（图 8–9 中 A 点），垂直于该点主运动方向的平面称为基面。车刀的基面平行于车刀的安装面（底面）。对于钻头、铣刀等旋转刀具，则为通过切削刃上选定点，包含刀具轴线的平面。

2．切削平面 p_s

切削平面是指通过切削刃上选定点，与该切削刃相切并垂直于基面的平面。

3．正交平面 p_o

正交平面是指通过切削刃上选定点，同时垂直于基面和切削平面的平面。

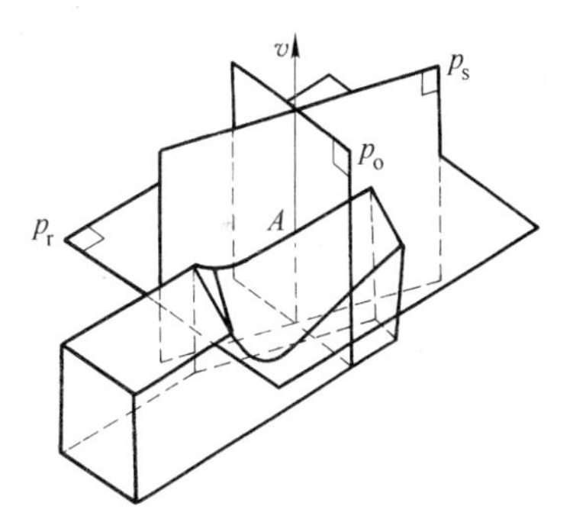

图 8–9　正交平面参考系

（三）刀具的标注角度

1．主偏角 κ_r

主偏角是指在基面中测量的主切削刃在基面上的投影与进给方向之间的夹角。主偏角均为正值。

2．副偏角 κ_r'

副偏角是指在基面中测量的副切削刃在基面上的投影与背离进给方向之间的夹角。副偏角均为正值。

3．前角 γ_o

前角是指在正交平面中测量的前面与基面之间的夹角。

当前面与切削平面 p_s 之间的夹角小于 90°时，前角为正，用符号“+”表示；大于 90°时，前角为负，用符号“–”表示。

4．主后角 α_o

主后角是指在正交平面中测量的后面与切削平面之间的夹角。

当后面与基面 p_r 之间的夹角小于 90° 时，后角为正，用符号“+”表示；大于 90° 时，后角为负，用符号“–”表示。

5．副后角 α_o'

同理，对副切削刃，也可建立副切削平面 p_s' 和副正交平面 p_o'。副后角 α_o' 是指在副正交平面 p_o' 中测量的副后面与副切削平面 p_s' 之间的夹角。

画出刀具在副正交平面上的投影，标注副后角 α_o'。如图 8–10 所示为副后角的标注方法。

当副后面与基面 p_r 之间的夹角小于 90° 时，副后角为正，用符号“+”表示；大于 90° 时，副后角为负，用符号“–”表示。

6．刃倾角 λ_s

刃倾角是指在切削平面中测量的主切削刃与基面之间的夹角。当刀尖为主切削刃上最高点时，刃倾角为正，用符号“+”表示；当刀尖为主切削刃上最低点时，刃倾角为负，用符号“–”表示。

为了比较切削刃和刀尖的强度，还经常用到两个派生角度：

刀尖角 ε_r——主切削刃与副切削刃在基面上的投影间的夹角。刀尖角只有正值。

$$\varepsilon_r = 180° - (\kappa_r + \kappa_r')$$

楔角 β_o——在正交平面中测量的前面与后面的夹角。楔角只有正值。

$$\beta_o = 90° - (\gamma_o + \alpha_o)$$

（四）刀具的工作角度

在实际生产中，刀具安装位置以及切削合成运动的变化都会改变刀具的实际角度，这种工作状态下的刀具角度称为工作角度。其符号在相应的标注角度右下角加“e”。

如图 8–11 所示为刀具工作参考系与基准平面，工作参考系为在考虑进给运动所生成的合成运动速度方向情况下的参考系。其中 v_c 为主切削速度，v_e 为合成切削速度，p_{re} 为工作参考系基面，p_{oe} 为工作参考系正交平面，p_{se} 为工作参考系切削平面。

应特别注意：真正对切削加工起作用的角度是工作角度。

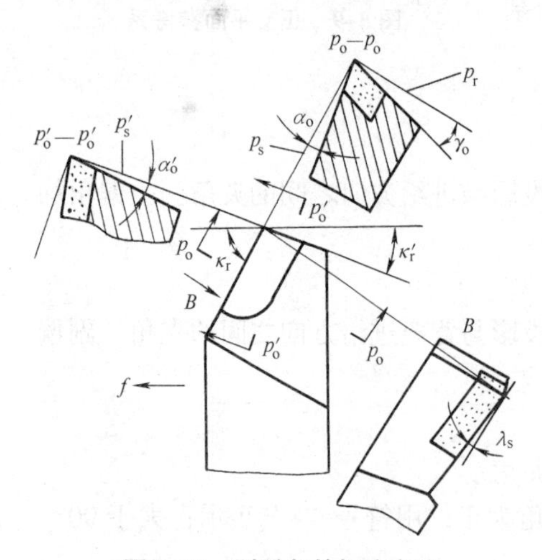

图 8–10　副后角的标注方法

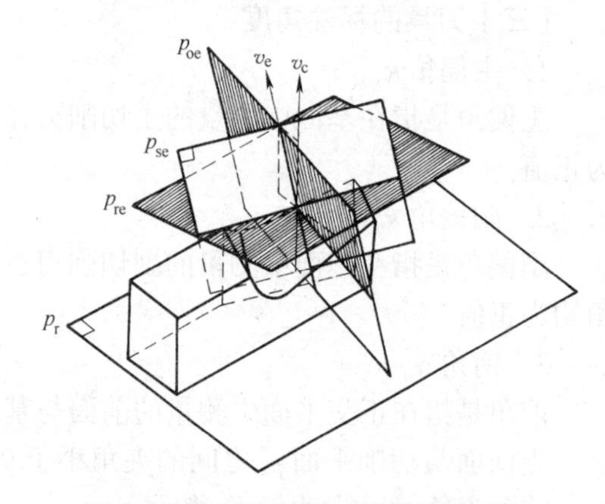

图 8–11　刀具工作参考系与基准平面

课题三 提高切削加工质量及经济性的途径

任务 1 切削力和切削功率的计算

任务说明

◎ 通过学习，能够估算切削力和切削功率，选择机床功率。

◎ 通过学习，能够计算切削力和切削功率，并选择机床功率。

技能点

◎ 计算切削力和切削功率，选择机床功率。

知识点

◎ 切削变形。

◎ 切削力、切削功率和机床功率。

一、任务实施

金属切削时刀具与工件之间的相互作用力称为切削力。切削力是金属切削过程中的基本物理现象，是分析机械加工工艺，设计和选择机床、刀具、夹具时的主要技术参数。

（一）任务引入

用 YT15 硬质合金车刀纵车热轧 40Cr 钢工件的外圆，切削速度 v_c=100 m/min，背吃刀量 a_p=4 mm，进给量 f=0.35 mm/r；车刀几何参数中 γ_o=15°，κ_r=75°，λ_s=0°，r_ε=2 mm。求主切削力 F_c、切削功率 P_c、机床功率 P_E。

（二）分析及解决问题

计算切削力时，常用单位切削力公式。通过所得的切削力，可估算切削功率及预选机床功率。

1. 主切削力 F_c

单位切削力公式：

$$F_c = k_c a_p f K_{fk_c}\text{（单位为 N）}$$

式中 k_c——单位切削力（指单位切削面积上的主切削力），N/mm^2；

a_p——背吃刀量，mm；

K_{fk_c}——进给量 f 对单位切削力的修正系数。

硬质合金外圆车刀切削常用金属时的单位切削力见表 8–1，进给量 f 对单位切削力的修正系数 K_{fk_c} 见表 8–2。根据本任务的已知条件，查表 8–1 得 k_c=1 962，查表 8–2 得 $K_{fk_c}=0.97$，则：

$$F_c = k_c a_p f K_{fk_c} = 1\,962 \times 4 \times 0.35 \times 0.97 \text{ N} = 2\,664.396 \text{ N}$$

注意：查表 8–1 时，表格中的试验条件基本符合即可。

表 8–1　　硬质合金外圆车刀切削常用金属时的单位切削力（f=0.3 mm/r）

加工材料				试验条件		单位切削力
名称	牌号	制造或热处理状态	硬度 HBW	车刀几何参数	切削用量范围	k_c/（N/mm²）
结构钢	Q235	热轧或正火	134 ~ 137	γ_o=15° κ_r=75° λ_s=0° $b_{\gamma 1}$=0 前面带卷屑槽	a_p=1 ~ 5 mm v_c=90 ~ 105 m/min f=0.1 ~ 0.5 mm/r	1 884
	45		187			1 962
	40Cr		212			1 962
	45	调质	229	$b_{\gamma 1}$=0.2 mm γ_{o1}=−20° 其余同上		2 305
	40Cr		285			2 305
不锈钢	06Cr18Ni11Ti	淬火回火	170 ~ 179	γ_o=20° 其余同上		2 453
灰铸铁	HT200	退火	170	前面无卷屑槽 其余同上	a_p=2 ~ 10 mm v_c=70 ~ 80 m/min	1 118
可锻铸铁	KTH300–06	退火	170	前面带卷屑槽 其余同上	f=0.1 ~ 0.5 mm/r	1 344

表 8–2　　进给量 f 对单位切削力的修正系数 K_{fk_c}

f/（mm/r）	0.1	0.15	0.2	0.25	0.3	0.35	0.4	0.45	0.5	0.6
K_{fk_c}	1.18	1.11	1.06	1.03	1	0.97	0.96	0.94	0.925	0.9

2．切削功率 P_c

切削功率是指消耗在切削过程中的功率。它是主切削力和进给力消耗功率之和。但由于进给力消耗功率很小，可忽略不计，因此：

$$P_c = (F_c v_c \times 10^{-3})/60 \text{（单位为 kW）}$$

式中　F_c——主切削力，N；

v_c——切削速度，m/min。

本任务中 P_c=（$F_c v_c \times 10^{-3}$）/60=2 664.396 × 100 × 10^{-3} kW/60 ≈ 4.441 kW

3．机床功率 P_E

机床功率是指机床电动机所需的功率。它是选择机床设备的依据。

$$P_E = P_c/\eta$$

式中　η——机床传动效率，一般 η= 0.75 ~ 0.85。

本任务中取 η=0.8，$P_E=P_c/\eta \approx 4.441\ kW/0.8 \approx 5.551\ kW$，可以选择机床功率大于等于 5.551 kW 的机床。例如，CA6140 型机床功率为 7.5 kW。

二、知识链接

金属切削过程实质上就是产生切屑和形成已加工表面的过程。而切削过程中会产生一系列的物理现象，如切削变形、切屑的形成、切削力、切削温度、刀具磨损等。影响物理现象的主要因素包括工件材料、刀具材料和刀具几何参数、切削用量、切削液等。只有合理考虑这些因素，才能提高切削加工的生产率，保证加工质量，降低生产成本。

（一）切削变形

1. 切屑的形态

在金属切削过程中，由于工件、刀具几何形状和切削用量的不同，会出现不同形态的切屑。

常见的切屑大致分为四种，如图 8–12 所示为切屑的基本形态。

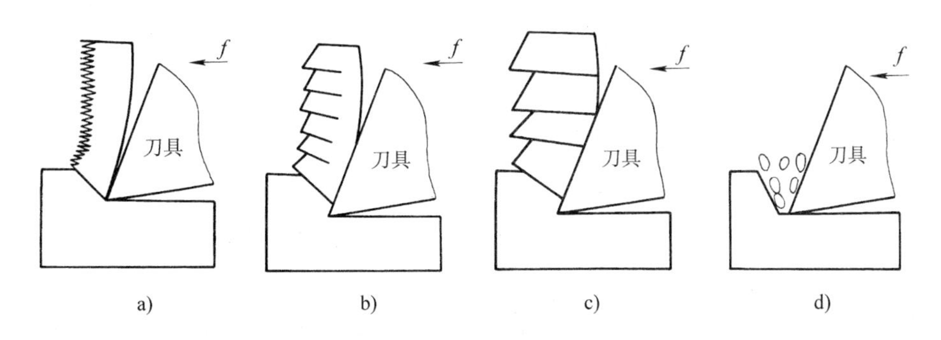

图 8–12　切屑的基本形态

a）带状切屑　b）挤裂切屑　c）粒状切屑　d）崩碎切屑

（1）带状切屑

这是一种切削塑性材料时最常见的切屑。切屑呈连续状、与前面接触的底面光滑、背面呈毛茸状。一般出现在切削塑性金属、切削厚度较小、切削速度较高、刀具前角较大的加工中。此时，切削力波动小，切削过程比较平稳，加工表面质量较高。但是会产生切屑缠绕现象，易损坏刀具，严重时可造成人身伤害。因此，必须注意采取有效的断屑、排屑措施。

（2）挤裂切屑（节状切屑）

这是一种切削塑性材料时较常见的切屑，是在切削过程中，当切削层变形和加工硬化大，使某一局部的应力达到材料的抗拉强度时产生的切屑。它的表面呈锯齿状，内表面有时有裂纹。一般出现在切削速度较低、进给量较大、刀具的前角较小的加工中。此时，切削力波动较大，切削过程不太平稳，加工表面质量较差。

（3）粒状切屑（单元切屑）

这是一种不常见的切屑。当切屑在整个剪切面上剪应力都超过材料的抗拉强度时，形成的切屑就是颗粒状的。此时，刀具前角更小（甚至是负值），切削速度更低，切削厚度更大。

（4）崩碎切屑

这是切削脆性材料时常见的切屑。在切削过程中，切削层未经塑性变形就挤裂或在拉应力状态下脆断，形成不规则的崩碎状切屑。

2. 切削变形区

切削时，刀具的前面推挤切削层，产生一系列的变形，形成切屑和已加工表面。

经过研究，可将切削刃作用部位的金属层划分为三个变形区，如图 8–13 所示。

（1）第一变形区Ⅰ

第一变形区也称剪切区。切削加工时工件上的切削层受到刀具的剪切力作用时，先产生弹性变形而后产生塑性变形，由于受到底层金属的阻碍，产生了一个剪切滑移区域，称为第一变形区。但由于该区域非常窄，常用一个平面代替，称为剪切面。剪切面 OM 与切削速度之间的夹角 φ 称为剪切角，如图 8–14 所示为剪切面和剪切角。

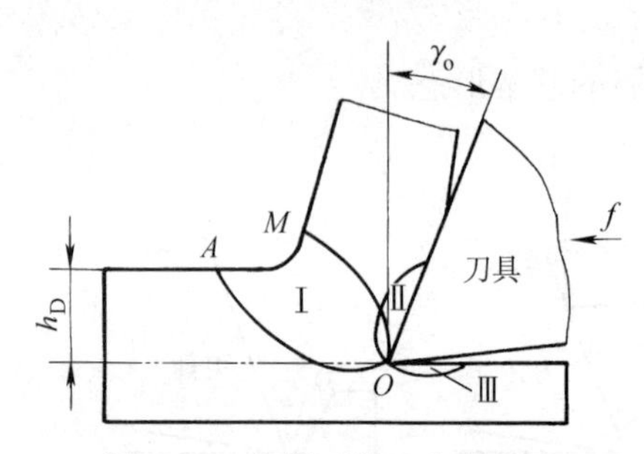

图 8–13 切削时的三个变形区

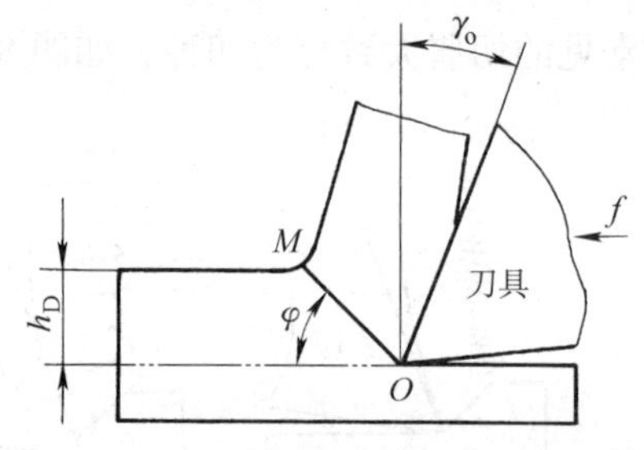

图 8–14 剪切面和剪切角

（2）第二变形区Ⅱ

第二变形区也称摩擦区。切削层经剪切面形成的切屑沿前面流出时，又受到前面的挤压和摩擦，产生再一次的剪切滑移，称为第二变形区。

（3）第三变形区Ⅲ

已加工表面与刀具后面接触的区域受到刃口与刀具后面的摩擦和挤压，使已加工表面产生变形，称为第三变形区。

3. 变形系数

（1）定义

实验证明，由于变形，切削层经切削形成切屑后长度缩短、厚度变厚。切削层长度与切屑长度的比值或切屑厚度与切削厚度的比值称为变形系数，用 ξ 表示，如图 8–15 所示。

（2）公式

假设金属在变形前后体积不变，则：

$$h_D b_D l = h_{ch} b_D l_{ch}$$

$$\text{则 } \xi = l/l_{ch} = h_{ch}/h_D > 1$$

（3）意义

可用变形系数的大小判别切削层产生塑性变形的程度，以及工件材料的塑性好坏。

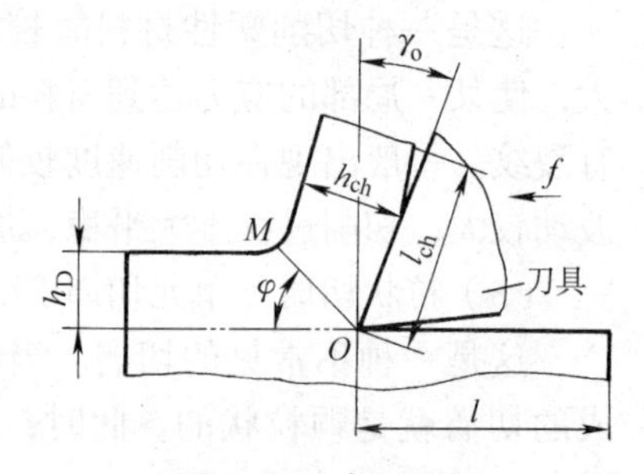

图 8–15 变形系数

当工件材料相同而切削条件变化时，ξ 值大说明塑性变形大；当切削条件相同而工件材料不同时，ξ 值大说明该材料塑性变形大。

4. 积屑瘤

（1）定义

在某一切削速度范围内，加工钢料、有色金属等塑性材料时，在切削刃附近的前面会出现一块高硬度的金属，它包围着切削刃，且覆盖着部分前面。这块硬度很高的金属称为积屑瘤。研究表明，刀具前面的温度在 200 ~ 500 ℃范围内才会产生积屑瘤。

（2）特点

在切削过程中积屑瘤的高度和大小是不断变化的，时高时矮，时大时小，可能被切屑带走，也可能黏附在已加工表面上，周而复始。

（3）作用

积屑瘤能增大实际前角，保护切削刃，使切削轻快、省力。

由于积屑瘤的不断变化引起实际工作前角的不断变化，也就引起切削力的不断变化，还会引起振动，影响加工表面质量。

积屑瘤凸出于切削刃外，会增大背吃刀量，造成过量切削，影响尺寸精度。由于形状的不规则，会在工件表面上形成沟纹，影响表面粗糙度。在成形刀具中影响零件的形状精度。

积屑瘤可能黏附在已加工表面上，严重影响表面粗糙度。

由上述分析可知，积屑瘤对粗加工有利，对精加工不利，因此，在精加工中必须严格控制积屑瘤的出现。

（4）控制积屑瘤的措施

1）降低材料的塑性，提高硬度。

2）控制切削速度，以控制切削温度，选择高速钢刀具低速车削或铰削；选择耐热性好的刀具材料进行高速切削，都可获得较低的表面粗糙度值。而中速加工时的切削温度易产生积屑瘤。

3）增大前角，可降低切削力，降低切削温度，从而减少积屑瘤的产生。

4）减小进给量，降低前面的表面粗糙度值，合理使用切削液等都可控制积屑瘤的产生。

（二）切削力和切削功率

切削力是金属切削过程中的基本物理现象之一，是分析工艺，选择机床、刀具、夹具时的主要技术参数。

1. 切削力

切削时作用在刀具上的力来源于三个变形区的变形抗力和切屑与前面、工件与后面的摩擦力。切削合力也称总切削力 F。一般可分解为三个相互垂直的分力 F_c、F_p、F_f，如图 8-16 所示为车削时的切削分力。

（1）主切削力 F_c

它是指在主运动方向上的分力，垂直于基面。主切削力是计算机床主运动机构的强度与刀杆、刀片的强度，设计机床夹具，选择切削用量等的主要依据，也是消耗机床功率最多的切削力。

（2）背向力 F_p

它是指在基面上垂直于进给运动方向上的分力。纵向车削时不消耗功率，但容易使工件产生变形而影响加工精度，并容易引起振动。背向力是校验机床刚度的必要依据。

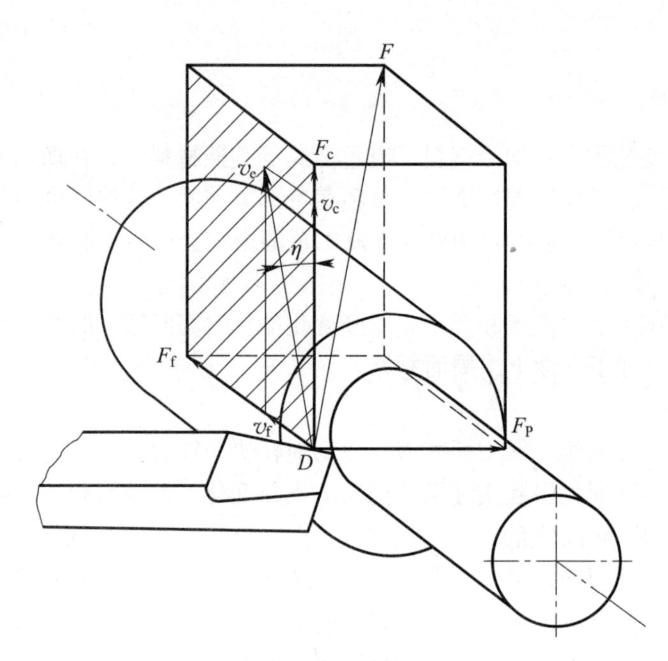

图 8-16 车削时的切削分力

（3）进给力 F_f

它是指在基面上进给运动方向上的分力。进给力作用于机床进给机构上，是校验进给机构强度的主要依据。

2．切削功率

切削功率是指切削时消耗的功率，它是主切削力 F_c 与进给力 F_f 消耗功率之和。但由于 F_f 消耗功率所占比例很小，可忽略不计。因此，切削功率主要是 F_c 消耗的功率。

3．影响切削力的因素

影响切削力的因素很多，归纳起来主要有工件材料、切削用量、刀具几何角度等。

（1）工件材料的影响

工件材料的强度、硬度越高，则切削力越大；工件材料的塑性、韧性越好，则切削力越大。例如，切削铸铁等脆性材料时，由于塑性变形小，崩碎切屑与前面的摩擦小，故切削力较小。

此外，热处理状态和金相组织的不同也会影响切削力。在通常情况下，韧性材料主要以强度、脆性材料主要以硬度来判别对切削力的影响。

（2）切削用量的影响

1）背吃刀量 a_p 增大一倍时，切削力增大一倍。

2）进给量 f 增大一倍时，切削力增大 70% ~ 80%。

由此可见，在生产实践中，为了减小切削力，应选用窄而厚的切削断面形状。

3）切削速度的影响。以车削 45 钢为例来说明切削速度对切削力的影响。如图 8-17 所示为切削速度 v_c 和切削力的关系。

开始时，随着切削速度的增加，逐渐产生积屑瘤，使实际前角逐渐增大，切削力下降。至 B 点，积屑瘤高度最高，切削力最小。随着切削速度的进一步增加，积屑瘤逐渐脱落，切削力逐渐增大。至 A 点，积屑瘤完全消失，切削力达到最大值。随后切削力又随切削速度的增大而减小，而后趋于稳定。

切削铸铁等脆性材料时，切削速度对切削力影响不大。

由此可见，在选择切削用量时，应采用大的切削速度 v_c、较大的进给量 f 和小的背吃刀量 a_p。

（3）刀具几何角度的影响

1）前角 γ_o。如图 8–18 所示为前角 γ_o 对 F_c、F_p、F_f 的影响，增大前角，切削力下降。但前角增大，楔角 β_o 减小，刀具强度减小，所以，前角也不能太大。

此外，工件材料不同，前角的影响不同。对塑性大的材料，前角的影响较显著；而对脆性材料，前角的影响则较小。

由此可见，切削塑性材料时，前角可选大值；切削脆性材料时，前角可选小值。同时前角不应太小，但也不宜过大，应有一个适宜值。

2）主偏角 κ_r。主偏角对 F_c 影响不大，对 F_p 和 F_f 影响较大。增大主偏角，F_p 减小，F_f 增大。

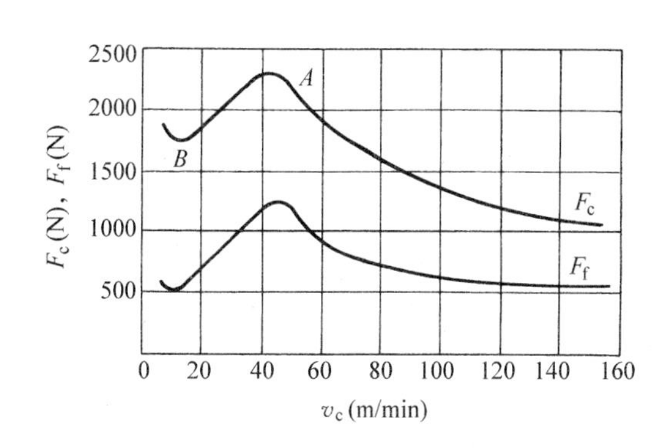

图 8–17 切削速度 v_c 和切削力的关系

工件材料：45 钢 刀具材料：YT15

切削用量：a_p=4 mm，f=0.3 mm/r

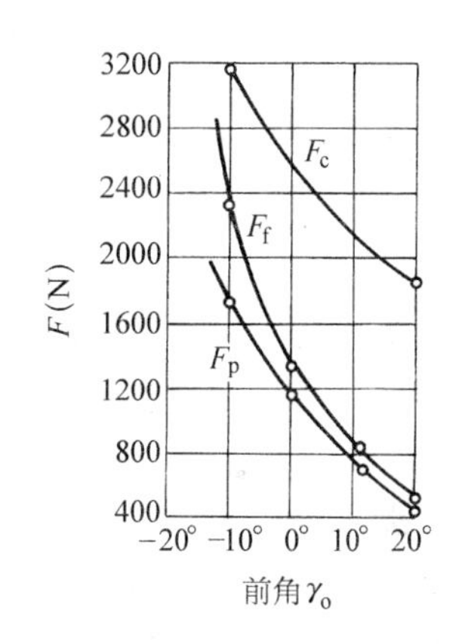

图 8–18 前角 γ_o 对 F_c、F_p、F_f 的影响

工件材料：40 钢 刀具材料：YT 类硬质合金 κ_r=60°

切削用量：a_p=4 mm，f=0.285 mm/r，v_c=40 m/min

车削细长轴时，要减小 F_p，提高刚度，减小变形，提高加工精度。因此，主偏角 κ_r 应选较大值，如选择 κ_r=75°。

3）刃倾角 λ_s。增大刃倾角 λ_s 对 F_c 影响很小，但使 F_p 减小，F_f 增大。

车削外圆时，为使工件变形小，以减小误差，在精加工时采用大的刃倾角（取正值）。

4）刀尖圆弧半径 r_ε。当刀尖圆弧半径增大时，平均主偏角也减小，F_p 明显增大。因此，应采用小的刀尖圆弧半径。

（4）其他因素的影响

1）切削液。使用切削液可降低切削力。

2）刀具磨损。刀具磨损越大，切削力越大。

3）刀具材料。陶瓷刀具的切削力最小，硬质合金刀具次之，高速钢刀具的切削力最大。

任务 2　合理选择刀具几何参数

任务说明

◎ 通过学习，能够正确选择刀具几何参数。

技能点

◎ 根据不同切削要求，能够合理选择刀具几何参数。

知识点

◎ 刀具几何参数、功用及其选择。

◎ 切削热、切削温度。

◎ 刀具磨损、刀具磨损限度。

一、任务实施

刀具切削部分的几何参数对切削力的大小、切削温度的高低等有很大的影响。只有合理选择刀具的几何参数，才能发挥刀具的切削性能。

（一）任务引入

已知工件材料为调质 45 钢，R_m=0.735 GPa，如图 8–19 所示为工件加工尺寸（其中 Δ、y 分别为入切、超切长度）。要求加工后达到 h11 级精度，表面粗糙度 Ra 值为 3.2 μm。半精车直径余量为 1.5 mm，使用 CA6140 型普通车床，请选择粗车与半精车的刀具几何参数。

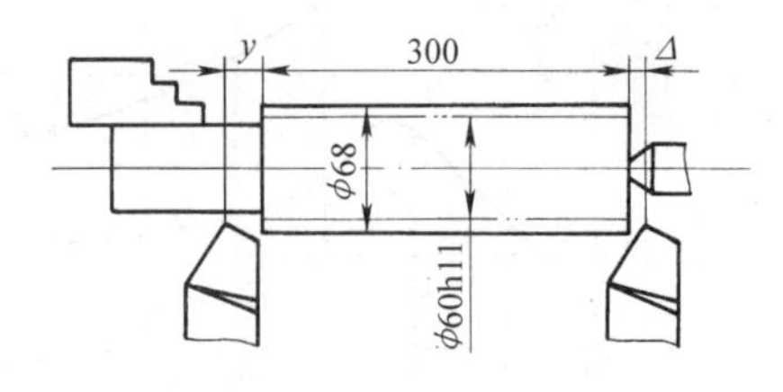

图 8–19　工件加工尺寸

（二）分析及解决问题

1．确定刀具类型与材料

粗车、半精车车刀材料选用 YT15。刀具寿命为 T=60 min。选择刀杆材料为 45 钢，刀杆尺寸为 16 mm × 25 mm（按机床中心高选取），刀片厚度为 6 mm。

2．选择刀具几何参数

（1）前角和前面的选择

1）前角的功用。增大前角能减小切屑变形和摩擦，降低切削力和切削温度，减少刀具磨损，改善加工质量，抑制积屑瘤和鳞刺等。但前角过大会削弱切削刃的强度和散热能力，容易崩刃。因而前角不能太大，也不能太小，应有一个合理的参考值。

2）前角的选择原则

①按工件材料的性质选择。加工塑性材料时应选大的前角，加工脆性材料时应选较小的前角。工件材料的强度、硬度越高，前角应越小；反之，前角应越大。

②按刀具材料选择。高速钢刀具的前角比硬质合金刀具的前角大一些，大 5° ~ 10°。

③按加工性质选择。粗加工选择较小的前角，精加工选择较大的前角。

综上所述，硬质合金车刀合理前角的参考值见表 8–3。

表 8-3 硬质合金车刀合理前角的参考值

工件材料	合理前角		工件材料	合理前角	
	粗车	精车		粗车	精车
低碳钢	20° ~ 25°	25° ~ 30°	灰铸铁	10° ~ 15°	5° ~ 10°
中碳钢	10° ~ 15°	15° ~ 20°	铜及铜合金	10° ~ 15°	5° ~ 10°
合金钢	10° ~ 15°	15° ~ 20°	铝及铝合金	30° ~ 35°	35° ~ 40°
淬火钢	−15° ~ −5°		钛合金 $R_m \leqslant 1.177$ GPa	5° ~ 10°	
不锈钢（奥氏体）	15° ~ 20°	20° ~ 25°			

3）前面的形式如图 8-20 所示，可分为以下 5 种。

①正前角平面型。制造简单，能获得较锋利的刃口；但强度低、传热能力差。一般用于精加工及成形刀具、铣刀和加工脆性材料的刀具。

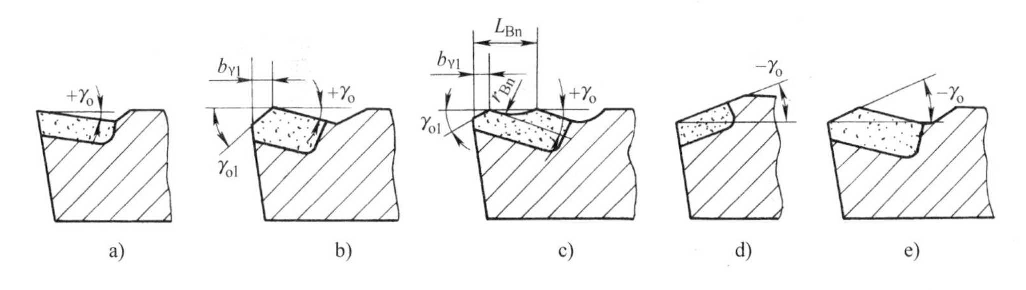

图 8-20 前面的形式

a）正前角平面型 b）正前角平面带倒棱型 c）正前角曲面带倒棱型 d）负前角单面型 e）负前角双面型

②正前角平面带倒棱型。倒棱可以提高刃口强度、增强散热能力，从而提高刀具寿命。如再相应增大前角，可改善切削性能。倒棱的宽度很窄，在切削塑性材料时，可按 $b_{\gamma1}$=（0.5 ~ 1.0）f，γ_{o1}=−5° ~ −10°选取。一般用于粗加工铸、锻件或断续表面的加工。

③正前角曲面带倒棱型。它是在正前角平面带倒棱的基础上，为了断屑和增加前角，磨出一定的曲面而形成的。这种形式浪费刀具材料，削弱刀片强度。断屑槽参数为：L_{Bn}=（6 ~ 8）f，r_{Bn}=（0.7 ~ 0.8）L_{Bn}。常用于粗加工或精加工塑性材料的刀具上。

④负前角单面型。主要用于磨损发生在后面的情况。此时，刀片承受压应力，具有好的切削刃强度。常用于加工高硬度、高强度材料和淬火钢材料。但负前角会增大切削力并增加动力消耗。

⑤负前角双面型。主要用于磨损发生在前、后面的情况。此时，刀片的重磨次数增多，但必须保证负前角的棱面有足够的宽度，切屑才能沿该棱面流出。

4）断屑槽与切削刃的倾斜角。前面上磨出断屑槽可以使切屑卷曲，卷曲的切屑不缠绕刀具和工件，因此，可控制切屑向外排出或折断，这种措施称为切屑控制。

①断屑槽。断屑槽有三种形式，其断面形状如图 8-21 所示。

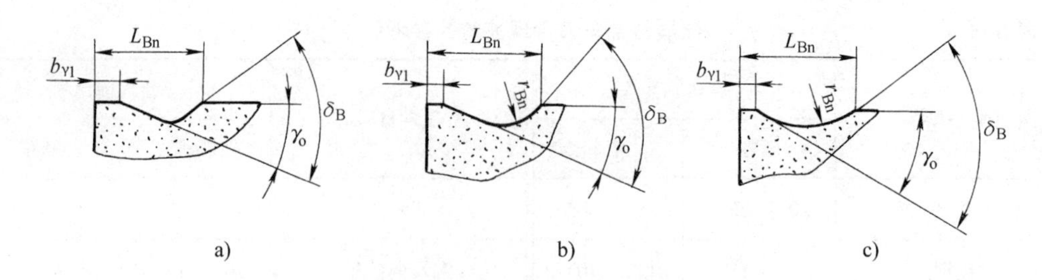

图 8–21　断屑槽的断面形状

a）折线型　b）直线圆弧型　c）全圆弧型

a．直线圆弧型和折线型。主要用于切削非合金钢及合金钢。

b．全圆弧型。主要用于切削高塑性材料及采用较大前角的刀具。

折线型的反屑角 δ_B=60° ~ 70°，直线圆弧型 δ_B=40° ~ 50°，全圆弧型 δ_B=30° ~ 40°。

②卷屑槽斜角。卷屑槽斜角有三种形式，如图 8–22 所示。

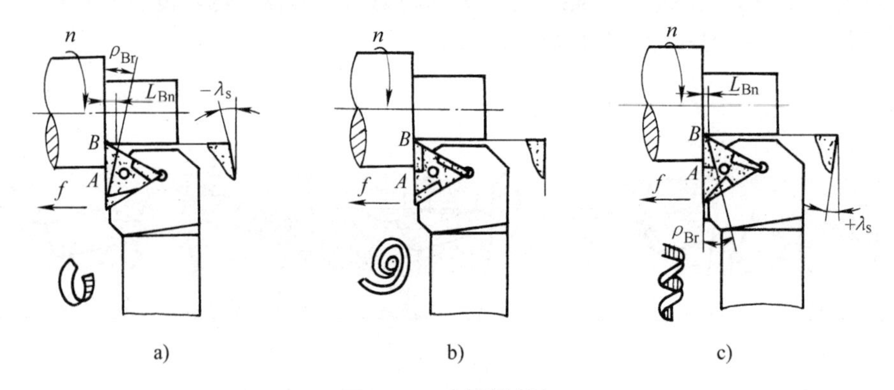

图 8–22　卷屑槽斜角

a）外斜式　b）平行式　c）内斜式

a．外斜式。前宽后窄，前深后浅，用于中等背吃刀量。断屑范围较宽，断屑效果稳定可靠。一般取 ρ_{Br}=5° ~ 15°。

b．平行式。用于背吃刀量变化范围较大时。

c．内斜式。断屑范围窄，主要用于精车或半精车，一般取 ρ_{Br}=8° ~ 10°。

（2）后角和后面的选择

1）后角的作用。增大后角能减小后面与过渡表面间的摩擦，减少刀具磨损，还可使刃口锋利，降低工件的表面粗糙度值。但后角过大，会减小切削刃强度和散热能力。

2）后角的选择原则

①按工件材料的性质。加工塑性材料时应选择较大的后角，加工脆性材料时应选较小的后角。工件材料的强度、硬度越高，后角应越小；反之，后角应大些。

②按加工性质。通常粗加工时选择较小的后角，精加工时选较大后角。

3）后面的形式。如图 8–23 所示为后面的形式。

①双重后角。可以保证刃口强度，减少刃磨后面的工作量。

②消振棱。在后面上刃磨出一条有负后角的倒棱。可以增加后面与过渡表面的接触

面积，减少振动。其参数为 $b_{\alpha1}$=0.1 ~ 0.3 mm，α_{o1}=−5° ~ −20°。

③刃带。对于一些定尺寸刀具，如拉刀、铰刀等，为便于控制外径尺寸，避免重磨后尺寸精度的迅速变化，常在后面上刃磨出后角为零的窄棱面，称为刃带。其作用是稳定、导向、消振。注意，刃带不能太宽，否则会增大摩擦作用。α_{o1}=0°，$b_{\alpha1}$=0.02 ~ 0.3 mm。

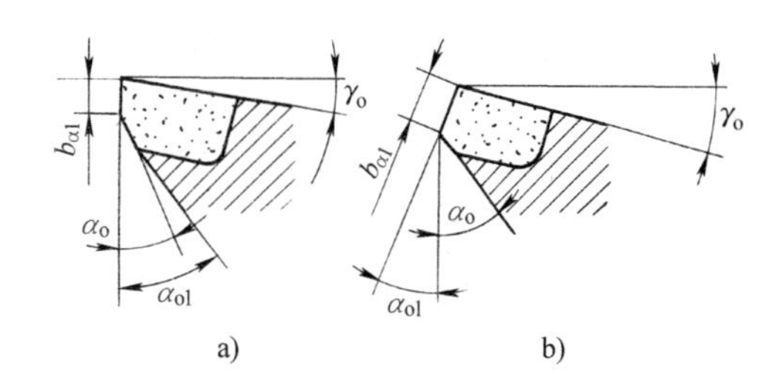

图 8–23 后面的形式

a）刃带、双重后角 b）消振棱

（3）副后角的选择

副后角通常等于后角。但为保证强度，特殊刀具的副后角较小，如切断刀，其 α_o'=1° ~ 2°。

（4）主偏角、副偏角和倒角刀尖的选择

1）主偏角的选择原则。在工艺系统刚度允许的情况下选择小的主偏角，可提高刀具寿命。主偏角的参考值见表 8–4。

表 8–4 主偏角的参考值

工作条件	主偏角 κ_r
系统刚度高、背吃刀量较小、进给量较大、工件材料硬度高	10° ~ 30°
系统刚度较高（$\frac{l}{d}$<6）、加工盘类零件	30° ~ 45°
系统刚度较低（$\frac{l}{d}$=6 ~ 12）、背吃刀量较大或有冲击时	60° ~ 75°
系统刚度低（$\frac{l}{d}$>12）、车台阶轴、车槽及切断	90° ~ 95°

2）副偏角的选择原则。主要按照加工性质选取，一般情况下 κ_r' 取 10° ~ 15°，为了保证刀头强度，切断刀的副偏角取 1° ~ 2°。

3）倒角刀尖与修光刃

①倒角刀尖的作用。增大刀尖强度，增加刀尖部分的散热面积，提高刀具寿命，降低表面粗糙度值。

②倒角刀尖的选择。如图 8–24 所示为倒角刀尖与刀尖圆弧半径，其常见形式有以下三种。

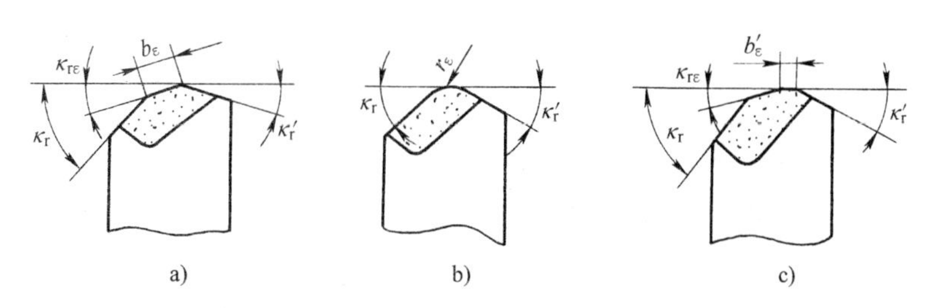

图 8–24 倒角刀尖与刀尖圆弧半径

a）直线刃 b）圆弧刃 c）平行刃

a．直线刃。倒角刀尖偏角 $\kappa_{r\varepsilon} \approx \kappa_r/2$，长度 $b_\varepsilon \approx (1/5 \sim 1/4)\,a_p$，用于粗加工或强力切削的车刀上。

b．圆弧刃。增大刀尖圆弧半径 r_ε，使刀尖半径处的平均主偏角减小，可以降低表面粗糙度值，提高刀具寿命。但过大的 r_ε 会增大 F_p，易产生振动。通常高速钢车刀 r_ε=0.5 ~ 5 mm，硬质合金车刀 r_ε=0.5 ~ 2 mm。

c．平行刃。也称水平修光刃，在副切削刃处磨出 $\kappa_r'=0°$ 的一小段。$b_\varepsilon' \approx (1.2 \sim 1.5)\,f$，保证增大进给量能获得较低的表面粗糙度值，但 b_ε' 值过大易引起振动。修光刃应平直、光洁，安装时要仔细找正。

（5）刃倾角的选择

1）刃倾角的功用

①控制切屑的流向。如图 8–25 所示为刃倾角对切屑流向的影响。当 λ_s=0°时，切屑垂直于切削刃流出；当 λ_s<0°时，切屑向已加工表面流出；当 λ_s>0°时，切屑向待加工表面流出。

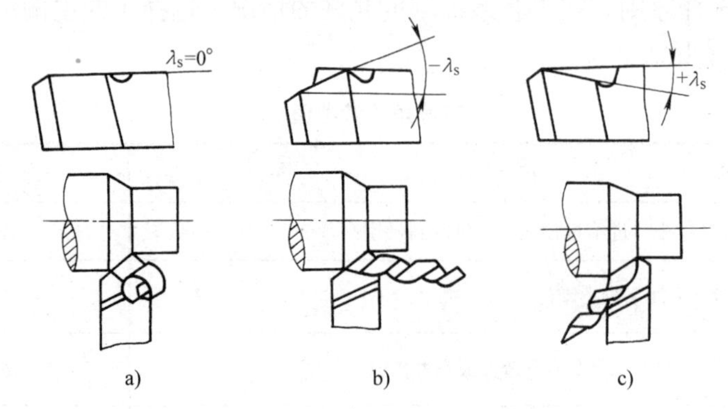

图 8–25　刃倾角对切屑流向的影响

②控制切削刃切入时首先与工件接触的位置。如图 8–26 所示为刃倾角对切削刃接触工件的影响。当断续切削时，若 λ_s<0°，刀尖为最低点，首先与工件接触的是切削刃上的点，而不是刀尖，这样具有保护刀尖的作用；若 λ_s>0°，刀尖为最高点，则可能引起崩刃或打刀现象。

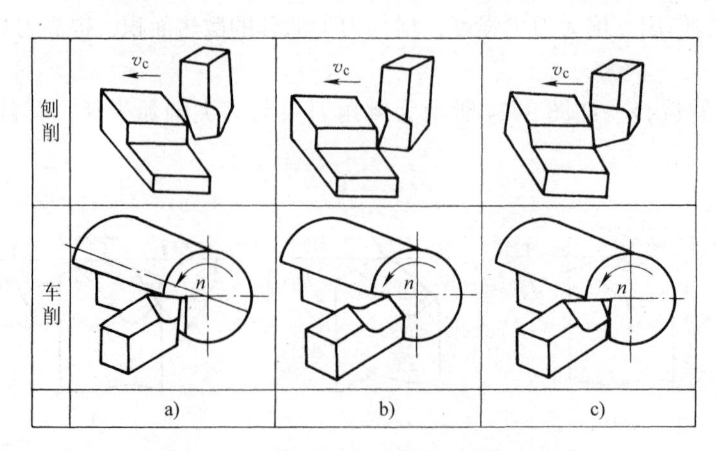

图 8–26　刃倾角对切削刃接触工件的影响

a）λ_s<0°　b）λ_s>0°　c）λ_s=0°

③控制切削刃切入和切出时的平稳性。断续切削时，当 λ_s=0°时，刀具切入时切削刃上各点同时与工件接触，而切出时同时离开，切削力突然增大或突然减小，容易引起振动，产生冲击。当 $\lambda_s \neq 0°$时，切入时各点依次进入，切出时各点依次离开，切入时切削力逐渐增大，切出时切削力逐渐减小，切削平稳。

④控制背向力与进给力的比值。λ_s 增大，F_p 减小，F_f 增大。

2）刃倾角的选择原则。一般情况按加工性质选取，精车时，λ_s=0° ~ +5°；粗车时，λ_s=0° ~ −5°；断续车削时，λ_s=−30° ~ −45°；大刃倾角精刨刀 λ_s=75° ~ 80°。

本任务中粗车刀选择前角 γ_o=15°，前面为正前角曲面带倒棱型，γ_{o1}=−10°，$b_{\gamma1}$=0.3 mm，外斜式直线圆弧型断屑槽 L_{Bn}=6f，r_{Bn}=（0.7 ~ 0.8）L_{Bn}，ρ_{Br}=6°，后角 α_o=6°，副后角 α_o'=6°，主、副偏角分别为 κ_r=75°，κ_r'= 15°，采用圆弧刃 r_ε=1 mm，刃倾角 λ_s=0°。

半精车刀选择前角 γ_o=20°，前面为正前角曲面带倒棱型，γ_{o1}=−5°，$b_{\gamma1}$=0.2 mm，外斜式直线圆弧型断屑槽 L_{Bn}=6f，r_{Bn}=（0.7 ~ 0.8）L_{Bn}，ρ_{Br}=4°，后角 α_o=6°，副后角 α_o'=6°，主、副偏角分别为 κ_r=60°，κ_r'=10°，刃倾角 λ_s=+3°，γ_ε=1 mm。

进给量 f 确定后，即可确定 L_{Bn} 和 r_{Bn} 的数值。

二、知识链接

（一）切削热和切削温度

1．切削热

在切削时的三个变形区中，因变形和摩擦所做的功大部分转变为热能，切削时所产生的热量向切屑、工件、刀具及周围介质传散。车削时，50% ~ 60% 的切削热由切屑带走，10% ~ 40% 传入车刀，3% ~ 9% 传入工件，1% 左右由周围介质传散。

2．切削温度

切削温度一般指切屑与前面接触区域的平均温度。最高温度不在切削刃上，而在离开切削刃一段距离处。

3．影响切削温度的因素

切削温度的高低既取决于产生热量的多少，又取决于传散热量的多少。如产热大于散热，则温度升高；反之，则温度下降。

（1）工件材料的影响

工件材料的强度、硬度越高，则切削力越大，产热越多；工件材料的塑性、韧性越好，产热越多；热导率越大，散热越快。

（2）切削用量的影响

1）背吃刀量。背吃刀量 a_p 增大，产生的热量按比例增加；a_p 增大，切削宽度按比例增加，刀具的散热面积也按比例增加，因此，a_p 对切削温度的影响很小。

2）进给量。进给量 f 增大，产生的热量增加；f 增大，切削厚度增大，而切削宽度不变，则刀具的散热面积未按比例增加，所以切削温度有所升高。

由此可见，为了控制切削温度，应选用宽而薄的切削断面形状。

3）切削速度。v_c 越高，切削温度越高，并且对切削温度影响最大。

根据分析可知，为了控制切削温度，首先应控制切削速度。

（3）刀具几何形状的影响

1）前角 γ_o。增大前角，切削变形小，产热少，切削温度降低。但前角太大时，楔角减小，散热面积小，温度反而升高。

因此，前角不应太小，但也不宜过大，应有一个适宜的值。

2）主偏角 κ_r。在 a_p 相同的情况下，主偏角增大，主切削刃工作长度缩短，刀尖角减小，散热面积小，温度升高。若减小主偏角，则温度降低，刀具寿命提高。

3）刀尖圆弧半径 r_ε。当刀尖圆弧半径增大时，平均主偏角也减小，切削宽度增大，产生热量多，但由于刀尖角增大，散热好，切削温度降低。

（4）其他因素的影响

1）切削液。使用切削液可降低切削温度。

2）刀具磨损。刀具磨损越大，切削温度越高。

（二）刀具磨损和刀具寿命

1．刀具磨损的定义

刀具磨损是指切削过程中，前面、后面上的刀具材料被切屑或工件带走的现象，这是正常磨损。刀具崩刃、破裂称为非正常磨损。

2．刀具正常磨损的形式

刀具正常磨损的形式一般为三种，如图 8–27 所示。

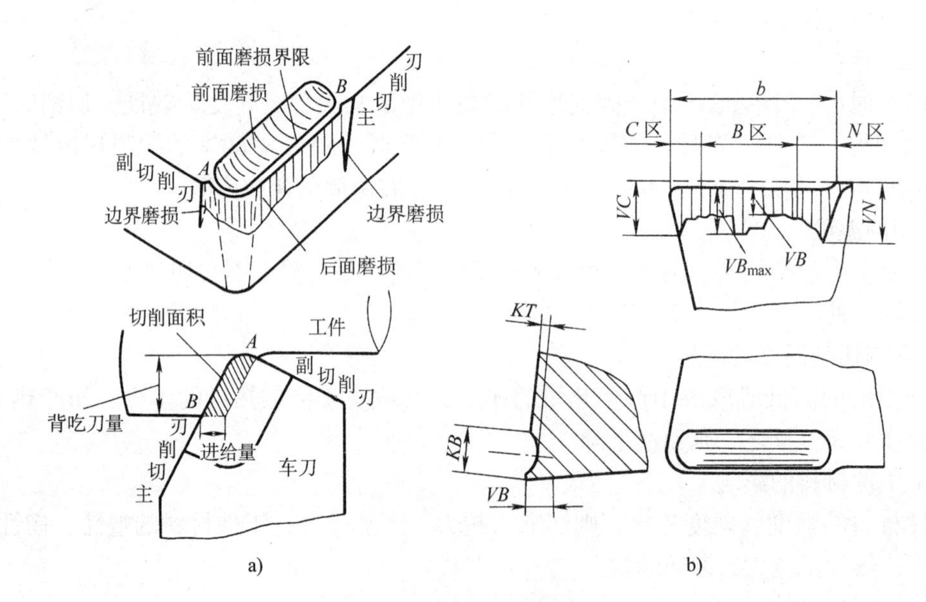

图 8–27　刀具正常磨损的形式

a）前、后面磨损　b）磨损量的表示

（1）前面磨损

当切削塑性材料，切削厚度 h_D 和切削速度 v_c 都较大时，切屑在前面上磨损出月牙洼。月牙洼产生的地方是切削温度最高的地方。磨损量用月牙洼的深度 KT 和宽度 KB 表示。

（2）后面磨损

在切削刃的下方磨损出一条后角为零的沟痕，就是后面磨损。在切削脆性材料或以较低切削速度、较小切削厚度 h_D 切削塑性材料时产生后面磨损。磨损量用 VC、VN、VB、VB_{max} 等表示。

（3）前、后面同时磨损

在切削塑性材料，采用大于中等切削速度和中等进给量时，前、后面常同时出现磨损。

3. 刀具磨损的过程

一般刀具后面磨损过程分为三个阶段，如图 8–28 所示。

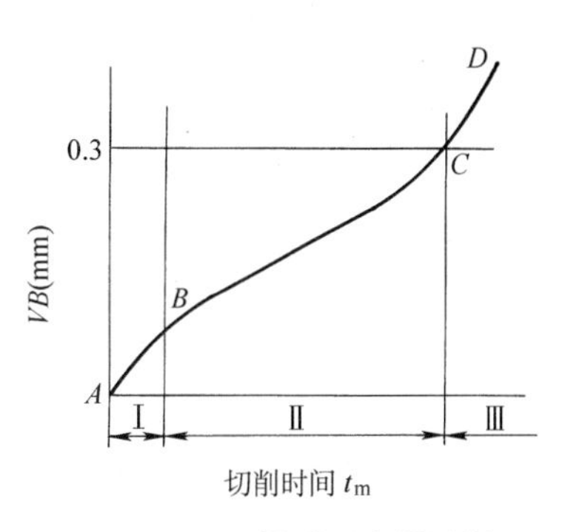

图 8–28 刀具后面磨损过程

（1）初期磨损阶段

图中 AB 阶段磨损较快。由于新刃磨的刀具表面粗糙不平、表层组织不耐磨所致。此阶段磨损速度取决于刀具的刃磨和研磨质量。

（2）正常磨损阶段

图中 BC 阶段磨损稳定，这是刀具工作的有效区域。

（3）急剧磨损阶段

图中 CD 阶段刀具磨损加剧。主要是因为刀具已经磨损到一定程度，刀具与工件接触情况恶化，切削力、切削温度急剧上升。应在本阶段到来之前重磨切削刃或更换刀具。

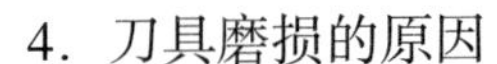

4. 刀具磨损的原因

刀具磨损的原因主要有以下两个方面：

（1）机械摩擦

切屑、工件与刀具摩擦时，把刀具表面上的材料带走。

（2）热效应

由于切削温度升高而使磨损加剧。

5. 刀具磨损限度

刀具磨损限度是指对刀具规定一个允许磨损量的最大值，或称磨钝标准。刀具磨损限度一般规定，以后面的磨损量 VB 表示。

6. 刀具寿命

刀具寿命指一把新刃磨的刀具从开始切削，到达到磨损限度所经过的切削时间，用 T 表示。常用车刀的寿命见表 8–5。

表 8–5　　常用车刀的寿命　　min

刀具寿命	刀具材料		
	硬质合金	高 速 钢	
	普通车刀	普通车刀	成形车刀
T	60	60	120

刀具总寿命是指一把新刀具从开始使用到报废为止的切削时间，它是刀具寿命和刀具刃磨次数的乘积。

任务3　合理选择切削用量

任务说明

◎ 通过学习，能合理选择切削用量。

技能点

◎ 根据已知条件能使用手册合理选择切削用量。

知识点

◎ 切削用量、粗加工切削用量的选择、精加工切削用量的选择。
◎ 切削加工性、难加工材料。
◎ 切削液的作用、种类和选择。
◎ 加工表面质量、加工硬化、残余应力、表面粗糙度及其影响因素。

一、任务实施

（一）任务引入

接本课题任务 2，选择好刀具几何参数后，请合理选择加工该工件的切削用量。

（二）分析及解决问题

1. 粗车时切削用量的选择

（1）粗车时切削用量的选择原则

粗车时，工件的尺寸精度要求不高，工件的表面粗糙度值允许较大，所以选择时着重考虑如何发挥刀具和机床的能力，减少机动时间，提高生产率，提高刀具寿命。

选择时，应选择尽量大的背吃刀量 a_p，较大的进给量 f，合适的切削速度 v_c。

（2）切削用量的选择

1）选择背吃刀量 a_p。在保留半精加工余量的前提下，尽量将粗加工余量一次切完。余量过大或工艺系统刚度太低时，分两次切削。

第一次进给　　$a_{p1}=(2/3 \sim 3/4)A$

第二次进给　　$a_{p2}=(1/4 \sim 1/3)A$

式中　A——单边余量，mm，是指工件上某表面的上一道工序与下一道工序之间的垂直距离。

本题选择 $a_p=(68-61.5)\text{mm}/2=3.25\text{ mm}$

2）选择进给量 f。粗车时进给量的选择主要依据工件材料、刀杆尺寸、工件直径和背吃刀量选取。硬质合金及高速钢车刀粗车外圆和端面时的进给量见表 8-6。

3）确定切削速度 v_c。按照已知的刀具寿命，用公式求出切削速度：

$$v_c = C_v k_v / (T^m a_p^{x_v} f^{y_v})$$

式中　v_c——切削速度，m/min；

T——刀具寿命，min；

m——刀具寿命指数；

a_p——背吃刀量，mm；

C_v——切削速度系数；

x_v、y_v——背吃刀量、进给量对 v_c 影响的指数；

k_v——切削速度修正系数。

本题查表 8–6 得 f=0.4 ~ 0.6 mm/r，根据机床说明书取 f=0.51 mm/r。

本题查有关手册后可得 C_v、x_v、y_v、m、k_v 等数值。

经过计算可得 $v_c = C_v k_v / (T^m a_p^{x_v} f^{y_v}) = 75.95$ m/min

$$n=1\,000v_c/(\pi d_\omega) \approx 355 \text{ r/min}$$

表 8–6　硬质合金及高速钢车刀粗车外圆和端面时的进给量

加工材料	车刀刀杆尺寸 $B\times H$ /mm×mm	工件直径 /mm	背吃刀量 a_p/mm				
			3	>3 ~ 5	>5 ~ 8	>8 ~ 12	12 以上
			进给量 f/(mm/r)				
结构钢	16×25	20	0.3 ~ 0.4	—	—	—	—
		40	0.4 ~ 0.5	0.3 ~ 0.4	—	—	—
		60	0.5 ~ 0.7	0.4 ~ 0.6	0.3 ~ 0.5	—	—
		100	0.6 ~ 0.9	0.5 ~ 0.7	0.5 ~ 0.6	0.4 ~ 0.5	—
		400	0.8 ~ 1.2	0.7 ~ 1.0	0.6 ~ 0.8	0.5 ~ 0.6	—
	20×30 25×25	20	0.3 ~ 0.4	—	—	—	—
		40	0.4 ~ 0.5	0.3 ~ 0.4	—	—	—
		60	0.6 ~ 0.7	0.5 ~ 0.7	0.4 ~ 0.6	—	—
		100	0.8 ~ 1.0	0.7 ~ 0.9	0.5 ~ 0.7	0.4 ~ 0.7	—
		600	1.2 ~ 1.4	1.0 ~ 1.2	0.8 ~ 1.0	0.6 ~ 0.9	0.4 ~ 0.6
铸铁 铜合金	16×25	40	0.4 ~ 0.5	—	—	—	—
		60	0.6 ~ 0.8	0.5 ~ 0.8	0.4 ~ 0.6	—	—
		100	0.8 ~ 1.2	0.7 ~ 1.0	0.6 ~ 0.8	0.5 ~ 0.7	—
		400	1.0 ~ 1.4	1.0 ~ 1.2	0.8 ~ 1.0	0.6 ~ 0.8	—
	20×30 25×25	40	0.4 ~ 0.5	—	—	—	—
		60	0.6 ~ 0.9	0.5 ~ 0.8	0.4 ~ 0.7	—	—
		100	0.9 ~ 1.3	0.8 ~ 1.2	0.7 ~ 1.0	0.5 ~ 0.8	—
		600	1.2 ~ 1.8	1.2 ~ 1.6	1.0 ~ 1.3	0.9 ~ 1.1	0.7 ~ 0.9

注：1. 加工断续表面及有冲击的加工时，表内的进给量应乘以系数 K=0.75 ~ 0.85。

2. 加工耐热钢及其合金时，不采用大于 1.0 mm/r 的进给量。

3. 加工淬硬钢时，表内进给量应乘以系数 K=0.8（当材料硬度为 44 ~ 56HRC 时）或 K=0.5（当材料硬度为 57 ~ 62HRC 时）。

根据机床说明书取 n=320 r/min，则 $v_c=n\pi d_\omega/1\,000 \approx 68.36$ m/min。

4）校验机床功率 P_E

计算主切削力 $F_c=k_c a_p f K_{fk_c}$=2 305×3.25×0.51×0.925 N ≈ 3 534 N

$P_C=F_c v_c/60 \approx$ 3 534×68.36 W/60 ≈ 4 026 W=4.026 kW

η 取 0.8，则 $P_E=P_C/\eta \approx$ 4.026 kW/0.8 ≈ 5.03 kW，选择机床为 CA6140 型，电动机功率为 7.5 kW，故满足要求。

5）计算机动时间 t_m

车外圆时的切削时间（也叫机动时间）t_m，由下式求出：

$$t_m = (L_w + y + \Delta)/(nf)$$

式中 L_w——工件加工部位长度，mm；

y、Δ——超切、入切长度（$y+\Delta$ 可以查有关手册得出），mm；

f——进给量，mm/r；

n——主轴转速，r/min。

本题查有关手册 $y+\Delta$=2.8 mm。

则 t_m=（$L_w+y+\Delta$）/（nf）=（300+2.8）min/（320×0.51）≈ 1.86 min

2．半精车、精车切削用量的选择

（1）半精车、精车切削用量的选择原则

在首先保证加工质量的前提下，考虑经济性。选择时，应选择较小的背吃刀量 a_p（但不能太小），较小的进给量 f，较高的切削速度 v_c。

（2）选择步骤

1）背吃刀量的选择。通常都是一次进给切除全部余量。

2）进给量的选择。为保证加工质量，主要是受表面粗糙度的限制，进给量不能太大。通常根据切削速度（预选）、刀尖圆弧半径，按照表面粗糙度的大小，根据手册进行选择。硬质合金外圆车刀半精车时的进给量见表 8–7。其值按照机床说明书取近似较小的值。

表 8–7　硬质合金外圆车刀半精车时的进给量

工件材料	表面粗糙度 Ra 值 /μm	切削速度范围 /（m/min）	刀尖圆弧半径 r_ε		
			0.5	1.0	2.0
			进给量 f /（mm/r）		
铸铁、青铜和铝合金	6.3	不限	0.25 ~ 0.40	0.40 ~ 0.50	0.50 ~ 0.60
	3.2		0.12 ~ 0.25	0.25 ~ 0.40	0.40 ~ 0.60
	1.6		0.10 ~ 0.15	0.15 ~ 0.20	0.20 ~ 0.35
结构钢	6.3	≤ 50	0.30 ~ 0.50	0.45 ~ 0.60	0.55 ~ 0.70
		>80	0.40 ~ 0.55	0.55 ~ 0.65	0.65 ~ 0.70
	3.2	≤ 50	0.20 ~ 0.25	0.25 ~ 0.30	0.30 ~ 0.40
		>80	0.25 ~ 0.30	0.30 ~ 0.35	0.35 ~ 0.40
	1.6	≤ 50	0.10 ~ 0.11	0.11 ~ 0.15	0.15 ~ 0.20
		>80	0.10 ~ 0.20	0.16 ~ 0.25	0.25 ~ 0.35

注：1．加工耐热钢及其合金、钛合金，切削速度大于 48 m/min 时，表中进给量应乘以系数 0.7 ~ 0.8；

2．带修光刃的大进给切削法，在进给量为 1.0 ~ 1.5 mm/r 时表面粗糙度 Ra 值为 3.2 ~ 1.6 μm；宽刃精车刀的进给量还可再大些。

3）切削速度的确定。按照公式计算得切削速度 v_c，再算出工件转速 n，按机床说明书选近似较小的转速 n_s，再算出实际切削速度。

本题 a_p=（61.5–60）mm/2=0.75 mm；预先估计 v_c>80 m/min，查表 8–7 得 f=0.3 ~ 0.35 mm/r，按机床说明书取 f=0.3 mm/r。

查有关手册后并经过计算，得：$v_c=C_vk_v/(T^m a_p^{x_v} f^{y_v})=113.945$ m/min

$n=1\,000v_c/(\pi d_\omega)\approx589.753$ r/min，查机床说明书取 $n=560$ r/min，则 $v_c=n\pi d_\omega/1\,000\approx$ 108 m/min。

二、知识链接

（一）切削加工性

切削加工性是指对某一种材料进行切削加工的难易程度。

1．衡量切削加工性的指标

衡量切削加工性的指标有刀具寿命、刀具寿命允许的切削速度、切削力、切削温度、表面粗糙度等，目前常采用一定寿命下允许的切削速度进行衡量。但应注意切削加工性的好坏是相对于其他材料而言的，比如相对于 45 钢。

2．影响材料切削加工性的因素

影响材料切削加工性的因素有材料的物理和力学性能、材料的化学成分、金相组织等。

3．改善措施

改善切削加工性的措施主要有选择易切削钢和进行适当的热处理等。

（二）切削液

1．切削液的作用

切削液主要起润滑和冷却作用，同时能起排屑、清洗和防锈作用。

2．切削液的种类和选用

切削液主要有两大类：一是水溶性切削液，以冷却为主；二是油溶性切削液，以润滑为主。

选用切削液时应根据工件材料、刀具材料、加工方法和技术条件的具体情况进行选择。如粗加工铸铁、黄铜、青铜等脆性材料时，一般不加切削液；用硬质合金刀具、陶瓷刀具和立方氮化硼刀具时，一般不采用切削液。

（三）已加工表面质量

已加工表面质量包括表面粗糙度、加工硬化及残余应力的性质和大小等几方面。

下面主要介绍表面粗糙度的成因。

表面粗糙度，对零件的耐磨性、耐腐蚀性、疲劳强度及配合性质等都有很大的影响。形成表面粗糙度的原因如下：

（1）几何原因形成的表面粗糙度

如图 8–29 所示为残留面积高度示意图，纵车外圆时：

1）若进给量为 f，刀尖圆弧半径 $r_\varepsilon=0$，刀具的主、副偏角分别为 κ_r 和 κ_r'，则得：

$$R_{max}=f/(\cot\kappa_r+\cot\kappa_r')$$

2）若进给量为 f，刀尖圆弧半径为 r_ε，且 $f<2r_\varepsilon\cos\kappa_r'$，即主要依靠刀尖圆弧半径 r_ε 切削时，则得：

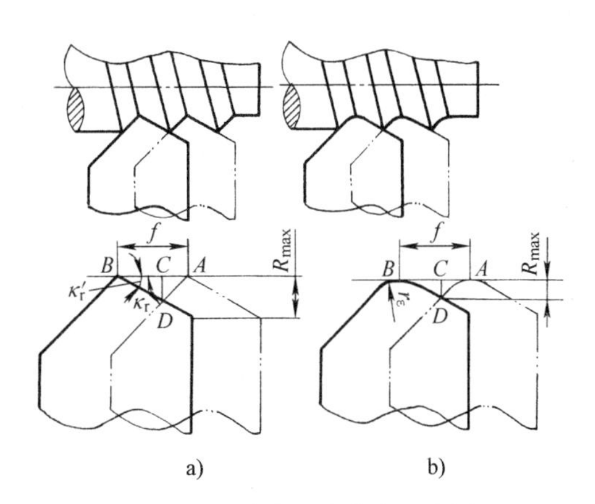

图 8–29 残留面积高度示意图

a）$r_\varepsilon=0$ b）$r_\varepsilon>0$

$$R_{\max} = f^2/(8r_{\varepsilon}^2)$$

由此可见，减小进给量f和主、副偏角（κ_r，κ_r'），增大刀尖圆弧半径r_{ε}可减小表面粗糙度值。

（2）切削过程中不稳定因素引起的表面粗糙度

1）积屑瘤。由于积屑瘤形状不规则，时大时小，使得切削厚度也时大时小，同时脱落的积屑瘤也会黏附在工件表面上，从而增大了表面粗糙度值。

2）鳞刺。切削塑性材料时，当切削速度较低、前角较小、材料较软时，在工件表面上形成的呈鳞片状裂口的毛刺称为鳞刺，它会增大表面粗糙度值。

3）振动。由于加工余量不均匀、刀具刃口太钝、背向力太大、工件刚度太低、刀杆伸出太长等原因，机床、刀具或工件出现周期性振动，则会增大表面粗糙度值，加速刀具磨损，缩短机床寿命。

模块九

车削加工

课题一 金属切削机床的分类与编号

任务 解释金属切削机床的型号

任务说明

◎ 认识金属切削机床的编号，了解各符号的含义。

技能点

◎ 了解机床型号及其含义。

知识点

◎ 机床的分类及编号。

一、任务实施

要加工某个零件，除正确选择和使用刀具外，还必须使用一定的机器设备，其中，金属切削机床就是符合要求的机器，它是制造机器的机器，也叫工作母机。

在认识机床时首先看到机床的型号，如CA6140、M7132、X6132等。它们各代表什么含义呢？下面带领大家来认识一下。

（一）任务引入

解释下列机床型号的含义：CA6140、M7132、X6132、Z3040×16/S2、THM6350/JCS。

（二）分析及解决问题

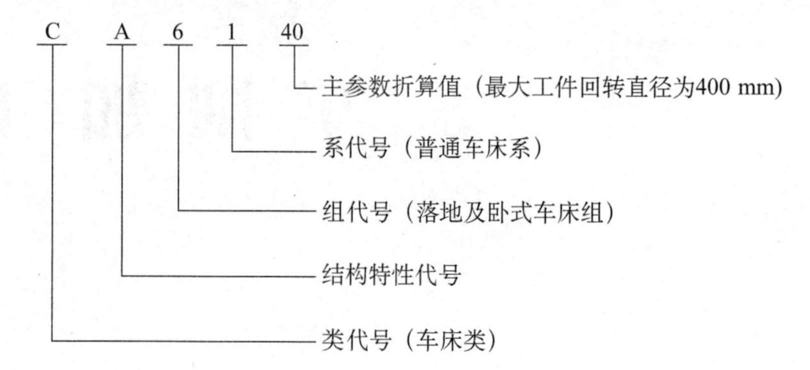

此机床是最大工件回转直径为 400 mm 的卧式普通车床。

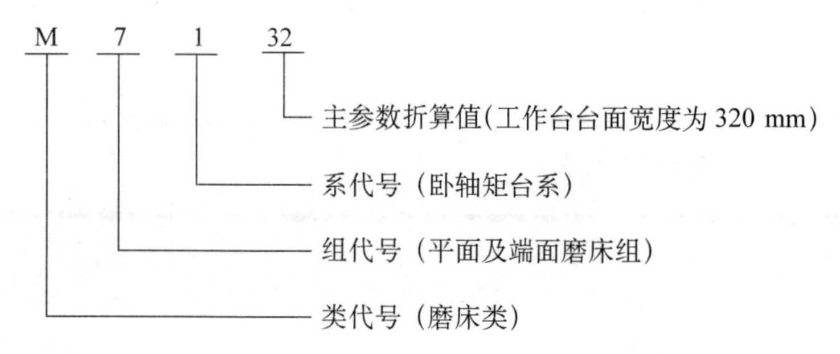

此机床是工作台台面宽度为 320 mm 的卧轴矩台平面磨床。

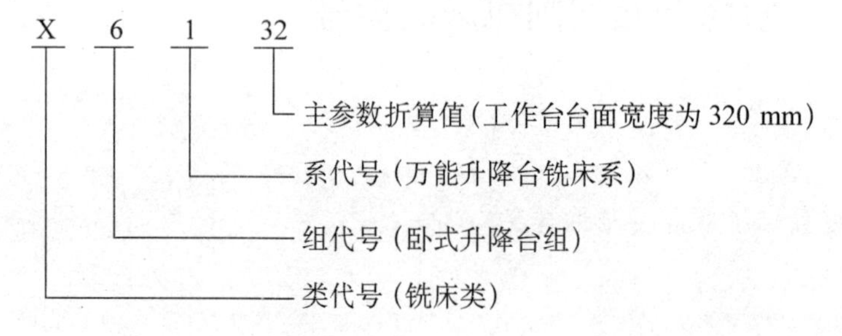

此机床是工作台台面宽度为 320 mm 的万能卧式升降台铣床。

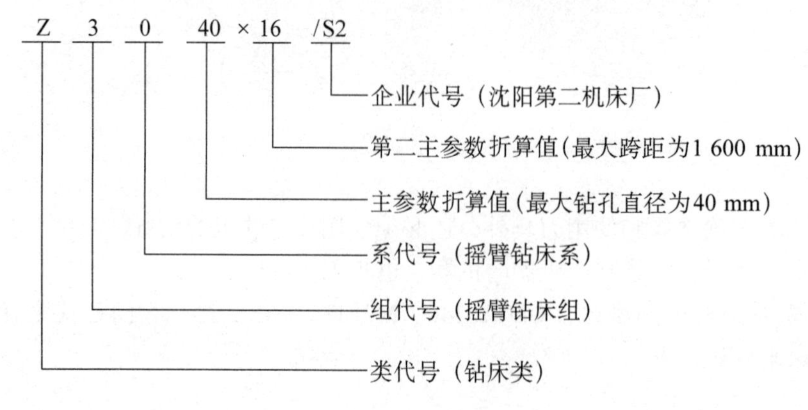

此机床是沈阳第二机床厂生产的最大钻孔直径为 40 mm、最大跨距为 1 600 mm 的摇臂钻床。

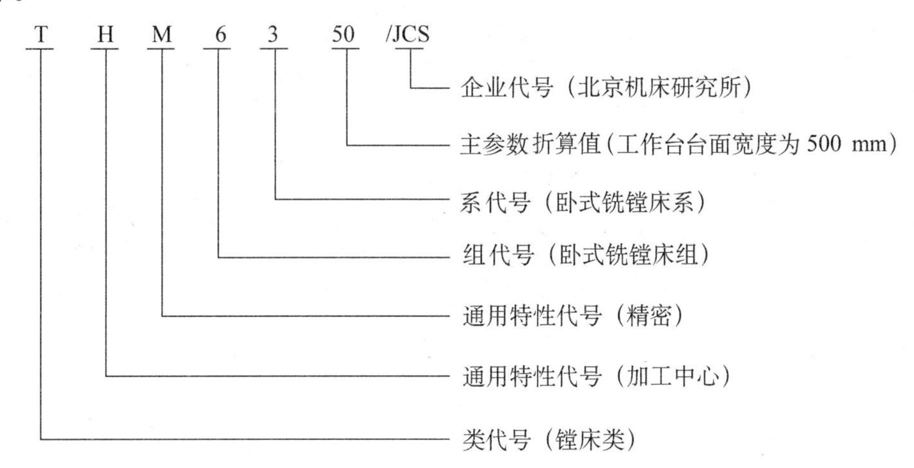

此机床是北京机床研究所生产的工作台台面宽度为 500 mm 的精密卧式铣镗加工中心。

二、知识链接

(一) 机床型号的编制

机床的型号是一个代号，用来表示机床类型及主要技术参数等。

通用机床型号的编制方法是：

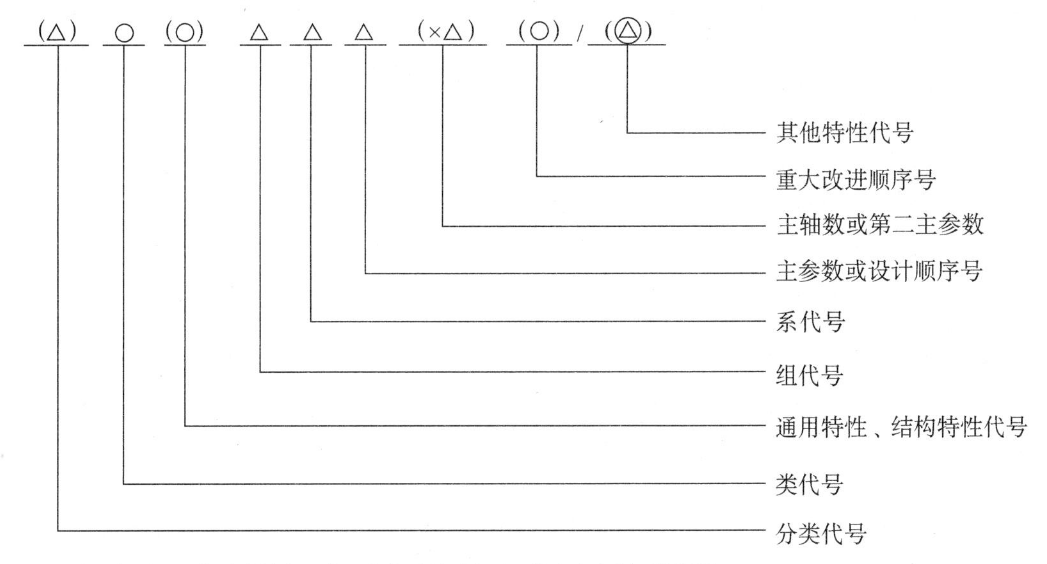

注：有“( )”的代号或数字，当无内容时则不表示；若有内容则不带括号。

有“○”符号者为大写的汉语拼音字母。

有“△”符号者为阿拉伯数字。

有“◬”符号者为大写的汉语拼音字母，或阿拉伯数字，或两者兼有。

通用机床的型号由基本部分和辅助部分组成，中间用“/”隔开，读作“之”。基本部分需统一管理，辅助部分是否纳入型号由企业自定。

（二）机床的分类

按照国家标准规定，机床按加工性质可分为十一大类，机床的类代号见表 9–1，包括车床、钻床、镗床、磨床、齿轮加工机床、螺纹加工机床、铣床、刨插床、拉床、锯床和其他机床。每类机床又分为 10 个组，每组又分为 10 个系。只有磨床的品种较多，所以分为三个分类。

表 9–1　　机床的类代号

类别	车床	钻床	镗床	磨床			齿轮加工机床	螺纹加工机床	铣床	刨插床	拉床	锯床	其他机床
代号	C	Z	T	M	2M	3M	Y	S	X	B	L	G	Q
读音	车	钻	镗	磨	2 磨	3 磨	牙	丝	铣	刨	拉	割	其

（三）机床的特性代号

1. 通用特性代号

机床的通用特性代号见表 9–2。

表 9–2　　机床通用特性代号

通用特性	高精度	精密	自动	半自动	数控	加工中心（自动换刀）	仿形	轻型	加重型	简式或经济型	柔性加工单元	数显	高速
代号	G	M	Z	B	K	H	F	Q	C	J	R	X	S
读音	高	密	自	半	控	换	仿	轻	重	简	柔	显	速

2. 结构特性代号

结构特性代号用于区别主参数相同而结构不同的机床，用大写的汉语拼音字母并排在通用特性代号之后。通用特性代号已用的字母以及 I、O 不能用。

（四）机床的组、系代号

机床的组、系代号用数字表示，组合起来代表某一特定机床。

（五）主参数或设计顺序号

主参数表示机床的主要技术规格，不同机床的主参数的含义也不同。主参数采用折算值表示，位于组、系代号之后。折算值一般取 1/10，小型机床采用 1/1，大型机床采用 1/100。

（六）主轴数或第二主参数

第二主参数一般是指主轴数、最大跨距、最大工件长度、最大模数、最大车削（磨削、刨削）长度及工作台工作面长度等。

（七）机床的重大改进顺序号

当机床的结构、性能有重大改进和提高，并按新产品重新设计、试制和鉴定时，才能按字母顺序加入，以区别于原机床型号。

（八）其他特性代号

如仅改变机床的部分性能结构时，则在“/”后加 1、2 等数字，以与原机床型号区别。

课题二 车床

任务 分析车床的主运动传动链

任务说明

◎ 掌握CA6140型车床主运动的传动路线表达式及其转速和级数的计算方法。

技能点

◎ 会正确书写主运动的传动路线表达式，并且能够计算车床转速级数，最高、最低转速。

知识点

◎ 车床的组成、传动系统、传动路线表达式，运动平衡方程式。

一、任务实施

由于各种机械产品中回转表面的零件很多，车床的工艺范围又较广，所以车床使用十分广泛，其中尤以卧式车床使用最普遍。传动系统图是将各种传动元件用简单的符号，并按运动顺序依次排列，以展开图形式画在机床外形及主要部件相互位置的投影面上的传动示意图，用来表示传动路线、传动元件、变速方式和运动调整方式。

（一）任务引入

根据CA6140型车床传动系统图（见图9–1），正确书写主运动传动路线表达式，并计算正转最高转速$n_{正\max}$、最低转速$n_{正\min}$和级数。

（二）分析及解决问题

1．齿轮在轴上的连接方式

（1）固定连接

齿轮与轴采用键连接，齿轮与轴一起旋转，无相对的轴向移动。例如，图9–1中轴Ⅱ上的z=39、z=22和z=30的齿轮与轴Ⅱ的连接关系。

（2）滑移连接

齿轮与轴采用花键连接，齿轮与轴一起旋转，但齿轮可以在轴上做轴向移动。例如，图9–1中轴Ⅱ上z=38、z=43的双联齿轮与轴Ⅱ的连接关系。

（3）空套连接

齿轮与轴采用轴承连接，轴只起支承作用，齿轮的运动与轴无关，轴可以固定不转，也可以旋转。例如，图9–1中轴Ⅶ上的z=34的齿轮与轴Ⅶ的连接关系。

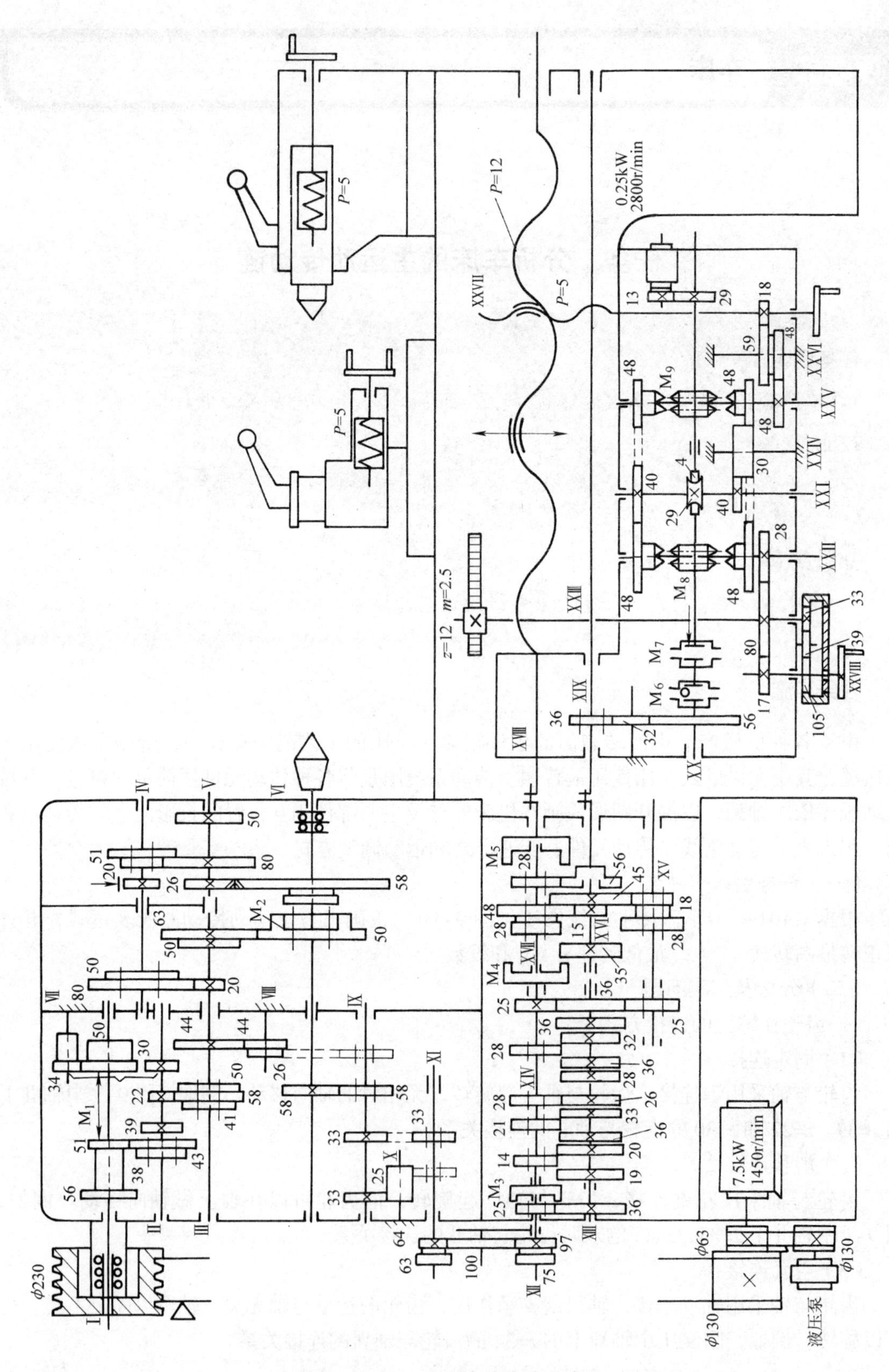

图 9-1 CA6140 型车床传动系统图

2．传动链和传动比

（1）传动链

它是指把动力源和执行元件连接起来，或把两个执行元件连接起来，用来传递运动和动力的传动联系。一个机床有几种运动，就有几条传动链。例如，车床主运动传动链，其首末两端为主电动机和主轴。车床的横向、纵向进给传动链，其首末两端为主轴和刀架。

（2）传动比

在机床传动系统中所讲的传动比是指主动齿轮齿数（z_1）与被动齿轮齿数（z_2）的比值，用 u 表示，即 $u=z_1/z_2$（对于带传动，$u=d_1/d_2$，d_1 和 d_2 分别为主动轮和从动轮的直径），u 不同于机械设计中的传动比 i，关系为 $u=1/i$，目的是便于计算。

3．主运动传动链

主运动传动链的首端为主电动机，末端为车床主轴，其传动路线表达式为：

$$\underset{\left(\begin{array}{l}7.5\ \text{kW}\\1\ 450\ \text{r/min}\end{array}\right)}{\text{电动机}}-\frac{\phi130}{\phi230}-\text{I}-\left\{\begin{array}{l}M_1(\text{左合})-\left\{\begin{array}{c}\frac{56}{38}\\\frac{51}{43}\end{array}\right\}\\M_1(\text{右合})-\frac{50}{34}\times\frac{34}{30}\end{array}\right\}-\text{II}-\left\{\begin{array}{c}\frac{39}{41}\\\frac{30}{50}\\\frac{22}{58}\end{array}\right\}-\text{III}-$$

$$\left\{\begin{array}{l}M_2(\text{向左})-\frac{63}{50}\\M_2(\text{向右})-\left\{\begin{array}{c}\frac{50}{50}\\\frac{20}{80}\end{array}\right\}-\text{IV}-\left\{\begin{array}{c}\frac{51}{50}\\\frac{20}{80}\end{array}\right\}-\text{V}-\frac{26}{58}\end{array}\right\}-\text{VI}(\text{主轴})$$

M_1 和 M_2 为离合器。其中，M_1 向左结合，实现主轴正转；M_1 向右结合，实现主轴反转；M_1 处于中间，则轴Ⅰ空转，既不传动左边 $z=51$ 和 $z=56$ 的齿轮，也不传动右边 $z=50$ 的齿轮。

4．计算主轴正转的最高转速 $n_{\text{正}\max}$ 和最低转速 $n_{\text{正}\min}$

$$n_{\text{正}\max}=1\ 450\times\frac{130}{230}\times\frac{56}{38}\times\frac{39}{41}\times\frac{63}{50}\times0.98\ \text{r/min}\approx1\ 400\ \text{r/min}$$

$$n_{\text{正}\min}=1\ 450\times\frac{130}{230}\times\frac{51}{43}\times\frac{22}{58}\times\frac{20}{80}\times\frac{20}{80}\times\frac{26}{58}\times0.98\ \text{r/min}\approx10\ \text{r/min}$$

5．计算级数

主轴正转时，按照各滑移齿轮的位置产生不同组合，可获得 1×2×3×（1+2×2×1）=30 级转速。

但由于轴Ⅲ到轴Ⅴ的传动比分别为：

$$u_1=\frac{50}{50}\times\frac{51}{50}\approx1\quad u_2=\frac{50}{50}\times\frac{20}{80}=\frac{1}{4}\quad u_3=\frac{20}{80}\times\frac{51}{50}\approx\frac{1}{4}\quad u_4=\frac{20}{80}\times\frac{20}{80}=\frac{1}{16}$$

其中传动比 u_2、u_3 基本相同，所以实际只有 3 种不同的传动比，因此，主轴正转时可获得 1×2×3×（1+2×2×1−1）=24 级转速。

二、知识链接

（一）车床的主要组成部件

CA6140 型车床的主要组成部件如图 9-2 所示。

1．主轴箱

主轴箱固定于床身左上部，支承主轴部件，并使主轴及工件以所需速度旋转。

2．刀架部件

刀架部件装在床身的刀架导轨上，可通过机动、手动使安装在刀架上的刀具做纵向、横向或斜向进给。

3．进给箱

进给箱固定在床身左端前面，内有变速装置，用来改变机动进给的进给量或被加工螺纹的螺距。

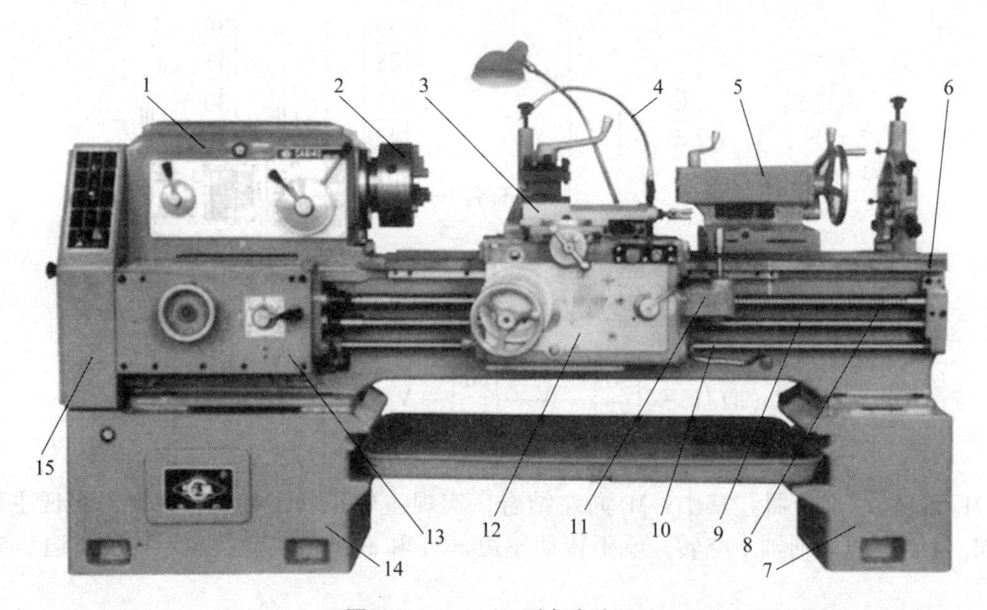

图 9-2 CA6140 型车床外形

1—主轴箱 2—卡盘 3—刀架部件 4—冷却管 5—尾座 6—床身 7、14—床脚
8—丝杠 9—光杠 10—操纵杆 11—快移机构 12—溜板箱 13—进给箱 15—交换齿轮箱

4．溜板箱

溜板箱安装在刀架部件底部，通过光杠或丝杠接收自进给箱传来的运动，并将运动传给刀架部件，实现刀架的纵向、横向进给或车螺纹运动。

5．尾座

尾座固定于床身尾座导轨上，可以沿床身导轨调整位置，还可以做少量横向调整来车削锥体。可安装顶尖以及钻头、铰刀等孔加工刀具进行孔的加工。

6．床身

床身用来支承和安装车床的主轴箱、进给箱、溜板箱等，保证相互之间的位置和运动轨迹。

（二）车床的传动系统

CA6140 型车床传动系统由主运动传动链、车螺纹传动链、纵向进给传动链、横向进给传动链及快速移动传动链组成。

1. 车螺纹传动链

CA6140 型车床可以车削米制、模数、寸制、径节 4 种标准螺纹，还可车削大导程、非标准及较精密的螺纹。

（1）车米制螺纹传动链

米制螺纹是应用最广泛的一种螺纹，在国家标准中规定了标准螺距值，其传动路线表达式如下：

$$\text{主轴Ⅵ}-\frac{58}{58}-\text{Ⅸ}-\left\{\begin{matrix}\frac{33}{33}\text{（右旋螺纹）}\\\frac{33}{33}\\\frac{33}{25}\times\frac{25}{33}\text{（左旋螺纹）}\end{matrix}\right\}-\text{Ⅺ}-\frac{63}{100}\times\frac{100}{75}-\text{Ⅻ}-\frac{25}{36}-\text{XⅢ}-u_{\text{XⅢ}-\text{XⅣ}}-\text{XⅣ}-$$

$$\frac{25}{36}\times\frac{36}{25}-\text{XV}-u_{\text{XV}-\text{XⅦ}}-\text{XⅦ}-\text{M}_5-\text{XⅧ}\text{（丝杠，}P=12\text{ mm）}-\text{刀架}$$

当主轴每转一转时，刀具相对于工件移动一个导程 P_h，可得：

$$P_h = nP_{\text{工}}$$

式中 P_h——所加工螺纹的导程，mm；

n——所加工螺纹的线数；

$P_{\text{工}}$——所加工螺纹的螺距，mm。

运动平衡方程式为：

$$P_h = 1_{\text{主轴}}\times\frac{58}{58}\times\frac{33}{33}\times\frac{63}{100}\times\frac{100}{75}\times\frac{25}{36}\times u_{\text{XⅢ}-\text{XⅣ}}\times\frac{25}{36}\times\frac{36}{25}\times u_{\text{XV}-\text{XⅦ}}\times 12$$

整理后得到：
$$P_h = 7u_{\text{XⅢ}-\text{XⅣ}}u_{\text{XV}-\text{XⅦ}}$$

其中 $u_{\text{XⅢ}-\text{XⅣ}}$可为 $\frac{6.5}{7}$、$\frac{7}{7}$、$\frac{8}{7}$、$\frac{9}{7}$、$\frac{9.5}{7}$、$\frac{10}{7}$、$\frac{11}{7}$和$\frac{12}{7}$，共有 8 种传动比，近似等差数列，是获得各种螺纹导程的基本变速机构，称为基本变速机构或基本组，用 $u_{\text{基}}$表示。

$u_{\text{XV}-\text{XⅦ}}$可为 1、$\frac{1}{2}$、$\frac{1}{4}$和$\frac{1}{8}$，共有 4 种传动比，呈等比数列，配合基本组，可扩大车削螺纹的螺距，称为增倍机构或增倍组，用 $u_{\text{倍}}$表示。

经简化后可得：
$$P_h=7u_{\text{基}}u_{\text{倍}}$$

（2）车模数螺纹传动链

螺距参数为模数 m，螺距为 πm，主要用于米制蜗杆。

则：
$$P_{hm}=km\pi$$

式中 P_{hm}——模数螺纹的导程，mm；

m——螺纹模数，mm；

k——螺纹线数。

与车米制螺纹不同点：车米制螺纹交换齿轮采用 63、100、75；而车模数螺纹交换齿轮采用 64、100、97，其余路线相同。

运动平衡方程式为：$P_{hm}=1_{主轴}\times\frac{58}{58}\times\frac{33}{33}\times\frac{64}{100}\times\frac{100}{97}\times\frac{25}{36}\times u_{基}\times\frac{25}{36}\times\frac{36}{25}\times u_{倍}\times 12$

由于$\left(\frac{64}{100}\times\frac{100}{97}\right)\Big/\left(\frac{63}{100}\times\frac{100}{75}\right)\approx\frac{\pi}{4}$

整理后得：

$$P_{hm}=\frac{7}{4}\pi u_{基}\ u_{倍}$$

将 $P_{hm}=km\pi$ 代入上式得：

$$m=\frac{7}{4k}u_{基}\ u_{倍}$$

（3）车寸制螺纹传动链

螺距参数为每英寸长度上的牙数 n，螺距$\frac{25.4}{n}$ mm。

与车米制螺纹不同点：M_3 合上后，运动由Ⅻ轴传至ⅪⅤ轴，再经$\frac{1}{u_{基}}$传至ⅩⅢ轴，ⅩⅤ轴上 z=25 的齿轮向左滑移至与ⅩⅢ轴上 z=36 的固定齿轮啮合，则通过$\frac{36}{25}$的齿轮副传至ⅩⅤ轴，其余路线相同。

由运动平衡方程式简化后推导可得：$n=\frac{7k}{4}\times\frac{u_{基}}{u_{倍}}$

（4）车径节螺纹传动链

螺距参数为径节 DP，就是寸制蜗杆，螺距值为（π/DP）in。

与车寸制螺纹不同点：交换齿轮采用 64、100、97，其余路线相同。

由运动平衡方程式简化后推导可得：$DP=7k\frac{u_{基}}{u_{倍}}$

（5）车大导程螺纹传动链

将轴Ⅸ右端 z=58 的滑移齿轮右移，使之与轴Ⅷ上 z=26 的齿轮啮合。此时，主轴到轴Ⅸ的传动路线为：

$$主轴Ⅵ—\frac{58}{26}—Ⅴ—\frac{80}{20}—Ⅳ—\left\{\begin{matrix}\frac{80}{20}\\ \\ \frac{50}{50}\end{matrix}\right\}—Ⅲ—\frac{44}{44}—Ⅷ—\frac{26}{58}—Ⅸ$$

传动比：$u_{扩1}$=4，$u_{扩2}$=16 可使被加工螺纹的导程扩大至 4 或 16 倍。

注意：此时主轴只能在低速和较低速下工作。

（6）车非标准及较精密螺纹传动链

将离合器 M_3、M_4、M_5 全部合上，传动路线缩短，加工精度提高。所加工螺纹的导程则依靠交换齿轮架的传动比 $u_{挂}$来实现。

运动平衡方程式可简化为：$P_h=u_{挂}\times 12=\frac{a}{b}\times\frac{c}{d}\times 12$

则有

$$u_{挂}=\frac{a}{b}\times\frac{c}{d}=\frac{P_h}{12}$$

2．纵向和横向进给传动链

纵向和横向进给方向是按照操作人员所在位置确定的，操作人员前进或后退的方向为横向，向左或向右的方向为纵向。刀具靠近工件为进给，如横向进给、纵向进给；刀具离开工件为退刀，如横向退刀、纵向退刀。

CA6140型车床做机动进给时，从主轴Ⅵ至进给箱内的轴XⅦ的传动路线与车米制和寸制螺纹的传动路线相同。将轴XⅦ上z=28的滑移齿轮与离合器M_5脱开，与光杠XIX左端z=56的齿轮啮合，运动经光杠传入溜板箱，再经溜板箱中的传动机构分别传至齿轮齿条机构或横向进给丝杠XXⅦ，使刀架做纵向或横向机动进给。

其传动路线表达式为：

$$\text{主轴Ⅵ}—\begin{Bmatrix}\text{米制螺纹路线}\\\text{寸制螺纹路线}\end{Bmatrix}—\text{XⅦ}—\frac{28}{56}—\text{XIX（光杠）}—\frac{36}{32}\times\frac{32}{56}—M_6—M_7—\text{XX}—\frac{4}{29}—\text{XXI}—$$

$$—\begin{cases}\begin{Bmatrix}\frac{40}{48}—M_9\uparrow\text{（前合）}\\\frac{40}{30}\times\frac{30}{48}—M_9\downarrow\text{（后合）}\end{Bmatrix}—\text{XXV}—\frac{48}{48}\times\frac{59}{18}—\text{XXⅦ（丝杠）—刀架（横向移动）}\\\begin{Bmatrix}\frac{40}{48}—M_8\uparrow\text{（前合）}\\\frac{40}{30}\times\frac{30}{48}—M_8\downarrow\text{（后合）}\end{Bmatrix}—\text{XXⅡ}—\frac{28}{80}—\text{XXⅢ—z12—齿条—刀架（纵向移动）}\end{cases}$$

3．快速移动传动链

刀架纵向、横向的快速移动由快速电动机（0.25 kW，2 800 r/min）经过齿轮副$\frac{13}{29}$传动至轴XX，再沿机动进给路线传给横向进给丝杠、纵向齿轮齿条副，实现快速移动。

课题三 车削加工

任务 分析车削加工范围及特点

任务说明

◎ 掌握车床的加工范围和车削加工的特点。

技能点

◎ 车床的加工范围和车削加工的特点。

知识点

◎ 车削加工的加工范围和加工特点。

◎ 常用车刀的种类。

◎ 工件的装夹。

一、任务实施

车削是切削加工中最基本的，也是使用范围最广的一种加工方法。

（一）任务引入

车削用于回转表面的加工，加工时工件旋转为主运动，车刀移动为进给运动。请分析普通卧式车床的车削加工范围和工艺特点。

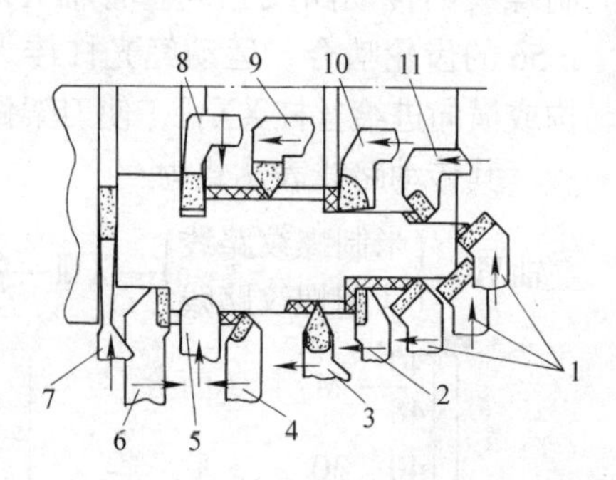

图 9–3 车刀的类型和用途

1—45°弯头车刀 2—90°外圆车刀 3—外螺纹车刀 4—75°外圆车刀 5—成形车刀 6—90°左切外圆车刀 7—切断刀 8—内孔车槽刀 9—内螺纹车刀 10—不通孔车刀 11—通孔车刀

（二）分析及解决问题

1．车刀的类型和用途

用普通卧式车床车削工件时所用车刀的类型和用途如图 9–3 所示，有 45° 弯头车刀、90° 外圆车刀、成形车刀、螺纹车刀、切断刀、通孔车刀、75° 外圆车刀等。

2．卧式车床的工作范围

如图 9–4 所示为卧式车床的工作范围，下面分别分析其加工特点。

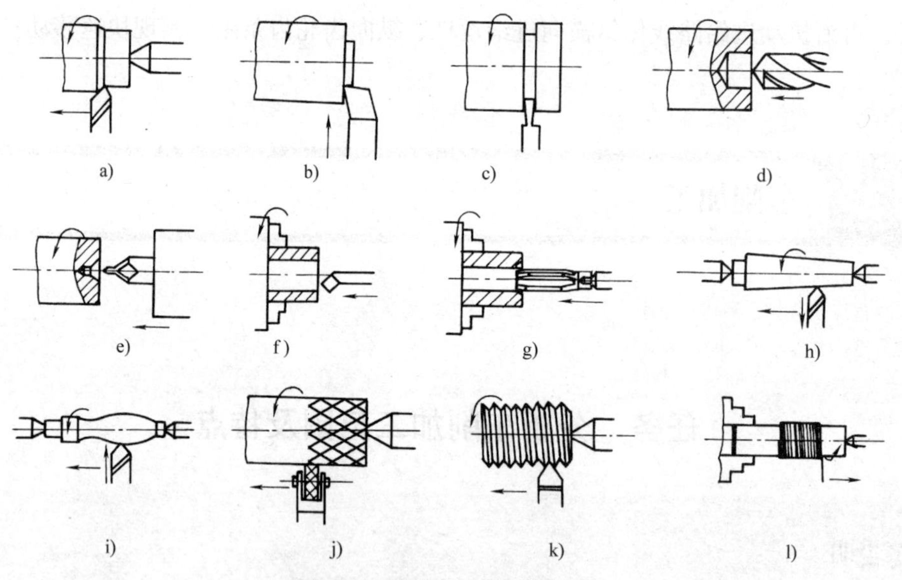

图 9–4 卧式车床的工作范围

a）车外圆 b）车端面 c）车槽和切断 d）钻孔 e）钻中心孔 f）车孔 g）铰孔 h）车圆锥面 i）车成形面 j）滚花 k）车螺纹 l）盘绕弹簧

（1）车外圆和车端面

粗车外圆时，应先检查车床 V 带、摩擦离合器、滑板镶条等不能太松，再夹紧工件，若使用顶尖，应采用回转顶尖。尾座套筒及车刀的伸出长度应尽量短。要采取断屑措施。

精车外圆时，要校正尾座在底板上的横向位置，保证前、后顶尖同轴。装夹工件时夹紧力不能过大，以免工件变形或破坏工件表面。

当工件长度与直径的比大于 25 时，该工件为细长轴，应采用中心架（见图 9–5）和跟刀架（见图 9–6）装夹工件，以增大刚度。中心架固定在床身上，车削时必须掉头、接刀；而跟刀架固定在中滑板上，与刀架一起移动，可一次车出细长轴的全长。

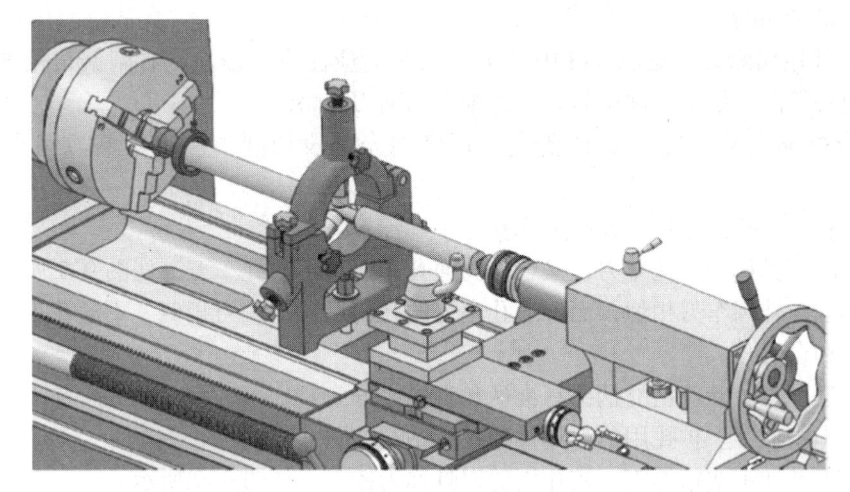

图 9–5　中心架

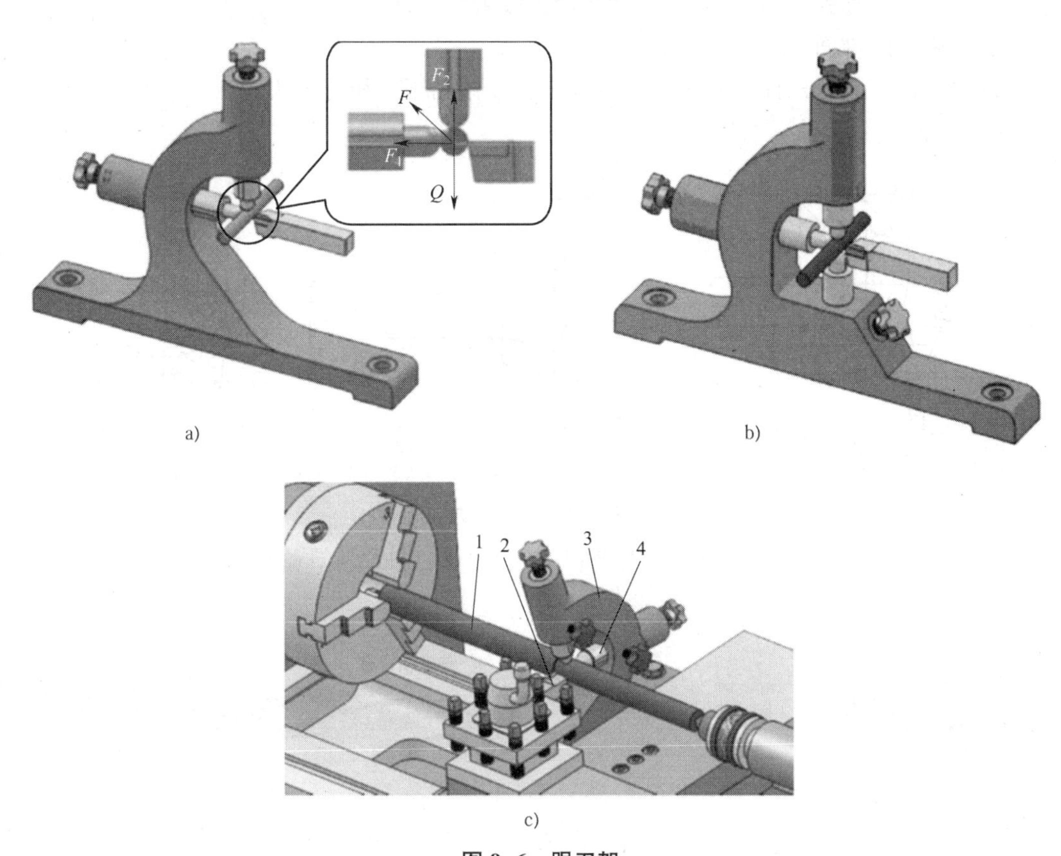

图 9–6　跟刀架

a）两爪跟刀架　b）三爪跟刀架　c）跟刀架的使用

1—细长轴　2—车刀　3—两爪跟刀架　4—支承爪　F—切削力

F_1—切削力的水平分力　F_2—切削力的竖直分力　Q—重力

车台阶轴时一般采用偏刀来完成。单件、小批生产时，轴向尺寸用床鞍手轮上的刻度盘来控制；成批生产时，可用挡块来控制轴向尺寸。

车端面时，常用卡盘装夹工件，车刀做横向进给运动。

（2）车槽和切断

切断工件用切断刀（见图 9–3 中的 7）。安装时应注意保证左、右副偏角相等，主切削刃与工件中心等高。如果工件中间有孔，则主切削刃需略高于工件中心。

一般窄槽靠切削刃宽度保证槽宽；宽槽则先分段切削，再用车槽刀精车槽侧及槽底。

（3）车孔、钻孔、扩孔、铰孔、锪孔

车孔用的刀具称为内孔车刀，又可分为通孔车刀和不通孔车刀，如图 9–7 所示。通孔车刀的几何形状与外圆车刀相似，而不通孔车刀的几何形状与偏刀相似。不通孔车刀主要用来加工不通孔和台阶孔。

钻孔是粗加工。麻花钻的柄部有锥柄和直柄之分。

扩孔是半精加工。扩孔用的刀具称为扩孔钻，如图 9–8 所示。

铰孔是半精加工或精加工。铰孔用的刀具称为铰刀，如图 9–9 所示。

锪孔用的刀具称为锪钻，如图 9–10 所示为圆锥形锪钻。

（4）车内、外锥面

车削锥面的方法有三种，即转动小滑板法、偏移尾座法和仿形法。

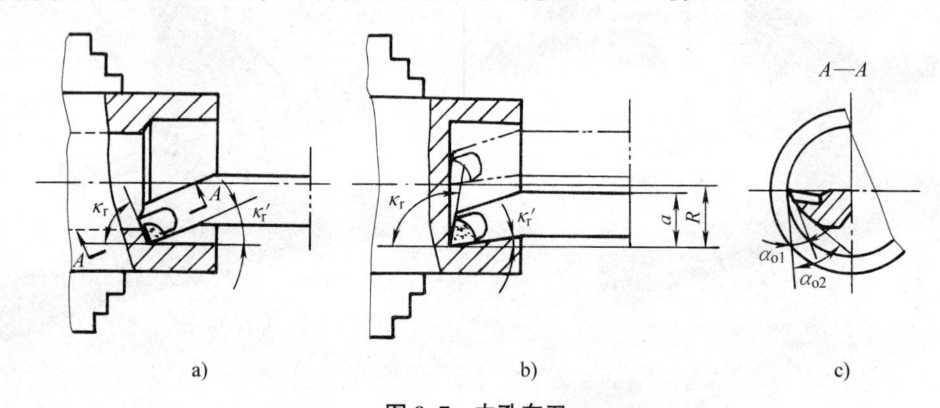

图 9–7　内孔车刀

a）通孔车刀　b）不通孔车刀　c）两个后角

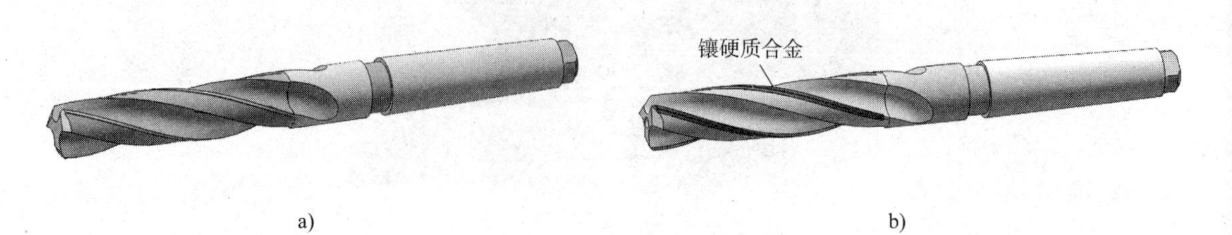

图 9–8　扩孔钻

a）高速钢扩孔钻　b）硬质合金扩孔钻

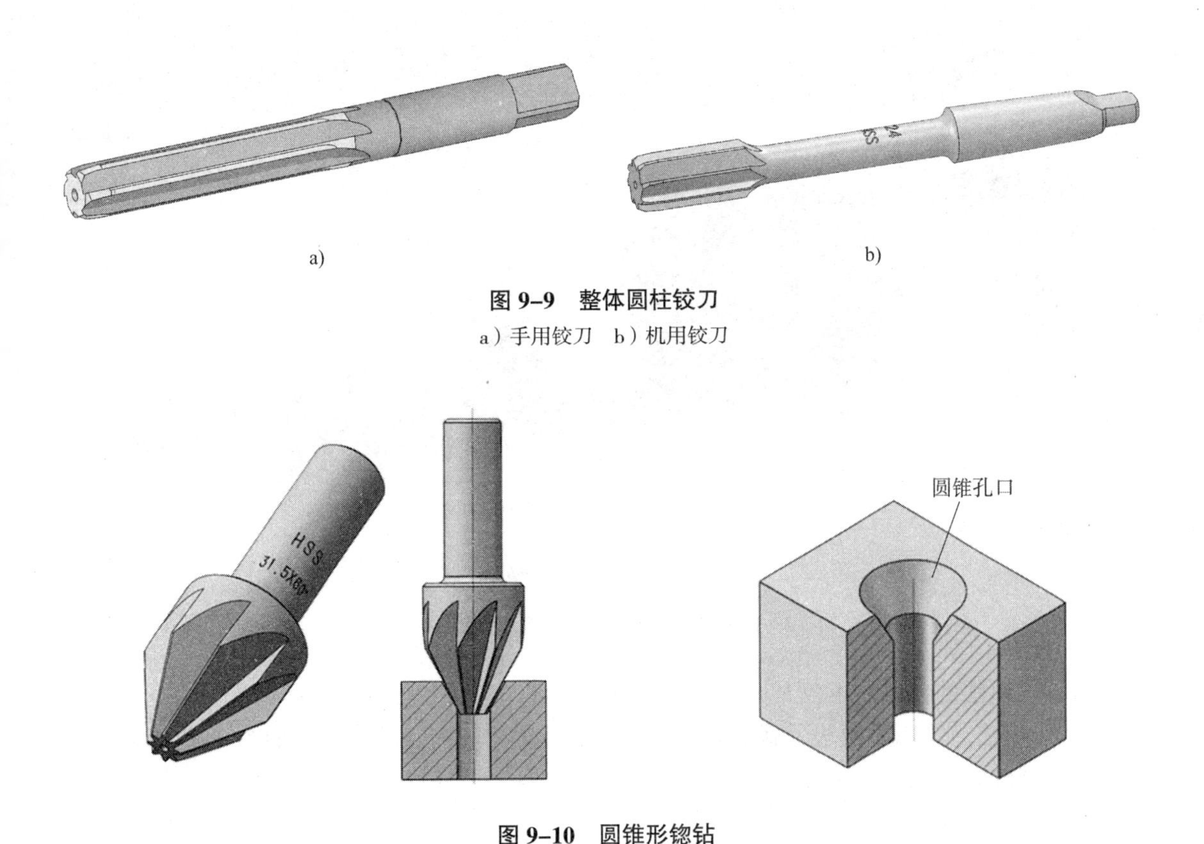

图 9-9 整体圆柱铰刀

a）手用铰刀 b）机用铰刀

图 9-10 圆锥形锪钻

1）转动小滑板法。如图 9-11 所示为用转动小滑板法车削外圆锥，将小滑板转动一个圆锥半角，使车刀移动方向与圆锥素线的方向平行。可加工任意角度的内、外圆锥，但工件长度受到小滑板行程的限制，且只能手动进给。

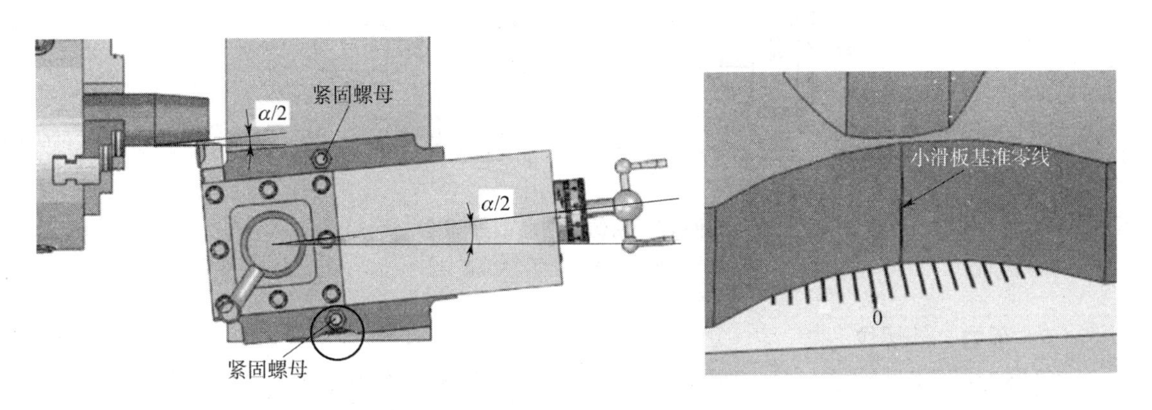

图 9-11 用转动小滑板法车削外圆锥

2）偏移尾座法。如图 9-12 所示为用偏移尾座法车削圆锥，将工件装夹在两顶尖之间，偏移尾座一定距离 S，使工件旋转轴线与车刀进给方向相交成圆锥半角。适用于车削锥度较小而圆锥长度较长的外圆锥工件。

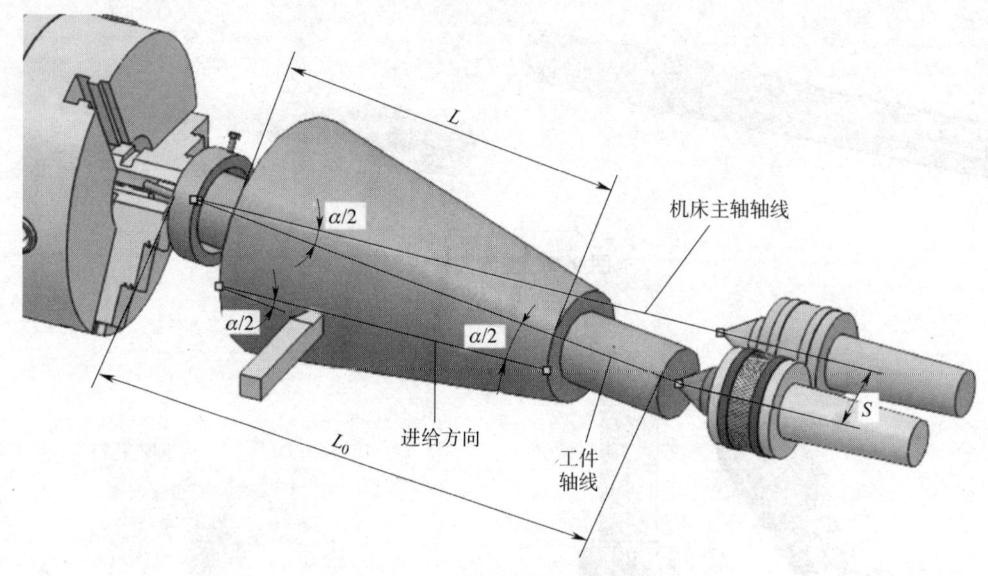

图 9–12　用偏移尾座法车圆锥

偏移尾座法的偏移量不仅与圆锥长度 L 有关，还与工件长度 L_0 有关。

3）仿形法。又叫靠模法，就是刀具按照仿形装置车削内、外圆锥，如图 9–13 所示为用仿形法车削外圆锥。

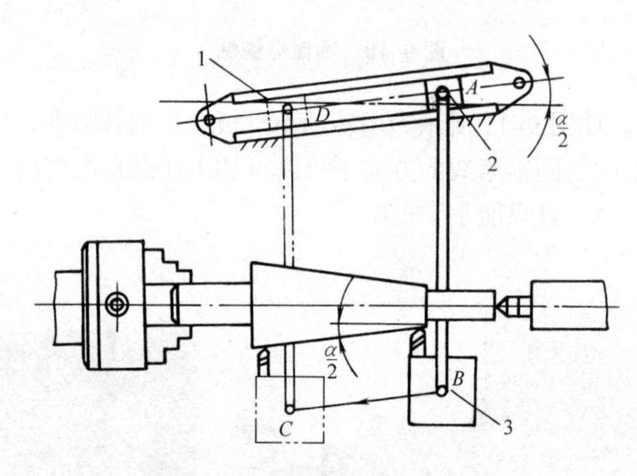

图 9–13　用仿形法车削外圆锥

1—靠模板　2—滑块　3—刀架

（5）车内、外螺纹

车削螺纹时采用螺纹车刀，如图 9–14 所示为三角形螺纹车刀。

三角形螺纹的车削方法有低速车削和高速车削两种。低速车削用高速钢螺纹车刀，高速车削用硬质合金螺纹车刀。

1）低速车削三角形外螺纹。车螺纹时的进刀方法有直进法、左右车削法和斜进法三种，如图 9–15 所示。

①直进法。车削时只用中滑板横向进给，经几次行程可车出螺纹。只适用于较小螺距螺纹的车削。

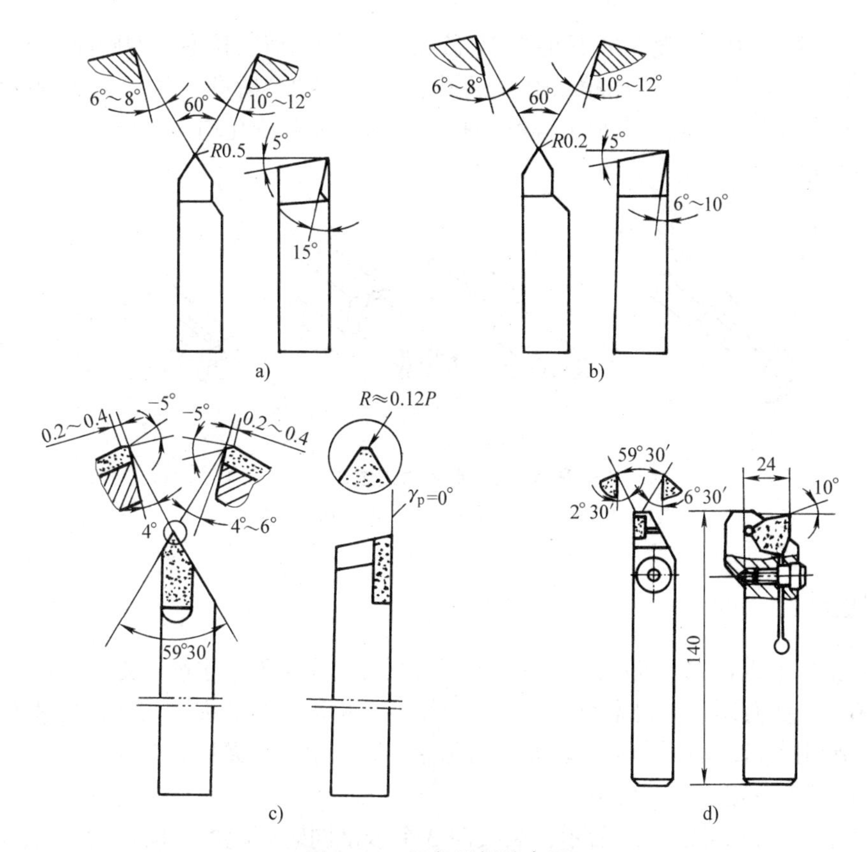

图 9–14　三角形螺纹车刀

a）高速钢粗车刀　b）高速钢精车刀

c）焊接式硬质合金螺纹车刀　d）机械夹固式硬质合金螺纹车刀

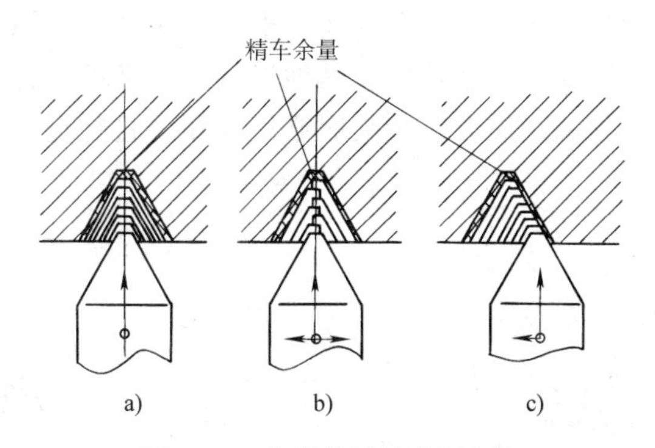

图 9–15　车螺纹时的进刀方法

a）直进法　b）左右车削法　c）斜进法

②左右车削法。除横向进给外，还用小滑板向左或向右微量进给（俗称赶刀），几次行程后可车出螺纹。车削时只有一个切削刃切削，排屑顺利，不易扎刀，但操作复杂，难掌握。适用于需要精加工的螺纹，且左右进给量很小，否则易把牙底车宽或使牙底车不平。

③斜进法。除直进外，小滑板向一个方向微量进给，让车刀的一个侧刃切削。适用于粗加工，之后还要采用左右车削法精车螺纹。

2）高速车削三角形外螺纹。只能采用直进法，否则切屑会拉毛牙型侧面。

3）车削三角形内螺纹。内螺纹孔有通孔、不通孔和台阶孔三种。常用内螺纹车刀如图 9–16 所示。车削螺纹前应先加工螺纹底孔，不通孔和台阶孔均应车出退刀槽，同时应严格控制螺纹长度。

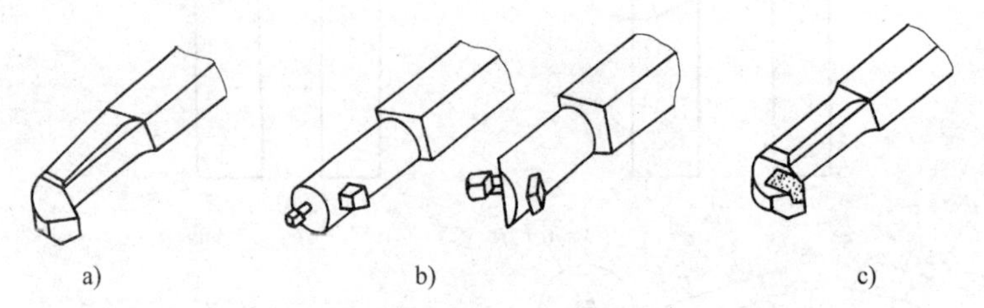

图 9–16　常用内螺纹车刀

a）整体式　b）可调式　c）硬质合金整体式

二、知识链接

工件在车床上进行加工前必须装夹牢固，否则容易发生安全事故。那么，应如何装夹工件呢？常用的方法有用三爪自定心卡盘装夹、用四爪单动卡盘装夹、用两顶尖装夹、一夹一顶装夹、一端用卡盘一端用中心架装夹、用花盘装夹、用专用夹具装夹等。

（一）用三爪自定心卡盘装夹

三爪自定心卡盘如图 9–17 所示，装夹时 3 个卡爪同时等距离径向移动，所以能自动定心。适用于装夹圆棒料、六角棒料以及外表面为圆柱面的工件，而且工件伸出长度不能超过直径的 3 倍。

（二）用四爪单动卡盘装夹

四爪单动卡盘如图 9–18 所示，装夹时 4 个卡爪可分别单独做径向移动，夹紧力大，适用于装夹毛坯、方形、长方形、椭圆形和其他形状不规则的工件以及较大的工件，但必须保证加工面的轴线与卡盘轴线重合，装夹时必须找正，且找正非常麻烦，因此使用不太方便。

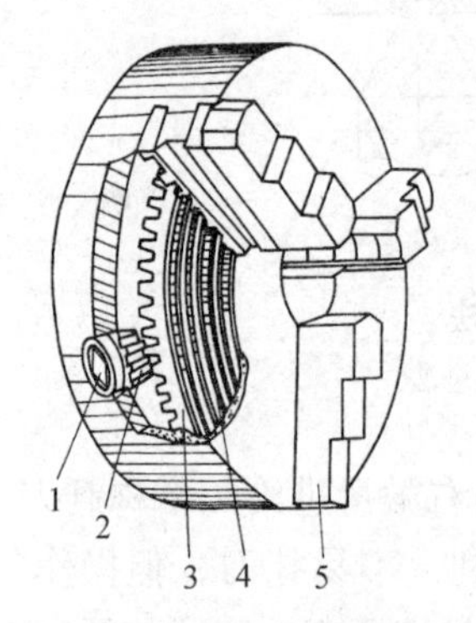

图 9–17　三爪自定心卡盘

1—方孔　2—小圆锥齿轮

3—大圆锥齿轮　4—平面螺纹　5—卡爪

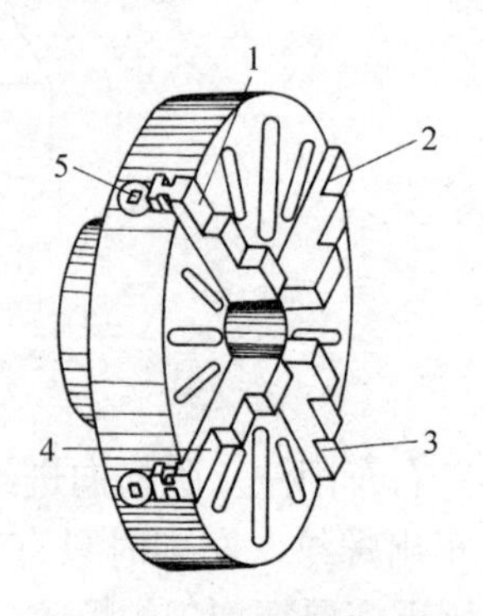

图 9–18　四爪单动卡盘

1、2、3、4—卡爪　5—调节螺杆

（三）用两顶尖装夹

用顶尖装夹工件前，须在工件上用中心钻钻中心孔。中心孔有 A 型、B 型、C 型和 R 型。对于精度要求较高、工序较多、需多次使用中心孔的工件，采用 B 型中心孔。用两顶尖装夹工件时，需用鸡心夹和拨盘夹紧来带动工件旋转，如图 9–19 所示。顶尖有固定顶尖和回转顶尖两种。固定顶尖定心准确，刚度高，适用于低速切削和工件精度要求较高的场合；回转顶尖定心精度不高，随着工件一起转动，适用于高速切削。

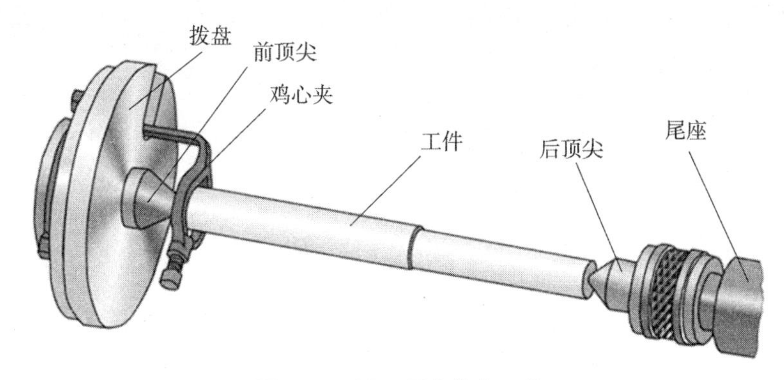

图 9–19　用两顶尖装夹工件

（四）一夹一顶装夹

粗加工余量大且不均匀的工件时，可采取一端用卡盘夹住、另一端用顶尖顶住的装夹方法，如图 9–20 所示为一夹一顶装夹工件。

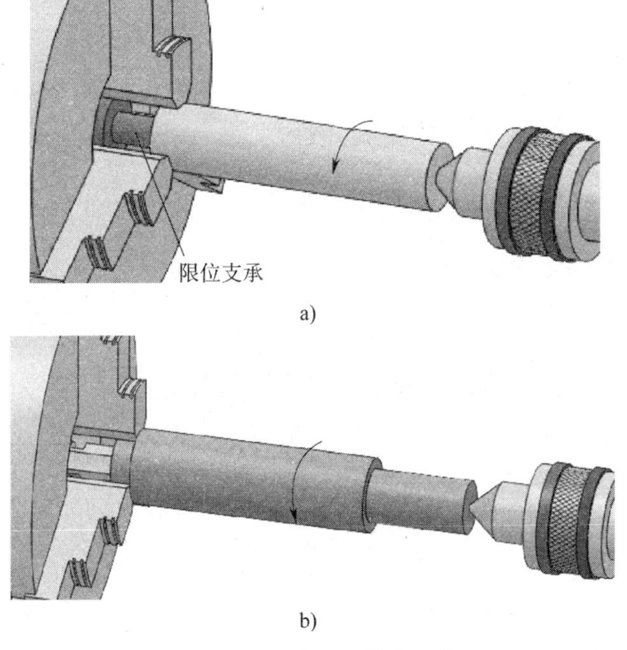

图 9–20　一夹一顶装夹工件

a）用限位支承限位　b）用工件台阶限位

（五）一端用卡盘一端用中心架装夹

对于直径较大的较长工件（不能塞入卡盘孔、主轴孔内），当要车孔、车端面、车内螺纹或修整中心孔时，可一端用卡盘一端用中心架装夹。

（六）用花盘装夹

单件、小批生产时，在车床上加工不规则的工件可采用花盘（见图 9–21）配合定位工具装夹，并且必须配平衡块。

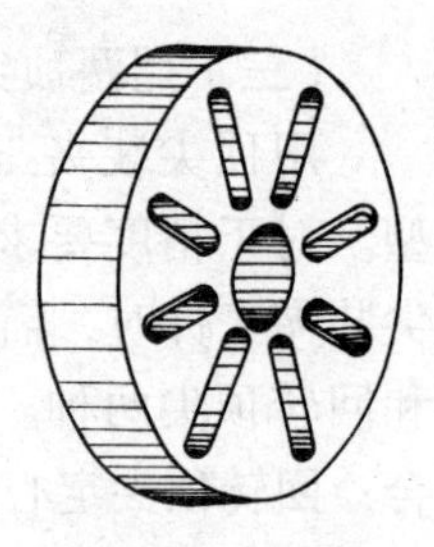

图 9–21　花盘

模 块 十

铣削、磨削加工

课题一 铣床

任务 识别常用的铣床

任务说明

◎ 通过对不同类别铣床的识别，了解各种铣床的作用及特点，并对卧式升降台铣床各部分的名称和结构建立完整的认识。

技能点

◎ 识别铣床的种类。

知识点

◎ 铣削及其加工特点。

◎ 常见铣床的类型及应用。

一、任务实施

（一）任务引入

铣削加工是以铣刀旋转作为主运动、工件或铣刀做进给运动的切削加工方法。在铣床上使用不同的铣刀可以完成平面、台阶、沟槽和成形面等的铣削。铣床就是进行铣削的一种应用广、类型多的机床。

试说明图 10–1 至图 10–5 中的铣床分别属于哪种类型、各有何特点，并说明图 10–3 中铣床各部分结构的名称与主要作用。

（二）分析及解决问题

1. 铣床的种类及其特点

铣床的种类有很多，主要有升降台铣床、工作台不升降铣床、龙门铣床和万能工具铣床等。

（1）升降台铣床

升降台铣床是普通铣床中应用最广泛的一种类型。安装工件的工作台可在互相垂直的三个方向上调整位置和实现进给运动，铣刀安装在主轴上通过旋转实现主运动。这种机床常用来加工中、小零件的平面、沟槽，若配置相应的附件还可以加工螺旋槽及分齿零件，故广泛地用于单件、小批生产车间、工具车间及机修车间。

根据主轴的布置形式不同，升降台铣床可以分为卧式和立式两种。

1）立式升降台铣床。如图 10–1 所示，其主要特征是主轴与工作台垂直，主轴呈直立式。立式铣床安装主轴的部分称为立铣头。主轴上可安装立铣刀、端铣刀等刀具。立铣头可绕水平轴线扳转一个角度。

2）卧式升降台铣床。如图 10–2 所示，这种铣床又称为卧铣，是一种主轴水平布置的升降台铣床。工件安装在工作台上，工作台安装在床鞍的水平导轨上，工件可沿垂直于主轴轴线的方向纵向移动。床鞍装在升降台的水平导轨上，可沿主轴的轴线方向横向移动。升降台安装在床身的垂直导轨上，可上下垂直移动。这样，工件便可在三个方向上进行位置调整或做进给运动。

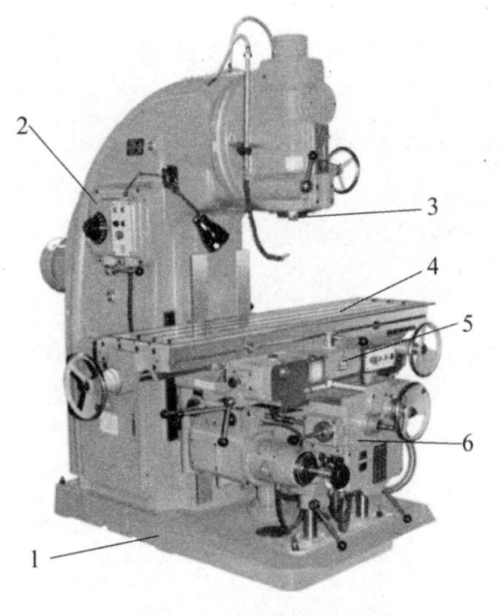

图 10–1　立式升降台铣床

1—底座　2—床身　3—主轴
4—工作台　5—滑座　6—升降台

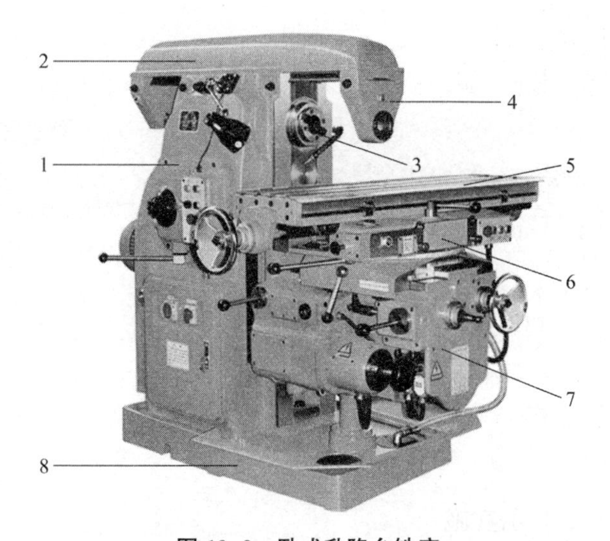

图 10–2　卧式升降台铣床

1—床身　2—悬梁　3—主轴　4—挂架
5—工作台　6—床鞍　7—升降台　8—底座

对于卧式万能升降台铣床，在工作台与床鞍之间还增设回转盘，可使工作台在水平面内扳转一定的角度（–45° ~ 45°）。

（2）工作台不升降铣床

如图 10–3 所示为立式工作台不升降铣床，其工作台不能升降，只做纵向和横向进给运动。机床的升降运动由安装在立柱上的主轴箱来实现，这样可以提高机床的刚度，便于采用较大的切削用量，适宜于高速和强力切削，常用来加工较大型和重型工件。

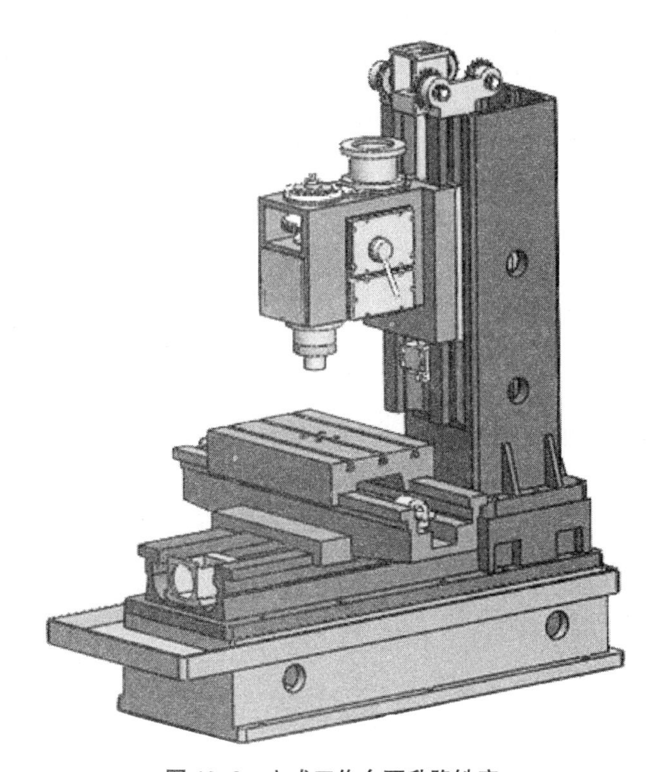

图 10–3　立式工作台不升降铣床

立式工作台不升降铣床还可采用圆形工作台，在上面可安装几套夹具，对工件进行多工位加工，装卸工件的辅助时间与机动时间重合，提高了劳动生产率。它适用于成批及大量铣削中、小型工件的平面。

（3）龙门铣床

如图 10–4 所示为四轴龙门铣床，在龙门的水平导轨上安装有两个立铣头，在两侧的垂直导轨上各装有一个卧铣头，铣削时可同时安装 4 把铣刀，铣削工件的 4 个表面，也可以按需要只装 1 ~ 3 把铣刀。龙门铣床的工作台一般只能做纵向运动，垂直和横向运动则由铣头和龙门框架来完成。龙门铣床根据铣头轴数不同可分为单轴、双轴和四轴等多种形式。这类铣床是一种大型铣床，也是无升降台的，适用于加工大型和重型工件，生产效率高。

（4）万能工具铣床

它是一种能完成多种铣削工作的铣床。工作台不仅可以沿三个方向平移，还可以进行多方向的回转，它还备有多种附件，故特别适用于加工刀具、样板和其他各种工具以及较复杂的小型工件。

（5）特种铣床

又称专用铣床，可以完成一个特定的工序，如键槽铣床、平面仿形铣床等。

（6）多功能铣床

这类铣床的特点是具有广泛的功能和适应性，并配备有较多的附件，以适应加工各种类型的工件。如万能摇臂铣床能完成立铣、卧铣、镗削和插削等工序。

（7）数控铣床

如图 10–5 所示为数控铣床。数控铣床是采用了数字控制技术的机械设备，它通过数字化信息对铣床的运动及其加工过程进行控制，实现要求的加工动作。数控铣床可以进行钻孔、镗孔、攻螺纹、外形铣削、平面铣削、平面型腔铣削及三维复杂型面的铣削加工，如图 10–6 所示为在数控铣床上加工的零件。加工中心是在数控铣床的基础上发展起来的，主要也用于铣削加工。

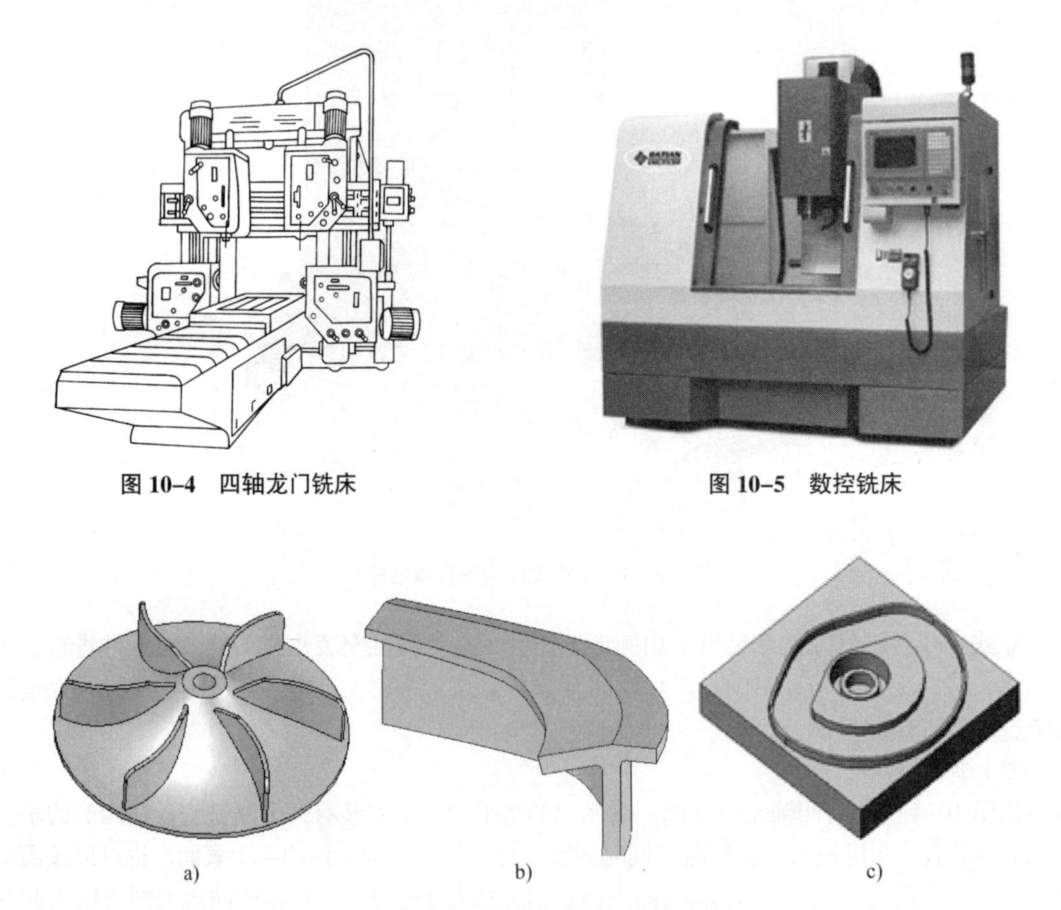

图 10–4　四轴龙门铣床　　**图 10–5　数控铣床**

a)　b)　c)

图 10–6　在数控铣床上加工的零件

a）叶片类零件　b）变斜角类零件　c）凸轮类零件

2．卧式升降台铣床（见图 10–2）中各部分结构的名称与主要作用

（1）床身

床身是机床的主体，是用来安装和连接机床其他部件的。其刚度、强度和精度对铣削效率和加工质量影响很大。因此，床身一般用优质灰铸铁做成箱体结构，内壁有肋条，以增加

刚度和强度。床身上的导轨和轴承孔为重要部位，必须经过精密加工和时效处理，以保证其精度和寿命。升降台可沿床身前壁的燕尾形垂直导轨上下移动，悬梁可沿顶部的水平导轨移动和调整位置。

（2）悬梁

悬梁安装在床身顶部，可沿顶部导轨移动。它向外伸出的长度可根据需要调整，以适应各种长度的铣刀刀杆。

（3）主轴

主轴是前端带锥孔的空心轴，铣刀刀杆就安装在锥孔中，大直径套装式铣刀可直接安装在轴端上。主轴是铣床的主要部件，要求旋转平稳，刚度高，无跳动，所以要用优质结构钢来制造，并需经过热处理和精密加工。在主轴两端和中部均有轴承支承，在中部有的还装有飞轮，使铣削时更为平稳。

（4）工作台

工作台用于安装夹具和工件，并做纵向移动。

（5）床鞍

床鞍在工作台的下面，用来带动工作台做横向移动。

（6）挂架

挂架的主要作用是支持刀杆的外端，以增加刀杆的刚度。

（7）升降台

升降台安装在床身前侧的垂直导轨上，用来支承床鞍和工作台，带动工作台上下移动。机床进给系统中的电动机、变速机构和操纵机构等都安装在升降台内。升降台的精度和刚度都要求很高，否则在铣削时会造成很大的振动，影响工件的加工精度。

（8）底座

底座在床身的下面，并把床身紧固在其上。底座的内腔用于盛装切削液。

（9）铣床的变速机构

铣床的变速机构有主轴变速机构和进给变速机构。主轴变速机构安装在床身内，用来调整和变换主轴的转速。进给变速机构安装在升降台内，用来调整和变换工作台的进给速度。

二、知识链接

如图 10–7 所示为 X6132 型卧式万能升降台铣床的传动系统图。该铣床主运动共有 18 种不同的转速，其进给运动由单独的进给电动机驱动，经相应的传动链将此运动分别传至纵、横、垂直进给丝杠，实现三个方向的进给运动。快速运动由进给电动机驱动，经快速空行程传动链实现。工作台的快速运动和进给运动是互锁的，进给方向的转换由进给电动机改变旋转方向而实现。

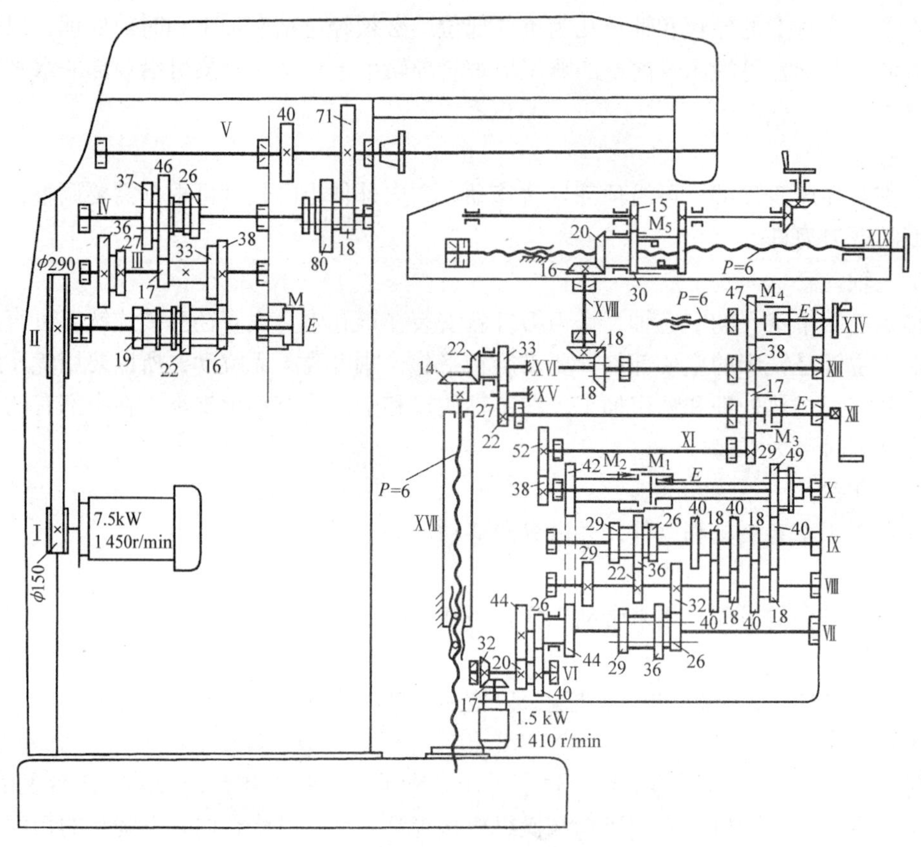

图 10–7　X6132 型卧式万能升降台铣床的传动系统图

课题二　铣床附件

任务　熟知铣床附件的应用

任务说明

◎ 通过对不同铣床附件的分析，了解各种铣床附件的作用及特点，并能正确使用。

技能点

◎ 铣床附件的使用。

知识点

◎ 铣床常用附件的结构及作用。
◎ 铣削零件时常见的装夹方法。
◎ 分度方法及计算。

任务实施

（一）任务引入

为了完成不同工件的铣削加工，铣床上常配有不同的附件。试说明铣床上常用附件的名称及作用，并说明常用附件的使用方法和铣床上工件的一般装夹方法。

（二）分析及解决问题

1. 铣床上常用附件的名称及作用

铣床上常用的附件有机用虎钳、回转工作台、立铣头、万能分度头等。

（1）机用虎钳

机用虎钳又称平口钳。铣床所用机用虎钳的钳口本身精度及其与底座底面的位置精度均较高，底座下面还有两个定位键，安装时以工作台上的T形槽定位。常用的机用虎钳有回转式和固定式两种，如图10–8所示为回转式机用虎钳。它比固定式多了一个回转底盘，其钳身可以绕底座旋转360°。当需要将装夹的工件旋转一定角度时，可按回转底盘上的刻线和钳体上的零位刻线确定所需的角度值，使用较为方便。

图 10–8　回转式机用虎钳

机用虎钳常在铣床上加工中、小工件的平面、斜面（应加斜垫铁）或沟槽时装夹工件用。

（2）回转工作台

回转工作台是铣床常用附件之一，主要用来分度及铣削具有回转曲面的工件，如圆弧形周边、圆弧形槽、多边形槽、多边形工件和有分度要求的槽或孔等。其规格是以转台的直径来确定的，有500 mm、400 mm、320 mm、200 mm等规格。回转工作台分为手动进给和机动进给两种，直径大于250 mm的均为机动进给式。如图10–9所示为手动回转工作台，如图10–10所示为机动回转工作台。回转工作台上的T形槽可用来固定工件、夹具及其他附件，转台中心有一个与转台旋转轴线同轴的带台阶的锥孔，作为工件定位用。机动回转工作台的结构与手动回转工作台基本相同，主要区别在于其传动轴3可通过万向联轴器与铣床传动装置连接，实现机动回转进给，离合器手柄2可改变圆工作台1的回转方向或停止圆工作台的机动进给。

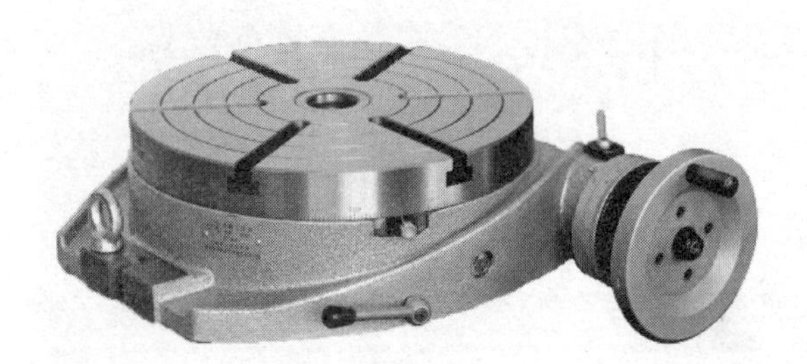

图 10–9 手动回转工作台

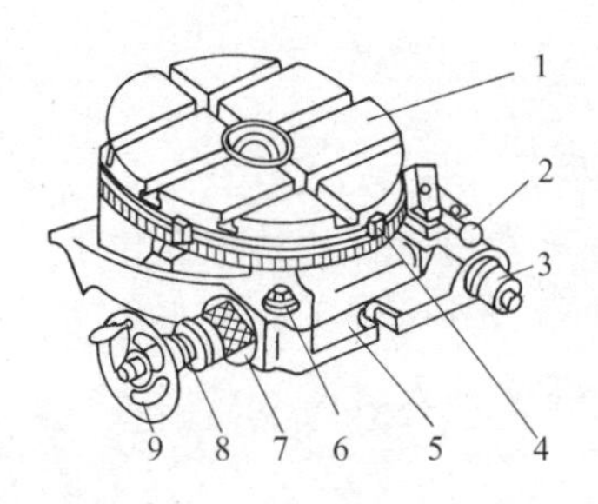

图 10–10 机动回转工作台

1—圆工作台 2—离合器手柄 3—传动轴 4—挡铁
5—底座 6—螺母 7—偏心环 8—手轮轴 9—手轮

（3）万能分度头

在铣床上加工花键、离合器、齿轮等需圆周分度或有螺旋槽的零件时，常采用万能分度头。万能分度头是铣床上重要的精密附件，以 F11250 型万能分度头应用最为普遍。

F11250 型万能分度头如图 10–11 所示。位于分度头前端的主轴 5 上有螺纹，可安装卡盘，主轴标准锥孔可插入顶尖 4，用以装夹工件。转动手柄 1，可通过分度头内部的传动机构带动主轴转动。手柄在分度盘 2 的孔圈上转过的圈数与孔数，应根据工件所需的等分要求，通过计算确定。万能分度头的主轴可随回转体 6 一起回转一定的角度，以满足将工件倾斜一定角度并进行分度的需要。

F11250 型万能分度头的主要功用是将工件做任意的圆周等分；可把工件轴线装夹成水平、垂直或倾斜的位置，如图 10–12 所示为铣削锥齿轮时工件的装夹方法，分度头主轴需仰起一个角度 δ_f，即锥齿轮的根锥角；若将万能分度头的侧轴与工作台进给丝杠之间挂上一组齿轮，可使分度头主轴随工作台的纵向进给运动做等速连续旋转，用以铣削螺旋槽。

图 10–11 F11250 型万能分度头

a）外形 b）分度盘放大图

1—手柄 2—分度盘 3—基座 4—顶尖
5—主轴 6—回转体 7—分度叉 8—侧轴

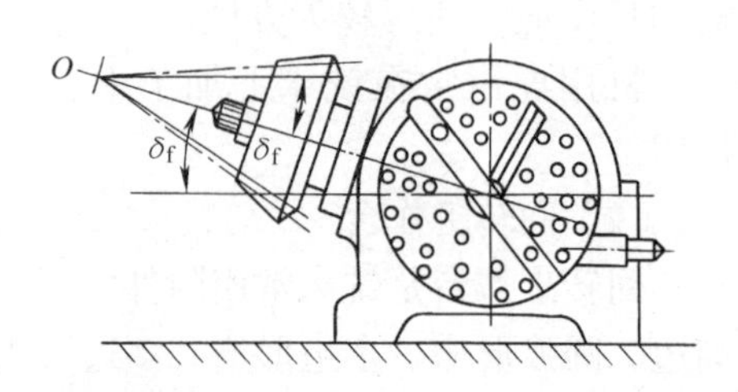

图 10–12 铣削锥齿轮时工件的装夹方法

（4）立铣头

立铣头（见图 10–13）安装于卧式铣床主轴端，由铣床主轴以传动比 i=1 驱动立铣头主轴回转，其转速与铣床主轴转速相同，使卧式铣床能起立式铣床的作用，从而扩大了卧式铣床的加工范围，立铣头在垂直平面内的最大转动角度为 ±45°。

（5）万能铣头

万能铣头（见图 10–14）与立铣头结构大致相同，与立铣头不同之处主要在于万能铣头多一个可转动的壳体（内有铣头主轴）。万能铣头能在可转动的壳体上转动一定角度（两者的轴线互成 90°）。因此，万能铣头的主轴可在空间转动所需要的任意角度，从而完成更多空间位置的铣削工作。

图 10–13 立铣头

图 10–14 万能铣头

2. 铣床上常用附件的使用方法

（1）机用虎钳的使用方法

1）正确确定机用虎钳在机床上的位置。注意钳口与主轴的垂直度和平行度，要求不高时，目测即可；但在铣削沟槽等要求高的工件时，应用百分表或划针校正。校正时应先把带有百分表的弯杆用固定环压紧在刀轴上，或者用磁性表座将百分表吸附在悬梁导轨或垂直导轨上，并使固定钳口接触百分表测头。然后移动纵向或横向工作台，并调整机用虎钳的位置，使百分表上指针的摆差在允许范围内。

2）在机用虎钳上正确装夹工件。装夹工件时，若工件表面粗糙不平或有硬皮，应在两钳口上垫铜皮；对精度高的表面，为防止夹伤已加工表面，也应垫铜皮；为便于加工，还要选择适当厚度的垫铁垫在工件的下面，使工件的加工面高出钳口，高出的尺寸以能把加工余量全部切完而不至切到钳口为宜。

（2）回转工作台的使用方法

校正工件时，应先校正主轴与回转工作台的同轴度，然后校正工件圆弧中心与回转工作台的同轴度；校正过程中，工作台的移动方向和回转工作台转动方向应与铣削时的进给方向一致，以便消除传动丝杠及蜗轮副的啮合间隙的影响。铣削时，应采用逆铣，以免发生立铣刀折断的现象。

（3）万能分度头的使用方法

1）操作方法。在使用万能分度头分度时，摇动速度要均匀；若摇动过头时，则应将分度手柄退回半圈以上，再按原来方向摇到规定的位置；分度时应事先松开锁紧手柄，分度结束后再重新锁紧，但在加工螺旋面时，分度头主轴要在加工过程中连续旋转，故不能锁紧；分度时，手柄上的定位销应慢慢插入分度盘的孔内，以防止损坏分度盘孔眼。

2）分度方法简介

①万能分度头的传动系统。如图 10–15 所示为 F11250 型万能分度头的传动系统。转动分

度手柄8，通过一对传动比为1∶1的直齿轮p和q及一蜗杆蜗轮副使分度头主轴旋转。蜗杆为单头，蜗轮齿数为40，蜗杆蜗轮副的传动比为40∶1（即蜗杆转40 r，蜗轮转1 r）。因此，分度手柄转40 r，分度头主轴转1 r。空套在分度手柄轴上的分度盘用于分度手柄非整转数的分度。

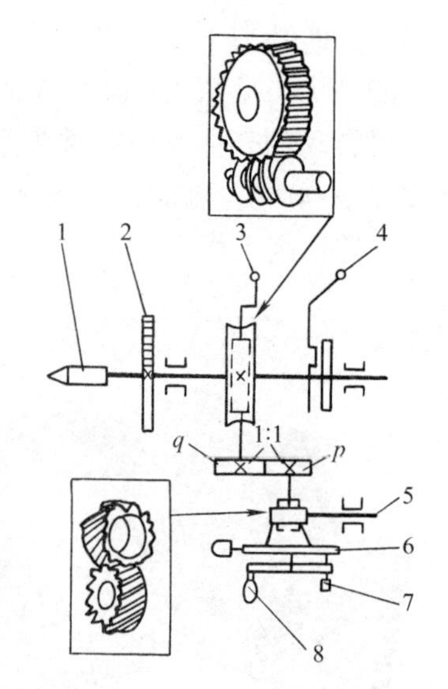

图 10–15　F11250型万能分度头的传动系统

1—主轴　2—刻度盘　3—蜗杆脱落手柄　4—主轴锁紧手柄　5—侧轴　6—分度盘　7—定位销　8—分度手柄

②简单分度法。简单分度法是最常用的分度方法。用简单分度法分度时，分度手柄的转数可按下式计算：

$$1:40=\frac{1}{z}:n$$

即

$$n=\frac{40}{z}$$

式中　n——分度手柄转数；

z——工件等分数（齿数或边数）；

40——分度头定数。

例 10–1　铣削正六边形工件，每铣完一面后，分度手柄应转过的转数为多少？

解： $n=\frac{40}{z}=\frac{40}{6}=6\frac{2}{3}$

分度时，手柄应准确转过$6\frac{2}{3}$转，手柄的非整转数$\frac{2}{3}$转就借助分度盘确定。F11250型分度头共有两块分度盘，分度盘的正反面都有几圈均匀分布的定位孔，用于非整转数的定位，其孔圈数分别如下：

第1块　正面：24，25，28，30，34，37

　　　　反面：38，39，41，42，43

第2块　正面：46，47，49，51，53，54

　　　　反面：57，58，59，62，66

例10–1中分度手柄应转过$6\frac{2}{3}$转，$\frac{2}{3}$可转换为$\frac{16}{24}$、$\frac{20}{30}$、$\frac{36}{54}$等多种分数。即每铣完一面后，分度手柄应在所选择的孔圈上（如孔圈数为24）转过6整转，再转过16个孔距（分度叉界定孔数为17）。

如选择孔圈数为54，则应使用第2块分度盘的正面54孔的孔圈，每铣完一面后，分度手柄应转过6整转，再转过36个孔距（分度叉界定孔数为37）。

③角度分度法。角度分度法是简单分度法应用的另一种形式。分度手柄转40转，分度头主轴和工件转1转，即360°，这相当于分度手柄转1转时，主轴和工件只转9°。因此可得：

$$n=\frac{\theta}{9°}$$

式中 n——分度手柄转数；

θ——工件所需转动的角度，（°）。

例 10–2 在工件圆周上铣两条夹角 θ=24°20′的槽，求分度手柄的转数。

解： $n=\frac{\theta}{9°}=\frac{24\times60+20}{540}=\frac{1\ 460}{540}=2\frac{38}{54}$

分度手柄应在孔圈数为 54 的孔圈上转过 2 转又 38 个孔距（分度叉界定孔数为 39）。

除简单分度法和角度分度法外，还可在万能分度头上采用差动分度、直线移距分度等多种分度方法。

（4）铣床上工件的一般装夹方法

铣床上常用的工件装夹方法有以下几种：

1）用机用虎钳装夹。

2）用分度头装夹。

3）用压板、螺栓直接将工件装夹在铣床工作台上，这也是一种常用的装夹方法，尤其是在卧式铣床上用端铣刀铣削时。

4）在成批生产中用专用夹具装夹。

课题三 铣削加工

任务 确定 V 形架的铣削方法

任务说明

◎ 通过对 V 形架铣削方法的分析，掌握铣削零件的工艺过程及方法。

技能点

◎ 一般零件的铣削方法及工艺问题的处理。

知识点

◎ 常用铣刀及其特点。

◎ 铣削用量的相关概念及计算方法。

◎ 不同表面的铣削方法。

一、任务实施

（一）任务引入

在铣床上加工如图 10–16 所示的 V 形架，试对零件进行工艺分析，确定加工方法（包括刀具类型、工件的装夹方法及铣削步骤）。

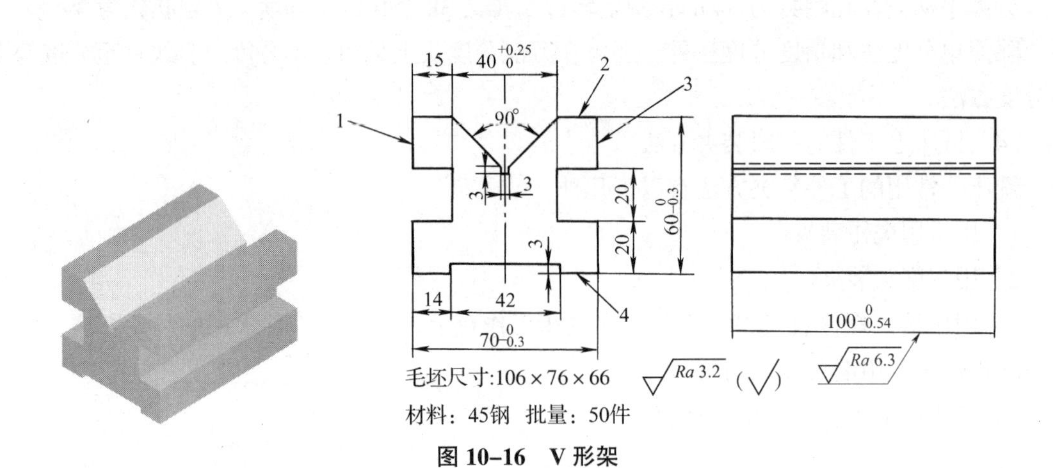

图 10–16　V 形架

（二）分析及解决问题

1．零件工艺分析

如图 10–16 所示为 V 形架精加工前的准备工序图，从图中可知，V 形架的尺寸精度要求不高，为 IT12 即可。但 V 形架精加工（磨削）后用作定位件，其主要表面有较高的形状和位置精度要求，为确保精加工的顺利进行，在铣削时就要保证较高的形状和位置精度。其要求如下：

（1）两两相对平面应互相平行（1 和 3、2 和 4），相邻平面应相互垂直。

（2）V 形槽对称中心平面应与底平面 4 垂直。

（3）在 V 形槽中放置标准检验棒时，其轴线应与底平面 4 平行。

（4）各主要表面应平整。

2．机床的选择和工件的装夹方法

考虑到加工时要铣削 V 形槽，为铣削方便，采用 X6132 型卧式铣床加工；零件的坯料为长方体，去除余量较大，铣削时均以平面定位和夹紧，采用机用虎钳装夹。

3．铣刀的选择

（1）加工平面时用的铣刀

加工平面时可选用圆柱铣刀或端铣刀。本任务中采用圆柱铣刀铣削平面。用圆柱铣刀铣平面时，铣刀宽度应大于工件加工表面的宽度，这样可以在一次进给中铣出整个加工表面。

（2）铣直角沟槽的铣刀

用三面刃铣刀铣削平面 1 和平面 3 上宽度为 20 mm 及平面 4 上宽度为 42 mm 的直角沟槽。

1）三面刃铣刀直径及宽度的选择。所选择的三面刃铣刀的宽度应等于或小于所加工的槽宽。

铣刀直径 $D>d+2H$，其中 H 为沟槽深度，d 为铣刀杆垫圈直径。加工本任务中的工件时，铣刀的孔径选择为 27 mm，铣刀杆垫圈直径为 40 mm，故铣刀直径 D 为：

$$D>d+2H=40\text{ mm}+2\times 15\text{ mm}=70\text{ mm}$$

2）锯片铣刀的选择。用锯片铣刀铣削宽度为 3 mm 的直角沟槽。锯片铣刀的直径和厚度都应合适。若铣刀直径太小，则无法将槽铣至规定的深度；若直径太大，则又容易引起振动而折断铣刀。铣刀厚度应小于等于槽宽，此槽宽为 3 mm，选 3 mm 宽的刀具，故锯片铣刀的规格为 $\phi125\text{ mm}\times 3\text{ mm}$。

（3）铣 V 形槽的铣刀

选用 90° 对称双角铣刀铣 V 形槽，铣刀的宽度应大于槽宽方能铣出合格的 V 形槽。

4．加工顺序的确定

（1）以毛坯面 1 为粗基准（在零件的起始工序中，只能选择未经机械加工的毛坯表面作为定位基准，这种基准称为粗基准），将其靠向固定钳口，两钳口与工件间垫铜皮装夹工件，用圆柱铣刀铣平面 4。

（2）以平面 4 为精基准（在零件的整个加工过程中，除首道机械加工工序外的所有机械加工工序都应采用已经加工过的表面定位，这种定位基准称为精基准），将其紧贴固定钳口并夹紧，用圆柱铣刀铣平面 1。

（3）以平面 4 和平面 1 为基准，将其分别贴紧平行垫铁和固定钳口并夹紧，用圆柱铣刀铣平面 2 至尺寸 $60_{-0.3}^{\ 0}$ mm。

（4）以平面 1 和平面 4 为基准，用圆柱铣刀铣平面 3 至尺寸 $70_{-0.3}^{\ 0}$ mm。

（5）以平面 4 和平面 3 为基准，用三面刃铣刀铣平面 1 的直角沟槽至规定尺寸；然后以平面 4 和平面 1 为基准，铣平面 3 的直角沟槽至规定尺寸；再以平面 1 和平面 2 为基准，铣平面 4 上的直角沟槽至规定尺寸。

（6）铣完 4 个平面后，再铣削其余两个端平面。校正机用虎钳固定钳口与铣床主轴轴线平行。平面 4 紧贴固定钳口，用直角尺校正平面 1 与钳体导轨垂直，装夹工件，用圆柱铣刀铣其中一个端平面；然后以平面 4 紧贴固定钳口，将已加工的一平面贴紧钳体导轨，装夹工件，用圆柱铣刀铣另一个平面，保证长度尺寸 $100_{-0.54}^{\ 0}$ mm。

（7）校正固定钳口与铣床主轴轴线垂直。以平面 1 和平面 4 为基准，用锯片铣刀在平面 2 的对称中心线处铣直角沟槽，槽宽为 3 mm，槽深为 21.5 mm。

（8）以平面 1 和平面 4 为基准，用 90° 对称双角铣刀铣 V 形槽，至槽顶宽 $40_{\ 0}^{+0.25}$ mm。

（9）清除毛刺。

二、知识链接

（一）铣削的工艺特点

1．铣削在金属切削加工中的应用是仅次于车削的切削加工方法，主运动是铣刀的旋转运动，切削速度较高，除加工狭长平面外，其生产效率均高于刨削。

2．铣刀种类多，铣床功能多，因此，铣削的适应性好，能完成多种表面的加工。

3．铣刀为多刃刀具，铣削时，各刀齿轮流切削，冷却条件好，刀具寿命长。

4．铣削时，各铣刀刀齿的切削是断续的，铣削过程中同时参与切削的刀齿数是变化的，切屑厚度也是变化的，因此，切削力是变化的，存在冲击。

5．铣削的经济加工精度为 IT9 ~ IT7，表面粗糙度 *Ra* 值为 12.5 ~ 1.6 μm。

（二）常用铣刀的种类

常用的铣刀分为三大类，即：

1．加工平面用的铣刀

（1）圆柱铣刀。分粗齿与细齿两种，主要用于粗铣及半精铣平面。其中整体式圆柱铣刀如图 10–17 所示，镶齿式圆柱铣刀如图 10–18 所示。

（2）端铣刀。有整体式、镶齿式和可转位（机械夹固）式三种，用于粗、精铣各种平面，如图 10–19 所示。此外，加工较小的平面时可使用立铣刀（见图 10–20）和三面刃铣刀。

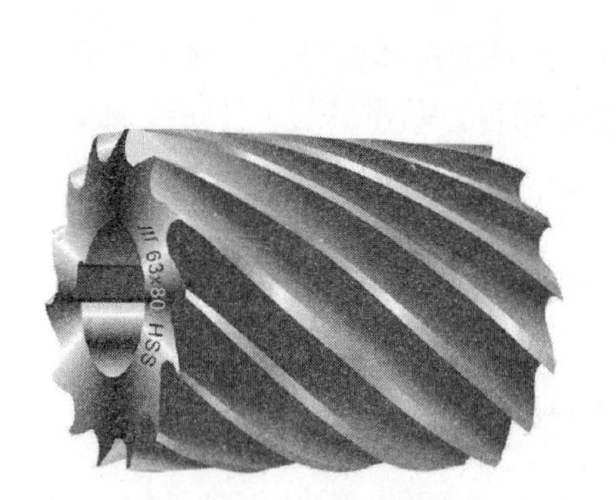

图 10–17　整体式圆柱铣刀

图 10–18　镶齿式圆柱铣刀

图 10–19　端铣刀

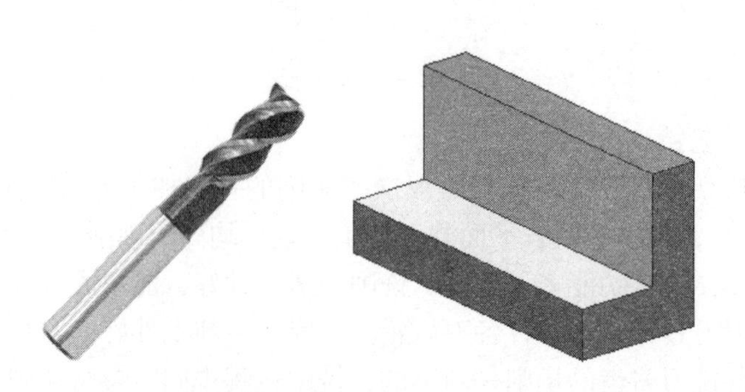

图 10–20　立铣刀及其加工表面

2．加工沟槽用的铣刀

（1）立铣刀。其圆柱面上的螺旋切削刃是主切削刃，端面上的切削刃是副切削刃，故一般不宜做轴向进给。立铣刀用于铣削沟槽、螺旋槽及工件上各种形状的孔，铣削台阶平面、侧面，铣削各种盘形凸轮与圆柱凸轮，以及通过靠模铣削内、外曲面。

（2）键槽铣刀。如图 10–21 所示，键槽铣刀的外形与立铣刀相似，不同的是它在圆柱面上只有两个螺旋刀齿，其端面刀齿的切削刃延伸至中心，所以可以做适量的轴向进给。键槽铣刀用于铣削键槽。

图 10–21　键槽铣刀

（3）三面刃铣刀。分直齿、错齿和镶齿等几种。用于铣削各种槽、台阶平面、工件的侧面及凸台平面等，三面刃铣刀如图 10–22 所示。

（4）槽铣刀。用于铣削螺钉槽及工件上其他槽。

（5）锯片铣刀。用于铣削各种窄槽及切断板料、棒料和各种型材等，如图 10–23 所示。

（6）T 形槽铣刀。用于铣削 T 形槽（见图 10–24a）。

（7）燕尾槽铣刀。用于铣削燕尾槽（见图 10–24b）。

铣削 T 形槽或燕尾槽时，应先用立铣刀或三面刃铣刀铣出直槽。

a)

b)

c)

图 10–22　三面刃铣刀

a）直齿　b）错齿　c）镶齿

图 10–23　锯片铣刀

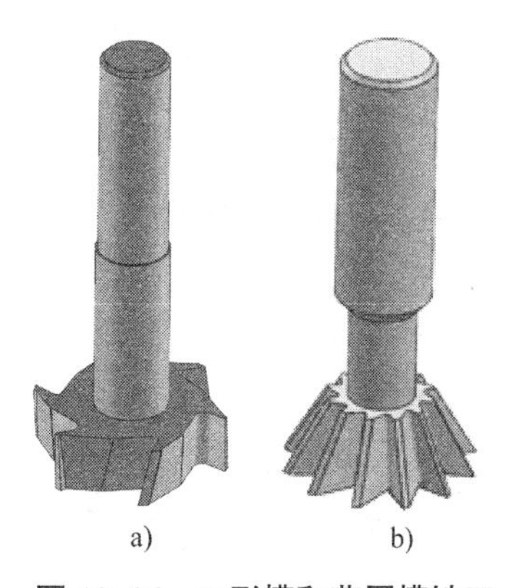

a)　b)

图 10–24　T 形槽和燕尾槽铣刀

a）T 形槽铣刀　b）燕尾槽铣刀

（8）角度铣刀。分单角铣刀、对称双角铣刀和不对称双角铣刀，如图 10–25 所示。单角铣刀用于各种刀具的外圆齿槽与端面齿槽的开齿和铣削各种锯齿形离合器与棘轮的齿形。对称双角铣刀用于铣削各种 V 形槽和尖齿、梯形齿离合器的齿形；不对称双角铣刀主要用于各种刀具上外圆直齿、斜齿和螺旋齿槽的开齿。

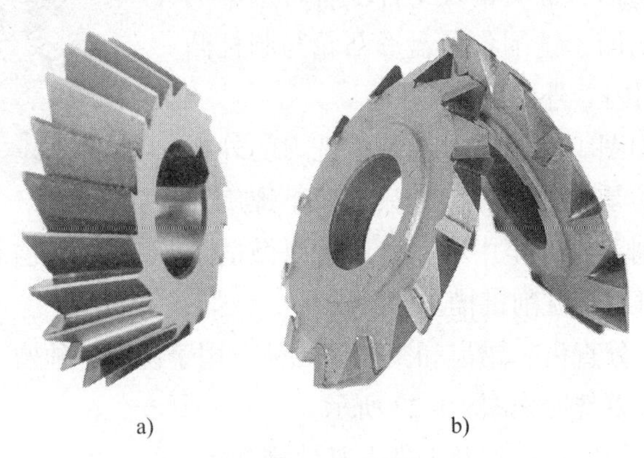

a)　　　　b)

图 10–25　角度铣刀

a）单角铣刀　b）双角铣刀

3．铣削特形面的铣刀

根据特形面的形状而专门设计的铣刀称为成形铣刀。在大批生产中，采用成形铣刀加工特形面。

（三）铣削用量

铣削用量是指铣削过程中选用的铣削速度 v_c、进给量 f、侧吃刀量 a_e 和背吃刀量 a_p。铣削用量的选择对提高铣削的加工精度、改善加工表面质量和提高生产率有着密切的关系。

1．铣削速度 v_c

铣削速度是指铣削时铣刀切削刃最大直径处的线速度。铣削速度与铣刀的最大直径和铣刀转速有关，计算公式为：

$$v_c=\pi dn/1\,000 \text{（单位为 m/min）}$$

式中　d——铣刀的最大直径，mm；

　　n——铣刀（或铣床主轴）转速，r/min。

2．进给量

进给量是指铣刀在进给运动方向上相对工件的单位位移量。铣削中的进给量根据实际需要可用三种方法表示：

（1）每转进给量 f

铣刀每旋转一周，工件与铣刀的相对位移量，单位为 mm/r。

（2）每齿进给量 f_z

铣刀每转过一个刀齿时，工件与铣刀的相对位移量，单位为 mm/z。

（3）进给速度（即每分钟进给量）v_f

铣刀每旋转 1 min，工件与铣刀的相对位移量，单位为 mm/min。三种进给量的关系为：

$$v_f=fn=f_z zn \text{（单位为 mm/min）}$$

式中　n——铣刀（或铣床主轴）转速，r/min；

　　z——铣刀齿数。

铣削时，根据加工性质先确定每齿进给量 f_z，然后根据铣刀的齿数 z 和铣刀的转速 n 计算出进给速度 v_f，并以此对铣床进给量进行调整（铣床铭牌上进给量用进给速度表示）。

3．侧吃刀量 a_e

侧吃刀量是指在垂直于铣刀轴线方向上测得的铣削层尺寸。

4．背吃刀量 a_p

背吃刀量是指在平行于铣刀轴线方向上测得的铣削层尺寸。

如图 10–26 所示为用圆柱铣刀进行圆周铣（利用铣刀圆柱面上的切削刃进行铣削称为圆周铣）与用端铣刀进行端铣（用铣刀端面齿刃进行的铣削）时的铣削用量，在图上表示出侧吃刀量与背吃刀量。

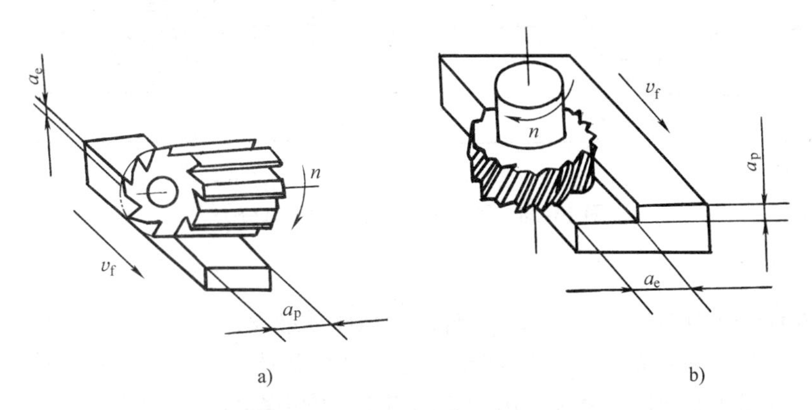

图 10–26　圆周铣和端铣的铣削用量

a）圆周铣　b）端铣

（四）铣削方式

1．基本概念

铣削分顺铣与逆铣两种方式。

顺铣——铣刀的旋转方向与工件的进给方向相同时的铣削方式。

逆铣——铣刀的旋转方向与工件的进给方向相反时的铣削方式。

2．顺铣与逆铣的区别

如图 10–27 所示为圆周铣时的顺铣与逆铣。圆周铣时顺铣与逆铣的比较如下：

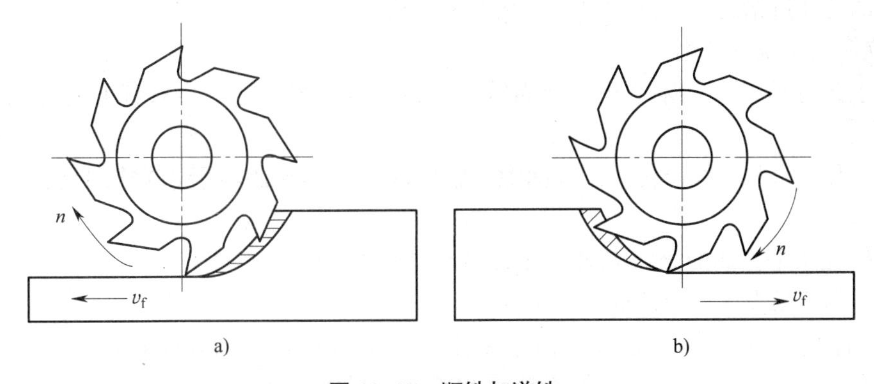

图 10–27　顺铣与逆铣

a）顺铣　b）逆铣

（1）圆周铣时的切削力及其分力如图 10–28 所示。顺铣时，铣刀对工件的作用力 F_c 在垂直方向的分力 F_n 始终向下，对工件起压紧作用（见图 10–28a）。因此，铣削平稳，对铣削不易夹紧或细长的薄板形工件尤为适宜。逆铣时，F_c 在垂直方向的分力 F_n 始终向上，装夹工件时需要较大的夹紧力（见图 10–28b）。

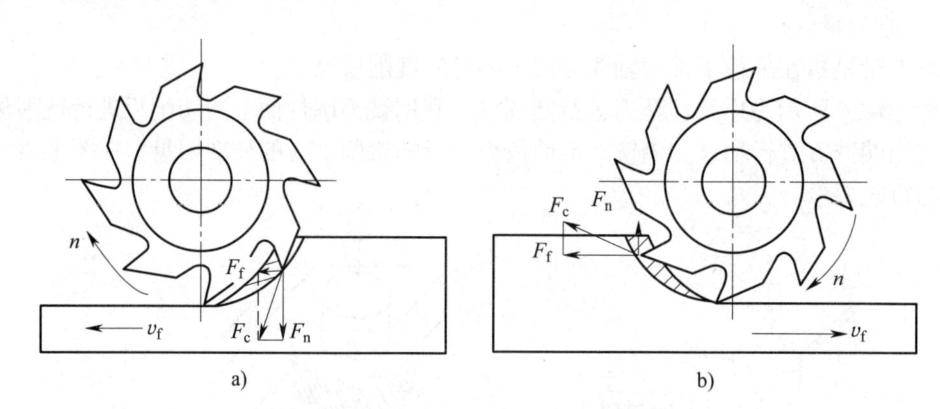

图 10–28　圆周铣时的切削力及其分力

a）顺铣　b）逆铣

（2）顺铣时，铣刀切削刃开始切入工件时切屑厚度最大，以后逐渐减小到零。因此，铣刀后面与工件已加工表面的挤压、摩擦小，切削刃磨损慢，工件加工表面质量较好。逆铣时，切屑厚度由零逐渐增加到最大，由于切削刃不可能刃磨得绝对锋利，因此，切削刃在切削开始时不能立即切入工件，对工件表面存在挤压与摩擦，这会加剧工件加工表面的硬化，降低表面加工质量。此外，刀齿磨损加快，降低铣刀的寿命。

（3）顺铣时，切削刃从工件外表面切入工件，表层的硬皮和杂质容易使刀具磨损和损坏。逆铣时，当铣刀中心进入工件端面后，切削刃沿已加工表面切入工件，工件表层的硬皮和杂质等对切削刃影响较小。

（4）顺铣时，F_c 的水平方向分力 F_f 与工作台进给方向相同，当工作台进给丝杠与螺母间隙较大时，F_f 会拉动工作台使工作台产生间隙性窜动，导致刀齿折断、刀轴弯曲、工件与夹具产生位移甚至机床损坏等严重后果。逆铣时，F_f 与工作台进给方向相反，不会拉动工作台。

（5）消耗在进给运动上的功率，逆铣大于顺铣。

3．顺铣与逆铣的选用

综合上述分析，在铣床上进行圆周铣削时，一般都采用逆铣，只有下列情况才选用顺铣：

（1）工作台丝杠、螺母传动副有间隙调整机构，并可将轴向间隙调整到足够小（0.03 ~ 0.05 mm）。

（2）F_c 在水平方向的分力 F_f 小于工作台与导轨之间的摩擦力。

（3）铣削不易夹紧以及薄而长的工件。

应特别注意：对于数控机床，由于采用的是滚珠丝杠及消除间隙机构，且常用于半精加工和精加工，从刀具寿命、加工精度和表面质量等方面看，顺铣的效果较好，故常用顺铣。

（五）铣削方法

铣削的基本内容如图 10–29 所示。

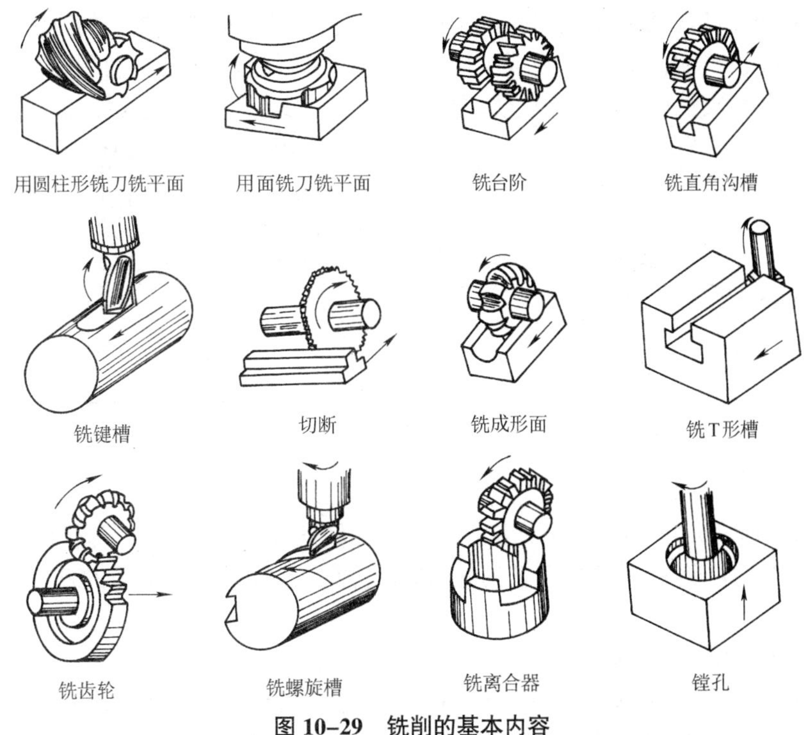

图 10–29 铣削的基本内容

1. 平面的铣削

用铣削方法加工工件的平面称为铣平面，平面是构成机器零件的基本表面之一。铣平面是铣床加工的基本工作内容，其方法主要有以下几种：

（1）用圆柱铣刀铣平面

一般在卧式铣床上进行，铣出的平面与工作台台面平行。圆柱铣刀的刀齿有直齿与螺旋齿两种，由于螺旋齿刀齿在铣削时是逐渐切入工件的，铣削较平稳，因此，铣削平面时均采用螺旋齿圆柱铣刀。

如果被铣削平面与指定基准平面有位置要求，当被铣平面与基准平面平行时，则应使该基准平面与铣床工作台台面贴合；当被铣平面与基准平面垂直时，则应使该基准平面垂直于工作台台面装夹；当被铣平面与基准平面倾斜成一定的角度时，则需采用专门夹具使基准平面与工作台台面倾斜成该角度。

（2）用端铣刀铣平面

可以在卧式铣床上进行，铣出的平面与铣床工作台台面垂直。也可以在立式铣床上进行，铣出的平面与铣床工作台台面平行。

（3）用立铣刀铣平面

在立式铣床上进行，用立铣刀的圆柱面切削刃铣削，铣出的平面与铣床工作台台面垂直。

2. 斜面的铣削

斜面是指工件上相对基准平面倾斜的平面，即与基准平面相交成所需角度的面。斜面的铣削方法有工件倾斜铣削斜面、铣刀倾斜铣削斜面和用角度铣刀铣削斜面三种。

（1）工件倾斜铣削斜面

将工件倾斜所需角度装夹后进行铣削。在单件生产中常采用划线校正的方法装夹工件，如图 10–30 所示为按划线加工斜面；在成批生产中可使用倾斜垫铁装夹工件铣削斜面（见图 10–31），用专用夹具装夹工件铣削斜面或使用机用虎钳、分度头等通用夹具装夹工件铣削斜面。

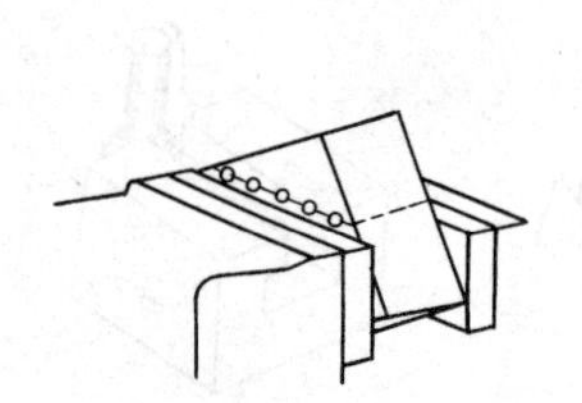

图 10–30　按划线加工斜面

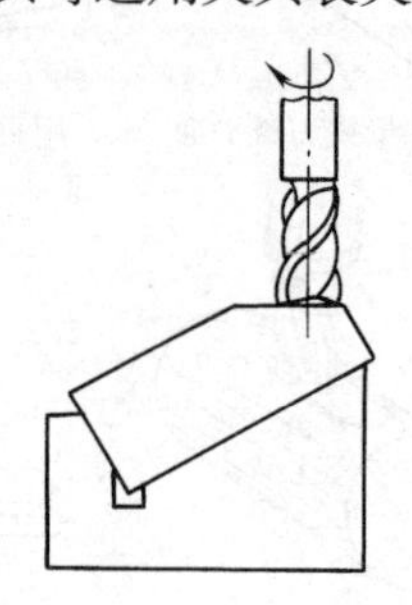

图 10–31　用倾斜垫铁装夹工件铣削斜面

（2）铣刀倾斜铣削斜面

将铣刀倾斜所需角度铣削斜面。在立铣头可偏转的立式铣床、装有立铣头的卧式铣床、万能工具铣床上均可将端铣刀、立铣刀按要求偏转一定角度进行斜面的铣削，如图 10–32 所示。

（3）用角度铣刀铣削斜面

用切削刃与轴线倾斜成某一角度的铣刀铣削斜面，斜面的倾斜角度由角度铣刀保证。受铣刀切削刃宽度的限制，角度铣刀只适用于铣削宽度不大的斜面，如图 10–33 所示。

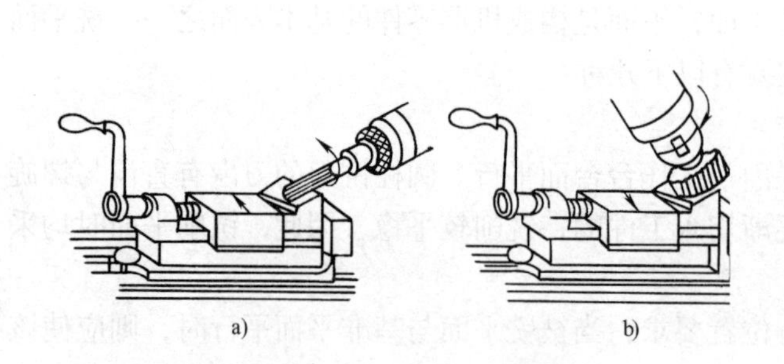

图 10–32　铣刀倾斜铣削斜面

a）用立铣刀铣削斜面　b）用端铣刀铣削斜面

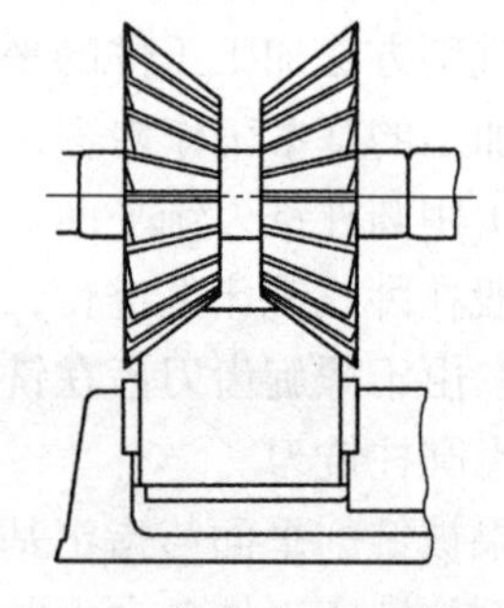

图 10–33　用角度铣刀铣削斜面

3．台阶的铣削

台阶是由两个互相垂直的平面构成的，铣削台阶时，用同一把铣刀不同部位的切削刃同时进行铣削。由于铣削时采用同一定位基准，因此，可满足台阶较高的尺寸精度、形状精度和位置精度要求。用不同铣刀铣削台阶的方法如图 10–34 所示。

（1）用三面刃铣刀铣削台阶

三面刃铣刀的直径和刀齿尺寸都比较大，容屑槽大，所以刀齿强度和排屑、冷却性能均较好，生产率较高。铣削台阶和沟槽一般均采用三面刃铣刀在卧式铣床上进行。若工件上有对称的台阶，则常采用两把直径相同的三面刃铣刀组合铣削，如图 10–34a 所示。

（2）用端铣刀铣削台阶（见图 10–34b）

宽度较大而深度（高度）不大的台阶常采用端铣刀铣削。由于端铣刀直径大，刀杆刚度高，铣削时切屑厚度变化小，因此，铣削平稳，生产率高。

（3）用立铣刀铣削台阶（见图 10–34c）

主要用立铣刀铣削深度较大的台阶，尤其适合于铣削内台阶。由于立铣刀刚度低，悬伸长，受背向力容易偏让而影响加工质量，因此，应选用较小的铣削用量，并在条件许可的情况下尽量选用直径较大的立铣刀。

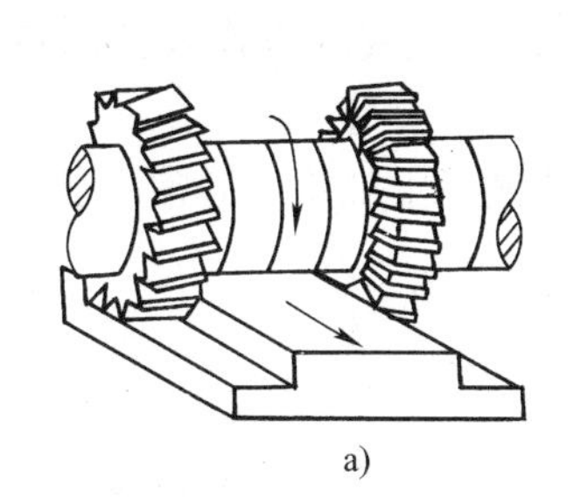
a)

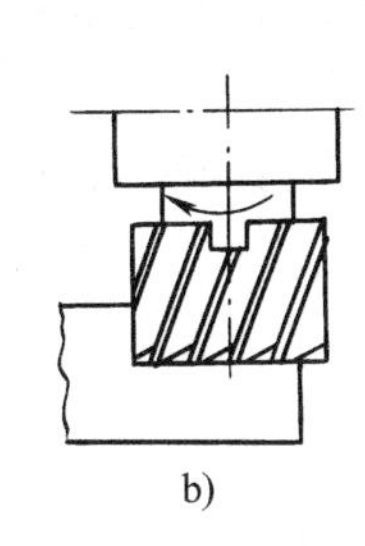
b)

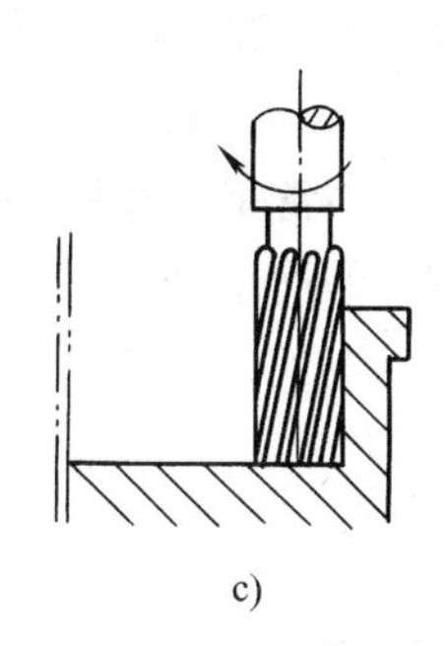
c)

图 10–34 用不同铣刀铣削台阶的方法

a）用组合三面刃铣刀铣削 b）用端铣刀铣削 c）用立铣刀铣削

4．沟槽的铣削

在铣床上加工的沟槽种类很多，常见的有直角沟槽、V 形槽、燕尾槽、T 形槽和各种键槽等。此外，花键、齿轮、齿形离合器等的加工也包括沟槽的加工，只是对刀具的选择要求更为严格，分度应确保准确。

（1）直角沟槽的铣削

直角沟槽有通槽、半通槽和封闭槽三种。较宽的通槽一般用三面刃铣刀加工，窄的通槽可用锯片铣刀或小尺寸的立铣刀加工。半通槽和封闭槽则用立铣刀或键槽铣刀加工。用立铣刀铣削封闭槽时应预钻直径略小于立铣刀直径的落刀孔。

（2）V 形槽的铣削

V 形槽由对称的两斜面构成，斜面间夹角多为 90°，底部与直槽相通，以保证与配合件正确相配，并可避免加工时刀具的齿尖投入切削，以提高刀具寿命。

铣削 V 形槽时应先加工底部直槽，然后用对称双角铣刀铣削两侧斜面，如图 10–35 所示。此外，V 形槽也可用立铣刀进行加工，铣削时应将立铣头主轴倾斜 45°，由横向滑板带动工件实现横向进给运动，如图 10–36 所示。

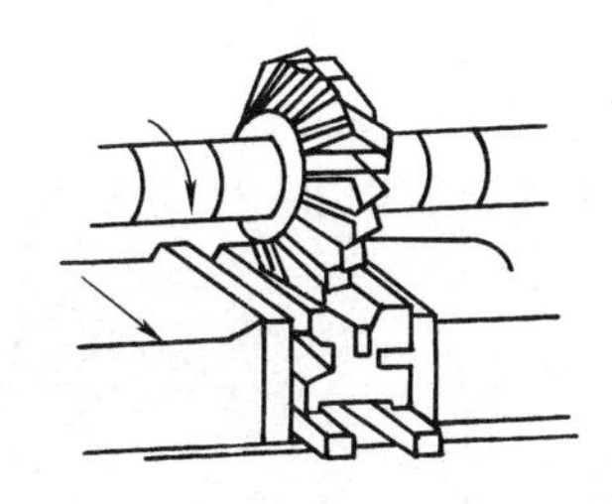

图 10–35 用对称双角铣刀铣削 V 形槽

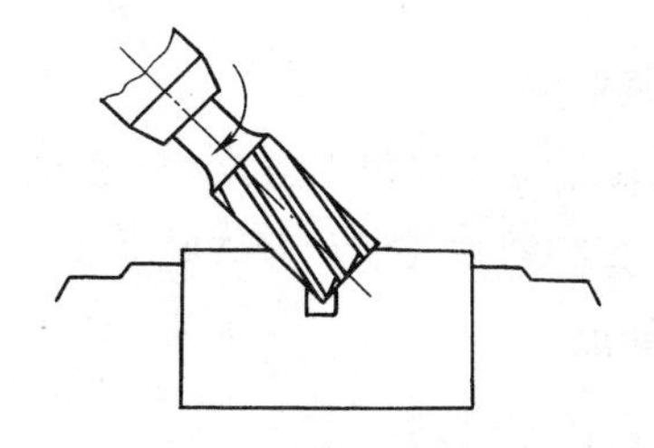

图 10–36 用立铣刀铣削 V 形槽

（3）T形槽的铣削

铣削T形槽时一般先用三面刃铣刀或立铣刀铣出直槽，然后用T形槽铣刀铣出下部宽槽，使T形槽成形，最后用角度铣刀进行倒角。用T形槽铣刀铣削宽槽时，排屑困难，切削热传导不畅，铣刀容易磨损，而且铣刀颈部较细，容易折断，所以应选择较小的铣削用量。

5．特形面的铣削

特形面也称成形面，由一条直母线沿非圆曲线平行移动而形成的特形面称为简单特形面。铣削母线较短的简单特形面，在单件、小批生产时通常按划线用立铣刀手动进给加工，如图10–37所示。这种方法生产率低，加工质量不稳定，并且要求操作者技术熟练。在成批、大量生产中常采用靠模铣削。

母线较长的简单特形面不宜用立铣刀的圆周刃在立式铣床上加工，通常用盘形成形铣刀在卧式铣床上加工，如图10–38所示。

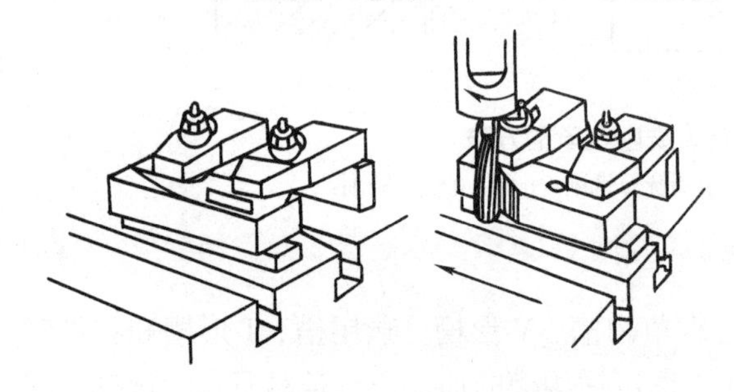

图10–37　用立铣刀按划线铣削简单特形面

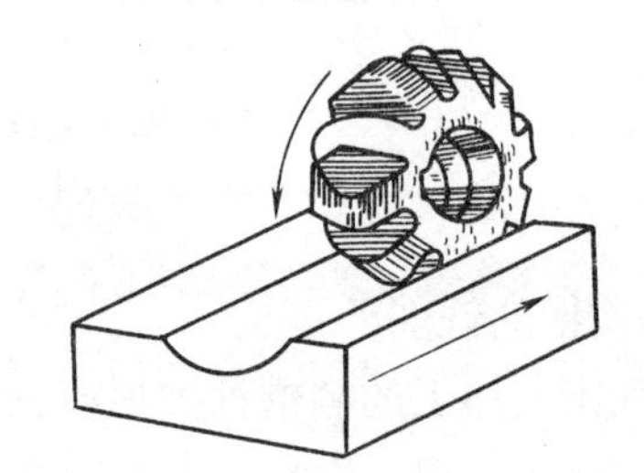

图10–38　用成形铣刀铣削简单特形面

课题四　磨床

任务　磨床的识别

任务说明

◎ 通过对不同类别磨床的识别，了解各种磨床的作用及特点，并对万能外圆磨床各部分的名称和结构建立完整的认识。

技能点

◎ 磨床的识别。

知识点

◎ 磨床的种类及特点。

◎ 平面磨床的种类及应用。

任务实施

磨削加工是用磨具以较高的线速度对工件表面进行加工的方法。磨床类机床是用磨料和磨具（如砂轮、砂带、油石、研磨剂等）进行磨削加工的机床，常用于精加工和硬表面的加工。

（一）任务引入

试说明图 10–39 至图 10–41 所示的磨床分别属于哪种类型，各有何特点，并说明常用磨床各部分结构的名称与主要功用。

（二）分析及解决问题

1．磨床的种类及其特点

随着科学技术的发展，对机器及仪器零件的精度要求越来越高，各种高硬度材料的应用日益增多，同时，由于磨削工艺水平的不断提高，磨床的使用范围日益扩大，在金属切削机床中所占的比重不断上升。目前，在工业发达国家，磨床在金属切削机床中的比重为 30% ~ 40%。

为了适应磨削各种加工表面、工件形状及生产批量等的要求，磨床的种类很多，其中主要类型有：

（1）外圆磨床

外圆磨床包括万能外圆磨床、普通外圆磨床、无心外圆磨床等，如图 10–39 所示为万能外圆磨床。

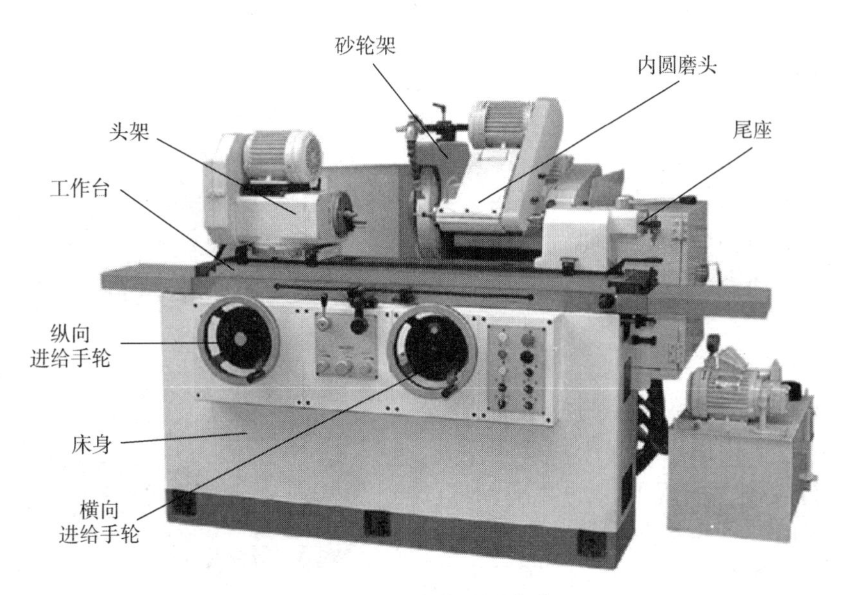

图 10–39 万能外圆磨床

（2）内圆磨床

内圆磨床包括普通内圆磨床和无心内圆磨床等。

（3）平面磨床

平面磨床包括卧轴矩台平面磨床、立轴矩台平面磨床、卧轴圆台平面磨床、立轴圆台平面磨床等，如图 10–40 所示为卧轴矩台平面磨床。

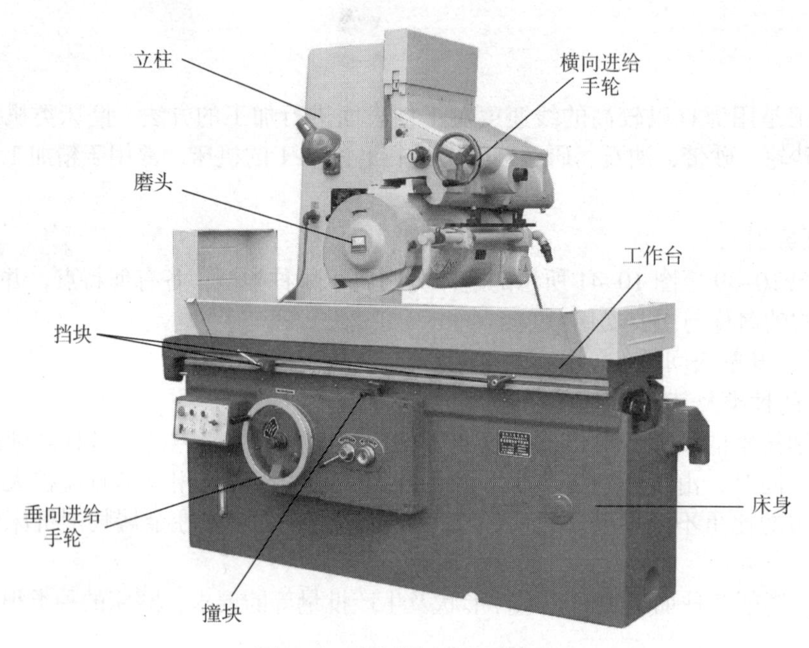

图 10–40　卧轴矩台平面磨床

（4）工具磨床

工具磨床包括工具曲线磨床、钻头沟槽磨床、丝锥沟槽磨床等。

（5）刀具刃磨磨床

刀具刃磨磨床包括万能工具磨床、拉刀刃磨床、滚刀刃磨床等。

（6）各种专门化磨床

各种专门化磨床是专门用于磨削某一类零件的磨床，如曲轴磨床、凸轮轴磨床、花键轴磨床、活塞环磨床、叶片磨床、导轨磨床、中心孔磨床等。

（7）数控磨床

数控磨床是采用了数字控制技术的机械设备，它通过数字化信息对磨床的运动及其磨削过程进行控制，实现要求的磨削动作。数控磨床主要用于一些复杂零件及精密零件的磨削及刀具的磨削。如图 10–41 所示为五轴数控磨床。

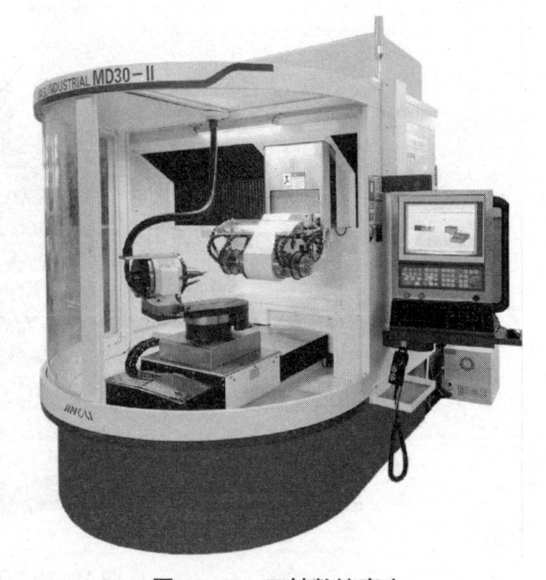

图 10–41　五轴数控磨床

（8）其他磨床

其他磨床包括珩磨机、研磨机、抛光机、超精加工机床、砂轮机等。

在生产中应用最广泛的是外圆磨床、内圆磨床和平面磨床等。

现代磨床的主要发展趋势：提高机床的加工效率，提高机床的自动化程度，进一步提高机床的加工精度并降低表面粗糙度值。

2．常用磨床各部分结构的名称与主要功用

（1）万能外圆磨床各部分结构的名称与主要功用

M1432B 型万能外圆磨床（见图 10–39）是普通精度级万能外圆磨床，主要用于磨削圆柱形或圆锥形的内、外圆表面，还可以磨削台阶轴的轴肩和端平面。该机床工艺范围较宽，但磨削效率不够高，适用于单件、小批生产，常用于工具车间和机修车间。其主要部件名称和功用如下：

1）床身。用以支承磨床其他部件。床身上面有纵向导轨和横向导轨，分别为磨床工作台和砂轮架的移动导向。

2）头架。头架主轴可与卡盘连接或安装顶尖，用以装夹工件。头架主轴由头架上的电动机经带传动、头架内的变速机构带动回转，实现工件的圆周进给，共有 6 级转速，其范围为 25 ~ 224 r/min。头架可绕垂直轴线逆时针回转 0° ~ 90° 。

3）砂轮架。砂轮架用以支承砂轮主轴，可沿床身横向导轨移动，实现砂轮的径向（横向）进给，砂轮的径向进给量可以通过横向进给手轮手动调节。安装于主轴的砂轮由一独立电动机通过带传动使其回转，转速为 1 670 r/min。砂轮架可绕垂直轴线回转 –30° ~ +30° 。

4）工作台。工作台由上、下两层组成，上层可绕下层中心轴线在水平面内顺（逆）时针回转 3° （6° ），以便磨削小锥角的长锥体工件。工作台上层用以安装头架和尾座，工作台下层连同上层一起沿床身纵向导轨移动，实现工件的纵向进给，纵向进给可通过纵向进给手轮手动调节。工作台的纵向进给运动由床身内的液压传动装置驱动。

5）尾座。套筒内安装尾座顶尖，用以支承工件的另一端。后端装有弹簧，利用可调节的弹簧力顶紧工件，也可使长工件在受磨削热影响而伸长或弯曲变形的情况下便于装卸。装卸工件时，可采用手动或液动方式使尾座套筒缩回。

6）内圆磨头。其上装有内圆磨具，用来磨削内圆。它由专门的电动机经平带带动其主轴高速旋转（10 000 r/min 以上），实现内圆磨削的主运动。不用时，可将内圆磨头翻转到砂轮架上方，磨内圆时再翻下。

（2）平面磨床各部分结构的名称与主要功用

除万能外圆磨床以外，M7120A 型卧轴矩台平面磨床（见图 10–40）在生产中的应用也非常广泛。它由床身、立柱、工作台、磨头等主要部件组成。矩形工作台安装在床身的水平纵向导轨上，由液压传动系统实现纵向直线往复移动，利用撞块自动控制换向。工作台上装有电磁吸盘，用于固定、装夹工件或夹具。

装有砂轮主轴的磨头可沿床鞍上的水平燕尾导轨移动，磨削时的横向进给和调整时的横向连续移动由液压传动系统实现，也可用横向进给手轮手动操纵。

磨头的高低位置调整或垂直进给运动由垂向进给手轮操纵，通过床鞍沿立柱的垂直导轨移动来实现。

课题五 磨削加工

任务 确定传动轴的磨削方法

任务说明

◎ 通过传动轴磨削方法的分析，掌握磨削零件的工艺全过程中砂轮、磨削用量及相关技术问题的处理方法。

技能点

◎ 一般零件的磨削方法及工艺问题的处理。

知识点

◎ 常用砂轮及其特点。

◎ 磨削用量的相关概念及计算方法。

◎ 不同表面的磨削方法。

一、任务实施

（一）任务引入

在磨床上加工如图 10–42 所示的传动轴，试对零件进行工艺分析，确定磨削方法（包括砂轮类型、工件的装夹方法、磨削用量及磨削步骤）。

（二）分析及解决问题

1. 零件工艺分析

如图 10–42 所示的传动轴为一台阶轴，各台阶外圆尺寸精度为 IT6 ~ IT7，对基准轴线的圆跳动公差为 0.02 mm，主要表面的表面粗糙度 *Ra* 值为 0.8 μm，材料为 45 钢，经淬火处理。

零件用型材棒料加工。统一采用两中心孔作为定位基准，符合基准重合和基准统一原则。两中心孔轴线是否重合直接影响零件的加工精度。因此，加工中心孔时应提高两中心孔的同轴度，批量生产时，有条件的应采用中心孔机床加工；此外，工件经热处理后，两中心孔会随工件产生变形，且中心孔表面形成较厚的氧化层，必须用两同轴顶尖对中心孔研磨修整。

工件经粗车、精车、铣削键槽及热处理后，在万能外圆磨床上加工，并分粗磨与精磨。

2. 机床的选择和工件的装夹方法

机床选用 M1432B 型万能外圆磨床，采用两顶尖装夹，前后顶尖均采用固定顶尖，且尾座顶尖靠弹簧的推力顶紧工件，以提高定心精度，保证零件的几何精度和表面质量。

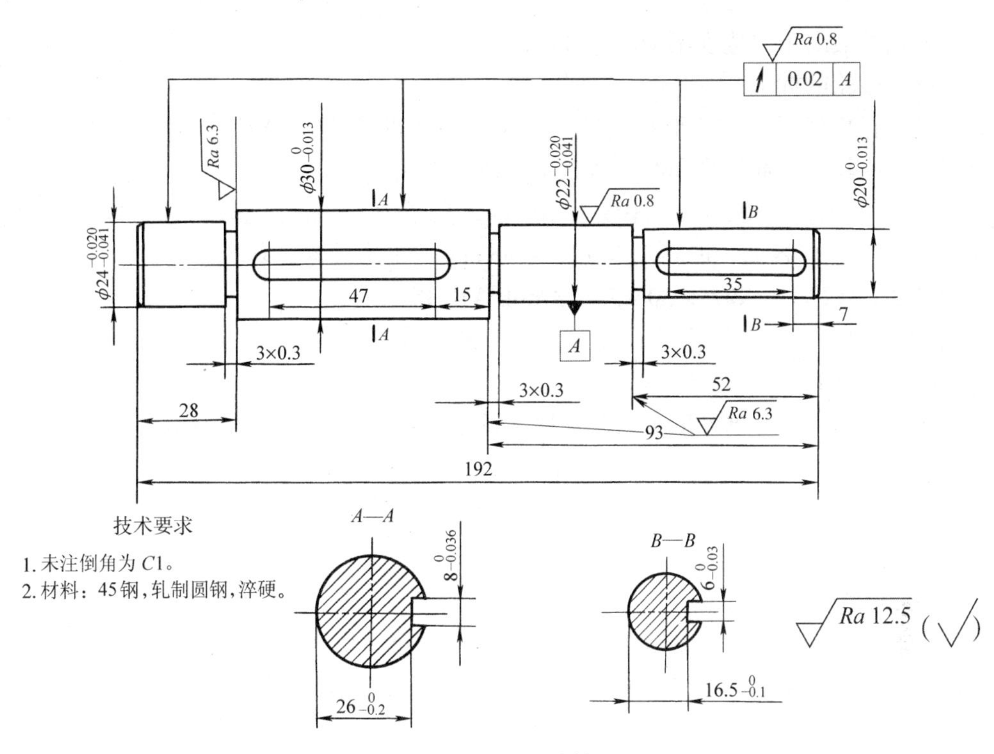

图 10–42　传动轴

3. 砂轮的选择

（1）磨料的选择

由于所磨削的工件为 45 钢，故采用硬度高、韧性大、抗弯强度高、磨削性能好、价格相对也较低的棕刚玉磨料。

（2）粒度的选择

在外圆磨床上半精磨、精磨一般采用的粒度号为 60 ~ 80，磨削该传动轴时采用的粒度号为 60。

（3）结合剂的选择

陶瓷结合剂具有耐热、气孔率大、易保持廓形、弹性差的特点，常用于各类磨削加工，故选用陶瓷结合剂。

（4）硬度的选用

机械加工时，常选用硬度等级为 H 至 N 的砂轮，由于本任务中工件材料为 45 钢，加之该传动轴刚度不高，故选用代号为 L 的砂轮。

（5）组织

根据加工中使用外圆磨床以及工件材料和磨削要求，一般磨削中大都采用中等组织，本任务选用 5 号组织。

（6）形状和尺寸

采用平形砂轮，这种砂轮广泛应用于外圆、内圆等磨床上。

（7）强度

由于砂轮的强度用砂轮的最高工作速度来限制，鉴于该砂轮为平形砂轮，采用陶瓷结合剂，所以砂轮的最高工作速度不能超过 35 m/s。

（8）选用砂轮的标记

磨具的标记由磨具名称、形状代号、尺寸标记、磨料代号、粒度代号、磨具硬度代号、磨具组织号、磨具结合剂代号和磨具最高工作速度组成。

本任务选用外径为 300 mm、厚度为 50 mm、孔径为 75 mm、棕刚玉、粒度 60、硬度为 L、5 号组织、陶瓷结合剂、最高工作速度为 35 m/s 的平形砂轮，其标记为：

砂轮 GB/T 4127 1N—300 × 50 × 75—A/60L5V—35 m/s

4．磨削用量

（1）磨削速度 v_c

磨削速度是指砂轮外圆处的最大线速度，其单位是 m/s，可用下式计算：

$$v_c=\frac{\pi dn}{1\ 000\times 60}\ (\text{单位为m/s})$$

式中 d——砂轮直径，mm；

n——砂轮转速，r/min。

磨外圆和磨平面时，v_c 一般为 30 ～ 35 m/s，高速磨削时在 50 m/s 以上。砂轮转速只有一种，操作时无选择余地，且随砂轮直径变小而减小。磨内圆时由于砂轮直径较小，v_c 一般为 18 ～ 30 m/s。

本任务中采用 M1432B 型万能外圆磨床，其电动机转速 n=1 670 r/min，砂轮直径为 300 mm，故可得：

$$v_c=\frac{\pi dn}{1\ 000\times 60}=\frac{\pi\times 300\times 1\ 670}{1\ 000\times 60}\ \text{m/s}\approx 26.22\ \text{m/s}<35\ \text{m/s}$$

（2）背吃刀量 a_p

对于内外圆磨削、无心磨削而言，背吃刀量又称为横向进给量，即工作台每次纵向往复行程终了时，砂轮在横向移动的距离。背吃刀量大，生产率高，但对磨削精度和表面质量不利。本任务为磨削传动轴外圆，选择粗磨背吃刀量 a_p=0.3 ～ 0.5 mm，精磨 a_p=0.003 ～ 0.05 mm。

（3）纵向进给量 f

磨削外圆时，纵向进给量是指工件每转一周，沿自身轴线方向相对砂轮移动的距离，单位为 mm/r。

由于砂轮厚度 T 为 50 mm，粗磨时，选择 f=（0.3 ～ 0.85）T/r=（0.3 ～ 0.85）× 50 mm/r=15 ～ 42.5 mm/r；精磨时，选择 f=（0.2 ～ 0.3）T/r=（0.2 ～ 0.3）× 50 mm/r=10 ～ 15 mm/r。

（4）工件圆周速度

指磨削圆柱面时工件待加工表面的线速度，又称工件圆周进给速度。可用下式计算：

$$v_w=\pi d_w n_w/1\ 000\ (\text{单位为 m/min})$$

式中 d_w——工件直径，mm；

n_w——工件转速，r/min。

粗磨时，工件圆周速度可高些，v_w=20 ～ 85 m/min，取 v_w=20 m/min，经计算，$n_w\approx$ 212.3 r/min，取 n_w=224 r/min；精磨时，工件圆周速度应低些，v_w=15 ～ 50 m/min，取 v_w=15 m/min，经计算，$n_w\approx$ 159 r/min，取 n_w=160 r/min。

5. 加工步骤

（1）车削各外圆，车削后留磨削余量 0.3 mm，铣削键槽。

（2）淬火。

（3）研磨中心孔。

（4）分别粗磨各外圆，各留精磨余量 0.03 ~ 0.05 mm。

（5）分别精磨各外圆至尺寸。

6. 磨削方法

粗磨和精磨外圆时，只有$\phi 30_{-0.013}^{0}$ mm 的外圆长为 71 mm，比砂轮长（砂轮厚度为 50 mm），采用纵向磨削法（见图 10–43）磨削，砂轮高速旋转，工件做圆周进给运动，同时工作台沿工件轴向做纵向进给运动。每次行程终了时，砂轮做周期的横向进给运动，从而逐渐磨去工件的全部余量。采用纵向磨削法时每次横向进给量小，磨削力小，散热条件好，并且能以光磨次数来提高工件的磨削精度和表面质量。另外 3 个外圆的粗磨和精磨均可采用横向磨削法（见图 10–44），因为砂轮厚度大于工件磨削表面的长度。采用横向磨削法时，工件不需做纵向进给运动，而只需砂轮以缓慢的速度连续或断续地沿工件径向做横向进给运动，直至达到精度要求为止。横向磨削法加工效率较高，但切削热大，磨削力大，必须充分冷却。

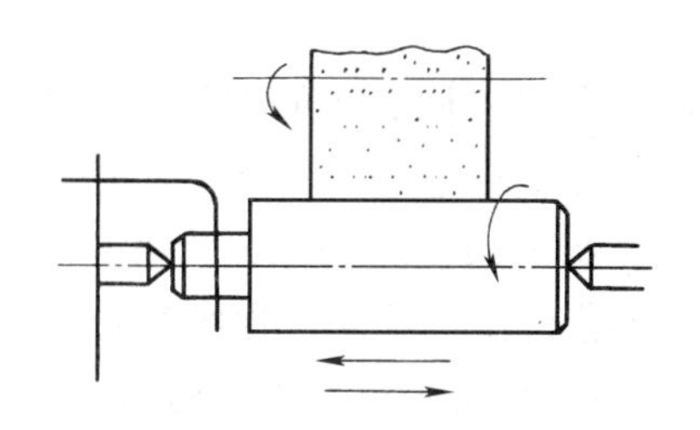

图 10–43 纵向磨削法

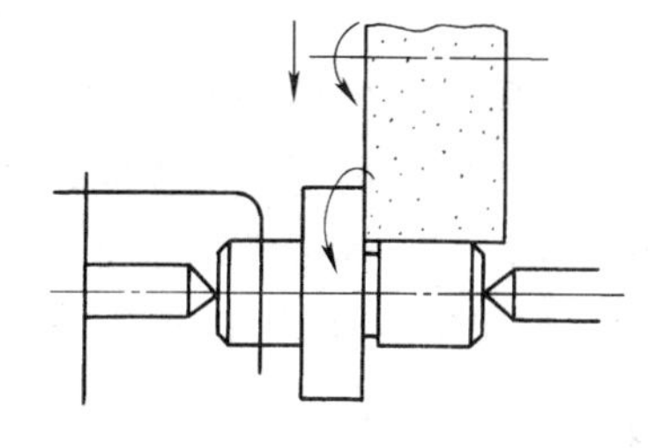

图 10–44 横向磨削法

二、知识链接

（一）磨削的工艺特点

1. 砂轮在磨削时具有很高的圆周速度，高速磨削时可达 50 m/s 以上。砂轮在磨削时除了对工件表面有切削作用外，还有强烈的摩擦，磨削区域的温度可高达 400 ~ 1 000 ℃，容易引起工件表面退火或烧伤。

2. 磨削可以获得很高的加工精度和很低的表面粗糙度值，其经济加工精度为 IT7 ~ IT6，表面粗糙度 *Ra* 值为 0.8 ~ 0.2 μm，广泛用于工件的精加工。

3. 砂轮不仅可以磨削一般的金属材料，还可以磨削硬度很高的淬硬钢、高速钢、硬质合金、钛合金和玻璃等金属或非金属材料。

4. 磨削是一种少切屑的加工方法，在一次行程中切除的金属量很小，金属切除效率低。

（二）砂轮的特性及选用

1. 砂轮的组成

砂轮是用各种类型的结合剂把磨料结合起来，经压胚、干燥、烧制及车整而成的磨削工具，因此，砂轮由磨料、结合剂和气孔三要素组成，如图 10–45 所示。

2．砂轮的特性

砂轮的特性由磨料、粒度、硬度、组织、结合剂、形状和尺寸、强度（最高工作速度）七个方面的要素来衡量。各种不同特性的砂轮均有一定的适用范围，因此应按照实际的磨削要求合理地选择和使用砂轮。

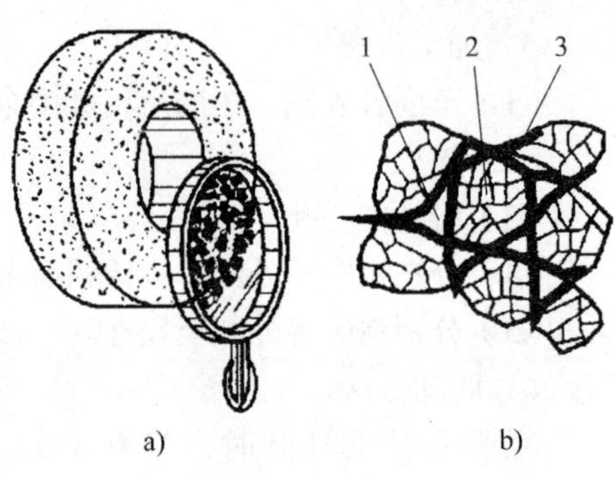

图 10–45　砂轮的组成

a）砂轮　b）组成三要素

1—气孔　2—磨料　3—结合剂

（1）磨料

磨料是在磨削（包括研磨和抛光）和切割中起切削作用的材料，是砂轮的主要组成部分，是影响磨削加工结果的重要因素。磨料应具备很高的硬度、一定的韧性以及一定的耐热性及热稳定性。根据来源，磨料可分为天然磨料和人造磨料，前者直接用天然矿岩经过拣选、破碎、分级或其他加工处理后制成，后者则以人工方法炼制或合成。目前生产中使用的几乎都是人造磨料。根据性能，磨料可分为普通磨料和超硬磨料，前者包括氧化铝类（刚玉类）、碳化硅类等非超硬磨料，后者包括金刚石、立方氮化硼等以显著提高硬度为特征的磨料。不同的磨削加工任务要求使用不同的磨料，常用磨料见表 10–1。

（2）粒度

为了适应不同要求工件的磨削加工，必须把磨料制成不同大小的颗粒——磨粒，磨粒大小的度量称为粒度。根据粒度不同，磨料有粗磨粒和微粉之分。颗粒尺寸大于 63 μm 的磨料称为粗磨粒，国家标准《固结磨具用磨料　粒度组成的检测和标记　第 1 部分：粗磨粒 F4 ~ F220》（GB/T 2481.1—1998）对刚玉和碳化硅磨料作了规定，粗磨粒粒度号标记为 F4 ~ F220，共 26 个代号，用试验筛网筛分的方法测定，粒度号越大颗粒越细。颗粒尺寸不大于 63 μm 的磨料称为微粉，国家标准《固结磨具用磨料　粒度组成的检测和标记　第 2 部分：微粉》（GB/T 2481.2—2020）对刚玉和碳化硅磨料作了规定，一般工业用途的 F 系列微粉粒度号标记为 F230 ~ F1200，共 11 个代号（用沉降管法进行测定），粒度号越大颗粒越细。

表 10–1　常用磨料

类别	名称	代号	应用范围
氧化铝类	棕刚玉	A	各种未淬硬钢、韧性材料
	白刚玉	WA	各种淬硬钢
	微晶刚玉	MA	各种不锈钢、轴承钢、特种球墨铸铁
	单晶刚玉	SA	不锈钢、高钒高速钢、其他难加工材料
	铬刚玉	ZA	淬硬高速钢、高强度钢、成形磨削及刀具刃磨
碳化硅类	黑色碳化硅	C	脆性材料及铝
	绿色碳化硅	GC	硬质合金
超硬类	人造金刚石	D	硬质合金
	立方氮化硼	CBN	高硬度、高韧性不锈钢，高钒高速钢

磨粒粒度的大小，直接影响磨削性能和磨削效率。粒度选择的主要依据是磨削的加工性质和工件材料的力学性能等。粗磨时一般选粗粒度砂轮，精磨时选细粒度砂轮。磨软材料时，选粗磨粒；反之，选细磨粒。具体见表 10–2。

表 10–2　粒度及适用范围

粒度	适用范围
F4 ~ F14	荒磨、重负荷磨钢锭、喷沙除锈等
F16 ~ F30	粗磨钢锭、打毛刺、切断钢坯、粗磨平面
F36 ~ F60	平面磨、外圆磨、无心磨、内圆磨、工具磨等粗磨工序
F70 ~ F100	平面磨、外圆磨、无心磨、内圆磨、工具磨等半精磨工序，工具刃磨、齿轮磨削
F120 ~ F220	刀具刃磨、精磨、粗研磨、粗珩磨、粗磨螺纹等
F230 ~ F360	精磨、珩磨、精磨螺纹、精磨仪器仪表工件、齿轮精磨等
F400 ~ F1200	超精密加工、镜面磨削、精细研磨、抛光等

需要指出的是，每一粒度号的磨料不是单一尺寸的粒群，而是若干粒群的集合。国家标准中将各粒度号磨料分成五个粒度群，即最粗粒、粗粒、基本粒、混合粒、细粒。某一粒度号的磨粒粒度组成就是各粒度群所占的质量百分比。例如：F20 磨粒，全部磨粒应通过最粗筛（筛孔 1.70 mm）；全部磨粒可通过粗粒筛（筛孔 1.18 mm），但该筛筛上物不能多于 20%；筛孔为 1.00 mm 的筛上物至少应为 45%，但允许磨粒 100% 通过筛孔为 1.18 mm 的筛而留在筛孔为 1.00 mm 的筛上。

（3）结合剂

结合剂是把磨粒固结成磨具的材料，它使砂轮具有必要形状。结合剂的性能和多少决定了砂轮的强度、硬度、耐冲击性、耐腐蚀性、耐热性、自锐性等。此外，结合剂还对磨削温度和磨削工件表面质量有一定的影响。

根据国家标准《磨料磨具术语》（GB/T 16458—2021），结合剂包括无机结合剂、有机结合剂、金属结合剂等。其中，无机结合剂是以无机材料为主要原料的结合剂，如陶瓷结合剂以陶瓷材料为主要原料，菱苦土结合剂以氧化镁和氯化镁为主要原料；有机结合剂是以有机材料为主要原料的结合剂，如树脂结合剂以合成树脂为主要原料，橡胶结合剂以人造或天然橡胶为主要原料，虫胶结合剂则以虫胶为主要原料；金属结合剂是以金属材料为原料。结合剂种类用字母代码表示，参见国家标准《固结磨具　一般要求》（GB/T 2484—2018）。常用结合剂的种类、代号、性能及应用范围见表 10–3，其中陶瓷型结合剂应用最广，被 80% 左右的砂轮采用。

表 10–3 常用结合剂的种类、代号、性能及应用范围

种类	代号	性能及应用范围
陶瓷	V	陶瓷型结合剂黏结强度高，刚度大，耐热性、耐腐蚀性好，不怕潮湿，气孔率大，磨削生产率高；脆、韧性及弹性差，不能承受侧面弯扭力。用于除薄片砂轮外的大部分砂轮，一般磨削速度 <35 m/s
树脂	B	树脂型结合剂强度高，弹性好，耐热性差，气孔率小，易堵塞，磨损快，易失去廓形，耐腐蚀性差（切削液含碱量超过 1.5% 时，砂轮强度、硬度明显下降；潮湿气候下长期存放也会影响砂轮强度）。用于高速磨削砂轮（速度可达 50 m/s），薄片砂轮，精磨、抛光用砂轮，清理用砂轮，荒磨砂轮
橡胶	R	橡胶型结合剂有更好的弹性和强度，耐油性差，耐热性更差，气孔小，组织紧密，生产率低，磨削中结合剂易老化和烧伤。用于薄片砂轮，精磨用砂轮，无心磨用砂轮，抛光成形面用砂轮，速度可达 65 m/s
菱苦土	MG	自锐性好，结合能力差。用于制作粗磨砂轮
青铜	J	强度最好，导电性好，磨耗少，自锐性差。一般用来制造金刚石砂轮

（4）硬度

硬度是指磨粒在外力作用下从磨具表面脱落的难易程度。磨粒粘接牢固而不易脱落的砂轮，称为硬砂轮；反之，则称为软砂轮。所以，砂轮的硬度与磨粒本身的硬度是两回事。根据国家标准《固结磨具　一般要求》（GB/T 2484—2018），砂轮的硬度等级用英文字母标记（见表 10–4），A 为最软，Y 为最硬。

表 10–4 砂轮的硬度等级

硬度等级				软硬级别
A	B	C	D	超软
E	F	G	—	很软
H	—	J	K	软
L	M	N	—	中
P	Q	R	S	硬
T	—	—	—	很硬
—	Y	—	—	超硬

砂轮的硬度对磨削效率和磨削表面质量都有很大影响。如果砂轮太硬，磨粒钝化后仍不脱落，就会导致磨削效率低，工件表面粗糙并可能烧伤；如果砂轮太软，磨粒尚未磨钝即脱

落，就会导致砂轮损耗大，不易保持廓形而影响工件质量。只有选择硬度合适的砂轮，才能优质、高效地磨削，并减小砂轮损耗。砂轮硬度的选择依据是工件材料、加工性质、工件与砂轮的接触面积等。一般来说，磨削硬工件材料时选择软砂轮，磨削软工件材料时选择硬砂轮；磨削有色金属等较软工件材料时，为了防止砂轮堵塞，选择软砂轮；磨削接触面积大，或磨削薄壁工件及导热性差的工件时，选择软砂轮；精磨、成形磨削、断续表面磨削时，选用较硬砂轮；磨粒越细时，应选用越软的砂轮；磨平面、磨内孔选用较软的砂轮。具体来说，磨削淬硬的合金钢、高速钢，可选用硬度为 H ～ K 的砂轮；磨削未淬硬钢，可选用硬度为 L ～ N 的砂轮；磨削低表面粗糙度值表面，可选用硬度为 K ～ L 的砂轮；刃磨硬质合金刀具，可选用硬度为 H ～ L 的砂轮。需要注意的是，树脂结合剂砂轮不耐高温，磨粒容易脱落，其硬度可比陶瓷结合剂砂轮选高 1 ～ 2 个等级。

（5）组织

组织是指磨具中磨料、结合剂和气孔的体积比例。它表明砂轮中磨料、结合剂和气孔三者间的体积比例关系，以反映砂轮磨粒率（磨具中磨粒的体积百分数）的组织号表示。根据国家标准《固结磨具　一般要求》(GB/T 2484—2018)，组织号可用数字标记，通常为 0 ～ 14，见表 10–5。组织号数字越大，表示组织越疏松，相应的磨粒率越低。显然，0 ～ 4 号组织较紧密，9 ～ 14 号组织较疏松，5 ～ 8 号组织为中等。

表 10–5　砂轮的组织号

组织号	0	1	2	3	4	5	6	7	8	9	10	11	12	13	14
磨粒率/%	62	60	58	56	54	52	50	48	46	44	42	40	38	36	34

砂轮的组织对于磨削质量和磨削效率有很大的影响。组织紧密时，气孔率小，砂轮变硬，容屑空间小，容易堵塞，磨削效率低，但可承受较大的磨削压力，廓形保持性好，适合重压力下磨削及精密、成形磨削；组织疏松时，气孔多，砂轮不易被堵塞，发热少，便于将切削液或空气带入磨削区，有利于散热条件的改善，但加工表面粗糙，适用于接触面积较大的工序（粗磨、平面磨、内圆磨等），韧性大、硬度不高的工件，以及热敏感材料、软金属、薄壁件等。普通磨削常用组织号为 4 ～ 7 的砂轮，如淬火钢磨削、刀具刃磨等。组织号为 6 的砂轮最常用。

为满足磨削接触面积大或薄壁零件，以及磨削软而韧（如银钨合金）或硬而脆（如硬质合金）材料的要求，在组织号 14 以外，还研制出了更大气孔的砂轮。它是在砂轮配方中加入了一定数量的精萘或炭粒，经焙烧工艺后挥发而形成大气孔。

（6）形状和尺寸

为适应在不同类型的磨床上加工各种形状和尺寸工件的需要，常将砂轮制作成各种不同形状和尺寸。根据国家标准《固结磨具　一般要求》(GB/T 2484—2018)，砂轮的基本形状名称有平形砂轮、筒形砂轮、单斜边砂轮、双斜边砂轮、单面凹砂轮、杯形砂轮、碗形砂轮、碟形砂轮和平形切割砂轮等几十个。常用基本形状砂轮见表 10–6。砂轮的尺寸符号及尺寸标准可查阅相应的国家标准。

表 10–6　　常用基本形状砂轮

名称	型号	断面形状	尺寸标记
平形砂轮	1	D T H	$D \times H \times T$
筒形砂轮	2	(W<0.17D) D T W	$D \times T \times W$
双斜边砂轮	4	∠1：16 U T H J D	$D \times T/U \times H$
杯形砂轮	6	D W E T H	$D \times T \times H—W \times E$
碗形砂轮	11	D W K T E H J	$D/J \times T \times H—W \times E$
碟形一号砂轮	12a	W K R⩽3 U T E H J D	$D/J \times T/U \times H—W \times E$
薄片砂轮	41	D T H	$D \times T \times H$

（7）砂轮的最高工作速度

砂轮是在高速旋转下工作的。砂轮高速旋转时，砂轮上任一部分都受到很大的惯性力作用，如果砂轮没有足够的强度，就会爆裂而引起严重事故。因为砂轮上的惯性力与砂轮线速度的平方成正比，所以当砂轮线速度增大到一定数值时，惯性力就会超过砂轮强度允许的范围，砂轮就会爆裂。因此，砂轮的最大工作线速度必须标示在砂轮上，以防止使用时发生事故。根据国家标准《固结磨具　安全要求》（GB/T 2494—2014）规定，磨具应满足使用时能抵抗预期的外力和负荷的原则，并按照下列范围的最高工作速度进行设计和制造：<16—16—20—25—32—35—40—45—50—63（或 60）—70（或 72）—80—100—125，单位为 m/s。

需要指出的是，砂轮使用前必须仔细检查安装是否正确、牢固，以免在使用时发生破裂，造成人身和质量事故；同时，必须检查砂轮外观，应符合国家标准《固结磨具　技术条件》（GB/T 2485—2016）的要求，即砂轮外观应色泽均匀，不应有裂纹、黑心、夹杂等。另外，外径为 125 mm 及更大、最高工作速度为 16 m/s 及更高的砂轮（不包括杯形砂轮、碗形砂轮等）应进行不平衡量的测量，并应符合国家标准《固结磨具　交付砂轮允许的不平衡量　测量》（GB/T 2492—2017）的规定。

3．固结磨具标记和砂轮标志

（1）固结磨具标记

国家标准《固结磨具　一般要求》（GB/T 2484—2018）规定，固结磨具的标记应包括下列顺序的内容：磨具名称、产品标准号、基本形状代号、圆周型面代号（若有）、尺寸（包括型面尺寸）、磨料牌号（可选性的）、磨料种类、磨料粒度、硬度等级、组织号（可选性的）、结合剂种类、最高工作速度。例如，平形砂轮 GB/T 2485 1 N −300 × 50 × 76.2（X 17V60）−⋯ A/ F80 L 5 V − 50 m/s。

（2）砂轮标志

国家标准《固结磨具　一般要求》（GB/T 2484—2018）规定，砂轮标志的内容包括：生产企业名称、商标、主要尺寸（可选性的，由生产企业自行决定）、磨料种类、磨料粒度、硬度等级、组织号（可选性的，由生产企业自行决定）、最高工作速度（m/s）、生产日期（年份 4 位，月份 2 位）。

外径 D>90 mm 砂轮的标志应标示在砂轮表面或标签或缓冲纸垫上（标签或缓冲纸垫应牢固粘贴于砂轮上），外径 $D \leqslant 90$ mm 砂轮的标志应标示在砂轮表面或最小包装单元上（粘贴标签）。

（三）砂轮的安装、平衡与修整

1．砂轮的安装

砂轮工作时转速很高，安装前应仔细检查是否有裂纹。检查时，可将砂轮用绳索穿过内孔，吊起悬空。用木棒轻轻敲击其侧面，若声音清脆，说明砂轮无裂纹；反之则说明砂轮有裂纹，有裂纹的砂轮不允许使用。直径较大的砂轮均用法兰盘装夹，法兰盘的底盘和压盘直径必须相同，且不小于砂轮外径的 1 / 3。砂轮与法兰盘间应放置弹性材料（如橡胶、毛毡、软纸板等）制成的衬垫，紧固时螺母不能拧得过紧，以保证砂轮受力均匀，不致压裂。直径较小的砂轮则用黏结剂紧固。

2．砂轮的平衡

砂轮的重心与其回转中心不重合时会造成砂轮不平衡，产生的原因主要是砂轮的制造误差和在法兰盘上安装所产生的安装误差。砂轮高速回转时因不平衡引起很大的惯性力，会使工艺系统产生振动，降低磨削质量，损坏主轴及轴承，严重时导致砂轮破裂而发生事故。因此，砂轮安装在法兰盘上后必须进行平衡。一般采取静平衡方式，在平衡架上进行。

3. 砂轮的修整

砂轮在磨削过程中，工作表面的磨粒将逐渐变钝（微刃不再锋利），磨粒所受切削抗力随之增大，因而急剧且不均匀地脱落。部分磨粒脱落后，新露出的磨粒以锋利的棱角继续切削（即为砂轮的自锐性），而未脱落的磨粒继续变钝，使砂轮磨削能力下降，外形也会发生变化，砂轮与工件间的摩擦加剧，工件表面产生烧伤和振动波纹，并产生刺耳的噪声。因此，磨钝的砂轮须及时进行修整。

用砂轮修整工具将砂轮工作表面已磨钝的表层修去，以恢复砂轮的切削性能和正确几何形状的过程称为砂轮的修整。修整砂轮时一般用金刚石笔（用大颗粒金刚石镶焊在特制刀杆上制成），修整层厚度为 0.1 mm 左右。

（四）其他表面的磨削方法及特点

1. 外圆磨削的其他方法

除了纵向磨削法和横向磨削法外，外圆磨削还可采用其他方法：

（1）综合磨削法

它是横向磨削法与纵向磨削法的综合。磨削时，先采用横向磨削法分段粗磨外圆，并留 0.03 ~ 0.04 mm 的精磨余量，然后用纵向磨削法精磨到规定的尺寸。综合磨削法利用了横向磨削法生产率高的特点对工件进行粗磨，又利用了纵向磨削法精度高、表面粗糙度值低的特点对工件进行精磨，因此，适用于磨削余量大、刚度高的工件，但磨削长度不宜太长，通常以分成 2 ~ 4 段进行横向磨削为宜。

（2）深度磨削法

它是在一次纵向进给运动中，将工件磨削余量全部切除而达到规定尺寸要求的高效率磨削方法。其磨削方法与纵向磨削法相同，但砂轮需修成阶梯形，磨削时，砂轮各台阶的前端担负主要切削工作，各台阶的后部起精磨、修光作用，前面各台阶完成粗磨，最后一个台阶完成精磨。台阶数量及深度按磨削余量的大小和工件的长度确定。深度磨削法适用于磨削余量大、刚度较高的工件的批量生产。由于磨削力和磨削热很大，工件容易变形，因此，应选用刚度高、功率大的机床，使用较小的纵向进给速度，并注意充分冷却，以及在磨削时锁紧尾座套筒，防止工件脱落。

2. 内圆的磨削特点

磨外圆与磨内圆的比较如图 10–46 所示。磨内圆时具有以下特点：

（1）砂轮的直径受孔径限制，直径较小，刚度较低，容易振动，磨削速度难以提高，故加工质量与生产率均受到影响。

（2）砂轮容易堵塞、磨钝，磨削时不便观察，冷却条件差。

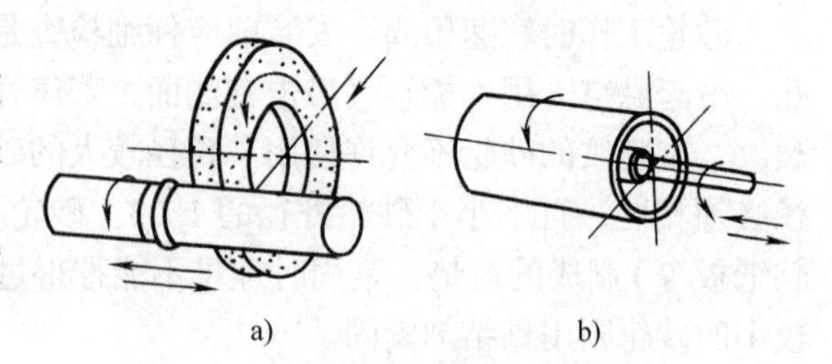

图 10–46　磨外圆与磨内圆的比较

a）外圆磨削　b）内圆磨削

3. 圆锥的磨削方法和特点

圆锥的磨削方法一般有以下三种：

（1）转动工作台磨外圆锥面

如图 10–47 所示，将工件装夹在前、后两顶尖之间，圆锥大端在前顶尖侧、小端在后顶尖侧，将上工作台相对于下工作台逆时针转动一个角度（等于圆锥半角 $\alpha/2$）。磨削时，采用纵向磨削法或综合磨削法，从圆锥小端开始试磨。转动工作台法适用于磨削锥度不大的长工件。

（2）转动头架磨外圆锥面

如图 10–48 所示，适用于磨削锥度较大而长度较短的工件。将工件装夹在头架的卡盘中，头架逆时针转动 $\alpha/2$ 角度，磨削方法同转动工作台法。

（3）转动砂轮架磨外圆锥面

当工件较长且工件的锥度较大时，只能用转动砂轮架法来磨削外圆锥面。将砂轮架偏转 $\alpha/2$ 角度，用砂轮的横向进给进行圆锥面的磨削（工作台不允许纵向进给），如果锥面素线长度大于砂轮厚度，则需用分段接刀的方法进行磨削。

磨内圆锥面可用转动工作台法和转动头架法。

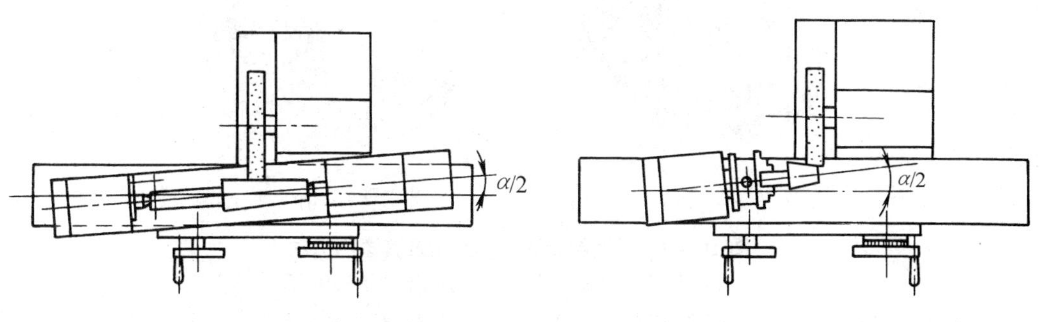

图 10–47 转动工作台磨外圆锥面　　图 10–48 转动头架磨外圆锥面

4. 平面的磨削方法和特点

在平面磨床上磨削平面有圆周磨削和端面磨削两种形式，如图 10–49 所示为平面磨床的几种类型及其磨削运动。卧轴矩台或圆台平面磨床属圆周磨削，砂轮与工件接触面积小，生产效率低，但散热排屑条件好，磨削精度高。

卧轴矩台平面磨床圆周磨削的主要方法如下：

（1）横向磨削法

每当工作台纵向行程终了时，砂轮主轴做一次横向进给，待工件表面上第一层金属磨去后，砂轮再按预选磨削深度做一次垂直进给，以后按上述过程逐层磨削，直至切除全部磨削余量为止。横向磨削法是最常用的磨削方法，适于磨削长而宽的平面，也适于将相同小件按序排列后进行集合磨削。

（2）深度磨削法

先将粗磨余量一次磨去，粗磨时的纵向移动速度很慢，横向进给量很大，约为（3/4 ~ 4/5）T（T 为砂轮厚度），然后用横向磨削法精磨。深度磨削法垂直进给次数少，生产率高，但磨削抗力大，仅适于在刚度高、动力大的磨床上磨削平面尺寸大的零件。

（3）阶梯磨削法

即将砂轮厚度的前一半修成几个台阶，粗磨余量由这些台阶分别去除，砂轮厚度的后一半则用于精磨。这种磨削方法生产率高，但磨削时横向进给量不能过大。由于磨削余量被分配在砂轮的各个台阶圆周面上，磨削负荷及磨损由各段圆周表面分担，故能充分发挥砂轮的磨削性能。由于砂轮修整麻烦，其应用受到一定限制。

端面磨削与圆周磨削相比效率高，但精度低，常用于粗磨。

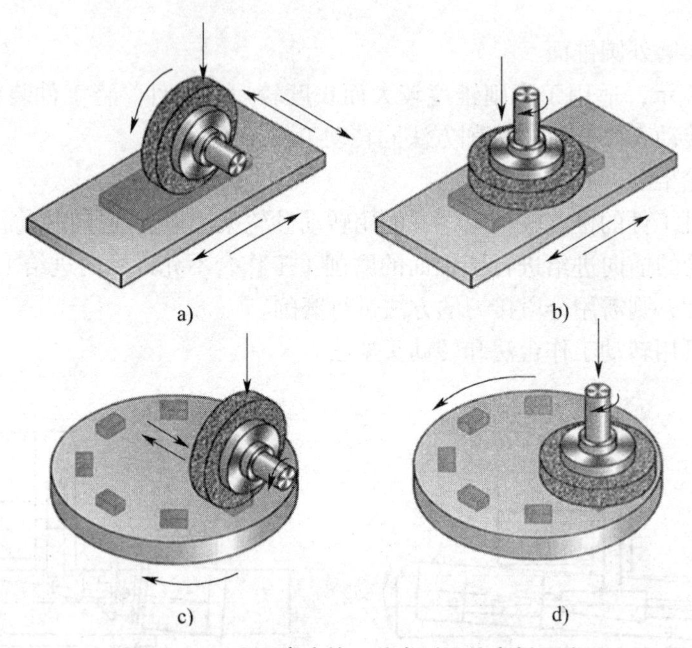

图 10–49 平面磨床的几种类型及其磨削运动

a）卧轴矩台平面磨床 b）立轴矩台平面磨床

c）卧轴圆台平面磨床 d）立轴圆台平面磨床

模块十一

刨削、钻削、镗削加工

课题一　刨床及刨削加工

任务　刨削垫块零件

任务说明

◎ 通过对垫块加工过程的分析，了解刨削时工件的装夹、刨刀的选用等工艺问题的处理方法。

技能点

◎ 垫块的刨削方法。

知识点

◎ 牛头刨床的结构与功能。

◎ 刨削的主要内容及工艺特点。

一、任务实施

刨削加工是在刨床上利用刨刀（或工件）的直线往复运动进行切削加工的一种方法，主要用于平面和沟槽的加工。刨削时的主运动是刨刀或工件所做的直线往复运动，进给运动是工件或刨刀沿垂直于主运动方向所做的间歇移动。

（一）任务引入

刨削如图 11–1 所示的垫块，形状为长方体，零件材料为 45 钢。试对零件进行工艺分析，确定加工方法（包括刨床及刨刀的选择、工件的装夹方法及刨削方法）。

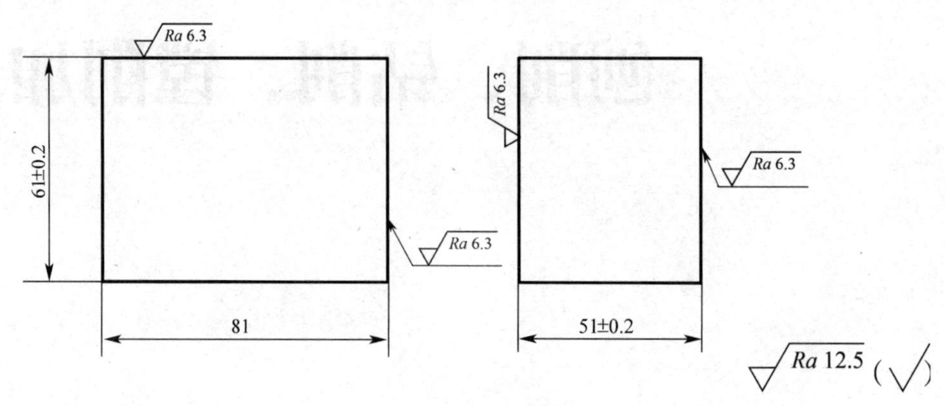

图 11–1　垫块零件图

（二）分析及解决问题

1. 刨床的选择

常用的刨床有牛头刨床、龙门刨床等。其中牛头刨床主要用于加工中、小型零件，龙门刨床常用于加工大型零件或同时加工多个零件。本任务零件尺寸较小，故选用牛头刨床加工。

2. 刨刀的选择

选用平面刨刀和偏刀。

3. 加工方法

（1）工件的装夹

装夹工件前，先应检查毛坯尺寸是否合格，校正机用虎钳与刨床之间的相对位置，以保证工件的加工精度。装夹工件时应注意工件高出钳口或伸出钳口两端不宜太多，以保证可靠夹紧。

（2）刨刀的安装

将选择好的刨刀插入刀夹的方孔内，并用紧固螺钉拧紧。应当注意，刨刀在刀架上不能伸出过长，一般伸出长度为刀杆厚度的 1.5 ~ 2 倍比较适宜。安装偏刀时，一般刀杆应处于铅垂位置，以确保偏刀的刃磨角度不因装夹而变化。

（3）刨削

采用平面刨刀刨削水平面，采用偏刀刨削垂直面，使零件达到图样要求。

二、知识链接

（一）牛头刨床的主要部件及功用

如图 11–2 所示为常用牛头刨床的外形及其运动示意图。牛头刨床由床身、滑枕、刀架、工作台等主要部件组成。

1. 床身

床身用来支承刨床的各个部件。床身的顶部和前侧面分别有水平和垂直导轨。滑枕连同刀架可沿水平导轨做直线往复运动（主运动）；横梁连同工作台可沿垂直导轨升降。床身内部有变速机构和驱动滑枕的摆动导杆机构。

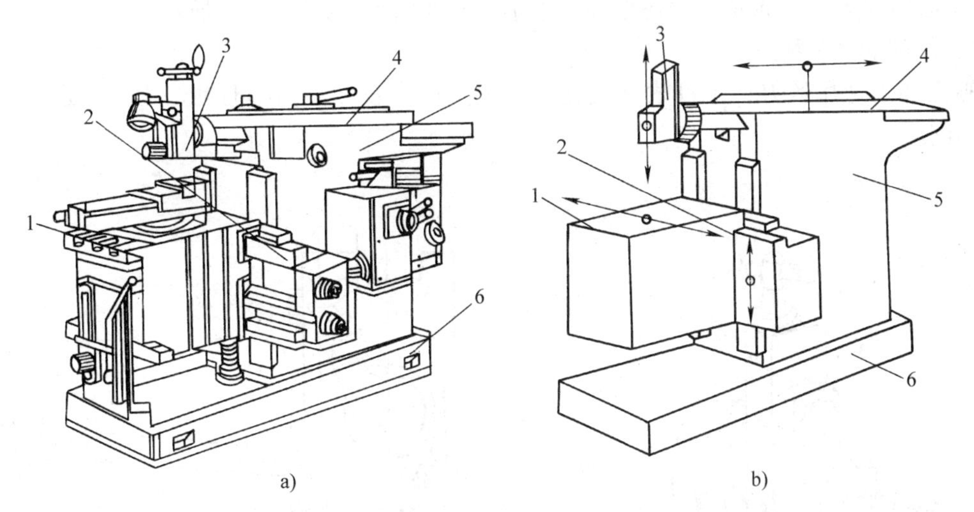

图 11–2 常用牛头刨床的外形及其运动示意图

a）外形图 b）运动示意图

1—工作台 2—横梁 3—刀架 4—滑枕 5—床身 6—底座

2. 滑枕

滑枕前端装有刀架，用来带动刨刀做直线往复运动，实现刨削。

3. 刀架

刀架用来装夹刨刀并使刨刀沿所需方向移动。刀架与滑枕连接部位有转盘，可使刨刀按需要偏转一定角度。转盘上有导轨，摇动刀架手柄，滑板连同刀座沿导轨移动，可实现刨刀的间歇进给（手动）或用于调整背吃刀量。刀架上的抬刀板在刨刀回程时抬起，以防止擦伤工件并减小刀具的磨损。牛头刨床的刀架如图 11–3 所示。

4. 工作台

工作台用来安装工件，可沿横梁做横向进给运动。工作台与横梁一起可以沿床身的垂直导轨升降，以便调整工件与刨刀的相对位置。

（二）牛头刨床的运动

1. 主运动

主运动为刀架（滑枕）的直线往复运动。电动机的回转运动经带传动机构传递到床身内的变速机构，然后由摆动导杆机构将回转运动转变成滑枕的直线往复运动。

2. 进给运动

进给运动包括工作台的横向进给运动和刨刀的垂直（或斜向）进给运动。工作台的横向进给运动是在滑枕返回行程时，并在刨刀切入工件以前进行的。它可以手动操纵，也可以机动控制。机动进给由棘轮机构实现，如图 11–4 所示，由齿轮 1 带动齿轮 2，再带动销盘 3 转动，通过连杆 4，带动摇杆 5 摆动，摇杆 5 上的棘爪推动棘轮 6 做间歇转动，与棘轮连接在一起的丝杠 7 同时转动一定角度，从而使工作台做间歇的横向进给运动。

（三）刨削的主要内容及工艺特点

1．刨削的主要内容

刨削是平面加工的主要方法之一。在刨床上可以刨削平面（水平面、垂直平面和斜面）、沟槽（直槽、V形槽、燕尾槽和T形槽）和曲面等，如图11–5所示。

2．刨削的工艺特点

刨削加工通用性好，工件表面硬化小，但生产率较低，切削时冲击力大，适用于中、低速切削。

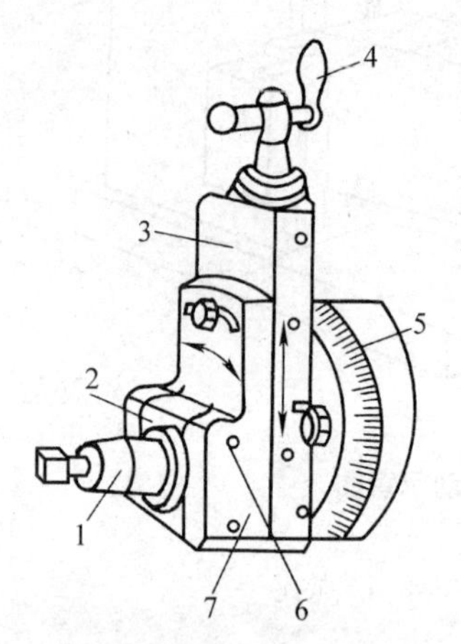

图11–3　牛头刨床的刀架

1—刀夹　2—抬刀板　3—滑板
4—刀架手柄　5—转盘　6—转销　7—刀座

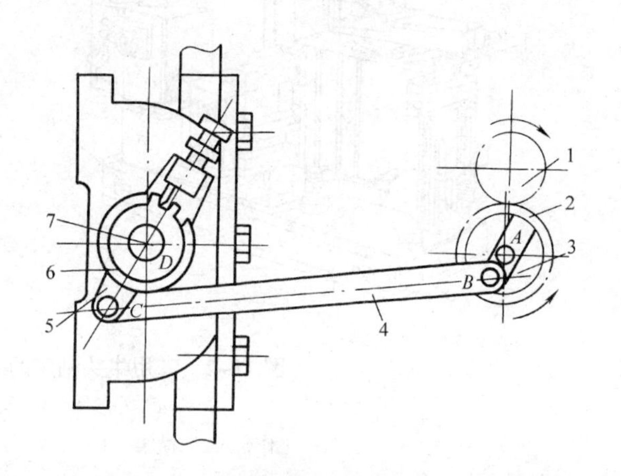

图11–4　牛头刨床横向进给机构

1、2—齿轮　3—销盘　4—连杆　5—摇杆
6—棘轮　7—丝杠

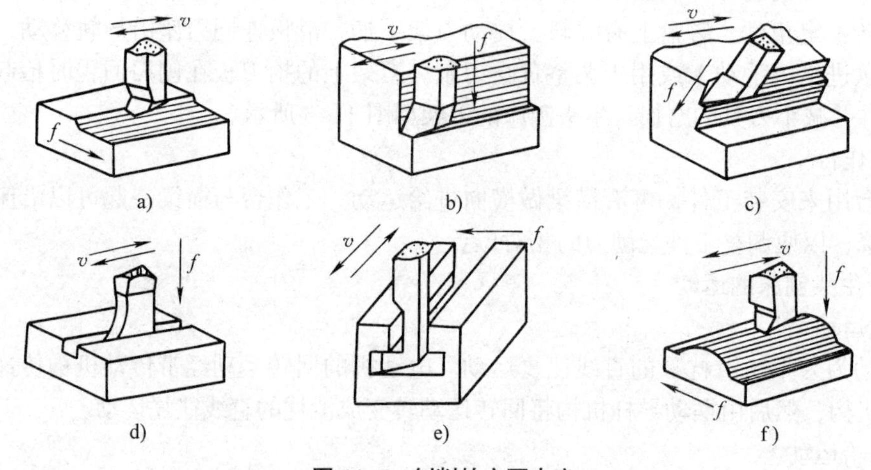

图11–5　刨削的主要内容

a）刨削水平面　b）刨削垂直平面　c）刨削斜面
d）刨削直槽　e）刨削T形槽　f）刨削曲面

课题二 钻床及钻削加工

任务 钻削内孔

任务说明

◎ 通过对实际零件中孔的加工过程及加工工艺的分析，了解钻削时工件的装夹、孔加工刀具的选用等工艺问题的处理方法。

技能点

◎ 孔的加工方法。

知识点

◎ 常用钻床的结构与功能。

◎ 孔加工的主要方法及工艺特点。

一、任务实施

内孔表面的加工也是机械加工的主要任务之一，除了可在车床上加工外，还可在钻床和镗床上加工。钻削是用钻头或扩孔钻等在工件上加工孔的方法，钻削是孔加工的主要方法之一。钻削时，钻床主轴的旋转运动是主运动，主轴的轴向移动是进给运动。

（一）任务引入

在钻床上完成如图 11–6 所示典型零件孔的加工，零件材料为 HT200，加工件数为 50 件，试对零件进行工艺分析并说明加工方案，确定加工方法（包括所选机床、刀具类型、工件的装夹方法、钻削用量等）。

（二）分析及解决问题

1．孔的加工方案

加工 ϕ30H7 的孔可采用钻孔→扩孔→粗铰→精铰的加工方案；阶梯孔 ϕ12 mm 及 ϕ20 mm 没有尺寸公差要求，可按未注公差 IT11 ~ IT12 处理，表面粗糙度要求不高，因而可选用钻孔→锪孔方案。

2．机床的选择

由于所加工的零件属于中、小型零件，故在立式钻床上加工。

3．刀具的选择

ϕ30H7 孔的加工选用高速钢钻头、扩孔钻及铰刀；ϕ12mm 及 ϕ20 mm 的阶梯孔选用高速钢钻头及锪孔钻。

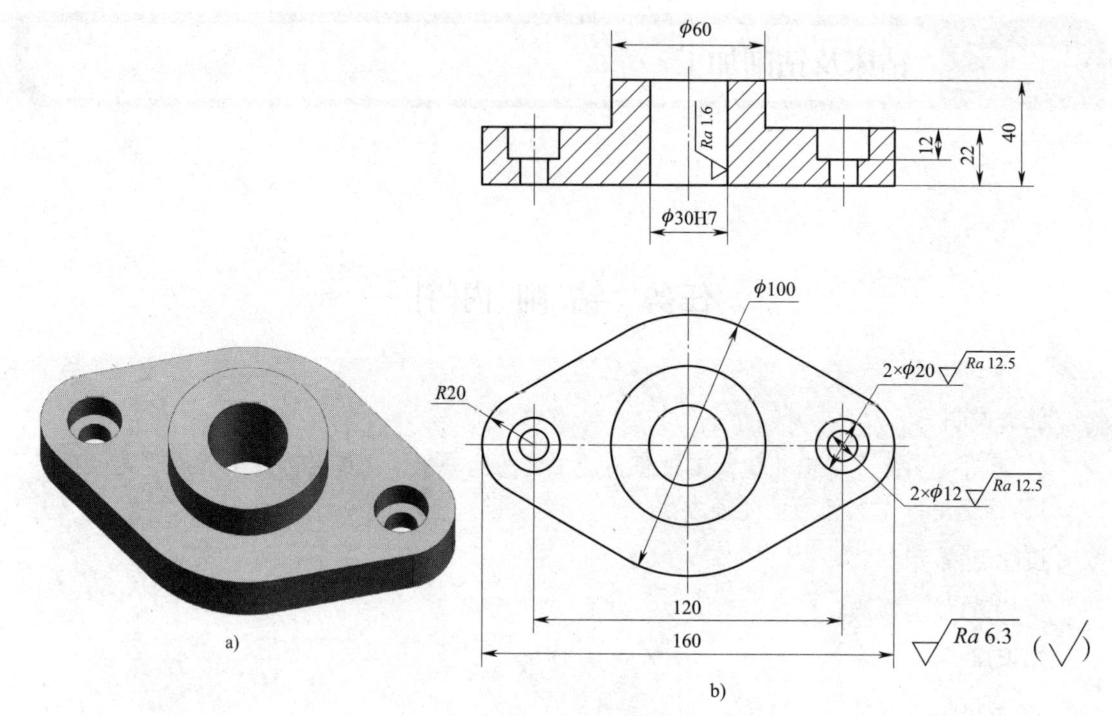

图 11-6　典型零件孔的加工

a）立体图　b）零件图

4．钻头的装夹

钻头柄部结构分成直柄和锥柄两种。直柄钻头需用带锥柄的钻夹头夹紧，再将钻夹头的锥柄插入钻床主轴的锥孔中。如果钻夹头的锥柄不够大，可套上过渡用钻套再插入主轴锥孔。对于锥柄钻头，若其锥柄规格与主轴锥孔规格相符，则将钻头锥柄直接插入主轴锥孔，不相符时也可加用钻套。钻夹头和钻套如图 11-7 所示。

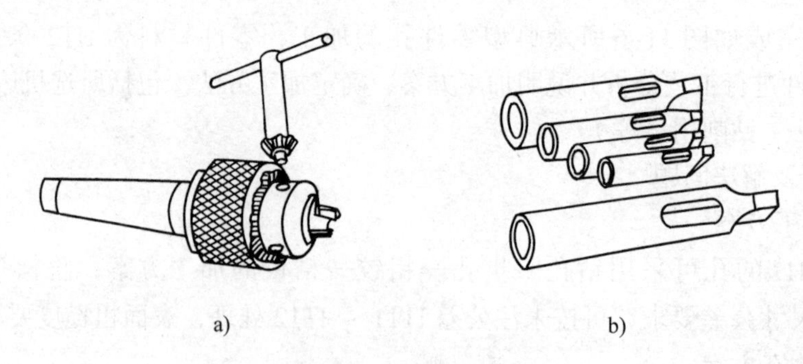

图 11-7　钻夹头和钻套

a）钻夹头　b）钻套

5．工件的装夹

孔径较小的小型工件，采用机用虎钳装夹即可钻削；当工件孔径较大时，钻削时转矩较大，为保证装夹可靠和操作安全，应采用压板、V 形架、螺栓等装夹工件。本任务中采用压板装夹工件，如图 11–8 所示。

6．钻削用量

钻削用量示意图如图 11–9 所示。

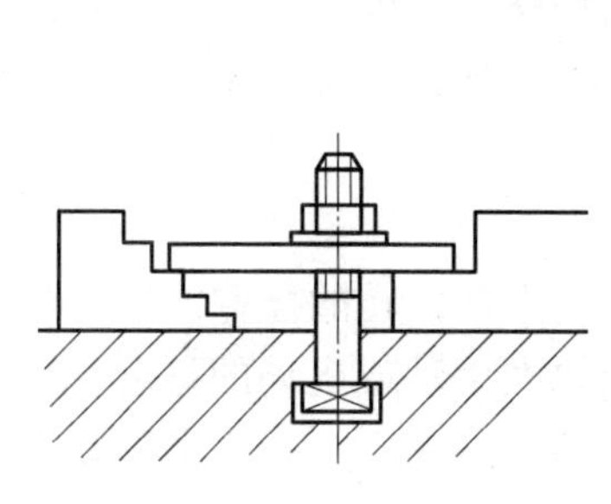

图 11–8 用压板装夹工件

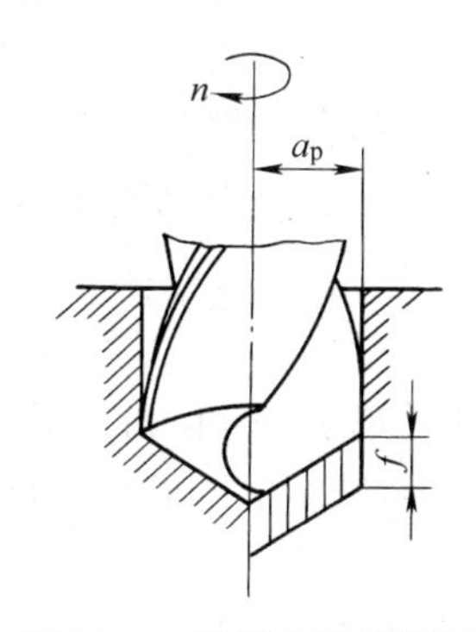

图 11–9 钻削用量示意图

（1）钻削速度 v_c

钻头切削刃外缘处的线速度为钻削速度。

$$v_c = \pi dn/1\,000 \text{（单位为 m/min）}$$

式中 d——钻头直径，mm；

n——钻头转速，r/min。

用钻头钻削铸铁孔时切削速度为 15 ~ 20 m/min，钻孔时，若 v_c=15 m/min，则转速 $n \approx 238.85$ r/min。精铰孔时，为保证质量，转速应更低，可取 30 ~ 50 r/min。

（2）进给量 f

钻削时钻头每转一转，钻头与工件在进给方向（钻头轴向）上的相对位移量称为进给量，单位为 mm/r。钻头为多齿刀具，它有两条主切削刃，其每齿进给量 f_z（单位 mm/z）为进给量的一半。

钻孔时进给量应较小，约为 0.1 mm/r；铰孔时进给量可大些，约为 0.5 mm/r。

（3）背吃刀量 a_p

钻孔时的背吃刀量为钻头直径的一半。

二、知识链接

（一）钻床

钻削是在钻床上进行的。常用的钻床有台式钻床、立式钻床、摇臂钻床、钻铣床和中心孔钻床等，钻床的主参数一般为最大钻孔直径。

1．台式钻床

台式钻床是放置在钳台上使用的小型钻床，用于钻削中、小型工件上的小孔，按最大钻孔直径划分有 2 mm、6 mm、12 mm、16 mm、20 mm 等多种规格。台式钻床结构简单，主轴通过变换 V 带在塔形带轮上的位置来实现变速，钻削时只能手动进给。台式钻床用于单件、小批生产。

2. 立式钻床

立式钻床有 18 mm、25 mm、35 mm、40 mm、50 mm、63 mm、80 mm 等多种规格。如图 11-10 所示为立式钻床的外形图。主轴由电动机通过主轴箱带动旋转，同时通过进给箱获得轴向进给运动。主轴箱和进给箱内部均有变速机构，分别实现主轴转速的变换和进给量的调整，还可以实现机动进给。工作台和进给箱可沿立柱上的导轨上、下移动，调整其位置的高低。立式钻床与台式钻床一样，主轴（刀具）旋转中心固定，需要靠移动工件使加工孔的轴线与主轴轴线重合以实现工件的定位，因此，只适用于加工中、小型工件，用于单件、小批生产。

3. 摇臂钻床

摇臂钻床的外形如图 11-11 所示，它有一个能绕立柱回转的摇臂，摇臂带动主轴箱可沿立柱轴线上、下移动。主轴箱可沿摇臂的水平导轨做手动或机动的移动。因此，操作时能方便地调整主轴（刀具）的位置，使它对准所需钻孔的中心，而不必移动工件，适用于大型工件或多孔工件的钻削。

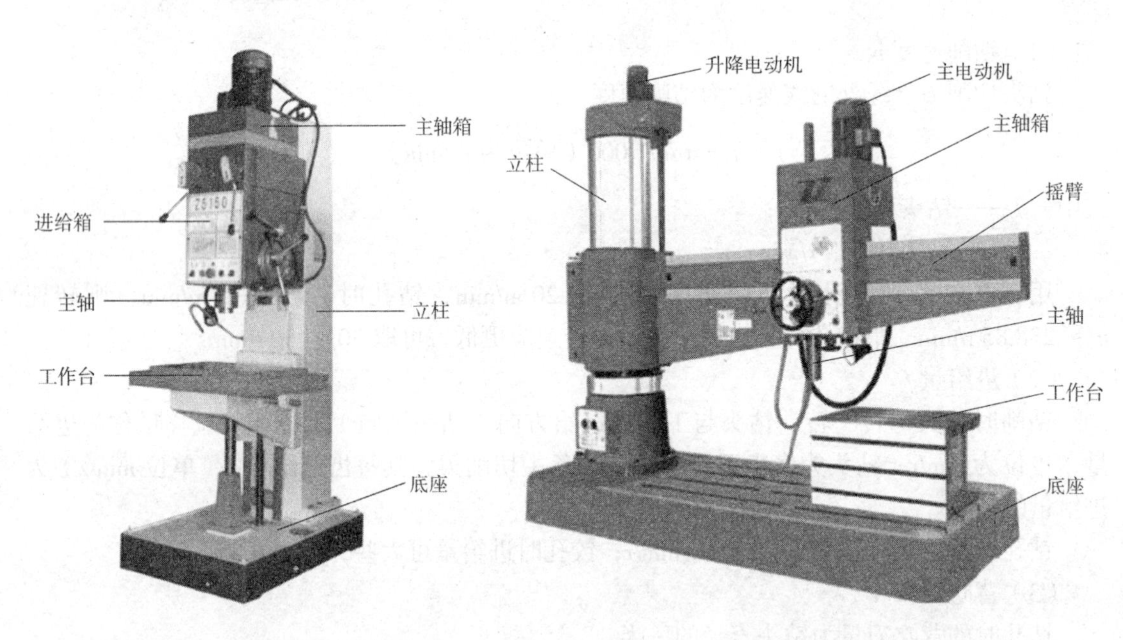

图 11-10　立式钻床的外形图　　**图 11-11　摇臂钻床的外形图**

（二）钻床的工作内容

钻削的主要内容如图 11-12 所示。

1. 钻孔

（1）钻孔的方法

用钻头在实体材料上加工孔的方法称为钻孔。在单件、小批生产中，常采用划线钻孔的方法，即先在工件上用划线工具划出待加工孔的轮廓线和中心位置，然后在孔轮廓线、孔中心处用样冲打出样冲眼，找正孔中心与钻头的相对位置后即可钻削。如果生产批量较大或孔的位置精度要求较高，则需用夹具（钻模）保证，如图 11-13 所示为用钻模钻孔。图 11-13a 所示为钻 4 个均匀分布于圆形工件上的孔的钻模，在工件 3 上固定钻

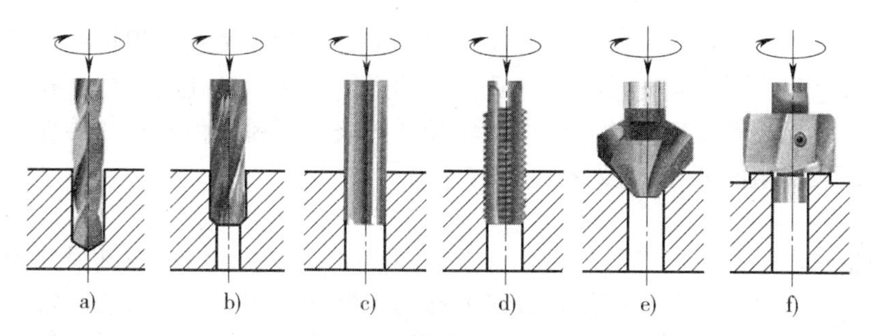

图 11–12 钻削的主要内容

a）钻孔 b）扩孔 c）铰孔 d）攻螺纹 e）锪孔 f）锪平面

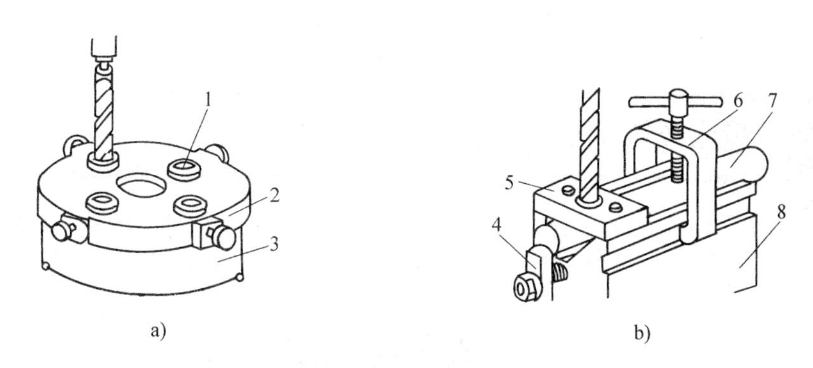

图 11–13 用钻模钻孔

1—钻套 2、5—钻模板 3、7—工件 4—挡块 6—弓形架 8—夹具体

模板 2，钻模板上装有 4 个淬硬的钻套 1 起导向作用。图 11–13b 所示为在轴上钻孔用的钻模，工件 7 利用夹具体 8 上的 V 形槽和挡块 4 定位，并用弓形架 6 上的螺钉压紧，带钻套的钻模板 5 用来保证所钻孔的轴线与工件轴线相交。使用钻模可提高生产率，孔的加工精度比不用钻模钻削时可提高 1 级，表面粗糙度 Ra 值也有所降低，孔的位置精度则由钻模精度保证。钻削较深的孔时，要经常退出钻头，排出切屑，并进行冷却、润滑；为防止因切屑阻塞而扭断钻头，还应采用较小的进给量。

（2）钻削的工艺特点

1）钻头的两条切削刃对称地分布在轴线两侧，钻削时，所受径向抗力相互平衡，因此，不像单刃刀具那样容易弯曲。

2）钻孔时背吃刀量达到孔径的一半，金属切除率较高。

3）钻削过程是半封闭的，钻头伸入工件孔内并占有较大的空间，切屑较宽且往往成螺旋状，而钻头容屑槽尺寸有限，所以排屑较困难，已加工孔壁由于切屑的挤压、摩擦常被划伤，使表面粗糙度 Ra 值较大。

4）钻削时，冷却条件差，切削温度高，所以限制了切削速度，影响了生产率的提高。

5）钻削为粗加工，其加工精度一般为 IT13 ~ IT11，表面粗糙度 Ra 值为 50 ~ 12.5 μm。一般用于精度要求不高的孔（如螺栓通过孔、润滑油通道孔等）的加工或高精度孔的预加工。

2. 扩孔

用扩孔工具（如扩孔钻）扩大工件孔径的加工方法称为扩孔。用扩孔钻扩孔可以是为铰孔做准备，也可以是精度要求不高的孔加工的最终工序。钻孔后进行扩孔，可以校正孔的轴线偏差，使其获得较正确的几何形状与较低的表面粗糙度值。扩孔的加工精度一般为IT11 ~ IT10，表面粗糙度 *Ra* 值为 6.3 ~ 3.2 μm。

3. 铰孔

铰孔（即铰削）是用铰刀从工件孔壁上切除微量金属层，以提高其尺寸精度并降低其表面粗糙度值的方法。铰孔是应用较普遍的孔的半精加工与精加工方法，常用作直径不太大、硬度不太高的工件上孔加工的最后工序。铰孔一般在扩孔或镗孔后用铰刀进行。铰孔的加工精度一般为 IT9 ~ IT7，表面粗糙度 *Ra* 值为 3.2 ~ 1.6 μm。铰孔的加工精度也可达 IT7 ~ IT6，表面粗糙度 *Ra* 值也可达 1.6 ~ 0.4 μm。

课题三 镗床及镗削加工

任务 孔系零件的镗削

任务说明

◎ 通过对孔系零件的镗削过程及加工工艺的分析，了解镗削方法及工艺问题的处理方法。

技能点

◎ 孔系的镗削方法。

知识点

◎ 镗床的结构与功能。

◎ 镗削方法及工艺特点。

一、任务实施

对于箱体上的孔或孔系，一般在镗床上加工较为方便。

（一）任务引入

在镗床上加工如图 11-14 所示的箱体上的孔系（在空间具有一定相对位置的若干孔），零件材料为 HT200，加工件数为 50 件，试说明采用什么方法加工，并对零件进行工艺分析，确定加工方法（包括机床的选择、工件的装夹方法及镗削步骤）。

（二）分析及解决问题

1. 孔系的加工方案与步骤

加工孔系前应首先将该箱体零件的基准平面（底平面）在刨床或铣床上加工好。

（1）镗削同轴孔系

用长镗刀杆一端插入主轴孔，另一端穿越工件预制孔由后立柱支承，主轴带动镗刀旋转做主运动，工作台带动工件做纵向进给运动，即可镗削出直径相同的两同轴孔，如图11–15所示。镗削深度大的单一孔时，方法与此相同。若同轴孔系的各孔直径不等，可在镗刀杆轴向相应位置安装几把镗刀，将同轴孔先后或同时镗出。

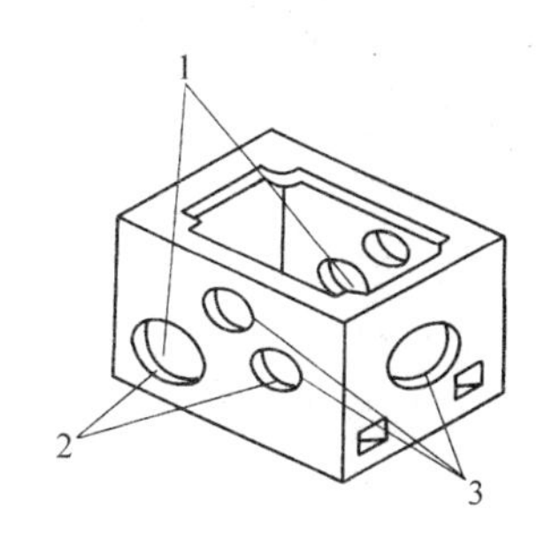

图 11–14　箱体上的孔系

1—同轴孔系　2—平行孔系　3—垂直孔系

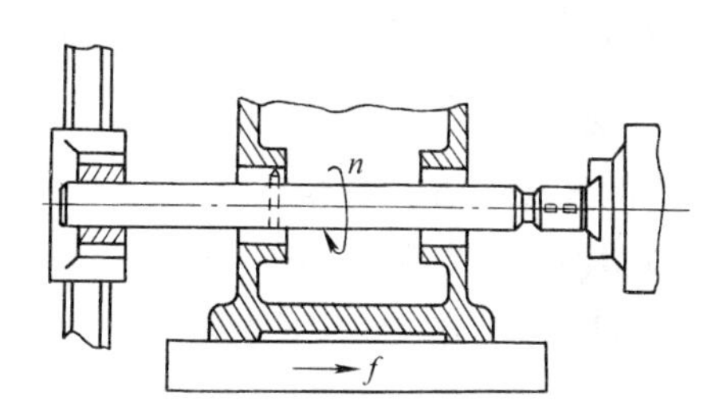

图 11–15　镗削同轴孔系

（2）镗削平行孔系

若两平行孔的轴线在同一水平面内，则在镗削完一个孔后，将工作台（工件）横向移动一个孔距，即可进行另一个孔的镗削。若两平行孔的轴线在同一垂直平面内，则在镗削完一个孔后，将主轴箱沿前立柱垂直移动一个孔距，即可对另一个孔进行镗削，如图11–16所示。若两平行孔的轴线既不在同一水平面内，又不在同一垂直平面内，可在加工完一个孔后，先横向移动工作台，再垂直移动主轴箱，以确定工件与刀具的相对位置。

（3）镗削垂直孔系

若两孔轴线在同一水平面内垂直相交，在镗削完第一个孔后，将工作台连同工件旋转90°，再按需要横向移动一定距离，即可镗削第二个孔，如图11–17所示。当两孔轴线呈空间垂直交错，则在上述调整方法的基础上，再将主轴箱沿前立柱向上（下）移动一定距离后进行第二个孔的镗削。

2. 机床的选择

卧式镗床特别适用于加工形状、位置要求较严格的孔系。选用TP619型卧式镗铣床，它具有固定平旋盘，其镗轴直径为90 mm，工作台工作面积为1 100 mm×950 mm，主轴最大行程为630 mm，平旋盘径向刀架最大行程为160 mm。

3. 工件的装夹

以工件底平面作为基准平面将工件直接放在工作台上，用压板、T形螺栓将工件固定在镗床工作台上。

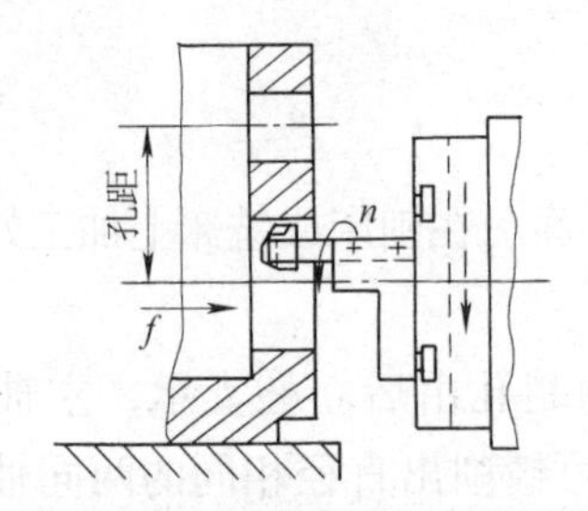

图 11-16 镗削轴线在同一垂直平面内的平行孔系

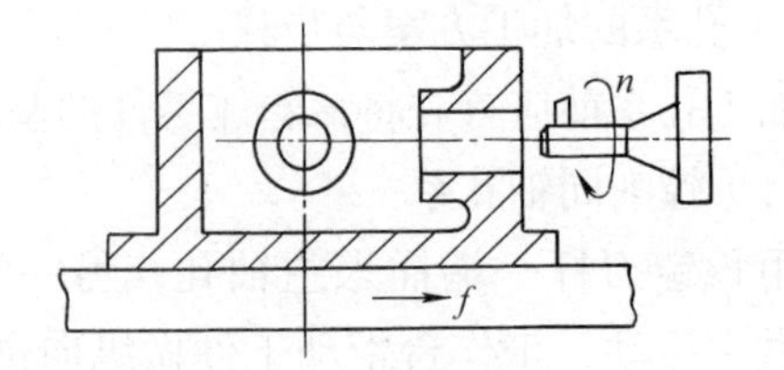

图 11-17 镗削垂直孔系

二、知识链接

（一）镗床

常用的镗床有卧式镗床、立式镗床、坐标镗床和精镗床等。

1. T618 型卧式镗床

如图 11-18 所示为 T618 型卧式镗床，主轴直径为 80 mm，其主要部件有以下几种：

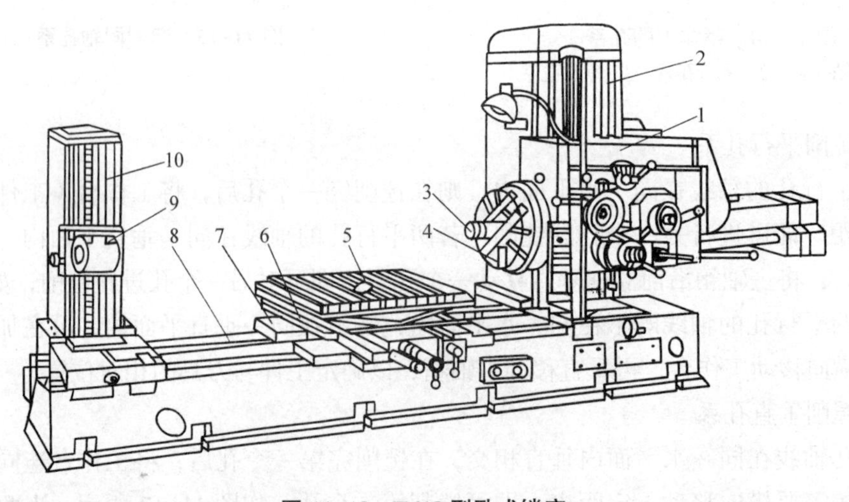

图 11-18 T618 型卧式镗床

1—主轴箱 2—前立柱 3—主轴 4—平旋盘 5—工作台
6—上滑座 7—下滑座 8—床身 9—镗刀杆支承座 10—后立柱

（1）主轴箱

主轴箱上装有主轴 3 和平旋盘 4。主轴旋转作为主运动，并可沿其轴向移动实现进给运动。主轴前端的莫氏 5 号锥孔用来安装各类镗刀杆、刀夹等。平旋盘上有数条 T 形槽，用来安装刀架。利用刀架上的滑板可在镗削浅的大直径孔时调节背吃刀量，或在加工孔侧端面时做径向进给。主轴箱可沿前立柱 2 上的导轨上、下移动，以调节主轴的垂直位置和实现沿前立柱方向上的上、下进给运动。

（2）工作台

工作台 5 用于装夹工件。由下滑座 7 或上滑座 6 实现工作台的纵向或横向进给运动。上滑座的圆导轨还可实现工作台在水平面内的回转，以适应轴线互成一定角度的孔或平面的加工。

（3）床身

床身 8 用于支承镗床各部件，其上的导轨为工作台的纵向进给运动导向。

（4）前立柱

前立柱用于支承主轴箱，其上的导轨引导主轴箱（主轴）的上升或下降。

（5）后立柱

后立柱 10 上有镗刀杆支承座 9，用于支承长镗刀杆的尾端，以实现镗刀杆跨越工作台的镗孔。支承座可沿后立柱上的导轨升降，以调节镗刀杆的竖直位置。

2. 坐标镗床

坐标镗床是一种高精密机床，主要用于镗削高精度的孔，特别适用于镗削相互位置精度很高的孔系，如钻模、镗模等孔系。由于机床上具有坐标精密测量装置，加工孔时，按直角坐标来精密定位，所以称为坐标镗床。坐标镗床还可以进行钻孔、扩孔、铰孔以及精铣工作。此外，还可以进行精密刻线、样板划线、孔距及直线尺寸的测量等工作。

坐标镗床有立式和卧式两种。立式坐标镗床适用于加工轴线与安装基准面垂直的孔系和铣削顶面；卧式坐标镗床适用于加工轴线与安装基准面平行的孔系和铣削侧面。立式坐标镗床还有单柱、双柱之分，如图 11–19 所示为立式单柱坐标镗床。

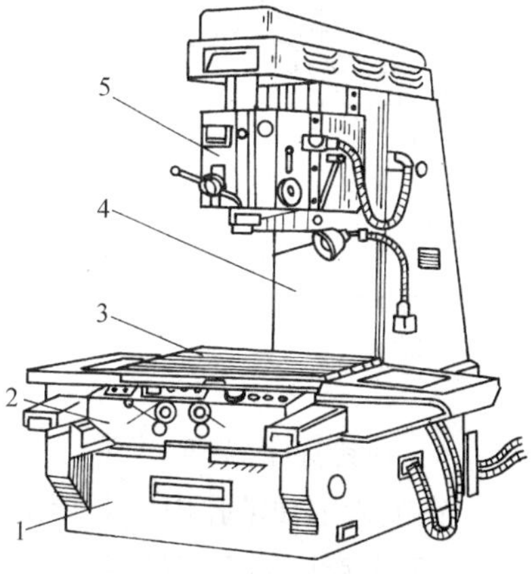

图 11–19 立式单柱坐标镗床

1—底座 2—滑座 3—工作台

4—立柱 5—主轴箱

（二）镗削方法

在镗床上除镗孔外，还可以钻孔、扩孔与铰孔，以及用多种刀具进行平面、沟槽和螺纹的加工。如图 11–20 所示为镗削的主要内容。

以下简单介绍镗床上除镗孔外的其他加工内容。

1. 钻孔、扩孔与铰孔

若孔径不大，可在镗床主轴上安装钻头、扩孔钻、铰刀等工具，由主轴带动刀具旋转做主运动，主轴沿轴向的移动实现进给运动，完成对箱体工件的钻孔、扩孔与铰孔，如图 11–20d 所示。

2. 镗削螺纹

将螺纹镗刀装夹于可调节背吃刀量的特制刀架（或刀夹）上，再将刀架安装在平旋盘上，由主轴箱带动旋转，工作台带动工件沿床身按刀具每旋转一周移动一个导程的规律做进给运动，便可以镗削出箱体工件上的螺纹孔，如图 11–20e 所示。如果将螺纹镗刀刀头指向轴心装夹，则可以镗削长度不大的外螺纹。将装有螺纹镗刀的特制刀夹装在镗刀杆上，镗刀杆既旋转，又按要求做轴向进给，也可以镗削内螺纹，如图 11–20f 所示。

3. 镗削端面

用装在平旋盘径向刀架上的镗刀镗削端面，如图 11–20c 所示。

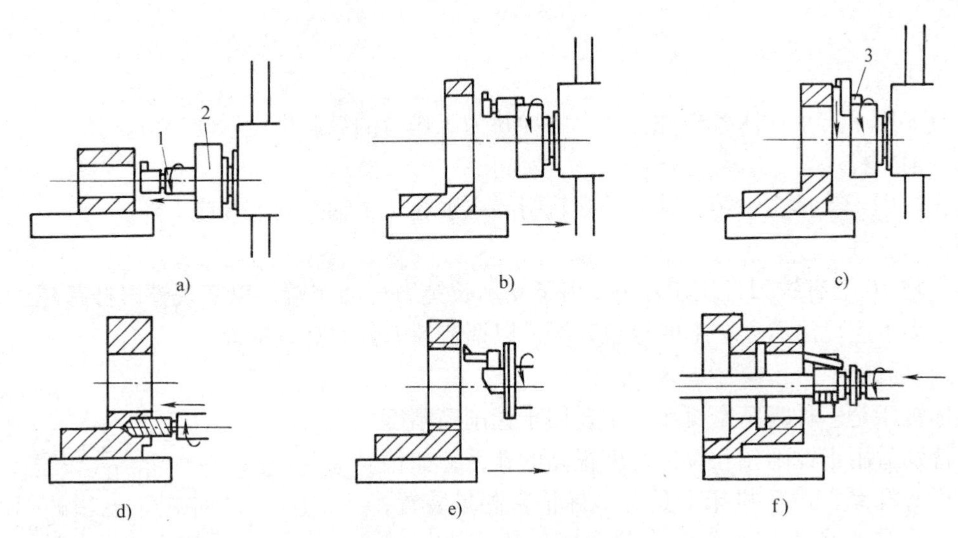

图 11–20　镗削的主要内容

a）用主轴安装镗刀杆镗削直径不大的孔　b）用平旋盘上的镗刀镗削大直径孔
c）用平旋盘上的径向刀架镗削端面　d）钻孔　e）用工作台进给镗削螺纹　f）用主轴进给镗削螺纹
1—镗轴　2—平旋盘　3—径向刀架

4．在镗床上铣削

在镗床主轴锥孔内装上端铣刀或立铣刀，可进行箱体工件侧面和沟槽的铣削。

（三）镗削的工艺特点

1．镗削是孔加工的主要方法之一。在镗床上镗孔是以刀具的旋转为主运动，与以工件旋转为主运动的孔加工方式相比，特别适用于箱体、机架等结构复杂的大型零件上的孔加工，这是因为：

（1）大型工件以旋转作为主运动时，由于工件外形尺寸大，转速不宜太高，工件上的孔或孔系直径相对较小，不易实现高速切削。

（2）工件结构复杂，外形不规则，孔或孔系在工件上往往不处于对称中心或平衡中心，工件回转时，平衡较困难，容易因平衡不良而引起加工中的振动。

2．镗削可以方便地加工直径很大的孔。

3．镗削能方便地实现对孔系的加工。用坐标镗床、数控镗床进行孔系加工时，可以获得很高的孔距精度。

4．镗床多种部件能实现进给运动，因此，工艺适应能力强，能加工形状多样、大小不一的各种工件的多种表面。

5．镗孔的经济精度等级为 IT9 ~ IT7，表面粗糙度 Ra 值为 3.2 ~ 0.8 μm。

6．镗削加工操作技术要求高，生产率低。工件的尺寸精度和表面质量，除取决于所用的设备外，更主要的是与工人的技术水平有关，同时机床、刀具调整时间较长。镗削加工时参加工作的切削刃少，所以一般情况下镗削加工生产率较低。使用镗模可以提高生产率，但成本增加，一般用于大批生产。

课题四 孔加工刀具

任务 孔加工刀具的应用

任务说明

◎ 通过对孔加工刀具特点及几何参数的分析，了解孔加工刀具的应用方法。

技能点

◎ 麻花钻结构缺陷的改进。

知识点

◎ 麻花钻的组成及几何参数。
◎ 麻花钻的结构缺陷及改进方法。
◎ 铰刀的几何参数及应用。
◎ 镗刀的特点及应用。

任务实施

（一）任务引入

孔加工刀具的种类很多，试说明常用的孔加工刀具有哪些？各有何特点？应如何应用和修磨？

（二）分析及解决问题

1. 标准麻花钻

（1）标准麻花钻的结构

标准直柄麻花钻由柄部、工作部分组成，如图 11–21a 所示；标准锥柄麻花钻由柄部、颈部和工作部分组成，如图 11–21b 所示。

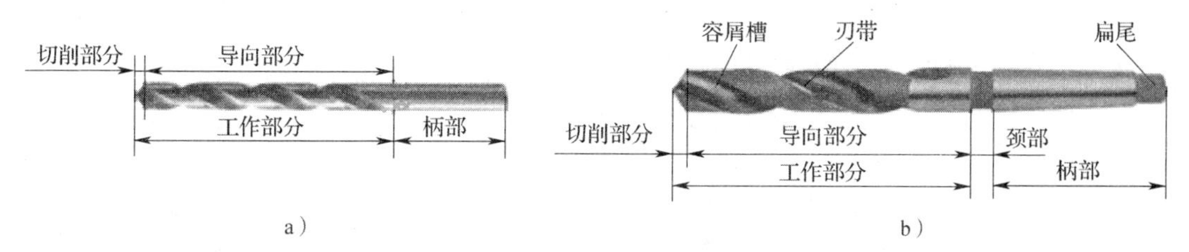

图 11–21 麻花钻的组成

a）直柄麻花钻 b）锥柄麻花钻

1）柄部。柄部是麻花钻的夹持部分，主要用来连接钻床主轴、定心并传递动力。为了便于装夹，通常在钻削 ϕ13 mm 以下的孔时，选用直柄麻花钻；钻削 ϕ13 mm 以上的孔时，选用锥柄麻花钻。在锥柄的小端有一扁尾，以备嵌入锥孔的槽中，作顶出钻头之用。

2）工作部分。麻花钻的工作部分包括切削部分（又称钻尖）和由两条刃带形成的导向部分。

①切削部分。切削部分是指由产生切屑的各要素（主切削刃、副切削刃、横刃、前面、后面、刀尖）所组成的工作部分，如图 11–22 所示，它承担着主要的切削工作。标准麻花钻的切削部分由五刃（两条主切削刃、两条副切削刃和一条横刃）、六面（两个前面、两个后面和两个副后面）和三尖（一个钻尖和两个刀尖）组成。

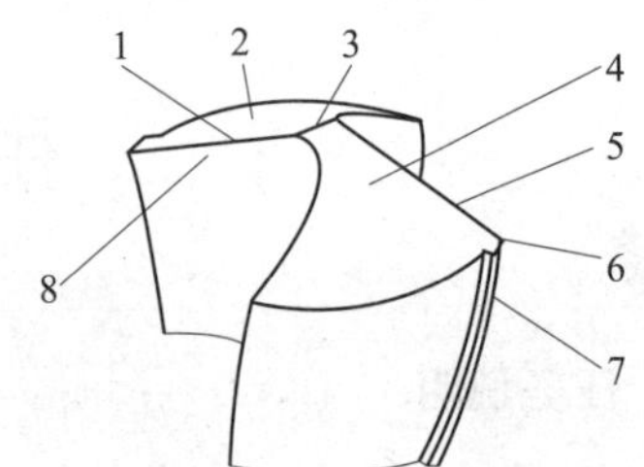

图 11–22　麻花钻的切削部分

1、5—主切削刃　2、4—后面
3—横刃　6—刀尖
7—副切削刃　8—前面

②导向部分。导向部分用来保持麻花钻钻孔时的正确方向，副切削刃（又称刃带导向刃，即刃带与容屑槽的交线）可修光孔壁。为了减少刃带与孔壁的摩擦，便于导向，麻花钻的导向部分直径略有倒锥（用倒锥度表示，每 100 mm 长度为 0.02 ~ 0.12 mm，但总倒锥量不应超过 0.25 mm）。

3）颈部。颈部是锥柄麻花钻的工作部分与柄部之间的过渡部分，是锥柄麻花钻在磨削加工时预留的退刀槽，钻头的规格、材料及商标常打印在颈部。

（2）麻花钻切削角度

1）确定麻花钻切削角度的辅助平面。为了确定麻花钻的切削角度，需要引进几个辅助平面，见表 11–1。

表 11–1　确定麻花钻切削角度的辅助平面

名称	定义及说明	图示
结构基面	与主切削刃上的外缘转点和横刃转点连线相平行且通过钻心的平面	结构基面；钻心；横刃转点；外缘转点
基面	通过切削刃选定点，且垂直于该点切削速度方向的平面，实际上是通过该点与钻心连线的径向平面。由于麻花钻两主切削刃不通过钻心，所以主切削刃上各点的基面也就不同	基面；钻心；正交平面；主切削刃上的选定点；切削平面
切削平面	切削刃选定点的切削平面，是由该点的切削速度方向和过该点切削刃的切线两者所成的平面。标准麻花钻主切削刃为直线，其切线就是切削刃本身。切削平面即该点切削速度方向与切削刃构成的平面	
正交平面	通过主切削刃上选定点并垂直于基面和切削平面的平面	

续表

名称	定义及说明	图示
柱剖面	通过主切削刃上选定点作与麻花钻轴线平行的直线，该直线绕麻花钻轴线旋转所形成的圆柱面的切面	柱剖面 主切削刃上的选定点

2）标准麻花钻的切削角度（见图 11–23）。标准麻花钻切削角度的定义、作用及特点见表 11–2。

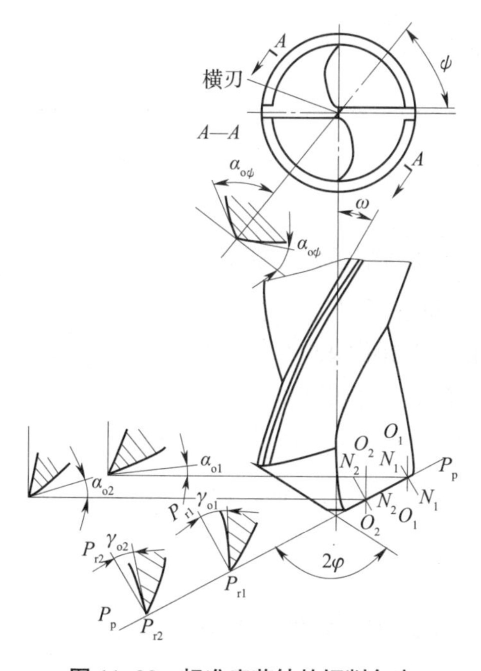

图 11–23 标准麻花钻的切削角度

表 11–2 标准麻花钻切削角度的定义、作用及特点

切削角度	定义	作用及特点
螺旋角 ω	刃带导向刃上选定点的切线与包含该点及轴线组成的平面间的夹角	麻花钻不同直径处的螺旋角是不同的，外径处螺旋角最大，越接近中心螺旋角越小。螺旋角增大则前角增大，有利于排屑，但钻头刚度下降。麻花钻的螺旋角通常为 30°
前角 γ_o	在正交平面（图 11–23 中 N_1—N_1 或 N_2—N_2）内，前面与基面间的夹角	前角大小决定着切除材料的难易程度和切屑在前面上的摩擦阻力大小。前角越大，切削越省力。由于麻花钻的前面是一个螺旋面，因此主切削刃上的前角大小是变化的：近外缘处最大，可达 γ_o=30°；自外向内逐渐减小，在钻心至 $D/3$ 范围内为负值；横刃处的前角 γ_o=−60° ~ −54°，接近横刃处的前角 γ_o=−30°

续表

切削角度	定义	作用及特点
主后角 α_o	在柱剖面（图11-23中O_1—O_1或O_2—O_2）内，后面与切削平面间的夹角	主后角的作用是减小麻花钻后面与切削面间的摩擦。主切削刃上各点主后角也是变化的：外缘处较小，自外向内逐渐增大。直径D=15～30 mm的麻花钻，外缘处主后角α_o=9°～12°，钻心处主后角α_o=20°～26°，横刃处主后角α_o=30°～36°
顶角2φ	两条主切削刃在其平行平面M—M上的投影间的夹角	顶角影响主切削刃上轴向力的大小。顶角越小，轴向力越小，外缘处刀尖角越大，利于散热和提高麻花钻的使用寿命。但在相同条件下，麻花钻所受转矩增大，切屑变形加剧，排屑困难，不利于润滑。顶角的大小一般根据麻花钻的加工条件而定。标准麻花钻的顶角2φ=118°±2°
横刃斜角ψ	主切削刃与横刃在垂直于麻花钻轴线的平面上投影间的夹角	当麻花钻后面磨出后，横刃斜角自然形成，其大小与主后角有关。主后角大，则横刃斜角小，横刃较长。标准麻花钻的横刃斜角ψ=50°～55°

（3）麻花钻的结构缺陷及改进方法

1）结构缺陷

①主切削刃前角变化大，使切削条件差别很大。

②横刃太长，定心差，轴向阻力大。

③主切削刃与棱边转角处磨损最快。

④主切削刃长，断屑不方便，排屑困难。

2）改进方法。采用双重刃磨，磨出双重顶角；修磨横刃使前角增大，缩短横刃长度；修磨前面；修磨棱边；将麻花钻修磨成群钻（见图11-24）。

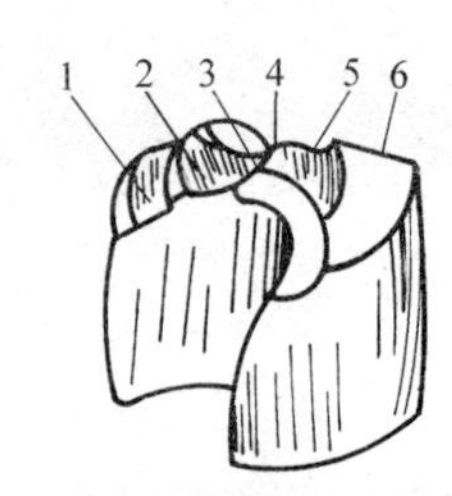

图11-24 群钻

1—分屑槽 2—月牙槽 3—横刃 4—内直刃 5—圆弧刃 6—外直刃

（4）群钻的特点

群钻是技术工人在生产实践中总结创制的典型先进钻型，其特点如下：

1）群钻的结构特点

①形成三尖七刃。每个主切削刃磨成3段，即外直刃、圆弧刃和内直刃，两边共有7条刃（含横刃），外形上呈现3个钻尖。

②横刃低、窄、尖。修磨横刃，使之变短、变低、变尖。

③磨出分屑槽。钻头直径较大时，可在一侧外直刃上再磨出分屑槽，或在两侧磨出交错槽。

2）群钻的钻削特点。钻削轻快，钻削力小，分屑、排屑效果好，刀具寿命高，冷却、润滑效果好，定心、导向好，加工质量高。

2．扩孔钻

扩孔钻与麻花钻相似，通常有3～4个切削刃，其导向性好，钻心较粗，没有横刃，刚度较高，因此切削稳定。由于扩孔时的背吃刀量较小，a_p=0.5（D-d）（见图11-25），切屑少，相应容屑槽也较小，因此，既能提高生产率，也有利于提高加工质量。

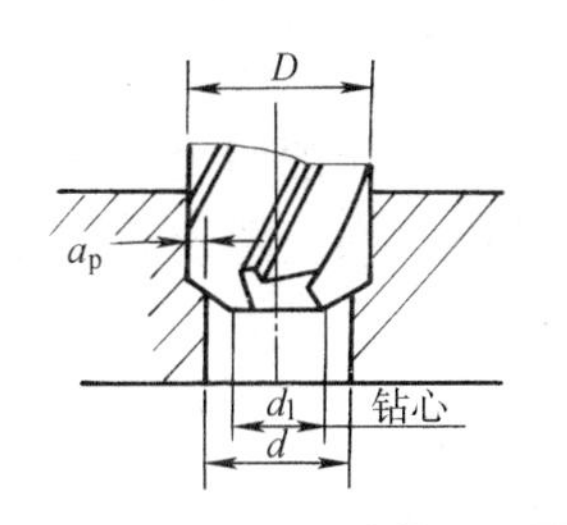

图 11–25 扩孔时的背吃刀量

3. 铰刀

（1）铰刀的组成

如图 11–26 所示，铰刀（以整体式圆柱铰刀为例）由柄部和刀体组成。刀体是铰刀的主要工作部分，它包含导锥、切削锥和校准部分。导锥用于将铰刀引入孔中，不起切削作用。切削锥承担主要的切削任务。校准部分有圆柱刃带，主要起定向、修光孔壁、保证铰孔直径等作用。为了减小铰刀和孔壁的摩擦，校准部分直径有倒锥度。铰刀齿数一般为 4 ~ 8 齿，为测量直径方便，多采用偶数齿。

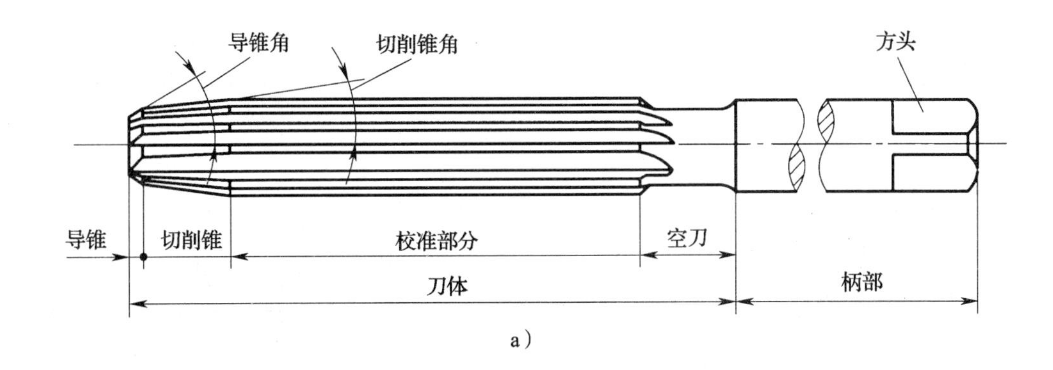

a）

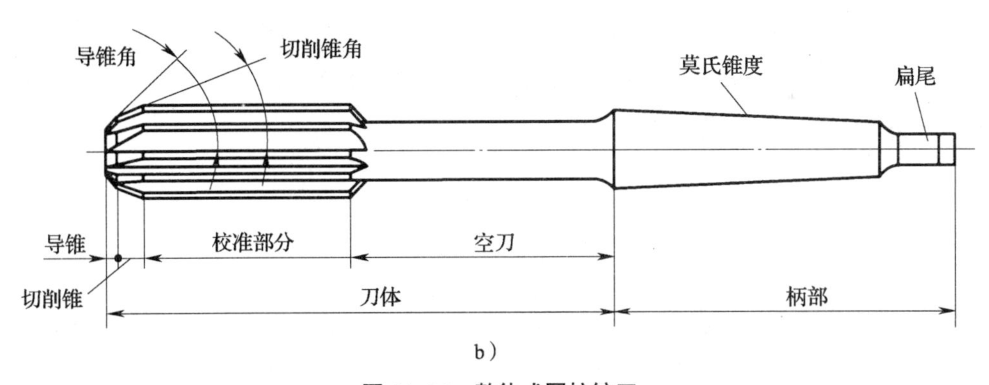

b）

图 11–26 整体式圆柱铰刀

a）手用铰刀 b）机用铰刀

（2）铰刀的分类及应用

铰刀分为手用铰刀和机用铰刀两种。手用铰刀的切削部分较长，导向作用好，用于单件、小批生产或装配工作，直径范围为 1 ~ 71 mm，刀柄为直柄。机用铰刀用于成批生产，装在钻床或车床、铣床、镗床等机床上进行铰孔，分直柄和锥柄两种。直柄机用铰刀的直径范围为 1 ~ 20 mm，锥柄机用铰刀的直径范围为 5.5 ~ 50 mm。在成批生产中，对直径较大的孔可使用套式机用铰刀，将铰刀柄部插入专用的锥度为 1 ： 30 的心轴上铰削，其直径范围为 25 ~ 80 mm。

（3）铰刀的重磨

铰刀的切削厚度较小，磨损一般发生在后面上，故应在工具磨床上沿铰刀后面修磨。若沿前面重磨，则铰刀校准部分的刃带将会逐渐变窄，铰刀将会很快失去尺寸精度，导致寿命缩短。

4．镗刀

镗刀是指在镗床、车床和组合机床等设备上进行镗孔的刀具。镗刀种类很多，按切削刃数量可分为单刃镗刀、双刃镗刀。

（1）单刃镗刀

单刃镗刀只有 1 条切削刃参加切削，普通单刃镗刀的结构简单、制造方便、通用性强，但刚度低，生产率低，对工人操作技术要求高。

如图 11–27 所示为不同结构的单刃镗刀。加工小直径孔的镗刀通常做成整体式，加工大直径孔的镗刀可做成机夹式或机夹可转位式。镗杆不宜太细、太长，以免切削时产生振动。新型的微调镗刀调节方便，调节精度高，适用于在坐标镗床、自动线和数控机床上使用。

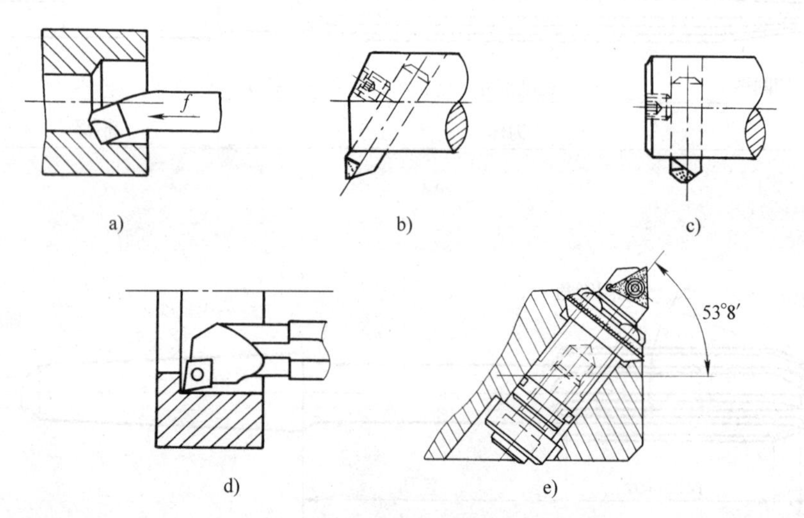

图 11–27　单刃镗刀

a）整体焊接式镗刀　b）机夹式不通孔镗刀　c）机夹式通孔镗刀　d）可转位式镗刀　e）微调镗刀

（2）双刃镗刀

双刃镗刀有两个对称的切削刃同时参加切削。常用的双刃镗刀有固定式镗刀和浮动镗刀两种。其中浮动镗刀的特点是镗刀自由地装入镗杆的方孔中，不需夹紧，通过作用在两个切削刃上的切削力来自动平衡其切削位置，因此，它能自动补偿由刀具安装误差、机床主轴偏差而造成的加工误差，从而获得较高的孔的直径尺寸精度（IT7 ~ IT6）和较低的表面粗糙度值。但它无法纠正孔的直线度误差和位置度误差。

模块十二

机械加工工艺及夹具的基本知识

课题一 基本概念

任务 分析简单轴类零件机械加工过程的组成

任务说明

◎ 掌握机械加工工艺过程、工序、工步、装夹、工位、生产纲领与生产类型等基本概念。

◎ 掌握机械加工工艺规程及格式。

技能点

◎ 能正确分析零件机械加工工艺过程的组成。

知识点

◎ 机械加工工艺过程的基本概念。

◎ 工序、工步、装夹、工位的基本概念。

◎ 生产纲领的概念及计算。

◎ 生产类型及工艺特点。

一、任务实施

（一）任务引入

在对一个零件进行机械加工前，必须先制定该零件的工艺规程，才能有效地保证用比较低的成本、比较高的效率加工出该零件，因此，必须掌握机械加工中的基本概念，下面通过对一个简单零件的机械加工工艺过程的分析来认识这些概念。

如图 12–1 所示为一简单的台阶轴，其加工过程见表 12–1，通过对该过程的分析，认清零件制造过程中的一些有关的概念和名词（零件的加工数量为 80 件）。

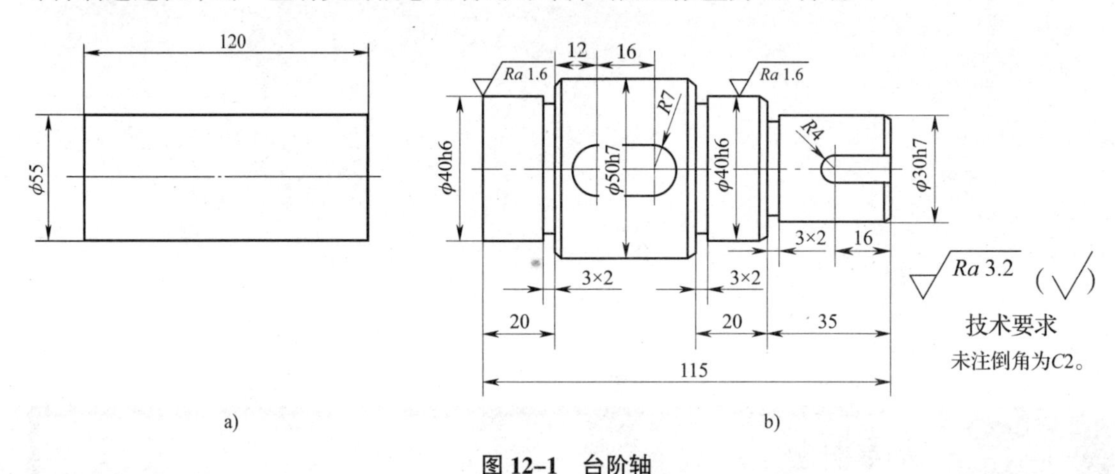

图 12–1 台阶轴

a）毛坯图 b）零件图

表 12–1 台阶轴的加工过程

加工步骤（工序）	加工内容（工序内容）	加工设备
1	制造毛坯	
2	车削端面、钻中心孔、车削全部外圆、车槽和倒角	车床
3	铣削键槽、去毛刺	铣床
4	磨削外圆	外圆磨床

（二）分析及解决问题

该零件为一轴类零件，加工精度最高处为 IT6，因而该零件的外圆及端面的机械加工中的粗加工和半精加工可在车床上进行，最后进行磨削加工。而其键槽在铣床上加工。

该零件的机械加工过程可分为 3 个工序，即表 12–1 中的步骤 2、3、4。在不同工序中又包含若干工步、装夹，例如，在工序 2 中包括车削端面、钻中心孔、车削各外圆面、车槽和倒角等工步，在该工序中包括装夹一端、加工后掉头共计两次装夹，在每次装夹后各有一个工位，每个工步中包含的进给次数视加工余量不同而各不相同。

二、知识链接

（一）生产过程和工艺过程

1. 生产过程

将原材料转变为成品的全过程称为生产过程。机械产品的生产过程主要包括：

（1）生产技术准备过程

它是指产品投入生产前的各项生产和技术准备工作。如产品的设计和试验研究、工艺设计、专用工装设计与制造等。

（2）毛坯的制造过程

如铸造、锻造和冲压等。

（3）零件的各种加工过程

如机械加工、焊接、热处理和其他表面处理。

（4）产品的装配过程

如部件装配、总装配、调试等。

（5）各种生产服务活动

如生产中原材料、半成品和工具的供应，运输，保管以及产品的包装和发运等。

2．工艺过程

改变生产对象的形状、尺寸、相对位置或性质等，使其成为成品或半成品的过程，称为工艺过程。在机械产品的生产过程中，毛坯制造、机械加工、热处理和装配等都属于工艺过程。

3．机械加工工艺过程

采用机械加工的方法直接改变毛坯的形状、尺寸和表面质量，使之成为产品零件的过程称为机械加工工艺过程。本课题中主要研究的就是机械加工工艺过程中的有关问题。

（二）机械加工工艺过程的组成

在机械加工工艺过程中，根据被加工对象的结构特点和技术要求，常需要采用各种不同的加工方法和设备，并通过一系列加工步骤，才能将毛坯变成零件。因此，机械加工工艺过程是由一个或几个顺序排列的工序组成的，而工序又可细分为若干工步、安装和进给。

1．工序

一个或一组工人，在一个工作地对同一个或同时对几个工件所连续完成的那一部分工艺过程称为工序。工序是组成机械加工工艺过程的基本单元。

区分工序的主要依据是工作地是否变动和工作是否连续，加工中设备是否变化很容易判断，但连续性是指加工过程的连续而非时间上的连续，如表 12–1 中台阶轴的加工过程中的车削端面和车削外圆，如果加工中是先加工完一端后马上掉头加工另一端，则此加工内容为一个工序。如果把一批工件的一端全部加工完后再加工全部工件的另一端，那么同样这些加工内容，由于对每个工件而言是不连续的，应看作是两道工序。

2．工步与进给

在加工表面（或装配时的连接表面）和加工（或装配）工具不变的情况下，所连续完成的那部分工序内容称为工步。一个工序可包括一个工步，也可包括几个工步，如表 12–1 中台阶轴的加工过程中，工序 3 中包括铣削键槽和去毛刺两个工步。

构成工步的任一因素（加工表面、切削工具或切削用量）改变后，一般即变为另一个工步。有关工步的特殊情况有以下几种：

在一次安装中连续进行的若干相同的工步，为简化工序内容的叙述，通常多看作一个工步。如图 12–2 所示为 4 个相同表面的加工，图示零件上 4 个 ϕ15 mm 孔的钻削可写成一个工步。

为了提高生产率，将用几把刀具同时加工几个表面的工步称为复合工步（见图 12–3）。在工艺文件上，复合工步应视为一个工步。

在数控机床加工中，往往将用同一把刀加工出不同表面的全部加工内容看作一个工步。

在一个工步中，若被加工表面需切去的金属层很厚，需要几次切削，则每一次切削就叫一次进给。一个工步包括一次或几次进给。

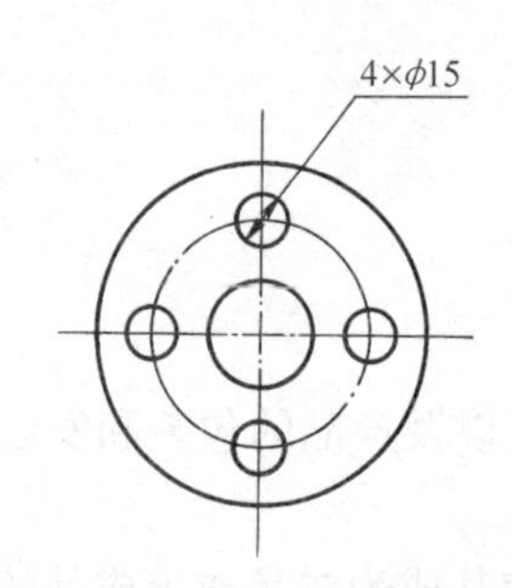

图 12–2 四个相同表面的加工

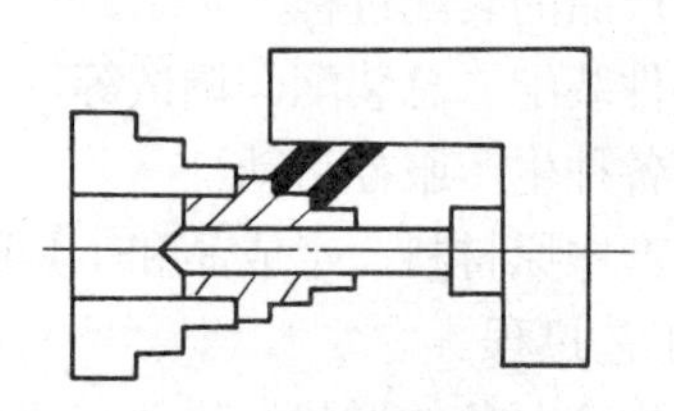

图 12–3 复合工步

3．装夹与工位

在工件的加工过程中为了保证被加工零件的几何参数正确，必须保证加工过程中工件与刀具的相对位置关系正确，因此，工件在加工之前首先应保证其位置正确，找出工件正确位置的过程称为定位。其次在加工过程中切削力产生后，为保证工件在该力作用下不改变其定位确定的正确位置，应对工件进行固定，该过程称为夹紧。工件在加工前将其在机床或夹具中定位、夹紧的过程称为装夹。在一个工序中，工件可能只需要装夹一次，也可能需要装夹几次。例如，表 12–1 中的工序 2 可以有两次装夹，而在工序 3 中只有一次装夹。

为了完成一定的工序，一次装夹工件后，工件（或装配单元）与夹具或设备的可动部分一起相对刀具或设备的固定部分所占据的每一个位置，称为工位。

（三）生产纲领和生产类型

产品（或零件）的生产纲领是指企业在计划期内生产的产品（或零件）产量和进度计划，计划期一般为一年。对于零件而言，除了制造机器所需的数量外，还应包括一定数量的备品和废品。

零件的生产纲领可按下式计算：

$$N=Qn(1+a\%+b\%)$$

式中 N——零件的生产纲领；

Q——产品的生产纲领；

n——每台产品中的零件数；

a——备品百分率；

b——废品百分率。

生产类型是指企业（或车间、工段、班组、工作地）生产专业化程度的分类，通常分为三种类型。

1．单件生产

单件生产是指生产的产品品种繁多，每种产品仅制造一件或少数几件，而且很少再重复生产。例如，重型机械产品制造和新产品试制。

2. 成批生产

成批生产是指生产的产品品种较多，每种产品均有一定的数量，各种产品是分期、分批地轮番进行生产。例如，机床制造、机车制造等。

同一产品（或零件）每批投入生产的数量称为批量。根据产品的特征和批量大小，成批生产可分为小批生产、中批生产和大批生产。

3. 大量生产

大量生产是指生产的产品品种较少，产量大，大多数工作地长期重复地进行某一零件的某一工序的加工。例如，汽车、轴承和摩托车等的制造。

生产类型不同，产品制造的工艺方法、所用的设备和工艺装备以及生产的组织均不相同。各种生产类型的工艺特征见表 12–2。

表 12–2　　各种生产类型的工艺特征

工艺特征	生产类型		
	单件生产	成批生产	大量生产
毛坯的制造方法及加工余量	铸件用木模手工造型，锻件用自由锻。毛坯精度低，加工余量大	部分铸件用金属模造型，部分锻件用模锻。毛坯精度中等，加工余量中等	铸件广泛采用金属模及机器造型、压力铸造等高效方法，锻件广泛采用模锻。毛坯精度高，加工余量小
机床设备及其布置形式	采用通用机床。机床按类型和规格大小采用“机群式”排列布置；也可用数控机床、加工中心等	采用部分通用机床和高效机床。按工件类别分工段排列设备，也可用数控机床和加工中心等	广泛采用高效专用机床及自动机床。按流水线和自动线排列设备
零件的互换性	用修配法，钳工修配缺乏互换性	大部分具有互换性。装配精度要求高时，可用分组装配法和调整法，少数可用修配法	具有广泛的互换性，少数装配精度较高处采用分组装配法和调整法
工艺装备	大多采用通用夹具、标准附件、通用刀具和万能量具。靠划线和试切达到精度要求	广泛采用夹具，部分靠找正装夹。较多采用专用刀具和量具	广泛采用高效夹具、复合刀具、专用量具或自动检测装置。靠调整法达到精度要求
对工人的技术要求	需技术水平较高的工人	需一定技术水平的工人	对调整工的技术水平要求高，对操作工的技术水平要求低
工艺文件	有简单的工艺过程卡	有工艺过程卡，关键工序要有工序卡	有工艺过程卡和工序卡，关键工序要有调整卡和检验卡

判别生产类型时要根据零件的生产数量（生产纲领）和其自身特点进行，生产类型与生产纲领的关系见表 12–3。

例如，前述工件加工实例中工件为轻型零件，生产数量为 80 件，应属于单件生产。

（四）机械加工工艺规程

机械加工工艺规程是规定零件制造工艺过程和操作方法的技术文件。

表 12–3 生产类型与生产纲领的关系

生产类型	同类零件的年产量（件）		
	重型（零件质量大于 2 000 kg）	中型（零件质量为 100 ~ 2 000 kg）	轻型（零件质量小于 100 kg）
单件生产	≤ 5	≤ 20	≤ 100
小批生产	5 ~ 100	20 ~ 200	100 ~ 500
中批生产	100 ~ 300	200 ~ 500	500 ~ 5 000
大批生产	300 ~ 1 000	500 ~ 5 000	5 000 ~ 50 000
大量生产	>1 000	>5 000	>50 000

1．工艺规程的作用

工艺规程是指导生产的主要技术文件。工艺规程的制定首先要确保其科学性与合理性，并在生产实践中不断改进和完善，而在生产中，则必须严格地执行既定的工艺规程，这是产品质量、生产效率和经济效益的保障。

工艺规程是生产组织和管理工作的基本依据。产品投产前原材料及毛坯的供应，通用工艺装备的准备，机床负荷的调整，专用工艺装备的设计与制造，作业计划的编排，劳动力的组织，以及生产成本的核算等，都是以工艺规程为依据的。

工艺规程是企业基础建设的基本资料。

2．工艺规程的类型和格式

在机械制造企业里常用的工艺文件的类型有机械加工工艺过程卡片和机械加工工序卡片。

（1）机械加工工艺过程卡片

机械加工工艺过程卡片是以工序为单位，说明零件整个机械加工过程的一种工艺文件，其格式见表 12–4。在这种卡片中，由于各工序的说明不够具体，故一般不能直接指导工人操作，而多在生产管理方面使用。但在单件和小批生产中，通常不编制其他较详细的工艺文件，而用该卡片指导零件的加工。

（2）机械加工工序卡片

机械加工工序卡片是用来具体指导工人进行操作的一种工艺文件，其格式见表 12–5，多用于成批、大量生产中的重要零件。工序卡片中详细记载了该工序加工中所必需的工艺资料，如定位基准的选择、工件的装夹方法、工序尺寸及公差以及机床、刀具、量具、切削用量的选择和工时定额的确定等。

3．制定工艺规程的步骤

（1）分析研究零件图样，了解该零件在产品或部件中的作用，找出其要求较高的主要表面及主要技术要求，并了解各项技术要求制定的依据，审查其结构工艺性。

（2）选择和确定毛坯。

（3）拟定工艺路线。

（4）详细拟定工序具体内容。

（5）对工艺方案进行技术经济分析。

（6）填写工艺文件。

表 12–4 机械加工工艺过程卡片的格式

	机械加工工艺过程卡片	产品型号		零（部）件图号			
		产品名称		零（部）件名称		共（ ）页	第（ ）页

材料牌号		毛坯种类		毛坯外形尺寸		每毛坯可制件数		每台件数		备注	

工序号	工序名称	工 序 内 容	车间	工段	设备	工 艺 装 备	工时 准终	工时 单件

										设计（日期）	审核（日期）	标准化（日期）	会签（日期）
标记	处数	更改文件号	签字	日期	标记	处数	更改文件号	签字	日期				

表 12–5 机械加工工序卡片的格式

<table>
<tr><td rowspan="2"></td><td rowspan="2">工 序 卡 片</td><td>产品型号</td><td></td><td>零（部）件图号</td><td></td><td colspan="2"></td></tr>
<tr><td>产品名称</td><td></td><td>零（部）件名称</td><td></td><td>共（ ）页</td><td>第（ ）页</td></tr>
</table>

<table>
<tr><td rowspan="11">（工序简图）</td><td>车间</td><td>工序号</td><td>工序名称</td><td colspan="2">材料牌号</td></tr>
<tr><td></td><td></td><td></td><td colspan="2"></td></tr>
<tr><td>毛坯种类</td><td>毛坯外形尺寸</td><td>每毛坯可制件数</td><td colspan="2">每台件数</td></tr>
<tr><td></td><td></td><td></td><td colspan="2"></td></tr>
<tr><td>设备名称</td><td>设备型号</td><td>设备编号</td><td colspan="2">同时加工件数</td></tr>
<tr><td></td><td></td><td></td><td colspan="2"></td></tr>
<tr><td colspan="2">夹具编号</td><td>夹具名称</td><td colspan="2">切削液</td></tr>
<tr><td colspan="2"></td><td></td><td colspan="2"></td></tr>
<tr><td colspan="2" rowspan="2">工位器具编号</td><td rowspan="2">工位器具名称</td><td colspan="2">工序工时</td></tr>
<tr><td>准终</td><td>单件</td></tr>
<tr><td colspan="2"></td><td></td><td></td><td></td></tr>
</table>

<table>
<tr><td rowspan="2">工步号</td><td rowspan="2">工步内容</td><td rowspan="2">工艺装备</td><td rowspan="2">主轴转速 /（r/min）</td><td rowspan="2">切削速度 /（m/min）</td><td rowspan="2">进给量 /（mm/r）</td><td rowspan="2">背吃刀量 /mm</td><td rowspan="2">进给次数</td><td colspan="2">工步工时</td></tr>
<tr><td>机动</td><td>辅助</td></tr>
<tr><td></td><td></td><td></td><td></td><td></td><td></td><td></td><td></td><td></td><td></td></tr>
<tr><td></td><td></td><td></td><td></td><td></td><td></td><td></td><td></td><td></td><td></td></tr>
<tr><td></td><td></td><td></td><td></td><td></td><td></td><td></td><td></td><td></td><td></td></tr>
<tr><td></td><td></td><td></td><td></td><td></td><td></td><td></td><td></td><td></td><td></td></tr>
<tr><td></td><td></td><td></td><td></td><td></td><td></td><td></td><td></td><td></td><td></td></tr>
<tr><td></td><td></td><td></td><td></td><td></td><td></td><td></td><td></td><td></td><td></td></tr>
<tr><td></td><td></td><td></td><td></td><td></td><td></td><td></td><td></td><td></td><td></td></tr>
</table>

<table>
<tr><td></td><td></td><td></td><td></td><td></td><td></td><td></td><td></td><td></td><td></td><td>设计（日期）</td><td>审核（日期）</td><td>标准化（日期）</td><td>会签（日期）</td></tr>
<tr><td>标记</td><td>处数</td><td>更改文件号</td><td>签字</td><td>日期</td><td>标记</td><td>处数</td><td>更改文件号</td><td>签字</td><td>日期</td><td></td><td></td><td></td><td></td></tr>
</table>

另外，在制定数控加工工艺规程时，制定的方法、原则与制定一般机械加工工艺规程是非常相似的，但在制定时的具体操作上有一些区别，最后的工艺文件也有所不同。数控加工工艺规程的格式除了上述的工艺过程卡片和工序卡片外，还需要有一份数控加工刀具卡片，其格式见表 12–6，该表为数控车床用加工刀具卡片，数控铣床和加工中心的刀具卡片形式与之略有差别。

表 12–6　　数控加工刀具卡片的格式

产品名称或代号			零件名称		零件图号		程序号	
工步号	刀具号	刀具名称	刀具型号	刀片		刀尖半径 /mm	备注	
				直径 /mm	长度 /mm			

课题二　零件的结构工艺性分析

任务　分析零件的结构工艺性

任务说明

◎ 正确对零件进行技术要求分析。

◎ 正确对零件进行结构工艺性分析。

技能点

◎ 能正确分析零件的结构工艺性。

知识点

◎ 零件组成表面特征及组合关系特征。

◎ 零件结构工艺性的概念。

◎ 零件技术要求分析。

一、任务实施

（一）任务引入

明确被加工零件的结构特点和技术要求特点是合理制定零件机械加工工艺规程的前提，因此，在着手制定零件的机械加工工艺规程之前先对零件进行工艺分析有着重要意义。

如图 12–4 所示为传动轴，分析其机械加工的结构工艺性。

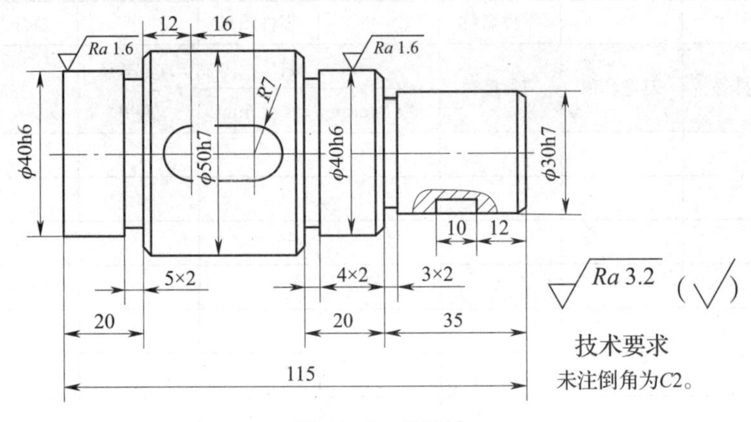

图 12–4　传动轴

（二）分析及解决问题

该零件为一轴类零件，其主要加工表面为外圆、端面、沟槽、倒角和键槽。其外圆、端面、沟槽、倒角的加工主要采用车削和磨削加工，键槽采用铣削加工。

从结构上看，该零件的加工存在两个方面的问题，一是沟槽的加工结构工艺性不好，因为槽的轴向尺寸分别为 5 mm、4 mm 及 3 mm，在车槽时必须换刀或用同一刀具多次加工；另外键槽加工也存在类似问题，因为键槽的分布不在轴的同一方向上，加工完一个键槽后必须重新找正工件后才能加工另一个键槽，这给加工带来很多不便。

二、知识链接

（一）零件的结构及其工艺性分析

在制定零件的工艺规程时，必须首先对零件进行工艺分析。对零件进行工艺分析主要要注意以下问题：

1．零件组成表面的形式

各种零件都是由一些基本表面和特形表面组成的。基本表面有内、外圆柱表面，圆锥面和平面等；特形表面有螺旋面、渐开线齿形面和一些成形面等。因为表面形状是选择加工方法的基本因素，因此，认清零件各组成表面的形式是正确确定各表面的加工方法的基础。

2．构成零件的各表面的组合关系

同种类型表面的不同组合决定了零件结构上的不同特点。例如，以内、外圆为主要表面，既可组成盘、环类零件，也可组成套类零件。对于套类零件，既可以是一般的轴套，也可以是形状复杂或刚度很低的薄壁套。显然上述不同零件在选用加工工艺方案时存在很大差异。

3. 零件的结构工艺性

零件的结构工艺性是指零件的结构在保证使用要求的前提下，是否能以较高的生产率和最低的成本方便地制造出来的特性。许多功能完全相同而在结构上却不相同的两个零件，它们的加工方法和制造成本往往差别很大。

（二）零件的技术要求分析

零件的技术要求分析包括以下几个方面：

1. 加工表面的尺寸精度。
2. 主要加工表面的形状精度。
3. 主要表面之间的相互位置精度。
4. 各加工表面的表面粗糙度以及表面质量方面的其他要求。
5. 热处理要求及其他要求（如动平衡等）。

课题三 毛坯的选择

任务 为零件选择毛坯

任务说明

◎ 正确选择零件毛坯的生产方法。

技能点

◎ 能正确选择零件毛坯的生产方法及毛坯的形状和尺寸。

知识点

◎ 各种毛坯生产方法的特点及适用零件。

◎ 零件毛坯生产方法的选择原则。

◎ 零件毛坯形状和尺寸的确定。

一、任务实施

（一）任务引入

欲加工如图 12-1b 所示的台阶轴，试为该零件选择毛坯。

（二）分析及解决问题

该零件为一台阶轴，共由 4 段组成，轴的尺寸为中间大，向两边递减，各台阶尺寸差最大为 20 mm，零件的生产批量为 80 件，属于单件生产，另外零件性能方面无特殊要求。

为此选择毛坯种类为型材。

二、知识链接

（一）正确选择毛坯的意义

在制定工艺规程时，正确地选择毛坯有着重大的技术经济意义。毛坯种类的选择，不仅影响着毛坯制造的工艺、设备及制造费用，而且对零件的机械加工工艺、设备和工具的消耗以及工时定额也都有很大的影响。为了正确地选择毛坯，需要毛坯制造和机械加工两方面的工艺人员紧密配合，以兼顾冷、热加工两方面的要求。

（二）毛坯种类的选择

1. 机械加工中常见的毛坯

（1）铸件

对于形状复杂的毛坯，宜采用铸件。目前生产中的铸件大多采用砂型铸造，少数尺寸小的优质铸件可采用特种铸造。

（2）锻件

锻件有自由锻造件和模锻件两种。

自由锻造件是在各种锻锤及压力机上由手工操作而成型的锻件。这种锻件的精度低，加工余量大，生产率不高，工件结构简单，但锻造时不需要专用模具，适用于单件和小批生产以及大型锻件的生产。

模锻件是用一套专用的锻模，在吨位较大的锻锤或压力机上锻出的锻件。这种锻件的精度、表面质量比自由锻造件好，锻件的形状也可复杂一些，加工余量较小。模锻件的材料组织分布比较有利，因而强度较高。模锻的生产率也高，适用于产量较大的中、小型锻件的生产。

（3）型材

型材有热轧和冷拉两类，热轧型材尺寸较大，精度较低，多用于制造一般零件的毛坯；冷拉型材尺寸较小，精度较高，多用于制造毛坯精度要求较高的中、小型零件，适用于在自动机床上加工。

（4）焊接件

对于大型零件来说，使用焊接件简单、方便，特别是单件、小批生产可以大大缩短生产周期，但焊接件的变形较大，需要经过时效后才能进行机械加工。

2. 毛坯选择的两种方向

一种是使毛坯的形状和尺寸尽量与零件接近，零件制造的大部分劳动量用于毛坯生产，机械加工多为精加工，劳动量和费用都比较少；另一种是毛坯的形状和尺寸与零件相差较大，机械加工切除量多，其劳动量及费用也较大。为节约能源与金属材料，毛坯制造应沿着前一种方向发展。

（三）选择毛坯时应考虑的因素

在选择毛坯时应考虑以下因素：

1. 零件材料的工艺性能（如铸造性能和锻造性能）及零件对材料组织和性能的要求

例如，零件材料为铸铁和青铜时，应选择铸件毛坯。对于钢质零件，还要考虑力学性能要求。对于一些重要零件，为保证良好的力学性能，一般均须选择锻件毛坯，而不能选择型材。

2. 零件的结构形状与外形尺寸

例如，常见的各种台阶轴，如各台阶直径相差不大，可直接选择型材（圆棒料）；如各台阶直径相差较大，为减少材料消耗和机械加工劳动量，则宜选择锻件毛坯。至于一些非旋转体的板条形钢质零件，则多用锻件毛坯。零件外形尺寸对毛坯选择也有较大的影响。对于尺寸较大的零件，选择砂型铸造或自由锻造毛坯；对于中、小型零件，则可选择模锻及各种特种铸造的毛坯。

3. 生产纲领

当零件的生产纲领较大时，应选择精度和生产率都较高的毛坯制造方法。零件的产量较小时，应选择精度和生产率均较低的毛坯制造方法。

4. 现有生产条件

选择毛坯时，还要考虑现场毛坯制造的实际工艺水平、设备状况以及对外协作的可能性。

（四）毛坯形状和尺寸的确定

现代机械制造的发展趋势之一是通过提高毛坯制造精度而使毛坯的形状和尺寸尽量与零件接近，减少机械加工的劳动量，力求实现少、无切屑加工。但是，由于现有毛坯制造工艺和技术的限制，加之产品零件的精度和表面质量的要求越来越高，所以毛坯上某些表面仍需留有一定的加工余量，以便通过机械加工来达到零件的质量要求。毛坯尺寸和零件尺寸的差值称为毛坯加工余量，毛坯尺寸的公差称为毛坯公差。毛坯加工余量和毛坯公差与毛坯的制造方法有关，生产中可参照有关工艺手册或标准确定。

毛坯加工余量确定后，除了将毛坯加工余量附加在工件相应的加工面上之外，还要考虑毛坯制造、机械加工以及热处理等许多工艺因素的影响。在确定毛坯形状和尺寸时应注意以下问题：

1. 为了加工时工件装夹方便，有些铸件毛坯需要铸出便于装夹的夹头，夹头在零件加工后再予以切除。

2. 在机械加工中，有时会遇到类似车床上进给系统中的开合螺母外壳的零件，其简图如图 12–5 所示。为了保证这些零件的加工质量和便于加工，常将这些零件先做成一个整体毛坯，加工到一定阶段后再切割分离。

3. 为了提高生产效率和在加工中便于装夹，对一些垫圈类零件，应将多件合成一个毛坯，如图 12–6 所示为垫圈的整体毛坯及加工。

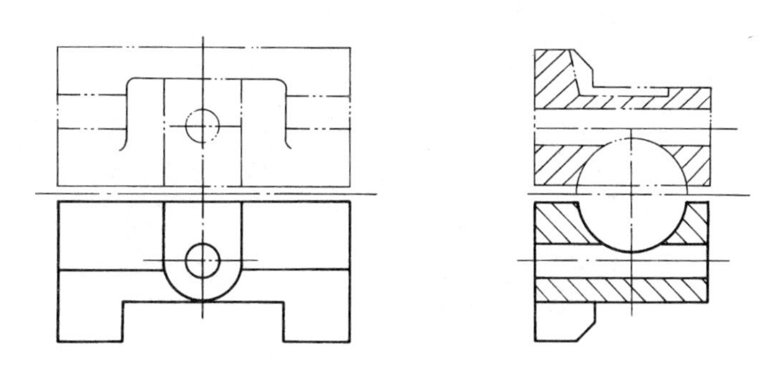

图 12–5 车床开合螺母外壳简图

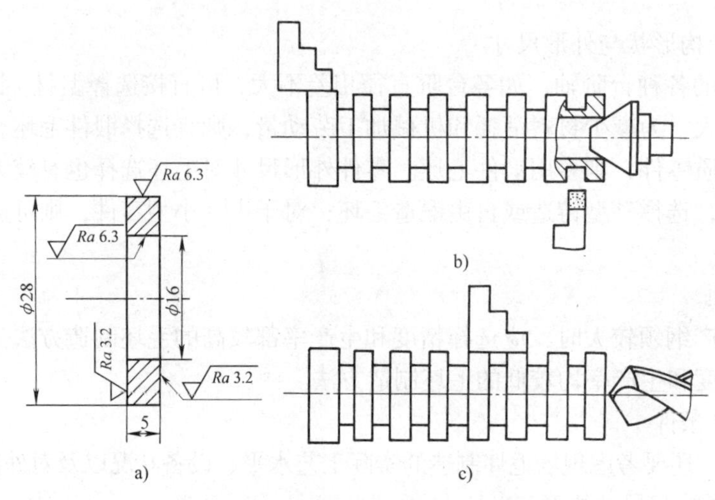

图 12-6　垫圈的整体毛坯及加工

a）垫圈　b）车削外圆及沟槽时的装夹方法　c）钻内孔

课题四　工件的定位

任务　选定正确的定位与夹紧方法

任务说明

◎ 正确确定图示零件的装夹方法。

技能点

◎ 掌握零件定位方法、定位方案的选择与确定。

知识点

◎ 基准的概念及分类。

◎ 零件的定位原理。

◎ 常见定位方式及定位元件。

◎ 定位误差的基本概念及组成。

一、任务实施

（一）任务引入

在数控铣床上加工如图 12-7 所示的平板类零件，试确定零件的定位方法。

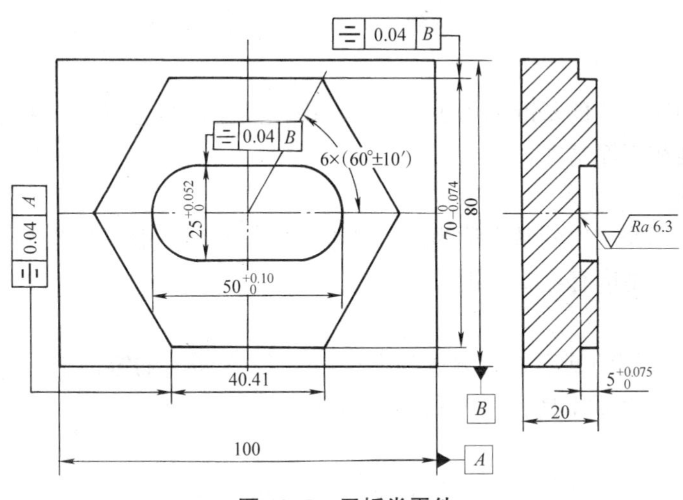

图 12–7 平板类零件

（二）分析及解决问题

该零件为一简单的平板类零件，加工面为轮廓面，零件在 x、y、z 三个方向上都有加工精度要求，根据定位的基本原理可知，零件在机用虎钳定位时应限制 6 个自由度，即沿 x、y、z 轴方向移动和绕 x、y、z 轴转动的 6 个自由度。

零件加工时用安装在数控铣床工作台上的机用虎钳装夹，装夹时工件的底面用两块等高垫铁支承，侧面与固定钳口贴紧，加工前通过对刀确定左右方向的加工位置，零件定位后用机用虎钳夹紧，由此可知，工件定位方式为：等高垫铁限制工件的 3 个自由度，固定钳口限制 2 个自由度，对刀限制 1 个自由度，共限制工件的 6 个自由度。

二、知识链接

（一）基准及分类

工件是一个几何体，它是由一些几何元素（点、线、面）构成的。其上任何一个点、线、面的位置总是用它与另一些点、线、面的相互关系（距离尺寸、平行度、同轴度等）来确定的。用来确定生产对象上几何要素间的几何关系所依据的那些点、线、面称为基准。根据作用不同，基准可分为设计基准和工艺基准两类。

1．设计基准

在设计图样上所采用的基准称为设计基准。加工如图 12–8 所示的轴套时，外圆的设计基准是它们的轴线；端面 A 是端面 B 和 C 的设计基准；内孔的轴线是 ϕ25h6 的外圆径向圆跳动的设计基准。

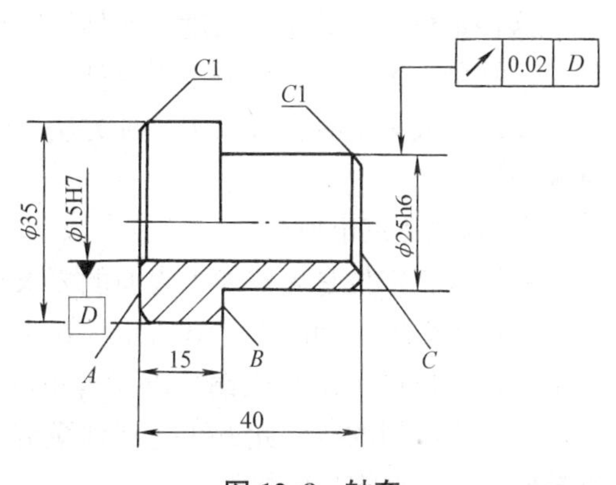

图 12–8 轴套

对于某一位置要求（包括两个表面之间的尺寸或者位置精度）而言，在没有特殊指明的情况下，它所指的两个表面之间常是互为设计基准的。在图 12–8 中，对于尺寸 40 mm 来说，A 面是 C 面的设计基准，也可认为 C 面是 A 面的设计基准。

2. 工艺基准

在工艺过程中所使用的基准称为工艺基准。按用途不同工艺基准又可分为定位基准、测量基准、装配基准和工序基准。

（1）定位基准

在加工过程中用作定位的基准称为定位基准。定位基准一般由工艺人员选定，它对于保证零件的尺寸和位置精度有重要作用。

（2）测量基准

测量工件时所采用的基准称为测量基准。如图 12–8 所示的零件中，用游标卡尺测量尺寸 15 mm 和 40 mm，表面 *A* 是表面 *B* 和 *C* 的测量基准。

（3）装配基准

用来确定零件或部件在产品中的相对位置所采用的基准称为装配基准。如主轴的轴颈、齿轮的孔和端面等。

（4）工序基准

在工序图上，用来确定本工序所加工表面加工后的尺寸、形状、位置的基准称为工序基准。工序基准应尽量与设计基准一致，当考虑定位或试切测量方便时也可以与定位基准或测量基准一致。

（二）工件的定位方法

根据定位的特点不同，工件在机床上定位一般有三种方法，即：直接找正定位、划线找正定位和在夹具上定位。

1. 直接找正定位

工件定位时直接用测量器具找正工件的某一表面，使工件处于正确位置，称为直接找正定位。在这种定位方式中，被找正的表面就是工件的定位基准。如图 12–9 所示为直接找正装夹加工套筒零件，为了保证磨削内孔时的加工余量均匀，先用四爪单动卡盘使套筒定位，用划针或百分表找正内孔表面，使其轴线与机床回转中心同轴，然后夹紧工件。此定位过程中的定位基准是工件的内孔。

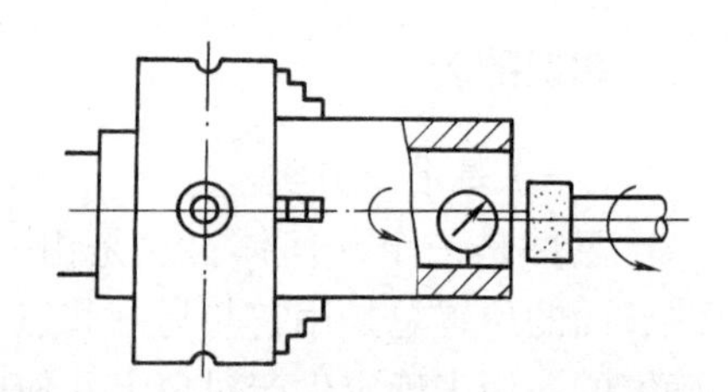

图 12–9　直接找正装夹加工套筒零件

这种定位方法的定位精度与所使用的测量器具的精度和操作者的技术水平有关，找正时间长，结果也不稳定，只适用于单件、小批生产。当工件加工要求特别高，而又没有专门的高精度设备或装备时，可采用这种方法，但必须由技术熟练的工人使用高精度的测量器具仔细地操作。

2. 划线找正定位

划线找正定位是先按加工表面的要求在工件上划线，加工时在机床上按划线找正以获得工件的正确位置。如图 12–10 所示为在牛头刨床上按划线找正装夹工件。找正时可在工件底面垫上适当厚度的纸片或铜片以获得正确的工件位置。此时支承工件的底面不起定位作用，定位基准为所划的线。此方法受到划线精度的限制，定位精度低，多用于批量较小、毛坯精度较低以及大型零件的粗加工。

3．在夹具上定位

机床夹具是指在机械加工工艺过程中用以装夹工件的机床附加装置。常用的有通用夹具和专用夹具两种。三爪自定心卡盘和机用虎钳是最常用的通用夹具。如图 12–11 所示为用钻模（专用夹具）装夹工件的一个例子。工件 4 以其内孔为定位基准套在定位销 2 上进行定位，用螺母和压板夹紧工件，钻头通过钻套 3 引导，在工件上钻孔。

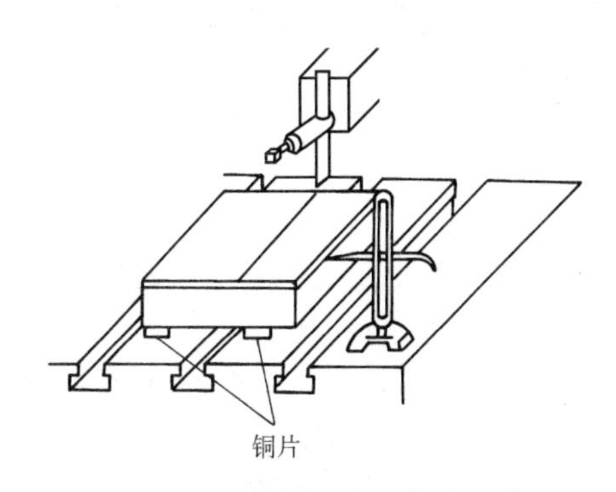

图 12–10　按划线找正装夹工件

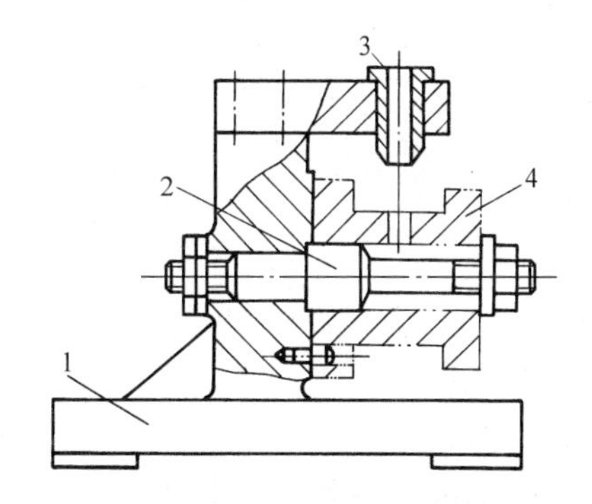

图 12–11　用钻模装夹工件

1—夹具体　2—定位销　3—钻套　4—工件

使用夹具定位时，工件在夹具中迅速而正确地定位与夹紧。该方法生产率高，定位精度能满足加工要求，广泛用于成批生产和单件、小批生产的关键工序中。

（三）工件定位的基本原理

1．六点定位原理

一个尚未定位的工件的位置是不确定的。如图 12–12 所示，在空间直角坐标系中，工件可沿 x、y、z 轴有不同的位置，也可以绕 x、y、z 轴回转。分别用$\overleftrightarrow{x}$、$\overleftrightarrow{y}$、$\overleftrightarrow{z}$和$\overset{\frown}{x}$、$\overset{\frown}{y}$、$\overset{\frown}{z}$表示。这种工件位置的不确定性通常称为自由度。其中，$\overleftrightarrow{x}$、$\overleftrightarrow{y}$、$\overleftrightarrow{z}$称为沿 x、y、z 坐标轴移动的自由度；$\overset{\frown}{x}$、$\overset{\frown}{y}$、$\overset{\frown}{z}$称为绕 x、y、z 坐标轴转动的自由度，工件的六个自由度如图 12–12 所示。定位的任务首先是消除工件的自由度。

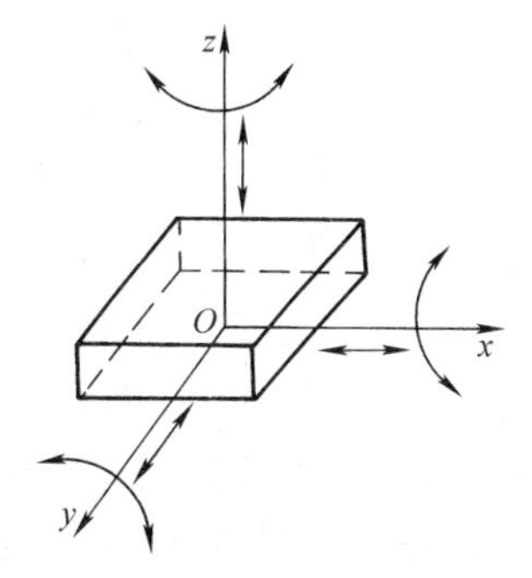

图 12–12　工件的六个自由度

工件在直角坐标系中有 6 个自由度（$\overleftrightarrow{x}$、$\overleftrightarrow{y}$、$\overleftrightarrow{z}$和$\overset{\frown}{x}$、$\overset{\frown}{y}$、$\overset{\frown}{z}$），工件定位的实质就是要限制对加工有不良影响的自由度。设空间有一个固定点，并要求工件的顶面或底面与该点相接触，那么工件沿 z 轴移动的自由度便被限制了。如果如图 12–13 所示设置 6 个固定点，并限定工件的 3 个面分别与这些点保持接触且不背离，工件的 6 个自由度便都被限制了。这些用来限制工件自由度的固定点称为定位支承点，简称支承点。

用合理分布的 6 个支承点即可限制工件的 6 个自由度，这就是工件定位的基本原理，简称六点定位原理。

支承点的分布必须合理，否则 6 个支承点限制不了工件的 6 个自由度，或不能有效地限制工件的 6 个自由度。定位支承点的分布如图 12–13 所示，工件底面上的 3 个支承点 1、2、3 限制了$\overleftrightarrow{z}$、$\overset{\frown}{x}$、$\overset{\frown}{y}$，它们应放置成三角形，三角形面积越大，工件越稳定；工件侧面上的两个支承点限制了$\overleftrightarrow{x}$、$\overset{\frown}{z}$两个自由度，它们不能垂直放置，否则，便不能限制工件绕 z 轴转

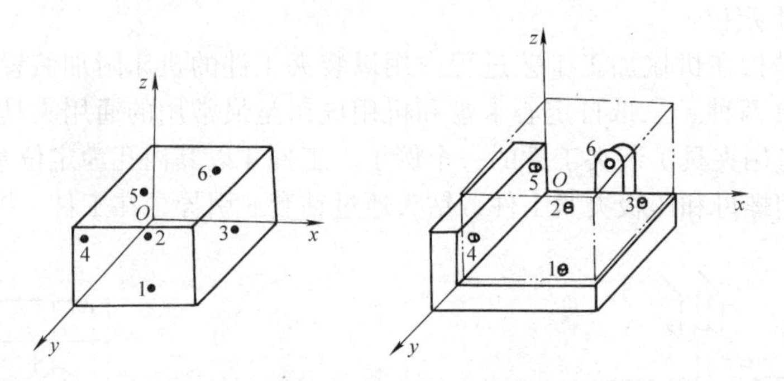

图 12–13 定位支承点的分布

动的自由度$\widehat{z}$；工件后端面上的支承点 6 限制了$\overleftrightarrow{y}$一个自由度。

六点定位原理可应用于任何形状、类型的工件，具有普遍的意义。无论工件的形状和结构有什么不同，它们的 6 个自由度都可以用 6 个支承点限制，只是 6 个支承点的分布不同而已。

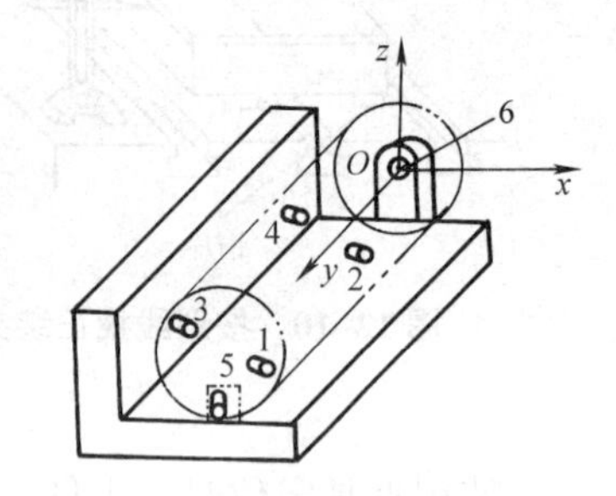

图 12–14 轴类零件的六点定位

轴类零件的六点定位如图 12–14 所示。欲使图 12–14 所示零件在坐标系中取得完全确定的位置，把支承钉按图所示分布，则外圆柱面表面的支承钉 1、2、3、4 限制了工件的$\overleftrightarrow{x}$、$\overleftrightarrow{z}$、$\widehat{x}$、$\widehat{z}$四个自由度，支承钉 5 限制了工件的$\widehat{y}$自由度，轴端面的支承钉 6 限制了工件的$\overleftrightarrow{y}$自由度。

六点定位原理是工件定位的基本原理，用于实际生产时，起支承点作用的是一定形状的几何体，这些用来限制工件自由度的几何体就是定位元件。

2．限制工件的自由度与加工要求的关系

工件应被限制的自由度数量与工件被加工面的位置要求存在对应关系。当被加工面只有一个方向的位置要求时，需要限制工件的 3 个自由度。当被加工面有两个方向的位置要求时，需要限制工件的 5 个自由度。当被加工面有 3 个方向的位置要求时，需要限制工件的 6 个自由度。另外，为保证被加工要素对基准的尺寸要求，所限制的自由度与工件定位基准的形状有关，而位置公差要求所需限制的自由度却与被加工要素及基准要素的形状均有关系。具体确定被加工零件所需限制自由度数目的方法：独立拟出确保各单项距离或位置公差要求而应限制的自由度后，再按综合叠加但不重复的方法便可得到确保多项精度要求应限制的自由度数目。

如图 12–15 所示为在工件上铣键槽，它有两个方向的位置要求，为保证键槽底面与 A 面的尺寸及平行度要求，必须限制$\overleftrightarrow{z}$、$\widehat{x}$、$\widehat{y}$三个自由度。为确保键槽侧面与 B 面的平行度及尺寸要求，必须限制工件的$\overleftrightarrow{x}$、$\widehat{z}$两个自由度。按综合叠加的方法，为保证键槽的位置精度必须限制以上 5 个自由度。如键槽的长度有要求，则被加工面就有三个方向的位置要求，必须限制工件的 6 个自由度。

3．应用六点定位原理时应注意的问题

（1）正确的定位形式

正确的定位形式就是指在满足加工要求的情况下，适当地限制工件的自由度数目。如图 12–15 所示，要加工零件上的键槽，如键槽是不通槽，即在键槽的长度方向上有尺寸要求，

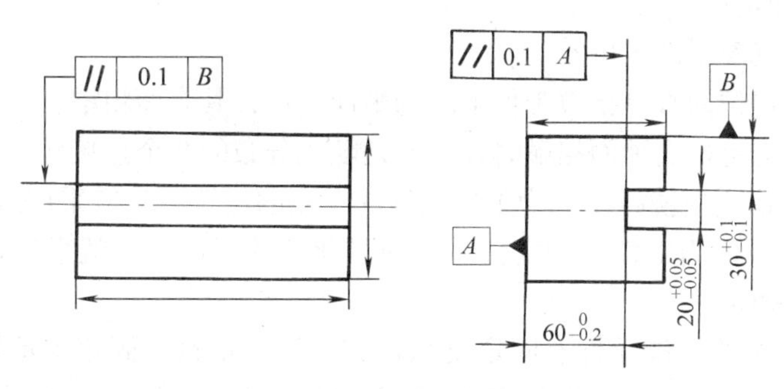

图 12-15 在工件上铣键槽

则工件的 6 个自由度 $\overset{\leftrightarrow}{x}$、$\overset{\leftrightarrow}{y}$、$\overset{\leftrightarrow}{z}$、$\overset{\curvearrowright}{x}$、$\overset{\curvearrowright}{y}$、$\overset{\curvearrowright}{z}$ 都应限制。这种定位称为完全定位。如果要加工的键槽是通槽，则只要限制自由度 $\overset{\leftrightarrow}{x}$、$\overset{\leftrightarrow}{z}$、$\overset{\curvearrowright}{x}$、$\overset{\curvearrowright}{y}$、$\overset{\curvearrowright}{z}$ 就可以了。这种根据零件加工要求，限制工件部分自由度的定位称为不完全定位。

（2）防止产生欠定位

在实际定位时有部分（或全部）自由度未被限制，使工件不能正确定位，称为欠定位。如图 12-15 所示加工键槽时，减少上述应限制的自由度中的任何一个都是欠定位。欠定位是不允许的，因为工件在欠定位的情况下将不能保证加工精度的要求。

（3）正确处理重复定位

如果工件在定位时，同一自由度被多于一个的定位元件限制，这种定位称为重复定位，其情况分析如图 12-16 所示。其中图 12-16a 是短销、大平面定位，短销限制自由度 $\overset{\leftrightarrow}{x}$ 和 $\overset{\leftrightarrow}{y}$，大平面限制自由度 $\overset{\leftrightarrow}{z}$、$\overset{\curvearrowright}{x}$ 和 $\overset{\curvearrowright}{y}$，不是重复定位。图 12-16b 是长销、小平面定位，长销限制自由度 $\overset{\leftrightarrow}{x}$、$\overset{\leftrightarrow}{y}$、$\overset{\curvearrowright}{x}$ 和 $\overset{\curvearrowright}{y}$，小平面限制自由度 $\overset{\leftrightarrow}{z}$，也不是重复定位。图 12-16c 是长销、大平面定位，长销限制自由度 $\overset{\leftrightarrow}{x}$、$\overset{\leftrightarrow}{y}$、$\overset{\curvearrowright}{x}$ 和 $\overset{\curvearrowright}{y}$，大平面限制自由度 $\overset{\leftrightarrow}{z}$、$\overset{\curvearrowright}{x}$ 和 $\overset{\curvearrowright}{y}$，这里的自由度 $\overset{\curvearrowright}{x}$ 和 $\overset{\curvearrowright}{y}$ 同时被两个定位元件限制，所以产生了重复定位。

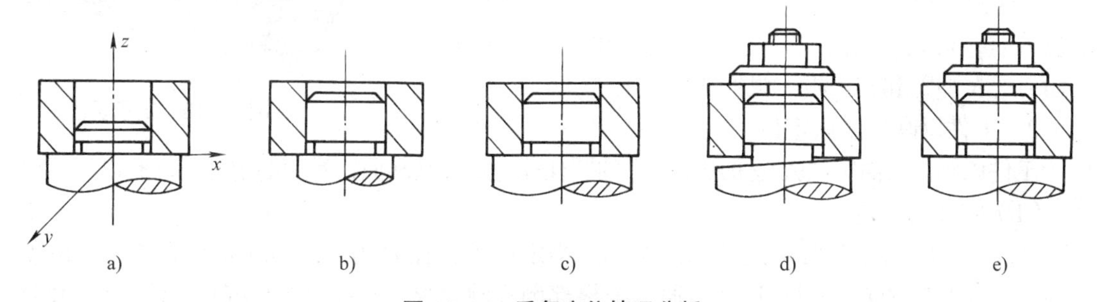

图 12-16 重复定位情况分析

重复定位一般是不允许的，因为它可能产生破坏定位、无法装入工件、工件变形或夹具变形等后果（见图 12-16d），导致一批工件在夹具中的位置不一致，影响加工精度。但当工件与夹具定位面精度较高时，重复定位有时是允许的（见图 12-16e），因为它可以提高工件装夹的刚度和稳定性。

（四）定位方式与定位元件

工件在实际定位时常用的定位方式有以平面定位和以圆柱表面定位。

1．工件以平面定位

（1）工件以粗基准平面定位

以粗基准平面定位通常是指以工件毛坯的平面定位，其表面粗糙，且有较大的平面度误差。当这样的平面与定位支承面接触时，必然是随机分布的 3 个点接触。这 3 个点所围成的面积越小，其支承稳定性就越差。为了控制这 3 个点的位置，就应采用点接触的定位元件，以获得稳定的定位。但当工件上的定位基准面是狭窄的平面时，就很难布置成三角形的支承，而应采用面接触定位。

粗基准平面常用的定位元件有固定支承钉和可调支承钉。固定支承钉已标准化，有 A 型（平头）、B 型（球头）和 C 型（齿纹）3 种，如图 12–17 所示。常选用 B 型和 C 型支承钉。

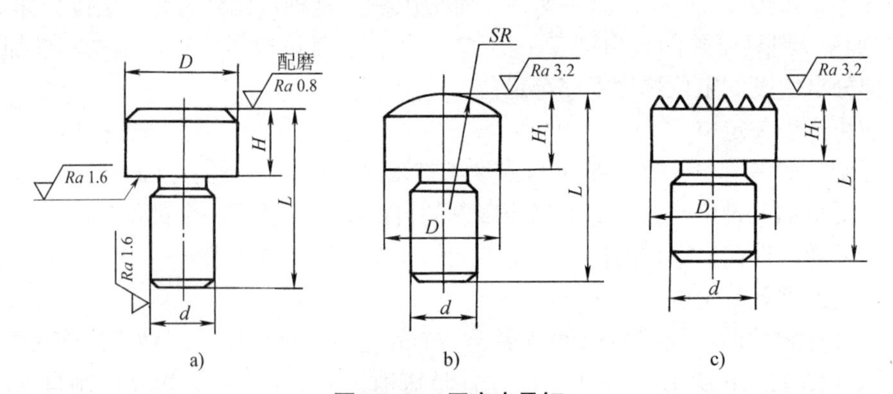

图 12–17　固定支承钉

a）A 型　b）B 型　c）C 型

（2）工件以精基准平面定位

工件还可以切削加工后的平面作为定位基准（精基准），这种定位基准面具有较低的表面粗糙度值和较小的平面度误差，可获得较高的定位精度。常用的定位元件有平头支承钉（A 型）和支承板（见图 12–18）。

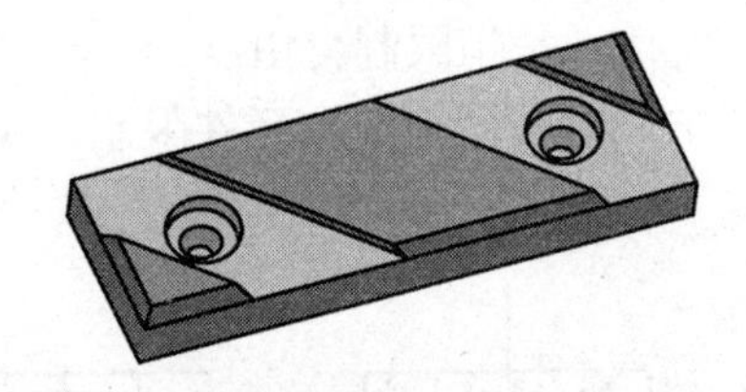

图 12–18　支承板

2．工件以圆柱表面定位

工件以圆柱表面定位就是采用工件上的圆柱孔为定位基准面，常用的定位元件有以下几种：

（1）圆柱销（定位销）

如图 12–19 所示为常用定位销的结构。当定位销直径 D 为 3 ～ 10 mm 时，为增加刚度，避免使用中折断或热处理时淬裂，通常把根部倒成圆角 R，夹具体上有沉孔，使定位销圆角部分沉入孔内而不影响定位（见图 12–19a）。成批、大量生产时，为了便于更换定位销，可采用带衬套的结构形式。为便于装入工件，定位销的头部有 15° 倒角。该定位元件与工件配合为短圆柱面配合，定位时限制工件的两个自由度。定位销的具体参数可查阅有关国家标准。

（2）圆锥销

该定位方式是通过圆柱表面与定位元件的外圆锥面配合实现定位的，两者的接触线是在某一高度上的圆。因此，这种定位方式比用短圆柱销定位多限制了工件的一个自由度。圆锥销定位常和其他定位元件组合使用。

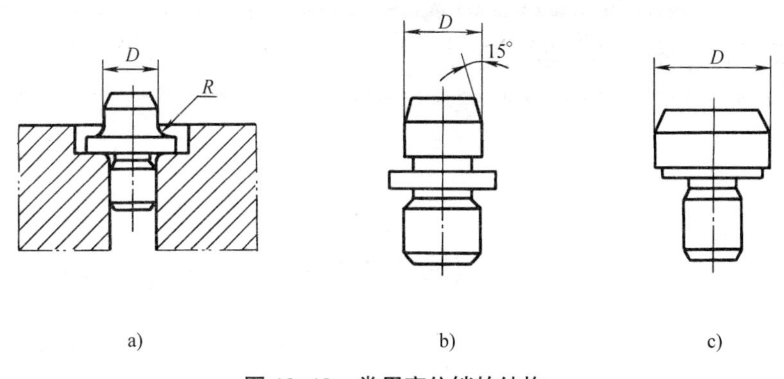

图 12–19　常用定位销的结构

a）D=3 ~ 10 mm　b）D=10 ~ 18 mm　c）D>18 mm

（3）定位心轴

如果上述定位销轴向尺寸及径向尺寸变大，定位时轴向配合长度较大，这种定位元件即成为圆柱定位心轴。圆柱定位心轴定位时限制工件的 4 个自由度，其中定位配合为间隙配合时，定心精度低但装卸工件方便；定位配合为过盈配合时，定心精度高但装卸工件不方便。

如果上述圆锥销锥度变小（锥度为 1 ： 1 000 ~ 1 ： 8 000）、轴向尺寸增大，则定位元件为圆锥定位心轴。圆锥定位心轴定位时限制工件的 5 个自由度，但轴向定位精度很差。该定位元件定位时定心精度高。

工件以外圆柱面定位时所采用的配合方式与上述情况非常相似。

（五）定位误差

1．定位误差的概念

工件在夹具中的位置是以其定位基准面与定位元件相接触（配合）来确定的。由于定位基准面和定位元件工作面的制造误差，会使各工件在夹具中的实际位置不一致，使工件加工后各工件的尺寸大小不一，形成误差。这种由于工件在夹具中定位不准而造成的加工误差称为定位误差。在采用调整法加工一批零件时，定位误差的值是工序基准在加工尺寸方向上的最大位置变动量。

2．定位误差的组成

定位误差由两部分组成，即基准不重合误差和基准位移误差。

基准不重合误差是由于定位基准与设计基准不重合而产生的，其大小等于定位基准与工序基准之间尺寸的公差值。因此，为减小定位误差，在选择定位基准时应尽量使定位基准与设计基准相重合。

基准位移误差是由于工件在夹具中定位时，工件的定位基准面与定位元件的限位基准面的制造误差和配合间隙，导致定位基准与限位基准不能重合，从而使各个工件的位置不一致，给加工尺寸造成误差。

3．总定位误差的计算

一般情况下，定位误差由基准不重合误差和基准位移误差组成。但并不是在任何情况下两项误差都存在，当其中一项不存在时，总定位误差就是另一项的值；如果两项都存在，则总定位误差就是两项误差的组合。

课题五 工件定位基准的选择

任务 选择粗基准和精基准

任务说明

◎ 为图示零件选择粗基准和精基准。

技能点

◎ 能正确地为零件的加工选择粗基准和精基准。

知识点

◎ 粗基准的概念。
◎ 粗基准的选择原则。
◎ 精基准的概念。
◎ 精基准的选择原则。

一、任务实施

（一）任务引入

如图 12–20 所示为台阶轴的毛坯，如图 12–21 所示为某零件的加工要求示意图，试为台阶轴首道机械加工工序选择粗基准，为另一零件本工序加工选择精基准。

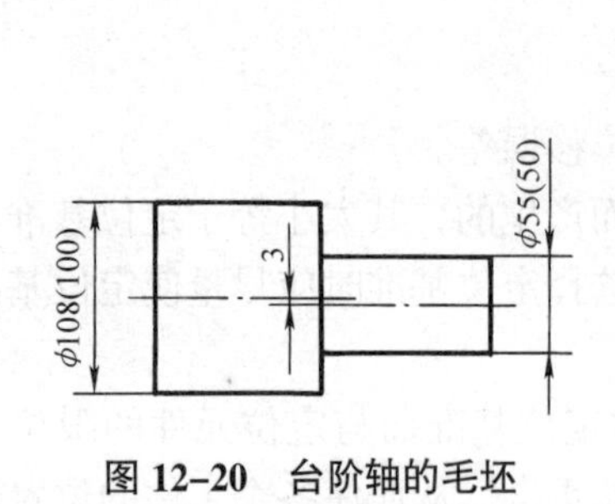

图 12–20 台阶轴的毛坯

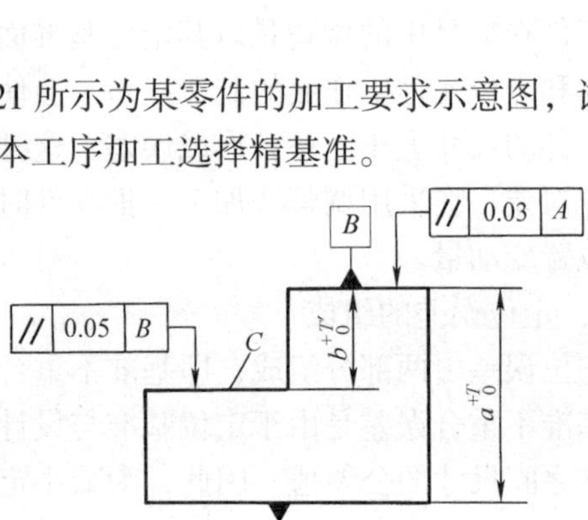

图 12–21 某零件加工要求示意图

（二）分析及解决问题

如图 12–20 所示的毛坯结构简单，其加工可在车床上利用三爪自定心卡盘装夹外圆后进行，因而粗基准只有两种选择，即以左端外圆为粗基准或以右端外圆为粗基准。由图可知，由于毛坯制造过程中存在较大误差，使左、右两段圆柱产生了 3 mm 的偏心距，粗基准只能选择右端外圆面。

如图 12–21 所示，在进行本工序前，其 A、B 面已经加工完毕，本工序要进行 C 面的加工，本工序加工的精基准有两种选择，即：以 A 面为定位精基准或以 B 面为定位精基准，综合考虑各种因素后，确定应以 A 面为精基准进行定位较为合适。

二、知识链接

合理地选择定位基准对保证加工精度和确定加工顺序都有决定性影响。定位基准分为粗基准和精基准。在机械加工的第一道工序中，只能使用毛坯上未加工的表面作为定位基准，这种基准称为粗基准。在以后的工序中，可以采用已加工过的表面作为定位基准，这种基准称为精基准。

（一）粗基准的选择原则

选择粗基准时，必须达到以下两个基本要求：一是，要保证所有加工表面都有足够的加工余量；二是，应保证工件加工表面和不加工表面之间有一定的位置精度。具体可按下列原则选择：

1. 相互位置要求原则

选取与加工表面相互位置精度要求较高的不加工表面作为粗基准，以保证不加工表面与加工表面的位置要求。如果零件上有多个不加工表面，则应以其中与加工表面相互位置精度要求高的不加工表面为粗基准。如图 12–22a 所示的零件，为了保证壁厚均匀，应选择不加工的孔及内表面为粗基准。又如图 12–22b 所示的零件，径向有三个不加工表面，若 ϕA 外圆表面与 $\phi 50^{+0.1}_{0}$ mm 孔之间的壁厚均匀度要求较高，则应选择 ϕA 外圆为径向粗基准。

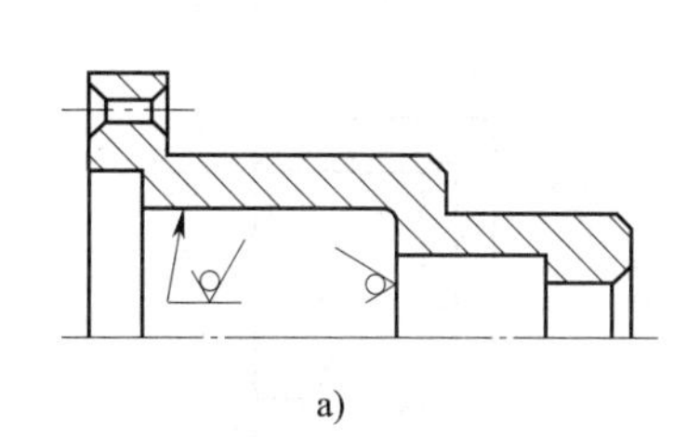

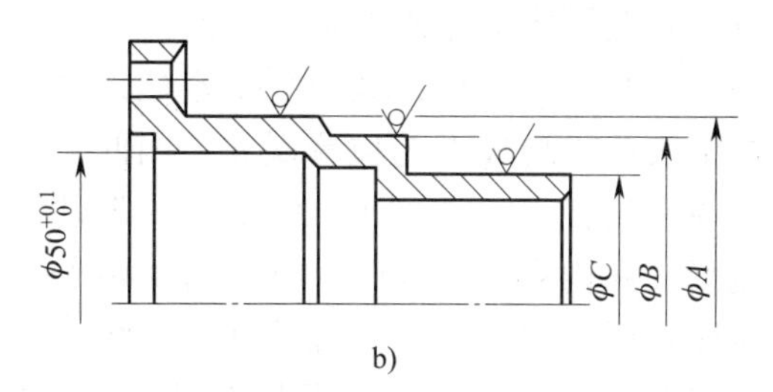

图 12–22 选择不加工的表面为粗基准

a）以不加工孔为粗基准 b）以不加工外圆为粗基准

2. 加工余量合理分配原则

对于全部表面都需要加工的零件，应该选择加工余量最小的表面作为粗基准，这样不会因为位置偏移而造成余量太小的部位加工不出来。如图 12–23 所示阶梯轴，毛坯大、小端外圆有 5 mm 的偏心，应以余量较小的 $\phi 58$ mm 外圆表面作粗基准。如果选 $\phi 114$ mm 外圆作粗基准加工 $\phi 58$ mm 外圆，则无法加工出 $\phi 50$ mm 外圆。

3. 重要表面原则

为保证重要表面的加工余量均匀，应选择重要加工面为粗基准。如图 12–24 所示床身导轨的加工，为了保证导轨面的金相组织均匀一致并且有较高的耐磨性，应使其加工余量小而均匀。因此，应先选择导轨面为粗基准，加工与床腿的连接面，如图 12–24a 所示。然后以连接面为精基准，加工导轨面，如图 12–24b 所示。这样才能保证加工导轨面时被切去的金属层尽可能薄而且均匀。

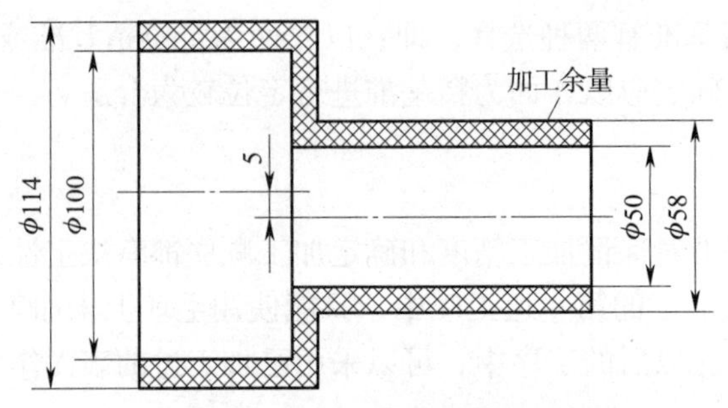

图 12-23 阶梯轴的粗基准选择

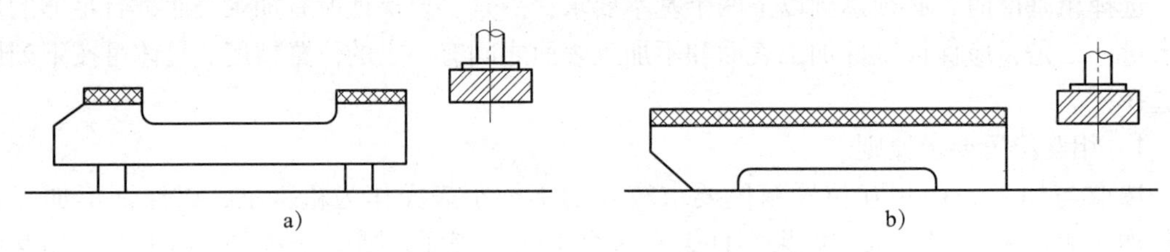

图 12-24 床身导轨加工粗基准的选择

a）以导轨面为粗基准 b）以连接面为精基准

4．不重复使用原则

粗基准未经加工，表面比较粗糙且精度低，二次安装时，其在机床上（或夹具中）的实际位置可能与第一次安装时不一样，从而产生定位误差，导致相应加工表面出现较大的位置误差。因此，粗基准一般不应重复使用。如图 12-25 所示的零件，若在加工端面 *A* 和内孔 *C*、钻孔 *D* 时，均使用未经加工的 *B* 表面定位，则钻孔的位置精度就会相对于内孔和端面产生偏差。当然，若毛坯制造精度较高，而工件加工精度要求不高，则粗基准也可重复使用。

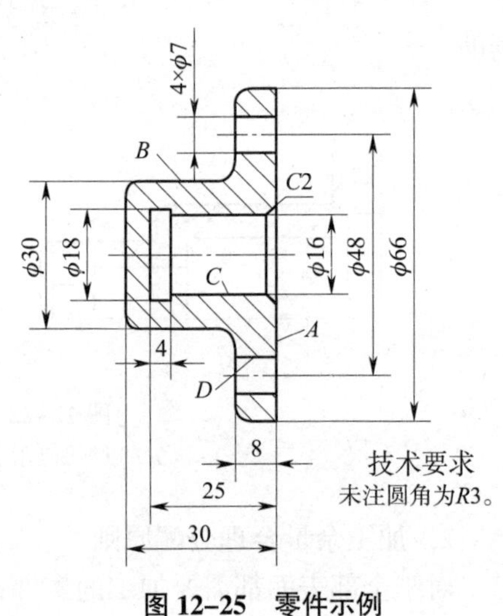

图 12-25 零件示例

5．便于工件装夹原则

作为粗基准的表面，应尽量平整、光滑，没有飞翅、冒口、浇口或其他缺陷，以便使工件定位准确、夹紧可靠。

（二）精基准的选择原则

选择精基准考虑的重点是如何保证工件的加工精度，并使工件装夹准确、可靠、方便，以及夹具结构简单。选择精基准一般应遵循下列原则：

1．基准重合原则

直接选择加工表面的设计基准为定位基准，称为基准重合原则。采用基准重合原则可以避免由定位基准与设计基准不重合而引起的定位误差（基准不重合误差）。如图 12-26a 所示的零件，欲加工孔 3，其设计基准是面 2，要求保证尺寸 *A*。在用调整法加工时，若以面 1 为定位基准，如图 12-26b 所示，则直接保证的尺寸是 *C*，尺寸 *A* 是通过控制尺寸 *B* 和 *C* 间接保证的。因此，尺寸 A 的公差为：

$$T_A=A_{max}-A_{min}=C_{max}-B_{min}-(C_{min}-B_{max})=T_B+T_C$$

由此可以看出，尺寸 A 的加工误差中增加了一个从定位基准（面 1）到设计基准（面 2）之间尺寸 B 的误差，这个误差就是基准不重合误差。由于基准不重合误差的存在，只有提高本道工序尺寸 C 的加工精度，才能保证尺寸 A 的精度；当本道工序 C 的加工精度不能满足要求时，还需提高前道工序尺寸 B 的加工精度，增加了加工的难度。若按图 12–26c 所示用面 2 定位，则符合基准重合原则，可以直接保证尺寸 A 的精度。

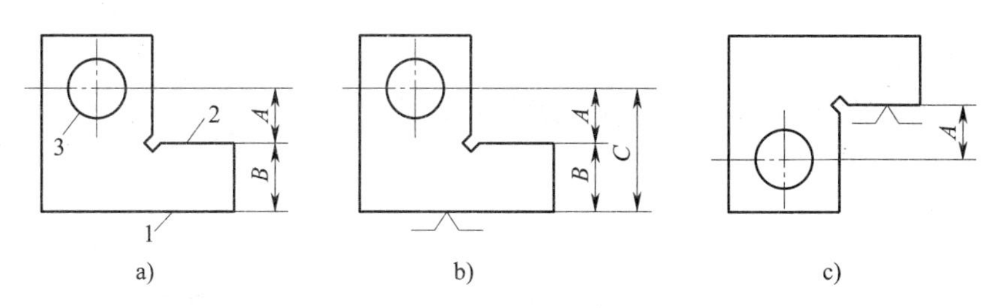

图 12–26　设计基准与定位基准的关系

a）工件　b）设计基准与定位基准不重合　c）设计基准与定位基准重合

应用基准重合原则时，要具体情况具体分析。定位过程中产生的基准不重合误差是在用夹具装夹、调整法加工一批工件时产生的。若用试切法加工，设计要求的尺寸一般可直接测量，不存在基准不重合误差问题。在带有自动测量功能的数控机床上加工时，可在工艺中安排坐标系检测工步，即每个零件加工前由数控系统自动控制测量头检测设计基准并自动计算、修正坐标值，消除基准不重合误差。在这种情况下，可不必遵循基准重合原则。

2．基准统一原则

同一零件的多道工序尽可能选择同一个定位基准，称为基准统一原则。这样既可保证各加工表面间的相互位置精度，避免或减少因基准转换而引起的误差，又简化了夹具的设计与制造工作，降低了成本，缩短了生产准备周期。例如，轴类零件以两中心孔定位加工各台阶外圆表面，可保证各台阶外圆表面的同轴度精度。

基准重合和基准统一原则是选择精基准的两个重要原则，但实际生产中有时会遇到两者相互矛盾的情况。此时，若采用统一定位基准能够保证加工表面的尺寸精度，则应遵循基准统一原则；若不能保证尺寸精度，则应遵循基准重合原则，以免使工序尺寸的实际公差值减小，增大加工难度。

3．自为基准原则

对于研磨、铰孔等精加工或光整加工工序，要求余量小而均匀，选择加工表面本身作为定位基准，称为自为基准原则。例如，图 12–27 所示为在磨削机床床身导轨面时，在磨头上装百分表找正导轨面本身以保证加工余量均匀，从而满足对导轨面的质量要求。另外，采用浮动铰刀铰孔、用拉刀拉孔、在无心磨床上磨削外圆以及珩孔等都是以加工表面本身为定位基准的。

采用自为基准原则时，只能提高加工表面本身的尺寸精度、形状精度，而不能提高加工表面的位置精度，加工表面的位置精度应由前道工序保证。

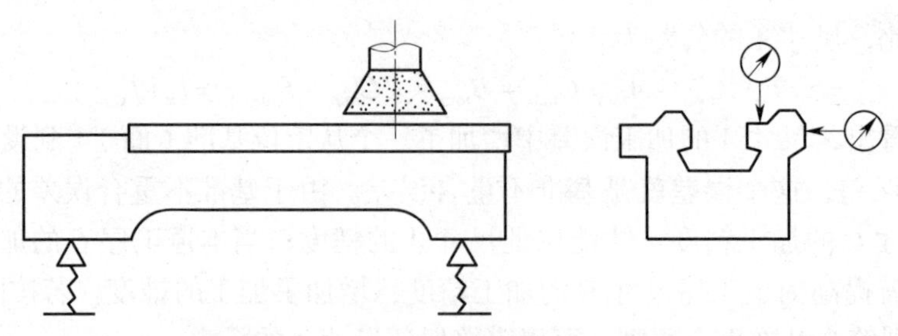

图 12–27　机床床身导轨面自为基准加工

4．互为基准原则

为使各加工表面之间具有较高的位置精度，或为使加工表面具有均匀的加工余量，可采取两个加工表面互为基准反复加工的方法，称为互为基准原则。例如，图 12–28 所示的轴承座零件，ϕC 外圆的轴线对 ϕD 孔轴线同轴度公差为 ϕ0.02 mm。在精加工时，首先以外圆定位磨削孔，然后以孔定位磨削外圆，以达到同轴度要求。

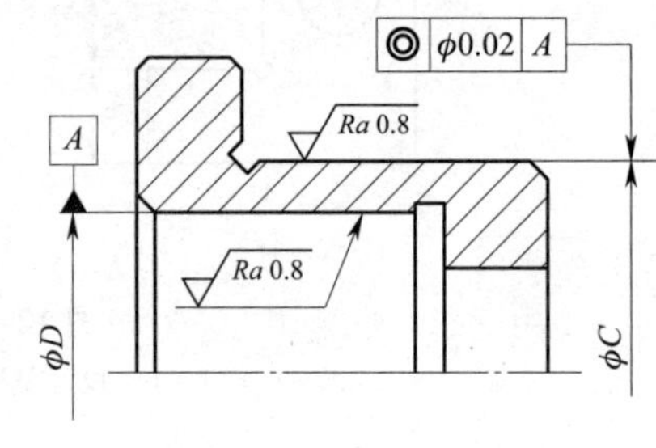

图 12–28　轴承座零件图

5．便于装夹原则

所选精基准应能保证工件定位准确、稳定，装夹方便、可靠，夹具结构简单、适用，操作方便、灵活。同时，定位基准应有足够大的接触面积，以承受较大的切削力。

（三）辅助基准的选择

在切削加工过程中，有时找不到合适的表面作为定位基准，为了方便装夹和易于获得所需要的加工精度，可在工件上特意加工出供定位用的表面。这种为了满足工艺需要，在工件上专门设计的定位面称为辅助基准。

辅助基准在切削加工中应用比较广泛，如轴类零件加工所用的两个中心孔，它不是零件的工作表面，只是出于工艺上的需要才加工出的。又如图 12–29 所示的零件，为安装方便，毛坯上专门铸出工艺搭子，也是典型的辅助基准，加工完毕应将其从零件上切除。

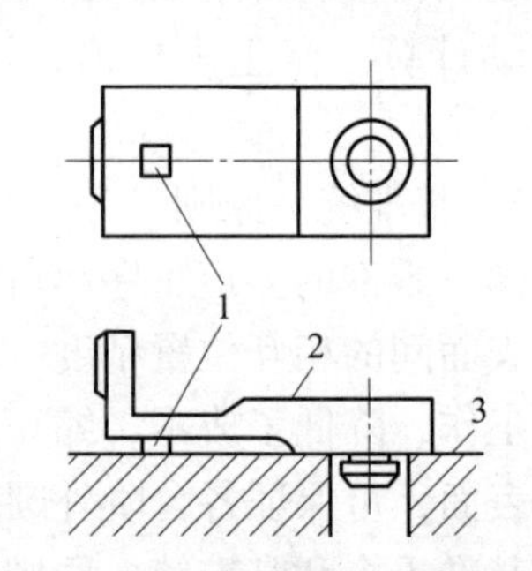

图 12–29　辅助基准典型实例

1—工艺搭子　2—工件　3—定位基准

课题六 工艺路线的拟定

任务 拟定机械加工工艺路线

任务说明

◎ 拟定图示零件的机械加工工艺路线。

技能点

◎ 能正确拟定零件机械加工工艺路线。

知识点

◎ 零件各表面加工方法的确定。

◎ 零件各表面加工顺序的确定。

◎ 机床及工艺装备的选择。

◎ 切削用量的确定。

◎ 工时定额的计算。

一、任务实施

（一）任务引入

欲加工如图 12–30 所示的台阶轴，该零件的生产为大批生产，试确定该零件的机械加工工艺路线。

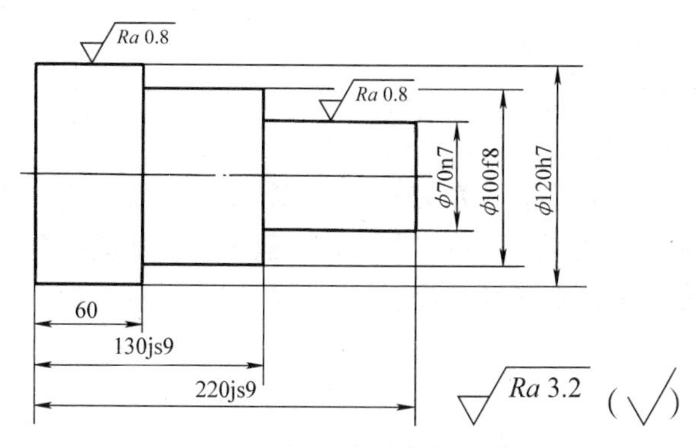

图 12–30 台阶轴

（二）分析及解决问题

该零件为轴类零件，主要加工表面为外圆柱面和端平面，加工表面的加工要求为

IT7 ~ IT9，可在普通车床上完成粗加工及半精加工，在数控车床上完成精加工。

台阶轴的机械加工工艺见表 12–7。

表 12–7　　台阶轴的机械加工工艺

工 序 号	工 序 内 容	设　　备
1	铣削端面、钻中心孔	铣端面钻中心孔机床
2	粗车各外圆面	普通车床
3	半精车各外圆面	普通车床
4	精车各外圆面	数控车床

二、知识链接

（一）各表面加工方法的确定

在拟定零件的工艺路线时，首先要确定各个表面的加工方法和加工方案。

选择各表面的加工方法时，首先要保证加工表面的尺寸精度和表面粗糙度的要求。一般是先根据表面的加工精度和表面粗糙度要求选定最终加工方法，然后确定从毛坯表面到最终成形表面的加工路线，即确定加工方案。由于获得同一精度和表面粗糙度的方案有多种，在具体选择时，还应考虑工件的结构和尺寸、工件材料的性质、生产类型、生产率和经济性、生产条件等。

1. 经济加工精度和经济表面粗糙度

在任何一个表面的加工中，影响加工方法选择的因素很多，每种加工方法在不同的工作条件下所能达到的精度和经济效果均不同。也就是说所有的加工方法能够获得的加工精度和表面粗糙度均有一个较大的范围。经济加工精度和经济表面粗糙度就是指在正常加工条件下（采用符合质量标准的设备和工艺装备、标准技术等级的工人、合理的加工时间）所能达到的加工精度和表面粗糙度。在确定加工方法时，应根据工件每个加工表面的技术要求来选择与经济精度相适应的加工方法和加工方案。

各种加工方法的经济加工精度见有关资料。

2. 工件的结构形状和尺寸

工件的结构形状和尺寸影响加工方法的选择。如小孔一般采用钻孔、扩孔、铰孔的方法加工；大孔常采用车削的方法加工；箱体上的孔一般难以拉削或磨削而采用镗削或铰削；对于非圆的通孔，应优先考虑拉削或批量较小时用插削加工；对于难磨削的小孔，则可采用研磨加工。

3. 工件的性质

例如，经淬火后的表面，一般应采用磨削加工；对材料未淬硬的精密零件的配合表面，可采用刮研加工；对硬度低而韧性较大的金属，如铜、铝、镁铝合金等非铁合金，为避免磨削时砂轮的嵌塞，一般不采用磨削加工，而采用高速精车、精镗、精铣等加工方法。

4. 生产类型

所选用的加工方法要与生产类型相适应。成批、大量生产应选用生产率高且质量稳定的加工方法，单件、小批生产则应选择设备和工艺装备易于调整、准备工作量少、工人便于操作的加工方法。

5. 生产率和经济性

对于较大的平面，铣削加工生产率高，窄而长的工件宜用刨削加工；对于大量生产的低精度孔系，宜采用多轴钻床加工；对批量大的曲面加工，可采用机械靠模加工、数控机床加工等加工方法。

6. 生产条件

选择加工方法时不能脱离本企业实际，应充分利用现有设备和工艺手段，发挥技术人员的创造性，挖掘企业潜力，重视新技术、新工艺的推广应用，不断提高工艺水平。

（二）加工顺序的确定

工件一般不可能在一个工序中加工完成，需要分几个阶段来进行加工，在加工方法确定后，开始安排加工顺序，即确定哪些结构先加工，哪些结构后加工，以及热处理工序和辅助工序应如何安排等。合理安排零件加工顺序，能够提高加工质量和生产率，降低加工成本，获得较好的经济效益。

在安排加工顺序时应注意以下几个问题：

1. 加工阶段的划分

零件的切削加工过程一般要经过以下几个阶段：

（1）粗加工阶段

主要切除各表面上的大部分加工余量，使毛坯形状和尺寸接近于成品，为后续加工创造条件。

（2）半精加工阶段

完成次要表面的加工，并为主要表面的精加工在余量和精度方面做好准备。

（3）精加工阶段

完成主要表面的加工，使零件达到图样要求。

（4）光整加工阶段

对于表面粗糙度和加工精度要求高的表面，还需要进行光整加工，提高零件表面质量。这个阶段一般不能用于提高零件的位置精度。

2. 划分加工阶段的原因

（1）利于保证加工质量

工件在粗加工阶段因加工余量大，其切削力、夹紧力也较大，将产生加工误差，在划分加工阶段后，可以在以后的加工阶段中纠正或减小误差，以提高加工质量。

（2）便于合理使用设备

粗加工阶段可采用刚度高、效率高、功率大、精度相对低的机床，精加工阶段则要求机床精度高。划分加工阶段后，可以充分发挥各类设备的优势，满足加工要求。

（3）便于安排热处理工序

粗加工后，工件残余应力大，一般要安排去应力的热处理工序。精加工前要安排淬火等最终热处理，其变形可以通过精加工予以消除。

（4）便于及时发现毛坯缺陷

毛坯经粗加工后，可以及时发现和处理缺陷，以免因继续加工有缺陷的工件而造成浪费。

（5）避免损伤已加工表面

精加工工序安排在最后，可以避免加工好的表面在搬运和夹紧中受到损伤。

应当指出，将工艺过程划分阶段是指零件加工的整个过程而言，不能从某一表面的加工或某一工序的性质来判断。例如，对于某些定位基准面的精加工，在半精加工甚至粗加工阶段就加工得很准确，无须放在精加工阶段。

3. 工序集中与工序分散

工序集中与工序分散是拟定工艺路线时确定工序数目或工序内容多少的两种不同的原则，它与设备类型的选择有密切关系。

（1）工序集中与工序分散的性质

工序集中就是将工件的加工集中在少数几道工序内完成，每道工序的加工内容较多。工序集中可采用技术措施集中，称为机械集中，如多刃、多刀加工，采用自动机床和多轴机床加工等；也可采用人为的组织措施集中，称为组织集中，如卧式车床的顺序加工。工序分散就是将工件的加工分散在较多的工序内进行，每道工序的加工内容较少，有些工序只包含一个工步。

（2）工序集中与工序分散的特点

1）工序集中的特点

①采用高效率的机床或自动线、数控机床等，生产率高。

②工件装夹次数减少，易于保证表面间位置精度，还能减少工序间运输量，利于缩短生产周期。

③工序数目少，可减少机床数量、操作人员数量和生产面积，还可减少生产计划和生产组织工作。

④因采用结构复杂的专用设备及工艺装备，故投资大，调整和维修复杂，生产准备工作量大，转换新产品比较费时。

2）工序分散的特点

①机床设备及工艺装备简单，调整和维修方便，工人易于掌握，生产准备工作量少，易于平衡工序时间，能较快地更换和生产不同产品。

②可采用最为合理的切削用量，减少基本时间。

③设备数量多，操作工人多，占用场地大。

④对工人的技术水平要求较低。

（3）工序集中与工序分散的选用

工序集中与工序分散各有利弊，应根据生产类型、现有生产条件、企业能力、工件结构特点和技术要求等进行综合分析，具体选择原则如下。

1）单件、小批生产适宜采用工序集中的原则，以便简化生产计划和组织工作；成批生产宜适当采用工序集中的原则，以便选用效率较高的机床；大批生产中，工件结构较复杂，适宜采用工序集中的原则，可以采用各种高效组合机床、自动机床等加工；对结构较简单的工件，如轴承和刚度较高、精度较高的精密工件，也可采用工序分散原则。

2）产品品种较多，又经常变换时适宜采用工序分散的原则。同时，由于数控机床和柔性制造技术的发展，也可以采用工序集中的原则。

3）工件加工质量要求较高时，一般采用工序分散的原则，可以用高精度机床来保证加工质量的要求。

4）对于重型工件，宜适当采用工序集中的原则，以减少工件装卸和运输的工作量。

4. 加工顺序的确定

工件的加工过程通常包括机械加工工序、热处理工序以及辅助工序。在安排加工顺序时常遵循以下原则：

（1）机械加工工序的安排

1）基面先行。先以粗基准定位加工出精基准，以便尽快为后续工序提供基准，如基准不统一，则应按基准转换顺序逐步提高精度的原则安排基准面的加工。

2）先粗后精。先粗加工，其次半精加工，最后安排精加工和光整加工。

3）先主后次。先考虑主要表面（如装配基面、工作表面等）的加工，后考虑次要表面（如键槽、螺纹孔、光孔等）的加工。加工主要表面时容易产生废品，应放在前阶段进行，以减少工时的浪费。由于次要表面加工量较少，而且又和主要表面有位置精度要求，因此，一般应放在主要表面半精加工或光整加工之前完成。

4）先面后孔。对于箱体类、支架类、连杆类等零件（其结构主要由平面和孔所组成），由于平面的轮廓尺寸较大，且表面平整，用以定位比较稳定、可靠，故一般以平面为基准来加工孔，能够确保孔与平面的位置精度，加工孔时也较方便，所以应先加工平面，后加工孔。

5）先近后远。在安排加工顺序时，还要考虑车间内机床的布置情况，当同类型的机床布置在同一区域时，应尽量把类似工种的加工工序就近布置，以避免工件在车间内往返搬运。

（2）热处理工序的安排

1）预备热处理

①退火、正火和调质。退火、正火和调质的目的是改善工件材料力学性能和切削加工性能，一般安排在粗加工以前或粗加工以后、半精加工之前进行。放在粗加工之前可改善粗加工时材料的切削加工性能，并可减少车间之间的运输工作量；放在粗加工与半精加工之间有利于消除粗加工所产生的残余应力对工件的影响，并可保证调质层的厚度。

②时效处理。时效处理的目的是消除毛坯制造和机械加工过程中产生的残余应力，一般安排在粗加工之后，精加工之前进行。为了减少运输工作量，对于加工精度要求不高的工件，一般把消除残余应力的热处理安排在毛坯进入机械加工车间之前进行。对于机床床身、立柱等结构复杂的铸件，则应在粗加工前、后都要进行时效处理。对于精度要求较高的工件（如镗床的箱体）应安排两次或多次时效处理。对于精度要求很高的精密丝杠、主轴等零件，则应在粗加工、半精加工之间多次安排时效处理。

2）最终热处理

①普通淬火。淬火的目的是提高工件的表面硬度，一般安排在半精加工之后、磨削等精加工之前进行。因为工件在淬火后表面会产生氧化层，而且产生一定的变形，所以在淬火后必须安排磨削或其他能够加工淬硬层的工序。

②渗碳及淬火。渗碳及淬火的目的是改善工件表面的力学性能，高温渗碳后淬火工件变形大，并且渗碳时一般渗碳层深度为 0.5 ～ 2 mm，所以渗碳及淬火工序常安排在半精加工和精加工之间。

③渗氮、氰化处理。渗氮、氰化处理的目的也是改善工件表面的力学性能，可根据零件的加工要求，安排在粗、精磨之间或精磨之后进行。

（3）辅助工序的安排

辅助工序一般包括去毛刺、倒棱、清洗、防锈、去磁、检验等。检验工序是主要的辅助工序，是保证产品质量的重要措施。除了各工序操作者自检外，在粗加工结束后精加工开始前、重要工序或耗时较长的工序前后、零件换车间前后、零件全部加工结束以后，均应安排检验工序。

（三）机床与工艺装备的选择

机床与工艺装备是零件加工的物质基础，是加工质量和生产率的重要保障。机床与工艺装备包括机械加工过程中所需的机床、夹具、量具、刀具等。机床和工艺装备的选择是制定工艺规程的一个重要环节，对零件加工的经济性也有重要影响。为了合理地选择机床和工艺装备，必须对各种机床的规格、性能以及工艺装备的种类、规格等进行详细了解。

1．机床的选择

在工件的加工方法确定以后，加工工件所需的机床就已基本确定，由于同一类型的机床有多种规格，其性能也并不完全相同，所以加工范围和质量各不相同，只有合理地选择机床，才能加工出理想的产品。在对机床进行选择时，除对机床的基本性能有充分了解之外，还要综合考虑以下几点：

（1）机床的技术规格要与被加工的工件尺寸相适应。

（2）机床的精度要与被加工工件的精度要求相适应。机床的精度过低，不能达到设计时的质量要求；机床的精度过高，又不经济。若由于机床的局限理论上达不到应有加工精度的，可通过改进工艺的办法达到目的。

（3）机床的生产率应与被加工工件的生产纲领相适应。

（4）机床的选用应与自身经济实力相适应。既要考虑机床的先进性和生产的发展需要，又要实事求是，减少投资。要立足于国内，就近取材。

（5）机床的使用应与现有生产条件相适应。应充分利用现有机床，如果需要改造机床或设计专用机床，则应提供与加工参数和生产率有关的技术资料，确保零件加工的技术要求等。

2．工艺装备的选择

（1）夹具的选择

单件、小批生产应尽量选用通用夹具，如机床自带的卡盘、机用虎钳和转台等。大批生产时，应采用高生产率的专用机床夹具，在推行计算机辅助制造、成组技术等新工艺或为提高生产率时，应采用成组夹具和组合夹具。夹具的精度应与零件的加工精度相适应。

（2）刀具的选择

一般选用标准刀具，选择刀具时主要考虑加工方法、加工表面的尺寸、工件材料、加工精度、表面粗糙度、生产率和经济性等因素。在组合机床上加工时，由于机床按工序集中原则组织生产，考虑到加工质量和生产率的要求，可采用专用的复合刀具，这样可提高加工精度、生产率和经济效益。选择自动线和数控机床所使用的刀具时，应着重考虑其寿命期内的可靠性。选择加工中心所使用的刀具时，还应注意选择与其配套的刀夹和刀套。

（3）量具、检具和量仪的选择

主要依据生产类型和要检验的精度选取。对于尺寸误差，在单件、小批生产中广泛采用通用量具，如游标卡尺、千分尺等。对于几何误差，在单件、小批生产中一般采用百分表和千分表等通用量具，成批、大量生产中应尽量选用效率高的量具、检具和量仪，如各种极限量规、专用检验器具和测量仪器等。

（四）切削用量的选择

合理选择切削用量对提高劳动生产率、延长刀具的使用寿命、保证加工质量、提高经济效益都有十分重要的意义。切削用量是否合理的标准是：是否能保证工件表面的加工质量，是否能充分发挥机床的功效，在保证加工质量和刀具使用寿命的条件下是否能充分发挥刀具的功效。

1. 背吃刀量的选择

零件的粗加工阶段中，在机床刚度、功率和刀具强度允许的条件下，尽可能选取较大的背吃刀量，以减少进给次数，提高效率。在某些大型车床上，该值可取到 10 mm 以上；由于铣床在加工时是断续切削，且参与切削的刀齿多、切削力大，因而背吃刀量要小一些，一般不超过 6 mm。

零件的精加工阶段中，为了保证零件的加工精度和表面质量，背吃刀量应小一些，一般精车时的背吃刀量为 0.1 ~ 0.5 mm，精铣时为 0.3 ~ 1 mm。

2. 切削速度的确定

在切削加工中，刀具在使用过程中发生磨损的快慢主要取决于切削速度，为了保证刀具使用寿命的要求，在实际切削时所用的切削速度不得超过其允许的最高切削速度。在零件精加工时，为了提高加工质量，应使用较高的切削速度，但应低于刀具允许的最高速度 v_{cmax}。v_{cmax} 的值可根据工件材料和刀具材料查表确定，也可用公式计算，还可根据操作实践确定。粗加工时，在机床功率允许的条件下，切削速度也应尽量选择较大的值。

由于大多数机床的主运动都是由机床主轴旋转完成的，因此，切削速度的确定实际上就是主轴转速的确定，根据上述原则确定切削速度后就可确定主轴转速，即：

$$n = \frac{1\,000 v_c}{\pi d}$$

式中 n——主轴转速，r/min；

v_c——切削速度，m/min；

d——回转体的直径，mm。

在车床上车螺纹时，车床的主轴转速受到螺纹螺距（导程）大小的限制，主轴转速不可按上述方式确定。

3. 进给速度的确定

确定进给速度的原则是：

（1）当工件的加工质量要求能够保证时，为提高生产效率，可选择较高的进给速度。

（2）在车床上切断、加工深孔，在铣床上用立铣刀、键槽铣刀等加工，以及用高速钢刀具加工时，应选择较低的进给速度。

（3）当加工精度要求较高时，进给速度应选择小一些。

（4）进给速度应与切削速度、背吃刀量（侧吃刀量）相适应。

车削时，若进给速度单位为 mm/min，则它与主轴转速的关系为：

$$v_f=nf$$

式中 f——主轴转一周时刀具的进给量，确定进给速度时首先应确定的是该参数，精加工时其值可查表确定。一般粗车时取 0.3 ~ 0.8 mm/r，精车时取 0.1 ~ 0.3 mm/r，切断时取 0.05 ~ 0.2 mm/r。

铣削时，进给速度 v_f 与主轴转速 n、铣刀刀齿数 z 及每齿进给量 f_z 的关系为：

$$v_f=f_z zn$$

每齿进给量 f_z 的选择取决于工件材料的力学性能、刀具材料、工件表面粗糙度等因素，其值也可通过有关表格查找。铣刀每齿进给量常用值见表 12–8。

表 12–8 铣刀每齿进给量常用值

工件材料	每齿进给量 f_z/（mm/z）			
	粗铣		精铣	
	高速钢铣刀	硬质合金铣刀	高速钢铣刀	硬质合金铣刀
钢	0.1 ~ 0.15	0.1 ~ 0.25	0.02 ~ 0.05	0.1 ~ 0.15
铸铁	0.12 ~ 0.2	0.15 ~ 0.3		

（五）工时定额的计算

工时定额是指在一定生产条件下，规定生产一件产品或完成一道工序所需消耗的时间。它是安排生产计划、进行成本核算、考核工人完成任务情况、新建和扩建企业或车间时确定所需设备和工人数量的主要依据。

制定合理的工时定额是调动工人积极性的重要手段，可以促进工人技术水平的提高，从而不断提高生产率。工时定额一般由技术人员通过计算或类比的方法，或者通过对实际操作时间的测定和分析的方法确定。在使用中，工时定额应定期修订，以使其趋于合理。

在机械加工中，为了便于合理地确定工时定额，把完成一个工件的一道工序的时间称为单件工序时间 t_p，包括以下几部分：

1．基本时间 t_b

基本时间 t_b 是直接改变生产对象的尺寸、形状、相对位置、表面状态或材料性质等工艺过程所消耗的时间。对机械加工而言，是指从工件上切除材料层所耗费的时间（包括刀具的切入和切出时间），基本时间可按公式求得。例如，车削加工的基本时间 t_b 为：

$$t_b=\frac{L_j Z}{nfa_p}$$

式中 t_b——基本时间，min；

L_j——工作行程的计算长度，mm，包括加工表面的长度，刀具的切入和切出长度（切入、切出长度可查阅有关手册确定）；

Z——工序余量，mm；

n——工件的旋转速度，r/min；

f——刀具的进给量，mm/r；

a_p——背吃刀量，mm。

2．辅助时间 t_a

辅助时间 t_a 是为实现工艺过程所必须进行的各种辅助动作所消耗的时间。这些辅助动作包括装夹和卸下工件，开动和停止机床，改变切削用量，进、退刀具，测量工件尺寸等。

辅助时间的确定方法随生产类型而异。成批、大量生产时，为使辅助时间规定得合理，需将辅助动作分解，再分别确定各分解动作的时间，最后予以综合；中批生产时可根据以往的统计资料来确定；单件、小批生产时常用基本时间的百分比估算。

基本时间和辅助时间的总和称为工序作业时间，即直接用于制造产品或零部件所消耗的时间。

3．布置工作地时间 t_s

布置工作地时间 t_s 是为使加工正常进行，工人照管工作地（如更换刀具、润滑机床、清理切屑、收拾工具等）所消耗的时间。布置工作地时间可按照工序作业时间的 α 倍来估算（一般 α=2% ~ 7%）。

4．休息和生理需要时间 t_r

休息和生理需要时间 t_r 是工人在工作时间内为恢复体力和满足生理上的需要所消耗的时间。它可按工序作业时间的 β 倍来估算（一般 β=2% ~ 4%）。

上述 4 部分时间之和称为单件工时，因此，单件工时为：

$$t_p=t_b+t_a+t_s+t_r=(t_b+t_a)(1+\alpha+\beta)$$

5．准备和终结时间 t_e

对于成批生产还要考虑准备和终结时间，准备和终结时间 t_e 是工人为了生产一批产品或零部件而进行准备和结束工作所消耗的时间。这些工作包括熟悉工艺文件、安装工艺装备、调整机床、归还工艺装备和送交成品等。

准备和终结时间对一批工件只消耗一次，工件批量 n 越大，则分摊到每一个工件上的这部分时间越少。所以，成批生产时的单件工时为：

$$t_p=t_b+t_a+t_s+t_r+\frac{t_e}{n}=(t_b+t_a)(1+\alpha+\beta)+\frac{t_e}{n}$$

在大量生产时，每个工作地点完成固定的一道工序，一般不需要考虑准备和终结时间。

课题七 加工余量的确定

任务 确定加工余量

任务说明

◎ 确定图示零件外圆加工中某工序的机械加工余量。

技能点

◎ 掌握确定工序余量的方法。

知识点

◎ 加工余量的概念及其与工序尺寸之间的关系。

◎ 影响加工余量大小的因素。

◎ 确定加工余量的方法。

一、任务实施

（一）任务引入

欲加工如图 12–31 所示的光轴，试确定该零件最终精加工的加工余量。

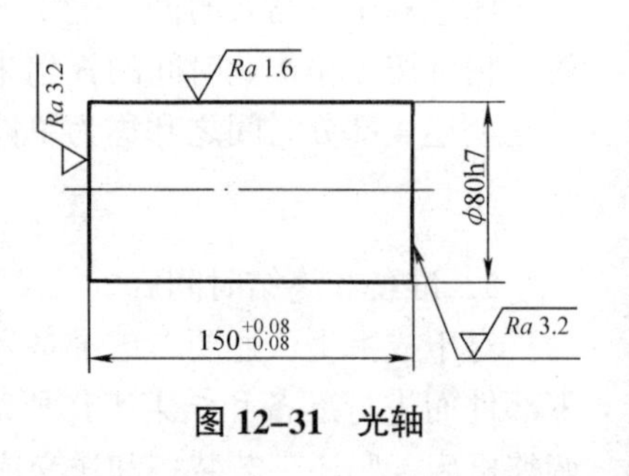

图 12–31 光轴

（二）分析及解决问题

该零件的加工工艺路线为：粗车外圆和端面→半精车外圆和端面→精车外圆和端面。粗车外圆在普通车床上进行，半精车外圆也在普通车床上进行，精车外圆在数控车床上进行，查有关资料可知精车外圆的余量为 0.3 mm。

二、知识链接

（一）加工余量的概念

工件为达到应有的精度和表面粗糙度，必须经过多道加工工序，故应留有加工余量。加工余量主要分为工序余量和加工总余量两种，如图 12–32 所示。

1. 工序余量

工序余量是相邻两工序的工序尺寸之差，即在一道工序中从某一加工表面切除的材料层厚度。

（1）公称余量

由于毛坯制造过程和各个工序尺寸都存在误差，加工余量是个变动值。当工序尺寸用公称尺寸计算时，所得到的加工余量称为公称余量。

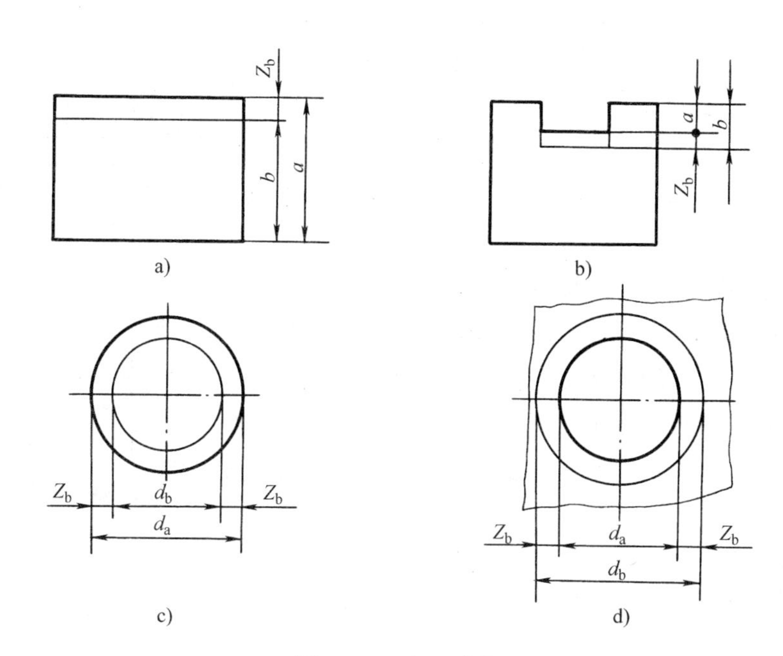

图 12–32 加工余量

对于非对称的加工表面（见图 12–32a、b），加工余量都是单边余量。

对于外表面，如图 12–32a 所示，$Z_b=a-b$

对于内表面，如图 12–32b 所示，$Z_b=b-a$

式中 Z_b——公称余量，mm；

a——前工序的工序尺寸，mm；

b——本工序的工序尺寸，mm。

对于内孔、外圆等回转表面，其加工余量是双边余量，即相邻两工序的直径差。

对于外圆，如图 12–32c 所示，$Z_b=(d_a-d_b)/2$

对于内孔，如图 12–32d 所示，$Z_b=(d_b-d_a)/2$

式中 Z_b——公称余量，mm；

d_a——前工序的工序尺寸，mm；

d_b——本工序的工序尺寸，mm。

当加工某个表面的一道工序包括几个工步时，相邻两工步的尺寸差就是工步余量，即在一个工步中从某一加工表面切除的材料厚度。

（2）最大余量、最小余量和余量公差

如图 12–33 所示，由于毛坯的制造和各个工序加工后的工序尺寸都不可避免地存在误差，加工余量也是变动值，有最大余量、最小余量之分，余量的变动范围称为余量公差。对于被包容面，公称余量是前工序和本工序公称尺寸之差；最小余量是指前工序最小工序尺寸和本工序最大工序尺寸之差，是保证该工序加工表面的精度和质量所需切除的最小厚度；最大余量是指前工序最大工序尺寸和本工序最小工序尺寸之差。对于包容面则相反。余量公差即加工余量的变动范围（最大余量与最小余量的差值），等于前工序与本工序工序尺寸公差的和。最大余量、最小余量和余量公差可由下式表示：

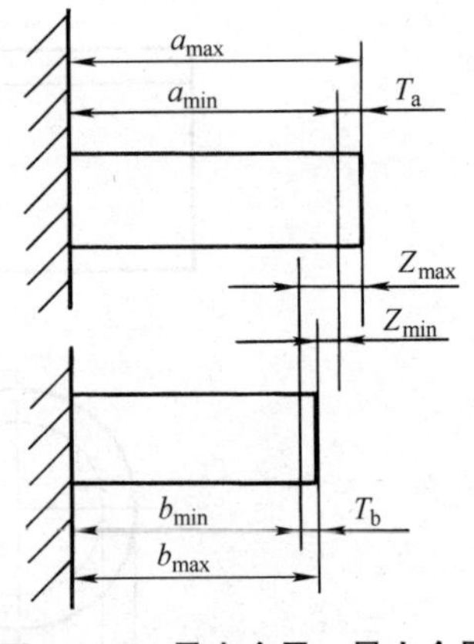

图 12–33　最大余量、最小余量和余量公差

最大余量　$Z_{max}=a_{max}-b_{min}$

最小余量　$Z_{min}=a_{min}-b_{max}$

余量公差　$T_z=Z_{max}-Z_{min}=(a_{max}-a_{min})+(b_{max}-b_{min})=T_a+T_b$

式中　T_z——本工序余量公差，mm；

T_a——前工序的工序尺寸公差，mm；

T_b——本工序的工序尺寸公差，mm。

工序尺寸的公差一般分布在工件的“入体”方向，故对被包容表面（轴），工序公称尺寸是最大尺寸；对于包容面（孔），工序公称尺寸是最小尺寸。毛坯尺寸的公差一般采用双向标注。

2. 加工总余量

毛坯尺寸与零件图样的设计尺寸之差称为加工总余量。加工总余量等于各工序余量之和，即：

$$Z=\sum_{i=1}^{n} Z_i$$

式中　Z_i——第 i 道工序的工序余量，mm；

n——该表面的工序数。

加工总余量也是个变动量，其值及公差一般可从有关手册中查找或根据经验确定。

（二）影响加工余量的因素

加工余量的大小对于零件的加工质量、生产率和生产成本均有较大的影响。加工余量过大，不仅增加机械加工的劳动量，降低生产率，而且增加材料、工具和电力等的消耗，使加工成本增高。但是加工余量过小，又不能确保消除前工序的各种误差和表面缺陷，甚至产生废品。因此，应当合理地确定加工余量。

为了合理确定加工余量，必须了解影响加工余量的各项因素。影响加工余量的因素有以下几个方面：

1. 前工序表面的加工质量

本工序应切去前工序所形成的表面粗糙层，还必须把毛坯上的铸造冷硬层、锻造氧化层、脱碳层、切削加工残余应力层、表面裂纹、组织过度塑性变形或其他破坏层等全部切除，对于需要热处理的工件，当热处理后变形较大时，加工余量应适当增加，淬火件的磨削余量一般比不淬火件大。

2. 前工序的工序尺寸公差

由于前工序加工后表面存在尺寸误差和几何误差，而这些误差一般包括在工序尺寸公差中，因此，为了使加工后工件表面不残留前工序的这些误差，本工序的加工余量应比前工序的尺寸公差大。

3. 前工序的几何误差

几何误差是指不由尺寸公差所控制的误差。当几何误差和尺寸公差之间的关系是独立原则或最大实体原则时，尺寸公差不控制几何误差。为了能消除前道工序加工后产生的几何误差，本工序的加工余量应比前工序的几何误差值大。

4．本工序的装夹误差

装夹误差包括工件的定位误差和夹紧误差，若用夹具装夹时，还应考虑夹具本身的误差。这些误差会使工件在加工时的位置发生偏移，所以确定加工余量时还必须考虑这些误差的影响。例如，用三爪自定心卡盘装夹工件外圆磨削内孔时，由于三爪自定心卡盘定心不准，使工件的轴线偏离主轴旋转轴线 e 值，造成孔的磨削余量不均匀，为了确保切除前工序各项误差和缺陷，孔的直径余量应增加 $2e$。

（三）加工余量的确定方法

加工余量的大小直接影响工件的加工质量和生产率，因此，应合理地确定加工余量。确定加工余量的方法有下列三种：

1．经验估算法

经验估算法是工艺人员根据积累的生产经验来确定加工余量的方法。通常，为防止因余量过小而产生废品，用经验估算法确定的余量数值往往偏大。经验估算法适用于单件、小批生产。

2．查表修正法

查表修正法是以生产实践和实验研究积累的有关加工余量的资料数据为基础，并按具体生产条件加以修正来确定加工余量的方法，该方法应用比较广泛。加工余量的数值可在各种机械加工工艺手册中查找。

3．分析计算法

分析计算法是通过对影响加工余量的各种因素进行分析，然后根据一定的计算关系式来计算加工余量的方法。此法确定的加工余量比较合理，但由于所需的具体资料目前尚不完整，计算也较复杂，故很少采用。

课题八 工序尺寸及公差的确定

任务 确定零件机械加工各工序的工序尺寸及公差

任务说明

◎ 确定图示零件中内孔加工各工序的工序尺寸及公差。

技能点

◎ 会确定工序尺寸及公差。

知识点

◎ 工序尺寸及公差的概念。
◎ 根据零件图的给定尺寸及公差确定工序尺寸及公差。
◎ 基准重合时工序尺寸及公差的确定。
◎ 基准不重合时工序尺寸及公差的确定。

一、任务实施

（一）任务引入

某法兰盘零件上有一个孔，孔径为 $\phi 60^{+0.03}_{0}$ mm，表面粗糙度值 Ra 值为 0.8 μm，毛坯为铸钢件，需淬火处理。其工艺路线为：毛坯→粗车孔→半精车孔→磨孔。确定该零件孔加工各工序的工序尺寸及公差。

（二）分析及解决问题

由给定条件可知该零件的机械加工工艺过程，对于各加工尺寸来讲，其定位基准与工序基准是重合的。

该零件工艺路线中工序尺寸及公差的计算见表 12–9，其确定方法和步骤如下：

1．根据各工序的加工性质，查表得到它们的工序余量。

2．确定各工序的尺寸公差及表面粗糙度，由各工序的加工性质查有关经济加工精度和经济表面粗糙度。

3．根据查得的余量计算各工序尺寸。

4．确定各工序尺寸的上、下极限偏差。按“单向入体”原则，对于孔，其公称尺寸为公差带的下极限偏差，上极限偏差为正值；对于毛坯尺寸应取双向对称偏差。

如图 12–34 所示为内孔工序尺寸示意图。

表 12-9 工艺路线中工序尺寸及公差的计算 mm

工序名称	工序余量	本工序所能达到的精度等级	工序尺寸（工序公称尺寸）	工序尺寸及其上、下偏差
磨孔	0.4	H7（$^{+0.03}_{0}$）	$\phi 60$	$\phi 60^{+0.03}_{0}$
半精车孔	1.6	H9（$^{+0.074}_{0}$）	$\phi 59.6$	$\phi 59.6^{+0.074}_{0}$
粗车孔	7	H12（$^{+0.3}_{0}$）	$\phi 58$	$\phi 58^{+0.3}_{0}$
毛坯孔		±2	$\phi 51$	$\phi 51\pm 2$

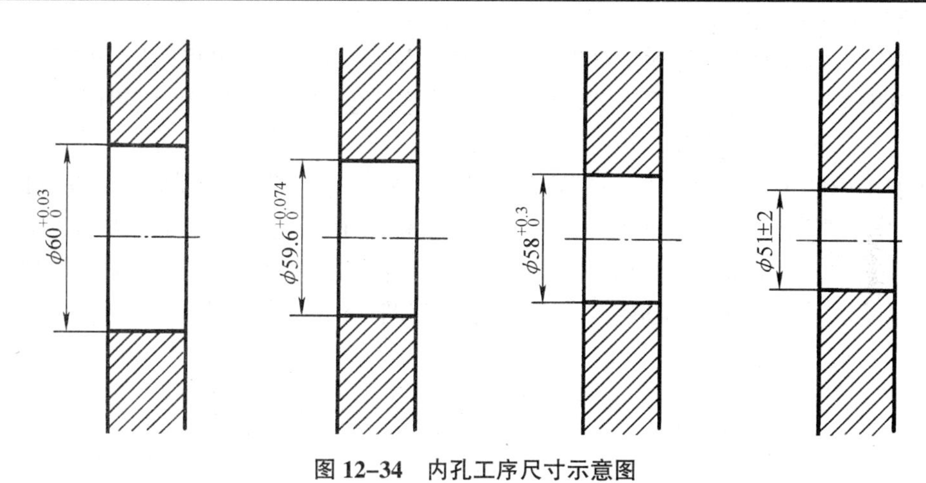

图 12-34 内孔工序尺寸示意图

二、知识链接

工序尺寸是指某一个工序加工应达到的尺寸，其公差即为工序尺寸公差，各个工序的加工余量确定后，即可确定工序尺寸及公差。

工件从毛坯到成品的生产过程中要经过多道工序，每道工序都将得到相应的工序尺寸。制定合理的工序尺寸和公差是确保加工工艺规程合理、加工精度和加工质量的重要内容。工序尺寸及公差的确定可根据加工基准情况分别予以确定。

（一）根据零件图的设计尺寸及公差确定工序尺寸及公差

利用零件图的设计尺寸及公差作为工序尺寸及公差。例如，在轴类零件的精加工工序中，就可直接用零件图上标注的直径尺寸及公差作为该工序对零件加工直径的要求。

（二）在确定加工余量的同时确定工序尺寸及其公差

对于内、外圆柱面和某些平面的加工，在确定加工余量的同时确定工序尺寸及其公差。确定时只需考虑各工序的加工余量和该种加工方法所能达到的经济精度，确定顺序是从最后一道工序开始向前推算，其步骤如下：

1. 确定各工序余量和毛坯总余量。

2. 确定各工序尺寸公差及表面粗糙度

最终工序尺寸公差等于设计公差，表面粗糙度为设计表面粗糙度。其他工序公差和表面粗糙度按此工序加工方法的经济精度和经济表面粗糙度确定。

3. 求工序的公称尺寸

从零件图的设计要求开始，一直往前推算至毛坯尺寸，某工序公称尺寸等于后道工序公称尺寸加上或减去后道工序公称余量。

4．标注工序尺寸公差

最后一道工序按设计尺寸公差标注，其余工序尺寸按“单向入体”原则标注。

（三）基准不重合时工序尺寸及公差的确定

当机械加工过程中的定位基准、测量基准等与设计基准（工序基准）不重合时，工序尺寸及公差的确定要用工艺尺寸链来进行计算。

1．工艺尺寸链

（1）工艺尺寸链的定义

尺寸链是机器装配或零件加工过程中，由若干相互连接的尺寸形成的尺寸组合。由零件加工过程中相互连接的尺寸形成的尺寸组合即为工艺尺寸链。下列所述内容即为工艺尺寸链的有关问题，以下简称尺寸链。

零件加工中的尺寸链如图 12–35 所示，图 12–35a 所示台阶形零件的尺寸 A_1 和 A_0 在零件图中已注出。当上、下表面加工完毕后，使用表面 M 作为定位基准加工表面 N 时，需要确定尺寸 A_2，以便按该尺寸对刀后用调整法加工 N 面。尺寸 A_2 及公差虽未在零件图中注出，但却与尺寸 A_1 和 A_0 相互关联。它们的关系可用图 12–35b 所示的尺寸链表示出来。

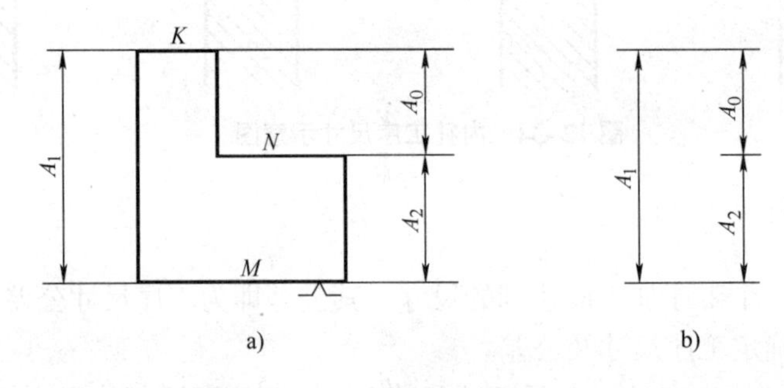

图 12–35　零件加工中的尺寸链

（2）工艺尺寸链的特征

1）工艺尺寸链是由一个间接得到的尺寸和若干个直接得到的尺寸所组成的。如图 12–35b 所示，尺寸 A_1 和 A_2 是直接得到的尺寸，而 A_0 是间接得到的尺寸。其中间接得到的尺寸和加工精度受直接得到的尺寸大小和加工精度的影响，并且间接得到的尺寸的加工精度低于任何一个直接得到的尺寸的加工精度。

2）尺寸链一定是封闭的且各尺寸按一定的顺序首尾相连。即尺寸链包含两个特性：一是尺寸链中各尺寸应构成封闭形式，二是尺寸链中任何一个尺寸的变化都直接影响其他尺寸的变化。

（3）尺寸链的组成

1）环。它是指列入尺寸链中的每一个尺寸，如图 12–35b 中的 A_1、A_2、A_0。

2）封闭环。它是指在加工过程中间接获得的一环，如图 12–35b 中的 A_0。每个尺寸链必须有且仅能有一个封闭环。

3）组成环。它是指除封闭环外的其他环，如图 12–35b 中的 A_1 和 A_2。

4）增环。在所有组成环中如果某一环的增大会引起封闭环的增大，其减小会引起封闭环的减小，则该环即为增环。通常在增环符号上标以向右的箭头表示该环，如$\overrightarrow{A}_1$。

5）减环。在所有组成环中如果某一环的增大会引起封闭环的减小，其减小会引起封闭环的增大，则该环即为减环。通常在减环符号上标以向左的箭头表示该环，如$\overleftarrow{A}_2$。

（4）增环和减环的判断

在尺寸链的组成环中增环和减环的判断可根据其定义进行，如上述判断方法，该方法主要用于尺寸链中总环数较少的尺寸链。也可用画“箭头”的方法进行判断，尺寸链环数较多时可采用该方法，具体方法为：在尺寸链图上先给封闭环任意定出一个方向并画出箭头，然后顺这个箭头方向环绕尺寸链形成一个回路，依次给每个组成环画出箭头。此时凡是与封闭环箭头相反的组成环为增环，相同的为减环，增环和减环的判断如图 12-36 所示（其中 A_0 为封闭环）。

由图中可知，A_3、A_5、A_8 的方向与 A_0 的方向相反，是增环；A_1、A_2、A_4、A_6、A_7 的方向与 A_0 的方向相同，是减环。

（5）工艺尺寸链的建立

在利用尺寸链解决有关工序尺寸及公差的计算问题时，首先应建立工艺尺寸链，一旦工艺尺寸链建立了，解尺寸链是很容易的。在工艺尺寸链的建立过程中，首先要做的工作就是正确确定封闭环，然后就是查找出所有的组成环。封闭环的判定和组成环的查找必须引起初学者的重视。因为若封闭环的判定错误，求解整个尺寸链时将得出错误的结果；若组成环查找不对，将得不到最少环数的尺寸链，求解结果也是错误的。

1）封闭环的判定。在工艺尺寸链中，封闭环是加工过程中间接形成的尺寸。因此，封闭环是随着零件加工方案的变化而变化的。仍以图 12-35 所示零件为例，由上面的分析可知，图中标注尺寸为 A_1 和 A_0，零件的 M 面和 K 面已加工好，如以 M 面为定位基准加工 N 面时，A_0 为封闭环；如果该零件的标注尺寸为 A_1 和 A_2，其加工方案为：先加工好 M 面和 K 面，再以 K 面为定位基准加工 N 面，则封闭环为 A_2。封闭环的判定还可如图 12-37 所示进行，当以工件表面 3 定位加工表面 1 时获得尺寸 A_1，然后以表面 1 为测量基准加工表面 2 而直接获得尺寸 A_2，则间接获得的尺寸 A_0 为封闭环。但是如果以加工过的表面 1 为测量基准加工表面 2，直接获得尺寸 A_2，再以表面 2 为定位基准加工表面 3，直接获得尺寸 A_0，此时尺寸 A_1 便为间接形成的尺寸而成为封闭环。所以封闭环的判定必须根据零件加工的具体方案，紧紧抓住“间接形成”这一要领。

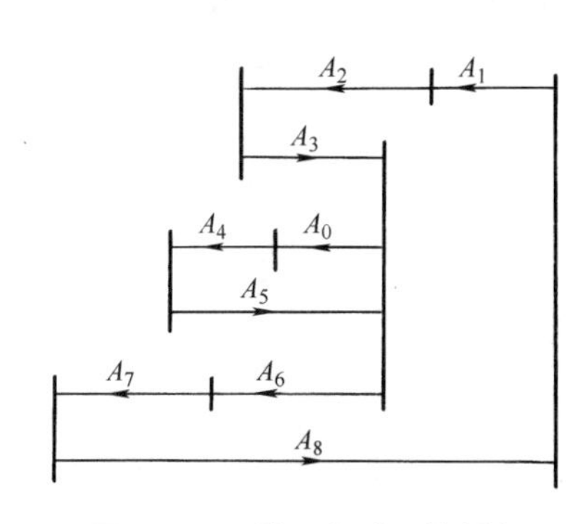

图 12-36　增环和减环的判断

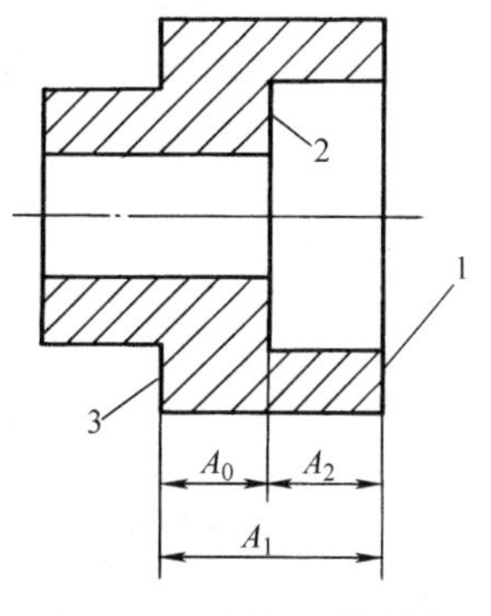

图 12-37　封闭环的判定

2）组成环的查找。查找组成环的方法：从构成封闭环的两表面开始，同步地按照工艺过程顺序，分别向前查找各表面最后一次加工的尺寸，之后再进一步查找此加工尺寸的工序基准的最后一次加工时的尺寸，如此继续向前查找，直到两条路线最后得到的加工尺寸的工序基准重合（即重合的工序基准为同一表面），至此上述尺寸系统即形成封闭轮廓，从而构成了工艺尺寸链。

查找组成环必须掌握的基本要点：组成环是加工过程中“直接获得”的，而且对封闭环有影响。下面仍以图 12-35a 所示零件为例说明工艺尺寸链中组成环的查找方法。如果该零件有关高度方向的尺寸按以下顺序加工：

①以 K 面定位铣削 M 面，保证 M 面和 K 面之间的尺寸大于 A_1（增加一后续工序的加工余量）。

②以 M 面为定位基准铣削表面 K，保证尺寸 A_1。

③以 M 面为定位基准铣削 N 面，保证尺寸 A_2，同时保证尺寸 A_0。

由以上工艺过程可知，加工过程中尺寸 A_0 是间接获得的，是封闭环。从构成该尺寸的两端面 K 和 N 开始查找组成环。K 面的最近一次加工为铣削加工，工艺基准是 M 面，直接获得的尺寸是 A_1。N 面最近一次加工是铣削加工，工艺基准也是 M 面，直接获得的尺寸为 A_2。至此两个加工表面的工序基准都是 M 面，即两个方向的工序基准重合了，组成环查找完毕。即 A_1、A_2 和 A_0 构成了尺寸链。

上述查找工艺尺寸链组成环的例子只有两环，比较简单，当组成环环数较多时方法是一样的，这里就不做具体介绍了。

（6）尺寸链的计算

1）正计算。它是指已知全部组成环的尺寸及偏差，计算封闭环的尺寸及偏差。尺寸链正计算主要用于设计尺寸的校验。

2）反计算。它是指已知封闭环的尺寸及偏差，计算各组成环的尺寸及偏差。由于尺寸链的计算公式就是一元一次方程，只能求解一个未知数，而组成环数量大于 1，因此，必须有另外的附加条件才能求解。该方法主要用于根据机器装配精度确定各零件尺寸及偏差的设计计算。

3）中间计算。它是指已知封闭环及某些组成环的尺寸及偏差，计算某一未知组成环的尺寸及偏差。求解工艺尺寸链时一般用中间计算。

（7）用极值法解尺寸链的基本计算公式

尺寸链计算方法有极值法和概率法两种。极值法适用于组成环环数较少的尺寸链计算，而概率法适用于组成环环数较多的尺寸链计算。工艺尺寸链的计算主要应用极值法。

1）封闭环的公称尺寸。封闭环的公称尺寸 A_0 等于所有增环公称尺寸之和减去所有减环公称尺寸之和，即：

$$A_0=\sum_{i=1}^{m}\overrightarrow{A}_i-\sum_{j=m+1}^{n-1}\overleftarrow{A}_j$$

式中 A_0——封闭环的公称尺寸；

$\overrightarrow{A}_i$——组成环中增环的公称尺寸；

$\overleftarrow{A}_j$——组成环中减环的公称尺寸；

m——增环环数；

n——封闭环在内的总环数。

2）封闭环的极限尺寸。封闭环的上极限尺寸等于所有增环的上极限尺寸之和减去所有减环的下极限尺寸之和，其下极限尺寸等于所有增环的下极限尺寸之和减去所有减环的上极限尺寸之和，即：

$$A_{0\max}=\sum_{i=1}^{m}\overrightarrow{A}_{i\max}-\sum_{j=m+1}^{n-1}\overleftarrow{A}_{j\min}$$

$$A_{0\min}=\sum_{i=1}^{m}\overrightarrow{A}_{i\min}-\sum_{j=m+1}^{n-1}\overleftarrow{A}_{j\max}$$

式中 $A_{0\max}$、$A_{0\min}$——封闭环的上、下极限尺寸；

$\overrightarrow{A}_{i\max}$、$\overrightarrow{A}_{i\min}$——增环的上、下极限尺寸；

$\overleftarrow{A}_{j\max}$、$\overleftarrow{A}_{j\min}$——减环的上、下极限尺寸。

3）封闭环的极限偏差。封闭环的上极限偏差等于所有增环的上极限偏差之和减去所有减环的下极限偏差之和，封闭环的下极限偏差等于所有增环的下极限偏差之和减去所有减环的上极限偏差之和，即：

$$ES_0=\sum_{i=1}^{m}ES_i-\sum_{j=m+1}^{n-1}EI_j$$

$$EI_0=\sum_{i=1}^{m}EI_i-\sum_{j=m+1}^{n-1}ES_j$$

式中 ES_0、EI_0——封闭环的上、下极限偏差；

ES_i、EI_i ——增环的上、下极限偏差；

ES_j、EI_j ——减环的上、下极限偏差。

4）封闭环的公差。封闭环的公差等于各组成环的公差之和，即：

$$T_0=\sum T_i$$

式中 T_0——封闭环公差；

T_i——组成环公差。

5）封闭环的中间偏差。封闭环的中间偏差等于所有增环的中间偏差之和减去所有减环的中间偏差之和，即：

$$\Delta_0=\sum_{i=1}^{m}\Delta_i-\sum_{j=m+1}^{n-1}\Delta_j$$

式中 Δ_0、Δ_i、Δ_j——分别是封闭环、增环、减环的中间偏差。

（8）工艺尺寸链的解题步骤

1）确定封闭环。解工艺尺寸链问题时能否正确找出封闭环是求解关键。

2）查明全部组成环，画出尺寸链图。

3）判定组成环中的增、减环，并用箭头标出。

4）利用基本计算公式求解。

2．用工艺尺寸链确定工序尺寸及公差

例 12–1 如图 12–38 所示为轴承座工序尺寸的计算，图 12–38a 所示零件以底面 N 为定位基准镗孔，确定孔位置的设计基准是 M 面［设计尺寸为（100 ± 0.15）mm］。用镗床镗孔时，镗杆相对于定位基准面 N 的位置（A_1）预先由夹具确定。设计尺寸 A_0 是在 A_1 和 A_2 确定后间接得到的。试分析如何确定尺寸 A_1 及其公差，才能使间接获得的尺寸 A_0 在规定的公差范围之内。

解：（1）判断封闭环并画尺寸链图。

根据加工情况，设计尺寸 A_0 是加工过程中间接获得的尺寸，因此 A_0［（100 ± 0.15）mm］是封闭环。然后从组成尺寸链的任一端出发，按顺序将 A_0、A_1、A_2 连接为一封闭尺寸组合，即为求解的工艺尺寸链（见图 12–38b）。

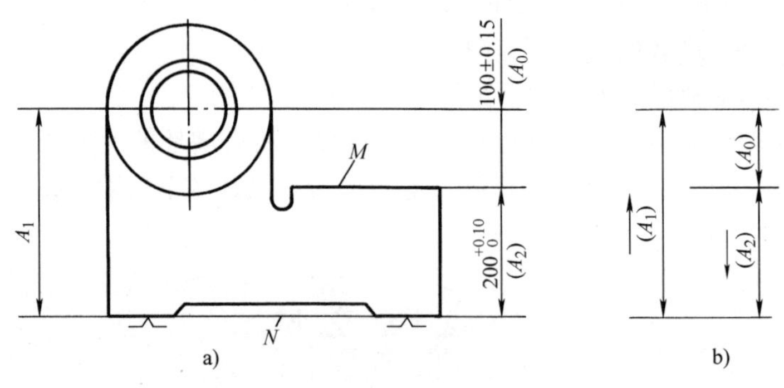

图 12–38 轴承座工序尺寸的计算

（2）判定增、减环。

由定义或画箭头的方法可判定 A_1 为增环，A_2（$200^{+0.10}_{0}$ mm）为减环。将其标在尺寸链图上。

（3）按公式计算工序尺寸 A_1 的公称尺寸。

由式
$$A_0=\sum_{i=1}^{m}\overrightarrow{A}_i-\sum_{j=m+1}^{n-1}\overleftarrow{A}_j$$

可得
$$100\ \text{mm}=A_1-200\ \text{mm}$$

故
$$A_1=100\ \text{mm}+200\ \text{mm}=300\ \text{mm}$$

（4）按公式计算工序尺寸 A_1 的极限偏差。

由式
$$\text{ES}_0=\sum_{i=1}^{m}\text{ES}_i-\sum_{j=m+1}^{n-1}\text{EI}_j$$

$$\text{EI}_0=\sum_{i=1}^{m}\text{EI}_i-\sum_{j=m+1}^{n-1}\text{ES}_j$$

$$0.15\ \text{mm}=\text{ES}_1-0$$

$$-0.15\ \text{mm}=\text{EI}_1-0.10\ \text{mm}$$

故 A_1 的上、下极限偏差分别为：$\text{ES}_1=0.15\ \text{mm}$

$$\text{EI}_1=-0.15\ \text{mm}+0.10\ \text{mm}=-0.05\ \text{mm}$$

因此，尺寸 A_1 应为：$A_1=300_{-0.05}^{+0.15}$ mm

A_1 为中心高，按双向标注，则 $A_1=(300.05\pm0.10)$ mm

例 12–2 欲完成如图 12–39 所示的尺寸链计算，图 12–39a 所示为一套类零件，A、C、D 面在上道工序均已加工，本工序要求加工缺口面 B，设计基准为 D 面，设计尺寸为 $8_{0}^{+0.35}$ mm，定位基准为 A 面，试确定工序尺寸及其公差。

解： 由给定的条件可知，本工序加工 B 面前 A、C、D 面均已经加工好，故 A 面和 C 面之间的尺寸 $40_{-0.15}^{0}$ mm 以及 C 面和 D 面之间的尺寸 $15_{-0.1}^{0}$ mm 都已经得到保证，本工序加工 B 面时定位基准为 A 面，因而尺寸 L 可直接保证，因此，设计尺寸 $8_{0}^{+0.35}$ mm 成为间接获得的尺寸，即为封闭环。同时尺寸 $40_{-0.15}^{0}$ mm、$15_{-0.1}^{0}$ mm 和 L 的变化对设计尺寸 $8_{0}^{+0.35}$ mm 均有影响，所以，这 3 个尺寸为组成环，由此建立尺寸链如图 12–39b 所示。

用定义或画箭头的方法可判定 L 和 A_2（$15_{-0.1}^{0}$ mm）为增环，A_1（$40_{-0.15}^{0}$ mm）为减环。

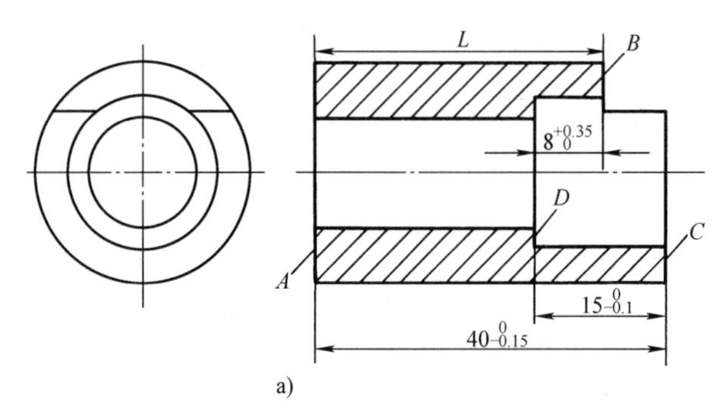

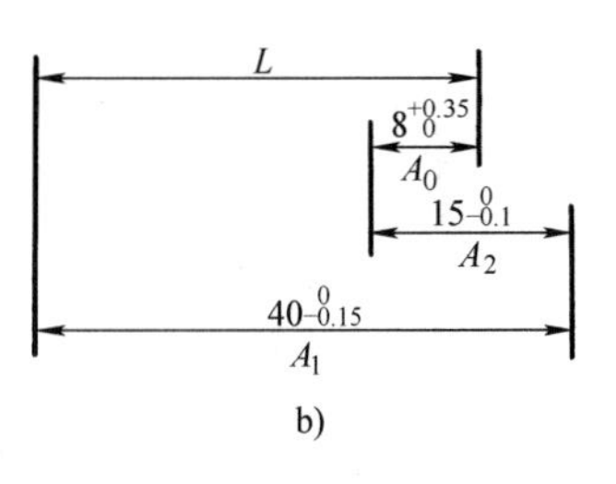

图 12–39 尺寸链计算

由式 $$A_0=\sum_{i=1}^{m}\overrightarrow{A}_i-\sum_{j=m+1}^{n-1}\overleftarrow{A}_j$$ 得：

$$A_0=L+A_2-A_1$$

$$L=33\ \text{mm}$$

由式 $$\text{ES}_0=\sum_{i=1}^{m}\text{ES}_i-\sum_{j=m+1}^{n-1}\text{EI}_j$$

$$\text{EI}_0=\sum_{i=1}^{m}\text{EI}_i-\sum_{j=m+1}^{n-1}\text{ES}_j$$

$$0.35\ \text{mm}=\text{ES}_\text{L}+0-(-0.15\ \text{mm})$$

$$0=\text{EI}_\text{L}+(-0.1\ \text{mm})-0$$

可得：

$$\text{ES}_\text{L}=0.2\ \text{mm}$$

$$\text{EI}_\text{L}=0.1\ \text{mm}$$

因此，本工序的工序尺寸及公差为：

$$L=33_{+0.1}^{+0.2}\ \text{mm}$$

课题九 典型零件的加工工艺

任务1 确定CA6140型车床主轴的机械加工工艺路线

任务说明

◎ 确定CA6140型车床主轴的机械加工工艺路线。

技能点

◎ 掌握编制一般轴类零件机械加工工艺规程的基本技能。

知识点

◎ 轴类零件的种类及结构特点。

◎ 轴类零件的材料及毛坯。

◎ 一般轴类零件机械加工的工艺特点。

一、任务实施

（一）任务引入

如图12-40所示为CA6140型卧式车床主轴简图，确定该零件的机械加工工艺路线，该零件为单件、小批生产。

（二）分析及解决问题

该零件为形状比较复杂的轴类零件，是CA6140型卧式车床上的重要零件，加工精度要求高，力学性能要求高，加工过程中应采取措施保证主要表面的加工精度和表面粗糙度要求，同时结合适当的热处理方法，使零件在力学性能方面达到要求。

采用单件、小批生产时，CA6140型卧式车床主轴的加工工艺过程见表12-10。

二、知识链接

（一）轴类零件的功用和结构特点

轴类零件是机器中应用广泛的一种零件，通常用于支承传动零件（如齿轮、带轮等），传递转矩和承受载荷。构成轴类零件的表面主要有圆柱面、圆锥面、螺纹表面、花键、沟槽等。按其表面类型和结构特征的不同，轴类零件可分为光轴、台阶轴、半轴、空心轴、花键轴、凸轮轴、偏心轴、曲轴等。

（二）轴类零件的技术要求

根据轴的功用及工作条件，轴类零件的技术要求通常包括以下几个方面：

1. 尺寸精度和形状精度

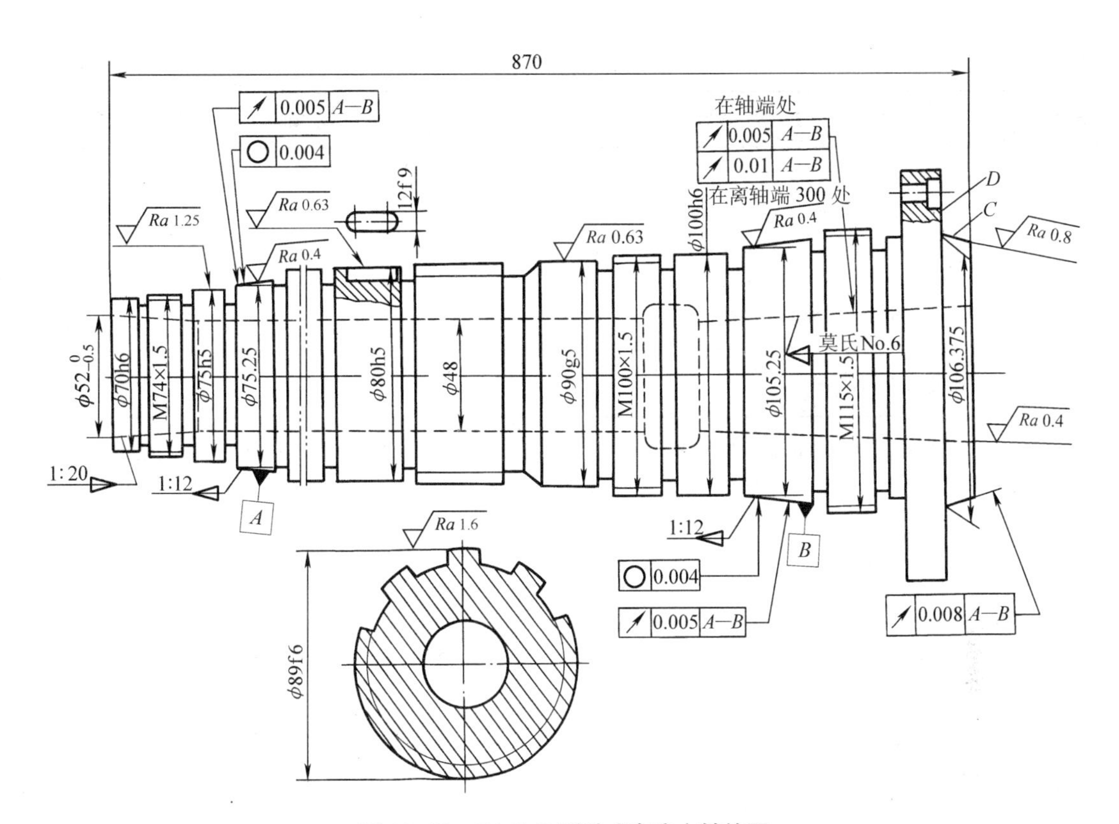

图 12–40 CA6140 型卧式车床主轴简图

表 12–10 CA6140 型卧式车床主轴的加工工艺过程

序号	工 序 内 容	定 位 基 准	设备
1	自由锻		
2	正火		
3	划两端面加工线（总长 870 mm）		
4	铣削两端面（按划线找正）	外圆	端面铣床
5	划两端中心孔的位置		
6	钻削两端中心孔（按划线找正中心）	外圆	钻床或卧式车床
7	车削外圆	中心孔	卧式车床
8	调质		
9	车削大端外圆、端面及台阶，掉头车削小端各部分外圆	中心孔、外圆	卧式车床
10	钻削 φ48 mm 的通孔（用加长麻花钻加工）	外圆	卧式车床
11	车削大端锥孔、外短锥及端面（配莫氏 6 号锥堵），掉头车削小端孔（配 1 ∶ 12 锥堵）	外圆	卧式车床

续表

序号	工 序 内 容	定 位 基 准	设备
12	为大端端面各孔划线		
13	钻削大端端面孔及攻螺纹（按划线找正）		
14	局部高频淬火（支承轴颈、锥孔等）		
15	精车外圆并车槽	外圆、中心孔	卧式车床
16	精磨 ϕ75h5、ϕ90g5 和 ϕ100h6 的外圆	两锥堵中心孔	外圆磨床
17	磨削小端内锥孔，掉头粗磨大端锥孔（重配莫氏 6 号锥堵）	外圆	内圆磨床
18	粗、精铣花键	两锥堵中心孔	卧式铣床
19	铣削 12f 9 的键槽	ϕ80h5 及 M100×1.5 处外圆	万能铣床
20	车削大端内侧表面、车削三处螺纹（配螺母）	两锥堵中心孔	卧式车床
21	粗磨各外圆及两端面	两锥堵中心孔	外圆磨床
22	粗磨两处锥度为 1 ∶ 12 外锥面	两锥堵中心孔	外圆磨床
23	精磨两处锥度为 1 ∶ 12 外锥面、端面 *D* 及短锥面 *C*	两锥堵中心孔	外圆磨床
24	精磨莫氏 6 号内锥孔	外圆	锥孔磨床
25	按图样要求进行检验		

轴类零件的尺寸精度主要指轴的直径尺寸精度。轴上支承轴颈和配合轴颈（装配传动件的轴颈）的尺寸精度和形状精度是轴的主要技术要求之一，它将影响轴的回转精度和配合精度。

2. 位置精度

为保证轴上传动零件的传动精度，必须规定支承轴颈与配合轴颈的位置精度。通常以配合轴颈相对于支承轴颈的径向圆跳动或同轴度来保证。

3. 表面粗糙度

轴上的表面以支承轴颈的表面质量要求最高，其次是传动零件的配合表面或工作表面。这是保证轴与轴承以及轴与轴上传动零件正确、可靠配合的重要因素。

（三）零件的材料、毛坯和热处理

一般轴类零件的材料常用价格较便宜的 45 钢，这种材料经调质或正火后能得到较好的切削加工性能以及较高的强度和一定的韧性，具有较好的综合力学性能。对于中等精度而转速较高的轴类零件，可选用40Cr等合金结构钢，经调质和表面淬火后同样具有较好的综合力学性能。对于较高精度的轴，可选用轴承钢GCr15和弹簧钢65Mn等材料，经调质和高频感应加热表面淬火后再回火，表面硬度可达50～58HRC，并具有较好的耐疲劳性能和耐磨性。对于高转速和重载荷轴，可选用20CrMnTi、20Cr等渗碳钢或渗氮钢38CrMoAlA，经过淬火或渗氮处理后获得更高的表面硬度、心部强度和更好的耐磨性。

毛坯制造方法主要与零件的使用要求和生产类型有关。光轴或直径相差不大的台阶轴一般常用热轧圆棒料毛坯。当零件尺寸精度与冷拉圆棒料相符合时，其外圆可不进行车削，这时可采用冷拉圆棒料毛坯。比较重要的轴多采用锻件毛坯。由于毛坯经锻造后能使金属内部纤维组织沿表面均匀分布，从而能得到较高的强度。对于某些大型、结构复杂的轴（如曲轴等）可采用铸件毛坯。

（四）主轴加工工艺分析

1. 定位基准的选择

主轴主要表面的加工顺序在很大程度上取决于定位基准的选择。轴类零件本身的结构特征和主轴上各主要表面的位置精度要求都决定了以轴线为定位基准是最理想的。这样既保证基准统一，又使定位基准与设计基准重合。一般多以外圆为粗基准，以轴两端的中心孔为精基准。具体选择时还要注意以下几点：

（1）当各加工表面间相互位置精度要求较高时，最好在一次装夹中完成各个表面的加工。

（2）粗加工或不能用两端中心孔（如加工主轴锥孔）定位时，为提高工件加工时工艺系统的刚度，可只用外圆表面定位或用外圆表面和一端中心孔作为定位基准。在加工过程中，应交替使用轴的外圆和一端中心孔作为定位基准，以满足相互位置精度要求。

（3）由于主轴是带通孔的零件，在通孔钻出后将使原来的顶尖孔消失。为了仍能用顶尖孔定位，一般均采用带有中心孔的锥堵或锥套心轴。当主轴锥孔（如铣床主轴）的锥度较大时，可用锥套心轴；当主轴锥孔的锥度较小（如CA6140型车床主轴）时，可采用锥堵。必须注意，使用的锥套心轴和锥堵应具有较高的精度并尽量减少其安装次数。锥堵和锥套心轴上的中心孔既是其本身制造的定位基准，又是主轴外圆精加工的基准，因此，必须保证锥堵或锥套心轴上的锥面与中心孔有较高的同轴度。若为中、小批生产，工件在锥堵上装夹后一般中途不更换。若外圆和锥孔需反复多次互为基准进行加工，则在重装锥堵或心轴时，必须按外圆找正，或重新修磨中心孔。

从以上分析来看，表12-10的主轴加工工艺过程中定位基准的选择正是这样考虑和安排的。工艺过程一开始就以外圆作为粗基准铣削端面、钻中心孔，为粗车准备了定位基准；而粗车外圆则为钻深孔准备了定位基准；此后，为了给半精加工、精加工外圆准备定位基准，又先加工好前、后锥孔，以便安装锥堵，即可用锥堵上的两中心孔作为定位基准；终磨锥孔前须磨好轴颈表面，目的是将支承轴颈作为定位基准。上述定位基准的选择中兼顾了各工序，也体现了互为基准的原则。

2. 热处理工序的安排

在主轴加工的整个工艺过程中，应安排足够的热处理工序，以保证主轴力学性能及加工精度要求，并改善工件加工性能。

一般在主轴毛坯锻造后首先安排正火处理，以消除锻造内应力，细化晶粒，改善机械加工时的切削加工性能。

在粗加工后安排调质。在粗加工阶段，经过粗车、钻孔等工序，主轴的大部分加工余量被切除。粗加工过程中切削力和切削热都很大，在力和热的作用下，主轴产生很大的内应力，通过调质可消除内应力，代替时效处理，同时可以得到所要求的韧性。

半精加工后，除重要表面外，其他表面均已达到设计尺寸。重要表面仅剩精加工余量，这时对支承轴颈、配合轴颈、锥孔等安排淬火处理，使之达到设计的硬度要求，保证这些表面的耐磨性。而后续的精加工工序可以消除淬火的变形。

3. 加工顺序的安排

机械加工顺序的安排依据“基面先行，先粗后精，先主后次”的原则进行。对主轴零件一般是加工好中心孔后，先加工外圆，再加工内孔，并注意粗、精加工分开进行。在CA6140型车床主轴的加工工艺中，以热处理为标志，调质前为粗加工，淬火前为半精加工，淬火后为精加工。这样把各阶段分开后，保证了主要表面的精加工最后进行，不致因其他表面加工时的应力影响主要表面的精度。

在安排主轴工序的次序时还应注意以下几点：

（1）深孔加工应安排在调质以后进行。因为调质变形较大，深孔产生弯曲变形难以纠正，不仅影响以后机床使用时棒料的通过，而且会引起主轴高速旋转时的不平衡；此外，深孔加工还应安排在外圆粗车或半精车之后，以便有一个较精确的轴颈作为定位基准，保证孔与外圆同轴，使主轴壁厚均匀。若仅从定位基准考虑，希望始终用中心孔定位，避免使用锥堵，那么，深孔加工也可安排到最后，但深孔加工是粗加工，产生的切削热大，破坏外圆加工精度，所以深孔加工只能在半精加工阶段进行。

（2）加工外圆表面时应先加工大直径外圆，然后加工小直径外圆，以免一开始就降低了工件的刚度。

（3）主轴上的花键、键槽等次要表面的加工一般应安排在外圆精车或粗磨之后、精磨外圆之前进行。因为如果在精车前就铣出键槽，一方面，在精车时由于断续切削而产生振动，既影响加工质量，又容易损坏刀具；另一方面，键槽的尺寸要求也难以保证。这些表面的加工也不宜安排在主要表面精磨后进行，以免破坏主要表面的精度。

（4）主轴上螺纹的加工宜安排在主轴局部淬火之后进行，以免由于淬火后的变形而影响螺纹表面和支承轴颈的同轴度。

任务 2 确定油缸的机械加工工艺过程

任务说明

◎ 确定图示油缸的机械加工工艺路线。

技能点

◎ 掌握编制一般套筒类零件机械加工工艺规程的基本技能。

知识点

◎ 套筒类零件的种类及结构特点。

◎ 套筒类零件的材料及毛坯。

◎ 一般套筒类零件机械加工的工艺特点。

一、任务实施

（一）任务引入

如图 12–41 所示为油缸简图，确定该零件的机械加工工艺过程，该零件为小批生产。

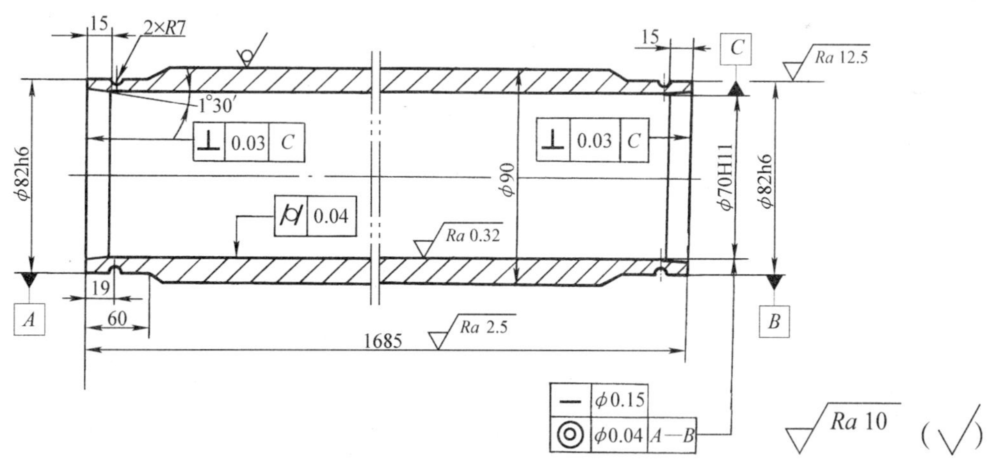

图 12–41 油缸简图

（二）分析及解决问题

套类零件加工中的主要加工面为内、外圆柱面，加工中的难点是如何保证加工面自身的要求，尤其是如何保证内、外圆柱面之间的位置关系要求，薄壁套类零件的加工难度就更大，加工过程中要注意采取一系列的措施解决其受力变形问题。

采用小批生产时，油缸的机械加工工艺过程见表 12–11。

表 12–11　　油缸的机械加工工艺过程

序号	工序名称	工 序 内 容	定位与夹紧
1	备料	切断无缝钢管	
2	车削	将图样上 ϕ82h6 的外圆粗车至 ϕ88 mm，并车工艺螺纹 M88 × 1.5	用三爪自定心卡盘夹住一端，用特制大尺寸顶尖顶另一端
		车端面及倒角	用三爪自定心卡盘夹住一端，搭中心架托住 ϕ88 mm 处
		掉头将图样上 ϕ82h6 的外圆粗车至 ϕ84 mm	用三爪自定心卡盘夹住一端，用特制大尺寸顶尖顶另一端
		车端面及倒角，取总长 1 686 mm（留余量 1 mm）	用三爪自定心卡盘夹住一端，搭中心架托住 ϕ88 mm 处
3	镗孔、铰孔	1. 半精镗孔至 ϕ68 mm 2. 精镗孔至 ϕ68.85 mm 3. 精铰孔（浮动镗刀镗孔）到 ϕ（70 ± 0.02）mm，表面粗糙度 Ra 为 2.5 μm	一端用 M88 × 1.5 的工艺螺纹固定在夹具中，另一端搭中心架
4	滚压孔	用滚压头滚压 ϕ70 H11 孔，表面粗糙度 Ra 值为 0.32 μm	一端用 M88 × 1.5 的工艺螺纹固定在夹具中，另一端搭中心架
5	车削	车去工艺螺纹，车 ϕ82h6 的外圆至尺寸，车 R7 mm 的槽	用三爪自定心卡盘夹住一端，以孔定位顶另一端
		镗内锥孔 1°30′ 并车端面 掉头，车 ϕ82h6 的外圆至尺寸	用三爪自定心卡盘夹住一端，用中心架托住另一端（用百分表找正孔）
		镗内锥孔 1°30′ 及车端面，取总长 1 685 mm	用三爪自定心卡盘夹住一端，用中心架托住另一端

二、知识链接

（一）表面加工方法的选择

套筒类零件的主要加工表面为内孔和外圆。外圆表面的加工根据精度要求可选择车削和磨削。内孔加工方法的选择比较复杂，需根据零件的结构特点、孔径大小、长径比、技术要求以及生产规模等各种因素进行考虑。对于精度要求较高的孔，往往需采用几种方法顺次进行加工。上例中油缸零件的加工中，因内孔精度要求不高而表面粗糙度要求较高，因而最终工序采用滚压加工。同时，由于毛坯采用无缝钢管，毛坯精度高，加工余量小，加工内孔时可直接进行半精镗。该孔的加工顺序为半精镗→精镗→精铰→滚压。

（二）保证套筒类零件表面相互位置精度的方法

套筒类零件内、外圆表面间的同轴度以及端面与孔轴线的垂直度一般均有较高的要求。

为保证这些技术要求通常可采用下列方法：

1. 在一次装夹中完成内、外圆表面及端面的全部加工。这种方法消除了工件的装夹误差，所以可获得很高的相对位置精度。但是，这种方法的工序比较集中，对于尺寸较大（尤其是长径比较大者）的套筒也不便装夹，故该法多用于尺寸较小的轴套类零件的加工。

2. 将套筒主要表面的加工分在几次装夹中进行。这时，又有两种不同的安排：

先加工孔，然后以孔为精基准最终加工外圆。这种方法由于所用夹具（例如心轴）结构简单，制造和装夹误差较小，因此可获得较高的位置精度，在套筒加工中一般多采用此法。

先加工外圆，然后以外圆为精基准最终加工孔。采用此法时，工件装夹迅速、可靠，但因一般卡盘装夹误差较大，加工后的工件位置精度低，对于同轴度要求较高时，则必须采用定心精度高的夹具，如弹性膜片卡盘、液体塑料夹头以及经过修磨的三爪自定心卡盘等。

（三）防止套筒类零件变形的工艺措施

套筒类零件的结构特点是孔壁较薄，加工中常因夹紧力、切削力、内应力和切削热等因素的影响而产生变形，防止变形的工艺措施有以下几点：

1. 为减小切削力和切削热的影响，粗、精加工应分开进行，使粗加工中产生的变形在精加工中得到纠正。

2. 为减小夹紧的影响，工艺上可采取以下措施：

（1）改变夹紧力的方向，将径向夹紧改为轴向夹紧。例如油缸的加工工艺中采用工艺螺纹即是实例。

（2）在工件上加工出增加径向刚度的辅助凸边，采用专用卡爪，加工后将凸边切去。

（3）为减小热处理的影响，热处理工序应安排在粗、精加工之间，以便将热处理所引起的变形在精加工中予以纠正。套筒类零件热处理后，一般产生的变形较大，所以精加工工序的加工余量应适当放大。

任务3　确定分离式箱体的机械加工工艺路线

任务说明

◎ 确定图示分离式箱体的机械加工工艺路线。

技能点

◎ 掌握编制一般箱体类零件机械加工工艺规程的基本技能。

知识点

◎ 箱体类零件的种类及结构特点。

◎ 箱体类零件的材料及毛坯。

◎ 一般箱体类零件机械加工的工艺特点。

一、任务实施

（一）任务引入

如图 12–42 所示为分离式箱体简图，确定该零件的机械加工工艺路线，该零件为单件、小批生产。

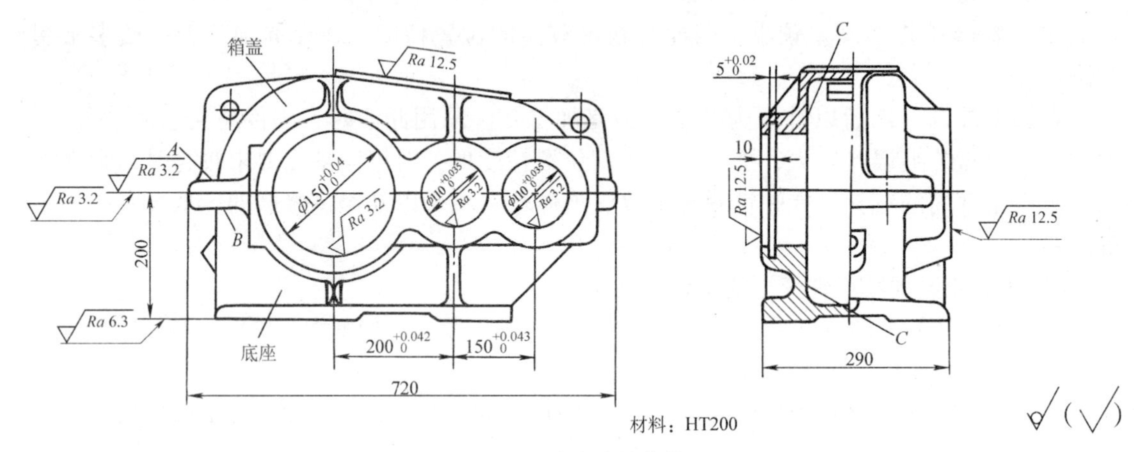

图 12–42　分离式箱体简图

（二）分析及解决问题

箱体类零件的主要加工面为孔和平面，孔不但数量多，而且孔自身的要求以及孔与孔之间的位置关系要求也高，因此，在安排箱体类零件加工时，应特别注意孔加工中的质量保证和效率提高。

采用单件、小批生产时，分离式箱体的机械加工工艺过程见表 12–12。

表 12–12　分离式箱体的机械加工工艺过程

序号	工序内容	定位基准
1	铸造毛坯	
2	时效处理	
3	分别划出箱盖和底座上各平面的加工线和校正线	箱盖以 *A* 面和 *C* 面为基准，底座以 *B* 面和 *C* 面为基准
4	粗刨箱盖的对合面、方孔顶面和轴承孔的两端面；粗刨底座的对合面、底面和轴承孔的两端面	按划线找正加工对合面，然后以对合面和 *C* 面为基准
5	精刨箱盖的对合面至尺寸，再精刨方孔顶面至尺寸；精刨底座的对合面至尺寸，再精刨底面至 200 mm，表面粗糙度 *Ra* 值为 6.3 μm	方孔和对合面互为基准，底面和对合面互为基准
6	分别划出箱盖各孔的位置线和加工边界线	箱盖以对合面为基准，底座以底面为基准
7	按划线钻削箱体各孔，并锪平端面；配钻底座螺纹底孔并攻螺纹	箱盖以对合面为基准，底座以底面为基准
8	将箱盖和底座对合，用螺钉连接，钻、铰定位销孔，并紧固	

续表

序号	工序内容	定位基准
9	精刨对合箱体轴承孔的两端面至宽 290 mm，表面粗糙度 Ra 值为 12.5 μm	以底面定位，按端面本身找正
10	在一端面上划出 3 个轴承孔的位置线和加工边界线	
11	粗镗两个轴承孔至 ϕ108 mm，另一个至 ϕ148 mm；加工 3 个轴承孔内的环槽，宽度为 5 mm	按划线找正
12	精镗 3 个轴承孔至图样要求尺寸，并保证各孔的位置精度要求	以底面和端面为基准
13	配钻箱盖顶面螺纹孔，并攻螺纹；钻削底座上油标指示孔，并锪平端面；钻、攻油塞螺纹孔	
14	按图样要求检验各加工面	

二、知识链接

（一）箱体的功用和结构特点

箱体的结构形状虽然随着机器的结构和箱体在机器中的功用不同而变化，但各种箱体仍有一些共同的特点：结构形状都比较复杂，内部呈腔形，箱壁较薄且不均匀；在箱壁上既有许多精度较高的轴承孔和平面需要加工，也有许多精度较低的紧固孔和一些次要平面需要加工。因此，一般来说，箱体需要加工的部位较多，且加工难度也较大。

（二）箱体类零件的材料及毛坯

箱体类零件的材料常采用灰铸铁，常用铸铁的牌号为 HT200 和 HT250，对于强度要求高的箱体，可采用铸钢件，航空及军用快艇发动机的箱体为了减轻质量，常采用镁铝合金或其他铝合金。在单件生产时，为了缩短生产周期，有时也采用焊接件。

（三）箱体类零件机械加工工艺特点

由于箱体类零件的结构复杂、刚度低和加工后容易变形，因此，如何保证各表面间的相互位置精度是箱体加工的一个重要问题。拟定箱体类零件的工艺过程应遵循以下几个原则：

1．先面后孔

因为箱体中主要孔的加工比平面加工困难得多，加工顺序应该先以毛坯孔为粗基准加工平面，然后以加工好的平面作为精基准去加工孔。这样不仅可以保证孔的加工余量均匀，而且为孔的加工提供了稳定、可靠的精基准。

2．主要表面粗、精加工分开

不但箱体类零件要划分粗、精加工阶段，而且各主要表面的粗、精加工工序要分开。这样定位精基准要分两次加工，可以提高基准面的精度和定位精确性，同时轴承支承孔的加工质量也可以得到保证。在孔系粗加工时产生大量的切削热，同样的热量使不同壁厚处的温升不同，薄壁处温度高，孔径胀大得多，厚壁处温度低，孔径胀大得少；另一方面在较大的切削力作用下，孔壁也会有弹性变形，在薄壁处会因此而发生“退让”，而厚壁处则无此情况。这样一来，在加工时得到的是圆孔，在加工后会变为椭圆孔。此外，较大夹紧力引起箱体的弹性变形也造成孔的几何误差。只有将粗、精加工分开，粗加工后孔的变形才能在精加工时获得修正。

3．合理安排热处理工序

箱体结构比较复杂，铸造时形成了较大的内应力。为了消除内应力，减小变形，保证其加工后精度的稳定性，在毛坯铸造之后要安排一次人工时效。对普通精度的箱体，一般在毛坯铸造之后安排一次人工时效即可；而对一些高精度的箱体或形状特别复杂的箱体，应在粗加工之后再安排一次人工时效，以消除粗加工所造成的内应力，进一步提高箱体加工精度的稳定性。

（四）分离式箱体加工工艺过程的分析

1．加工工艺过程的分析

从表 12–12 可知，分离式箱体虽然也遵循一般箱体的加工原则，但由于结构上的可分离特征，因而在工艺路线的拟定和定位基准的选择方面均有一些特点。

（1）拟定加工路线

分离式箱体的工艺路线可分为两个大的阶段，先对箱体的两个独立部分，即箱盖与底座分别进行加工，然后对装配好的箱体进行整体加工。第一阶段主要完成主要平面的粗、精加工，连接孔和定位孔的加工，为箱体的对合装配做准备；第二阶段在对合装配好的箱体上粗、精加工 3 个轴承孔（即两个 $\phi 110^{+0.035}_{0}$ mm 的孔和一个 $\phi 150^{+0.04}_{0}$ mm 的孔）。在两个加工阶段之间应安排钳加工工序，将箱体的箱盖和底座装配成一整体，并用定位销定位，使其保持一定的相互位置。这样安排既符合了先面后孔的原则，又符合粗、精加工分开的原则，只有这样才能保证分离式箱体轴承孔的加工精度及轴承孔的中心高度等达到技术要求。

（2）选择定位基准

定位基准的选择是工艺方案确立的关键，通常要合理选择精基准和粗基准，分离式箱体粗、精基准的选择方法和依据如下：分离式箱体的对合面与底面（装配基面）有一定的位置精度要求，轴承孔的轴线应在对合面上，与底座也有一定的位置精度要求。精加工底座的对合面时，应以底座的底面为精基准面（见表 12–12 中的工序 5），这样可使对合面的设计基准与加工时的定位基准重合，有利于保证对合面至底面的尺寸精度和平行度要求。箱体组合装配后加工轴承孔时，仍然以底面为主要定位基准面（见表 12–12 中的工序 12）。选择粗基准时，分离式箱体的 3 个轴承孔分布在箱盖和底座的两个部位上，毛坯外形不规则，因而在加工时无法以支承孔的毛坯面为粗基准面，故应采用凸缘的不加工面为粗基准面（以图 12–42 所示的 *A*、*B* 面为粗基准面），这样可以保证对合处两凸缘的厚度较为均匀，还能保证箱体对合装配后轴承孔有足够的加工余量。

2．箱体的成批加工

为了保证轴承孔的轴线与箱体端面的垂直度及其他技术要求，除按上述工艺过程以底面和端面定位，按划线镗孔外，成批生产时可以底面上两定位销孔配合底面定位，成为典型的一面两孔的定位方式，这就需要在箱体对合前以对合面和轴承孔端面定位，加工好底座底面上的两个定位销孔。以底座底面定位，既符合基准统一原则，又符合基准重合原则，有利于保证轴承孔的轴线与底面的平行度要求。

成批加工箱体时，应采取以铣削代替刨削，用专用夹具装夹工件，省去划线工序，采用寿命长的刀具进行加工等措施，以提高生产率。成批、大量生产箱体时，可采用专用机床和专用工艺装备进行加工，也可采用数控机床和自动线加工设备。